现代食品科学技术著作丛书

食品微波加工技术

THE MICROWAVE PROCESSING OF FOODS

SECOND EDITION

第二版

主编 [德]马克·雷吉尔（Marc Regier）
[德]凯·克内策尔（Kai Knoerzer）
[德]海尔玛·舒伯特（Helmar Schubert）

主译 范大明 闫博文

ELSEVIER

中国轻工业出版社

图书在版编目（CIP）数据

食品微波加工技术：第二版/（德）马克·雷吉尔（Marc Regier），（德）凯·克内策尔（Kai Knoerzer），（德）海尔玛·舒伯特（Helmar Schubert）主编；范大明，闫博文主译．—北京：中国轻工业出版社，2022. 11
（现代食品科学技术著作丛书）
ISBN 978-7-5184-2716-1

Ⅰ．①食…　Ⅱ．①马…②凯…③海…④范…⑤闫…　Ⅲ．①微波技术—应用—食品加工　Ⅳ．①TS205

中国版本图书馆 CIP 数据核字（2019）第 245774 号

责任编辑：罗晓航　　责任终审：白　洁　　整体设计：锋尚设计
策划编辑：罗晓航　　责任校对：朱燕春　　责任监印：张　可

出版发行：中国轻工业出版社（北京东长安街 6 号，邮编：100740）
印　　刷：三河市万龙印装有限公司
经　　销：各地新华书店
版　　次：2022 年 11 月第 1 版第 1 次印刷
开　　本：787×1092　1/16　印张：24. 25
字　　数：605 千字
书　　号：ISBN 978-7-5184-2716-1　定价：128. 00 元
邮购电话：010-65241695
发行电话：010-85119835　传真：85113293
网　　址：http：//www. chlip. com. cn
Email：club@ chlip. com. cn
如发现图书残缺请与我社邮购联系调换
191138K1X101ZYW

译者名单

主　　译：范大明　闫博文

审　　校：陈　卫

翻译人员：陶　源　张娜娜　马申嫣　杨化宇

吴晔君　焦熙栋　赵子龙　等

撰稿人名单

M. Benlloch-Tinoco University of Nottingham, Loughborough, United Kingdom

S. L. Birla ConAgra Foods, Omaha, NE, United States

H. Bozkurt-Cekmer University of Tennessee, Knoxville, TN, United States

C. Contreras Universitat Politècnica de València, Valencia, Spain

P. M. Davidson University of Tennessee, Knoxville, TN, United States

L. Dorantes-Alvarez Instituto Politécnico Nacional, Mexico City, Mexico

U. Erle Nestlé R&D Center, Solon, OH, United States

V. Gaukel Karlsruhe Institute of Technology (KIT), Karlsruhe, Germany

R. Guzmán-Gerónimo Universidad Veracruzana, Veracruz, Mexico

S. Isaksson SP Food and Bioscience, RISE Research Institutes of Sweden, Gothenburg, Sweden

C. James Food Refrigeration and Process Engineering Research Centre, Grimsby, United Kingdom

S. J. James Food Refrigeration and Process Engineering Research Centre, Grimsby, United Kingdom

K. Knoerzer CSIRO Agriculture and Food, Melbourne, VIC, Australia

K. Krishnaswamy McGill University, Montreal, QC, Canada

N. Martínez-Navarrete Universitat Politècnica de València, Valencia, Spain

V. Meda University of Saskatchewan, Saskatoon, SK, Canada

V. Orsat McGill University, Montreal, QC, Canada

A. Ortiz-Moreno Instituto Politécnico Nacional, Mexico City, Mexico

M. Ozcelik Ankara University, Ankara, Turkey

L. Parada-Dorantes Universidad del Caribe, Cancún, Mexico

K. Petersen 915 Labs, Denver, CO, United States

K. Pitchai University of Nebraska-Lincoln, Lincoln, NE, United States

G. Purnell Food Refrigeration and Process Engineering Research Centre, Grimsby, United Kingdom

P. -A. Püschner Püschner GmbH & Co KG, Schwanewede, Germany

G. S. V. Raghavan McGill University, Montreal, QC, Canada

V. Raghavan McGill University, Montreal, QC, Canada

M. Regier Trier University of Applied Sciences, Trier, Germany

D. Rodrigo Instituto de Agroquímica y Tecnología de Alimentos (IATA-CSIC), Valencia, Spain

S. Sahin Middle East Technical University, Ankara, Turkey

R. Schiffmann R. F. Schiffmann Associates, Inc., New York, NY, United States

H. Schubert Karlsruhe Institute of Technology (KIT), Karlsruhe, Germany

T. Siebert Karlsruhe Institute of Technology (KIT), Karlsruhe, Germany

R. A. Stanley University of Tasmania, Hobart, TAS, Australia

G. Sumnu Middle East Technical University, Ankara, Turkey

B. Wäppling Raaholt SP Food and Bioscience, RISE Research Institutes of Sweden, Gothenburg, Sweden

E. Turabi Yolacaner Hacettepe University, Ankara, Turkey

主编介绍

Marc Regier

卡尔斯鲁厄大学（德国）物理专业，于2003年在卡尔斯鲁厄大学获食品工程博士学位，并在Max Rubner研究所（德国联邦营养和食品研究所）进一步进行食品干燥及相关领域研究。于2007年在柏林博伊特应用科技大学晋升教授，2010年加入特里尔应用科学大学，现为该大学食品工程教授及学院副院长。研究方向为创新/传统食品热加工技术和新型电磁在线过程分析技术，在该领域授权4项专利，发表技术论文和章节著作80余篇，编著著作2部。入选成为ProcessNet Subject Division of Drying and Particle Measurement成员。

Kai Knoerzer

于2002年和2006年在卡尔斯鲁厄大学（德国）分别获得化学工程硕士学位和食品工程博士学位。于2006年在Food Science Australia［Melbourne，Australia，为联邦科学和工业研究组织（CSIRO）和维多利亚政府的联合机构］以博士后研究员身份工作，于2008年在CSIRO食品与营养研究所（Melbourne，Australia）晋升为研究员。于2015年成为CSIRO食品与营养研究所首席研究员，并在CSIRO的Werribee工厂领导食品加工工程组。主要研究领域是食品加工高新技术，如高压和高压热、脉冲电场、超声、兆赫频超声和微波技术，在该领域发表技术论文90余篇，编著专著4部，开展140余个口头和海报报告并授权5项专利。曾任美国食品技术学会国际部主席，并担任爱思唯尔Food Science Reference Module的编辑。

Helmar Schubert

在柏林工业大学和卡尔斯鲁厄大学（德国）学习机械与化学工程专业，分别于1966年、1972年和1981年在卡尔斯鲁厄大学获硕士学位、博士学位和教授资格。曾是德国联邦营养研究中心、卡尔斯鲁厄大学（1977～1991年）的主任和教授，自1986年以来成为卡尔斯鲁厄大学食品加工工程研究所教授和所长，自2004年成为荣誉退休教授。主要研究方向为乳化、粉末技术、微波加热和水处理，在该领域发表技术论文350余篇，出版专著3部。入选国际食品科学与技术研究院、Berlin-Brandenburg科学与人文学院（原普鲁士科学院）、德国国家科学与工程院成员。

译者序

食品工业传统热加工过程往往伴随着耗时长、污染大、能耗多等诸多问题。在碳基能源日渐式微的全球背景下，挖掘和应用低能量冗余的变革性热加工技术是当前食品领域亟待解决的问题。微波是“人类第二团火焰”，主要依托加热体内部分子高频往复运动实现物料整体升温，其绿色、靶向和高效的特征已为大众所熟知。目前，在家庭和便利店等场景，用于食品加热的微波炉已得到了普及；在工业生产等场景，用于食品生产的工业微波炉在经历了一段时间停滞后，已经呈现出快速发展的态势，但在整体工业加热中占比仍较小，就像本书原版所述“目前微波在食品工业中仍然可以被视为‘小众技术’”，当然背后的原因包含经济因素等多方面。但有理由相信，基于微波在食品领域的本征优势，伴随着在微波基础原理、食品与微波的互作机制、食品微波工程技术等方面的理解更加透彻，微波在食品领域各类应用场景的突出贡献将指日可待。

本书是微波加热技术在食品加工中应用的专著，对食品微波加工原理、应用及过程控制等进行了详细论述。全书共分为 18 章，第 1~4 章为原理篇，第 5~13 章为应用篇，第 14~18 章为过程控制篇。原理篇从微波电磁场基础理论出发，详尽地介绍了食品微波加工关键参数介电性质及其测定方法，同时也简要阐明了微波加工对食品品质特性的影响，为微波能应用于食品加工生产提供必要的理论指导。应用篇着重从工艺角度论述了微波（辅助）加工技术在食品烘焙、油炸、干燥、漂烫、杀菌、解冻/回温等方面的应用，结合大量的实例，系统剖析了微波应用的优缺点及未来发展趋势。过程控制篇阐述了微波加工过程控制与微波食品品质的相关性，从工业化生产及工程技术的角度介绍了过程参数监测方法及过程控制方法，强调了计算机仿真模拟和优化技术在微波加工过程控制中的关键作用。

本书为《食品微波加工技术》第二版，结合近十年微波加工技术的发展与变革，在第一版的基础上进行了更新与增补。扩充了微波辅助油炸和微波辅助微生物灭活两个章节，融合最新计算机仿真技术的开发与应用，更新了微波过程仿真章节，同时阐述了食品微波加工技术在当前及未来发展和应用的新兴趋势。全书基础理论与应用实践紧密结合，内容全面、结构紧凑，应用案例丰富、实用性强。本书可作为高等院校食品专业本科及研究生教材，也可作为科研院所、生产企业工程技术人员的工具书及参考书。

本书在翻译过程中得到了原著主编 Marc Regier 教授、Kai Knoerzer 博士和 Helmar Schubert 教授的支持，感谢中国轻工业出版社在编校、排版等方面给予的帮助。

本书由江南大学食品学院范大明和闫博文主译，并由陈卫院士对全书进行了审校。参与本书翻译的还有江南大学食品学院的陶源、张娜娜、马申嫣、杨化宇、吴晔君、焦熙栋、赵子龙等，译者所在研究室的一些研究生同学也参与了本书部分章节的翻译工作，在此感谢他（她）们的辛勤劳动！

微波能在食品加工中的应用为微波能应用领域的一个分支，其涉及食品科学与工程、电磁学等多学科知识。由于译者的水平有限，难免存在翻译不达意及错漏之处，敬请广大读者批评指正。

范大明

2022 年 6 月

于江南大学食品学院

前言

本书的第一版出版于2005年，第一版中报道了一些令人瞩目的微波炉和微波设备工业应用的市场数据，那么这些数据在过去的十多年中发生了什么变化？

在21世纪初，美国微波炉的总销量大致保持在每年1000万~1500万台的稳定水平，欧洲微波炉的销量也在此水平范围内。在这些发达国家中，微波炉几乎在每个家庭中都得到了普及（据统计，家庭微波炉普及率达约90%），因此在这些国家中微波炉的销量并不会进一步增长。

另一方面，如中国和巴西这些国家新兴市场的发展导致微波炉全球总销量大幅增长，每年高达7000万~7500万台（Osepchuk，2013）。因此，估计目前全球微波炉的数量可达到令人难以置信的10亿台（Osepchuk，2013）。

根据上述估计数量和每台微波炉平均功率0.8kW（对第一版中的数据进行了更新），全球所有安装的家用微波炉的总功率达到800GW。

与上述数字相比，食品工业应用的微波系统数量明显较低，2001年不足1000套（Datta，2001）。工业用微波设备的平均功率为100kW（Datta，2001），因此，2001年食品工业中所有微波系统的总功率约为100MW，比家用微波炉的总功率几乎低了四个数量级。食品工业中安装微波设备数量的最新数据在文献中无法找到。而从食品工业领域的各国交流来看，经历了一些停滞后，微波技术控制的进步及对微波基本原理和其与食品相互作用的更好理解会促使工业微波设备数量强劲增长，可能增长5~10倍。这意味着食品工业中所有微波系统的功率仍将比所有家用微波炉的功率低三个数量级以上。

假设一台家用微波炉每天工作约15min，而一台工业微波设备可能是全天候三班运行（24/7），约每天工作15h（可能有维修和维护等停机时间），这相当于家用微波炉每日消耗能量7.2×10^{14}J，而1000台工业微波系统每天消耗约7.2×10^{12}J，即存在两个数量级的差异。

假定目前食品工业中安装的微波设备数量为10000台，而上述关于工业微波设备与家用微波炉使用时间的设定保持不变，那么，食品工业中微波设备的能量消耗仍然比家用微波炉能量消耗低一个数量级。此外，可能主要由于经济原因，目前仍然只有不到1%的食品工业热处理是借助微波进行的，因此微波技术仍被称为“小众技术（niche technology）”。

尽管如此，由于其独特的体积加热效应（而非表面加热），微波加工技术变得越来越有吸引力，但应用微波加工技术对食品工程师而言也是一项巨大的挑战。

本书的原理篇介绍了微波的基本原理、食品的介电性质和介电性质的专用测量方法，应用篇按单元操作分类介绍了微波在复/加热、漂烫、烘焙、油炸、解冻和回温、微生物灭活和干燥方面的应用，着重阐述了微波技术相较于传统或替代技术的优缺点。

本书的其余章节介绍了微波建模/模拟和优化技术，以及微波加工食品的营养和感官属性。此外，本书还阐述了微波加工和技术、微波控制以及家用和烹饪用微波炉食品和包装的新发展。

本书的首要目标是概述微波技术在食品工业中的最新应用和发展，并成为食品相关学科的学者和学生以及食品相关工业领域的参考书。

参考文献

Datta, A. K., & Anantheswaran, R. (2001). *Handbook of microwave technology for food applications*. Marcel Dekker.

Osepchuk, J. M. (2013). *Revision of "microwave ovens: An overview: 2013"*. Website of IMPI <http://impi.org/microwave-ovens-an-overview-2013/>Visited 22. 10. 15.

目录

1 食品微波（辅助）加工介绍：原理和技术

M. Regier[1], *K. Knoerzer*[2], *H. Schubert*[3]
[1]Trier University of Applied Sciences, Trier, Germany; [2]CSIRO Agriculture and Food, Melbourne, VIC, Australia; [3]Karlsruhe Institute of Technology (KIT), Karlsruhe, Germany

1.1 引言

本章节涵盖了微波的基础原理、相关物理理论、微波应用设备配置的通识性标识及注意事项。首先，讨论了微波频率的定义、相应波长的范围，以及法律允许应用的微波频段范围。然后，介绍了基本方程，如麦克斯韦方程等描述电磁波与物质相互作用的方程。在上述基本方程的基础上，推导出波动方程和一些典型解，进而介绍了微波穿透深度和能量吸收这两个对于评价微波和材料之间热效应的重要概念。最后介绍了微波应用装置的组成，包括微波源，波导和辐射器。本章是全书内容的总线和基础。

1.2 物理定义和相关规则

1.2.1 定义

微波是一种频率在300MHz至300GHz的电磁波。在电磁波谱图中（图1.1），它们介于低频段的无线电波与高频段的红外线及可见光之间。因此微波属于非电离辐射。

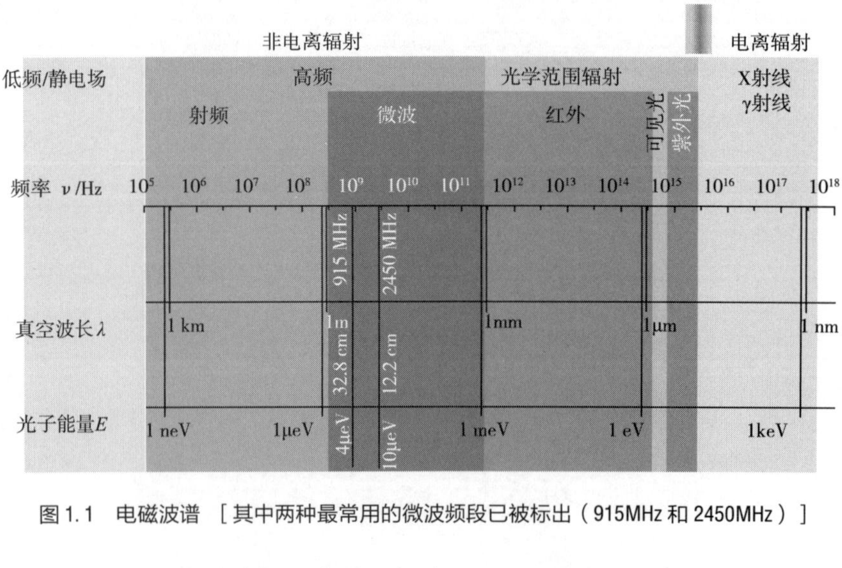

图1.1 电磁波谱［其中两种最常用的微波频段已被标出（915MHz和2450MHz）］

频率f与光速c和相应的波长λ有关，如式（1.1）所示。

$$c = \lambda \cdot f \tag{1.1}$$

在这种情况下，光的传播速度及光在介质中的波长取决于材料本身。在真空环境下（光速$c_0 \approx 3\times10^8$m/s），微波波长在1m至1mm之间，因此称之为“微波”有可能引起误导，“微波”名称实际是指在介质中波长在微米范围内的电磁波。

1.2.2 规则——ISM 波段

1.2.2.1 ISM 波段

如图 1.1 所示，微波的频率范围与用作广播的无线电频率相连。但是微波频率范围内的电磁波也可用于电信，如移动电话、无线网络和雷达。为避免出现频率之间的干扰，在工业、科研和医学领域都有特定的应用频率波段（称为 ISM①），还有某些辐射频率仅用于指定领域（如通信设备）。在整个微波波段内，ISM 波段位于 433、915、2450、5800MHz，其中 433MHz 不常用，915MHz 则在欧洲大陆和澳大利亚不允许使用。除了允许使用的频率范围之外，要严格防止微波的泄露。915MHz 在工业应用方面有很大的优势，而家用微波炉则只能使用 2450MHz。

1.2.2.2 安全规则

除了考虑微波交互干扰的规律外，还有两项安全规则需要注意：

（1）在微波工作环境中，人体最大微波暴露或吸收量的规则。

（2）关于微波设备最大辐射或泄漏量的规则。

暴露

人体暴露在微波环境下的限值是根据微波对人体产生的热效应来估算的。特别要考虑到一些敏感器官，如眼睛，其热平衡能力有限，会影响视觉聚焦效应。因此，大多数国家一般认为体表暴露的安全限值为 $1mW/cm^2$。考虑到电离辐射，普遍通过“比吸收率”（SAR）来表示人体暴露或吸收微波的量，该值是入射的微波能与体重的商。对于微波来说，国际非电离辐射保护委员会（ICNIRP，1998；IRPA，1988）推荐，SAR 的最高值设定为 0.4W/kg。

辐射

微波设备的最大辐射量控制在 $5mW/cm^2$，该值是在距离微波源 5cm 处测量的。因此，允许泄漏量可以高于最大暴露限量。但是正常泄漏的情况下，非聚焦辐射微波的功率密度与波源距离的平方成反比。因此，在距离辐射源 5cm 处，微波的泄漏量维持在 $5mW/cm^2$ 的范围内，这个限量已经低于距离辐射源 11.2cm，$1mW/cm^2$ 最大暴露限值。

1.3 电磁波理论

1.3.1 麦克斯韦方程组

如上所述，微波是一种电磁波，可以用麦克斯韦方程组进行描述［式（1.2）~式（1.5）］：

$$\nabla \cdot \vec{D} = \rho \tag{1.2}$$

$$\nabla \times \vec{E} = -\frac{\partial \vec{B}}{\partial t} \tag{1.3}$$

① ISM：表示工业（Industrial）、科研（Scientific）、医学（Medical）。——译者注

$$\nabla \cdot \vec{B} = 0 \tag{1.4}$$

$$\nabla \times \vec{H} = \vec{j} + \frac{\partial \vec{D}}{\partial t} \tag{1.5}$$

式（1.2）和式（1.4）分别描述了非磁单极子作为磁场源（ρ）的情形。另一方面，式（1.3）和式（1.5）描述了电场和磁场的相互耦合关系。

电磁场与物质的相互作用关系除了用上述基本方程描述外，还可参照本构关系式（1.6）~式（1.8），其中，介电常数 ε（非导电物质与电场之间的相互作用）、电导率 σ、磁导率 μ（与磁场 $\vec{H}$ 之间的相互作用）用来描述其相互作用行为（参见第 2 章）。式中 0 脚标表示其在真空状态下的数值，因此 ε 和 μ 都是相对值。

$$\vec{D} = \varepsilon_0 \varepsilon \cdot \vec{E} \tag{1.6}$$

$$\vec{B} = \mu_0 \mu \cdot \vec{H} \tag{1.7}$$

$$\vec{j} = \sigma \cdot \vec{E} \tag{1.8}$$

总之，所有的物质参数都是复张量（与方向相关）。但对于食品类物质而言，由于食品组分均为非磁性的，因此实际应用中可以进行适当简化，其相对磁导率 μ 可以设为 1，介电常数张量可以转化成一复数，有实部 ε' 和虚部 ε''，其中包括了电导率 σ（参见第 2 章）。

1.3.2 波动方程和边界条件

麦克斯韦方程适用于所有的电磁波。为了更加详细而精确地描述电磁波，以麦克斯韦方程为基础，在无电荷（$\rho=0$）和无电流密度（$\vec{j}=0$）的简化条件下，则容易导出相应的波动方程（电场或磁场）。这里的推导过程是以电场为例进行的，也可通过简单的转化应用于磁场：

在式（1.3）上应用旋度算子（∇×），可以推导出式（1.9）：

$$\nabla \times (\nabla \times \vec{E}) = -\nabla \times \frac{\partial \vec{B}}{\partial t} = -\frac{\partial}{\partial t}(\nabla \times \vec{B}) \tag{1.9}$$

若假设磁导率是常量，代入式（1.5），并应用磁场本构方程［式（1.7）］，则上式可以转化成式（1.10）：

$$\nabla \times (\nabla \times \vec{E}) = -\mu_0 \mu \frac{\partial}{\partial t}\left(\frac{\partial \vec{D}}{\partial t}\right) \tag{1.10}$$

利用电场的基本方程［式（1.6）］，麦克斯韦方程［式（1.2）］和向量恒等式 $\nabla\times(\nabla\times\vec{X}) = \nabla(\nabla\cdot\vec{X}) - \Delta\vec{X}$，就可以得到著名的波动方程：

$$\nabla \vec{E} - \mu_0 \mu \varepsilon_0 \varepsilon \frac{\partial^2 \vec{E}}{\partial t^2} = 0 \tag{1.11}$$

对于含有磁场部分 $\vec{B}$ 的相应波动方程可以用同样的方法导出，把 $\vec{E}$ 用 $\vec{B}$ 代替。与波动方程［式（1.11）］的标准形式比较，可以推出这种情况下的波速方程，定义为式（1.12）：

$$C = \frac{1}{\sqrt{\mu_0 \varepsilon_0 \mu \varepsilon}} = \frac{c_0}{\sqrt{\mu \varepsilon}} \tag{1.12}$$

参考线性极化平面波，可以阐明式（1.11）的可能解。例如，线性极化指的情况是只有单一传输方向的电场，如只有坐标 z 方向的电场 E_z，如果这个方向只与一个分量坐标有关，如 x 轴（和时间），这样的波称为平面波。而且，如果材料参数与频率无关，由式（1.11）可以得到：

$$\frac{\partial^2 E_z}{\partial x^2} - \frac{1}{c^2}\frac{\partial^2 E_z}{\partial t^2} = 0 \tag{1.13}$$

该方程可使用函数 f（$kx \pm \omega t$）进行求解。对于较为复杂的情况，通常用时谐函数作为方程的解［式（1.14）］：

$$\begin{gathered} \vec{E} = \vec{E_0}\cos(\vec{k}\vec{x} - \omega t) \\ \vec{E} = \vec{E_0}\sin(\vec{k}\vec{x} - \omega t) \\ \vec{E} = \Re[\vec{E_0} \cdot \exp\{i(\vec{k}\vec{x} - \omega t)\}] \end{gathered} \tag{1.14}$$

这里 $\vec{k}$ 是波向量，表明了它的传播方向，其绝对值可定义为：

$$\vec{k} = \frac{\omega^2}{c^2} \tag{1.15}$$

式中，$\omega = 2\pi f$，为波的角频率。

应该注意的是，电场和磁场的独立波动方程，不能完全代替麦克斯韦方程组。相反，在进一步的条件约束下，电场和磁场之间具有一定的相关性（表 1.1）。

表 1.1 电场和磁场之间的相关性

横截性	电场和磁场的相互关系
$\vec{k} \cdot \vec{E_0} = 0$	$\vec{k} \times \vec{E_0} = \omega \cdot \vec{B_0}$
$\vec{k} \cdot \vec{B_0} = 0$	$\vec{k} \times \vec{B_0} = -\omega \cdot \mu_0 \mu \cdot \varepsilon_0 \varepsilon \cdot \vec{E_0}$

在这一理论中涉及波的弥散性（材料中光速与频率 ω 的相关性）。考虑到电磁波在材料内部的吸收，这里需要引入复介电常数和复波向量。

当在式（1.10）中添加一个有限的电导率 σ，此时电流为 $\vec{j} = \sigma\vec{E}$，因此简单的波动方程［式（1.11）］可以扩展成式（1.11a）：

$$\nabla\vec{E} - \mu_0\mu\sigma\frac{\partial\vec{E}}{\partial t} - \mu_0\mu\varepsilon_0\varepsilon\frac{\partial^2\vec{E}}{\partial t^2} = 0 \tag{1.11a}$$

用时谐函数作为上述方程的解，则式（1.11a）则可以简化为：

$$\nabla\vec{E} + \omega^2\mu_0\mu\varepsilon_0(\varepsilon - i\frac{\sigma}{\varepsilon_0\omega})\vec{E} = 0 \tag{1.11b}$$

该方程表明限定的电导率 σ 与复介电常数的虚部 ε'' 是等价的。

1.3.3 解例：指数阻尼平面波

我们以一个具体的实例来说明材料的吸波过程，在这里介电常数 ε 含有虚部，$\varepsilon = \varepsilon' - i\varepsilon''_{总}$，其中介电损耗包括：

$$\varepsilon''_{总} = \varepsilon'' + \frac{\sigma}{\varepsilon_0\omega} \tag{1.16}$$

那么，时谐平面波一定是式（1.11c）的解：

$$\frac{\partial^2 E_z}{\partial x^2}+\omega^2\mu_0\mu\varepsilon_0(\varepsilon'-i\varepsilon''_{总})E_z=0 \tag{1.11c}$$

对于平面波的磁场分量（与电场正交），也可以推导出相应的类似方程，得到带有常数 g、h、m 和 n，且满足边界条件的通解（表 1.2）。

表 1.2　电场和磁场分量的边界条件

先决条件	边界条件
无表面电荷	$D_\perp$ 连续性
—	$B_\perp$ 连续性
无表面电流	$B_\parallel$ 连续性
—	$E_\parallel$ 连续性
理想导体壁（金属）	$E_\parallel=0$
理想导体壁（金属）	$B_\perp=0$

$$E_z=g\cdot\exp\{(ik+\kappa)x\}+h\cdot\exp\{-(ik+\kappa)x\}$$
$$H_y=m\cdot\exp\{(ik+\kappa)x\}+n\cdot\exp\{-(ik+\kappa)x\} \tag{1.17}$$

应该强调电场 $E_\parallel$ 的连续性（表 1.2 所示的一个边界条件），因为它可以解释常见的边角及中心处出现的过热现象。我们将在后面表述微波在样品内的功率耗散与电场强度的平方成正比［式（1.23）］。在材料的边缘，特别是边角处，微波不仅从 2~3 个方向传播介入，而且形成的含有 2~3 个平行界面的极化电场，在无任何振幅损失的情况下连续介入。因此，此处产生很大的热量。

式（1.17）的解描述了指数阻尼波，其中波数 k 和阻尼常数 κ 都与介电常数 ε 有关，二者都取决于介电常数 ε。通过系数比较，得出式（1.18）：

$$\omega^2\mu_0\mu\varepsilon_0(\varepsilon'-i\varepsilon''^*)=(\kappa+ik)^2 \tag{1.18}$$

导出

$$k=\omega\sqrt{\frac{\mu_0\mu\varepsilon_0\varepsilon'}{2}\left(\sqrt{1+\frac{\varepsilon''^{*2}}{\varepsilon'^2}}+1\right)} \tag{1.19}$$

和

$$\kappa=\omega\sqrt{\frac{\mu_0\mu\varepsilon_0\varepsilon'}{2}\left(\sqrt{1+\frac{\varepsilon''^{*2}}{\varepsilon'^2}}-1\right)} \tag{1.20}$$

相应的电场穿透深度，即电场衰减到表层值的 $1/e$ 时的距离，由式（1.21）定义为：

$$\delta_E=\frac{1}{\kappa}=\frac{1}{\omega}\cdot\sqrt{\frac{2}{\mu_0\mu\varepsilon_0\varepsilon'\left(\sqrt{1+\frac{\varepsilon''^{*2}}{\varepsilon'^2}}-1\right)}} \tag{1.21}$$

频率与阻尼常数 κ 相关的重要结果是：假设在介电特性相似的情况下，频率为 915MHz 的穿透深度大约是 2450MHz 的 2.5 倍。在工业生产中，微波在材料中的穿透深度越大，越有助于更均匀地加热较大尺寸的材料。

假设平面波的激发和传播满足边界条件，则可初步估计电磁场的分布。当物体的尺寸远大于波长时，微波的传播符合几何光学定律。

1.3.4 几何光学：反射和折射

1.3.4.1 反射和折射的角度

如图 1.2 所示，考虑平面波从半无限非吸收介质Ⅰ（$n_1=\sqrt{\varepsilon_1}$）传播到另一种半无限可吸收介质Ⅱ（$n_2=\sqrt{\varepsilon_2}=n_{2r}+in_{2i}$）中的情况。二者磁导率均为 1，两种介质的边界平面应该为 $x-y$ 平面（在 $z=0$ 时），平面波电场（忽略实部）可写作：

$$\vec{E}=\vec{E}_0\cdot\exp[i(\vec{k}\vec{x}-\omega t)] \tag{1.22a}$$

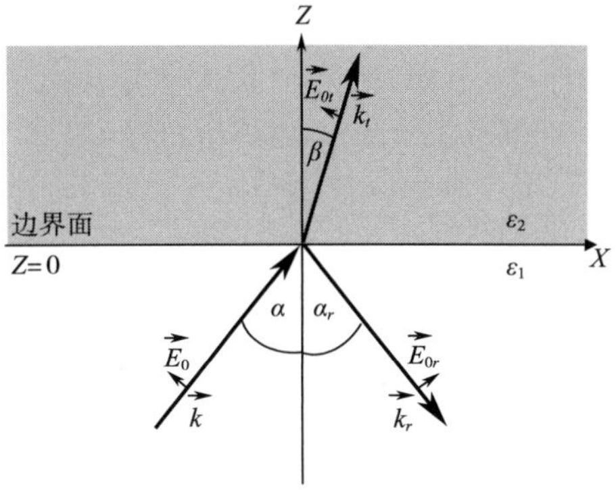

图 1.2 平面波入射到介质边界平面上的反射和折射

根据表 1.1，相应的磁场可定义为：

$$\vec{B}=\frac{1}{\omega}\cdot\vec{k}\times\vec{E} \tag{1.22b}$$

如图 1.2 箭头所示，该波在波向量 $\vec{k}$ 的方向传递了能量。并且在这一条件下，表 1.2 中的边界条件（无表面电荷和电流）是适用的，因此，反射波［式（1.23）］和折射波［式（1.24）］与时间的关系可以表述为：

$$\vec{E}_r=\vec{E}_{0r}\cdot\exp[i(\vec{k}_r\vec{x}-\omega t)]\quad(z<0) \tag{1.23}$$

$$\vec{B}_r=\frac{1}{\omega}\cdot\vec{k}_r\times\vec{E}_r$$

$$\vec{E}_t=\vec{E}_{0t}\cdot\exp[i(\vec{k}_t\vec{x}-\omega t)]\quad(z>0) \tag{1.24}$$

$$\vec{B}_t=\frac{1}{\omega}\cdot\vec{k}_t\times\vec{E}_t$$

波向量遵循式（1.25），因而 $\vec{k}$ 与 $\vec{k}_r$ 是实数，但 $\vec{k}_t$ 一般是复数：

$$\frac{\vec{k}^2}{n_1^2}=\frac{\vec{k}_r^2}{n_1^2}=\frac{\vec{k}_t^2}{n_2^2}=\frac{\omega^2}{c^2} \tag{1.25}$$

概括地说：当 $z>0$ 时，有解 $\vec{E}_t$；而当 $z<0$ 时，解是 $\vec{E}+\vec{E}_r$。取入射波的 $\vec{E}$ 和 $\vec{k}$ 为起点，

其余的变量 $\vec{E}_r$、$\vec{E}_t$、$\vec{k}_r$ 和 $\vec{k}_t$ 可由表 1.2 中边界条件决定。

在 $z=0$ 平面，所有波的分量变量 $\vec{E}$、$\vec{E}_r$ 和 $\vec{E}_t$ 是一致的，因此有：

$$k_x x + k_y y = k_{r,x} x + k_{r,y} y = k_{t,x} x + k_{t,y} \tag{1.26}$$

如果不限定广泛性，可选择 y 分量为 0，$k_y=0$，有：

$$k_y = k_{r,y} = k_{t,y} = 0 \tag{1.27}$$

$$k_x = k_{r,x} = k_{t,x} \tag{1.28}$$

式（1.27）表示了在同一平面（如图 1.2 所述）入射、反射和衍射波向量，图 1.2 中的角度由下式定义，该方程更具普遍性，由于有 $\vec{k}_t$ 的存在，使 β 变得更为复杂。

$$k_x = k \cdot \sin\alpha \tag{1.29}$$

$$k_{t,x} = k_t \cdot \sin\beta$$

$$k_{r,x} = k_r \cdot \sin\alpha_r$$

由式（1.25）、式（1.28）和式（1.29）可直接推导出反射定律公式［式（1.30）］以及在考虑到弱衰减作用的条件下（$n_{2i} \ll n_{2r}$）的折射定律公式［式（1.31）］

$$\alpha = \alpha_r \tag{1.30}$$

$$\frac{\sin\beta}{\sin\alpha} = \frac{n_1}{n_2} \approx \frac{n_1}{n_{2r}} (n_{2i} \ll n_{2r}) \tag{1.31}$$

1.3.4.2 强度

为了确定反射波和入射波的强度，需要表 1.2 中边界条件来计算，同时仍设定所有磁导率 $\mu=1$，则可推导出如下等式：

$$[\varepsilon_1 \cdot (\vec{E}_0 + \vec{E}_{0r}) - \varepsilon_2 \cdot \vec{E}_{0t}] \cdot \hat{e_z} = 0 \tag{1.32}$$

$$[\vec{k} \times \vec{E}_0 + \vec{k}_r \times \vec{E}_{0r} - \vec{k}_t \times \vec{E}_{0t}] \cdot \hat{e_z} = 0 \tag{1.33}$$

$$[\vec{E}_0 + \vec{E}_{0r} - \vec{E}_{0t}] \times \hat{e_z} = 0 \tag{1.34}$$

$$[\vec{k} \times \vec{E}_0 + \vec{k}_r \times \vec{E}_{0r} - \vec{k}_t \times \vec{E}_{0t}] \times \hat{e_z} = 0 \tag{1.35}$$

需要区别对待线性极化的两种正交情况，则可构建任何种类的极化作用：第一种情况是电场强度 $\vec{E}_0$（也是透射波和反射波场）与入射平面平行，$\vec{E}_0 \cdot \hat{e_y}=0$，这种情况还有很多细节；第二种极化是 $\vec{E}_0$ 与入射平面正交 $\vec{E}_0 = E_0 \cdot \hat{e_y}$，这里只是给出了结果。

由于全部波向量以及电场向量都处于入射平面波中，该波与 z 轴平行，式（1.33）充分表达了这种情况。由式（1.29）定义的角度，可导出其余方程：

$$\varepsilon_1 \cdot (E_0 + E_{0r}) \cdot \sin\alpha - \varepsilon_2 \cdot E_{0t} \cdot \sin\beta = 0 \tag{1.36}$$

$$(E_0 - E_{0r}) \cdot \cos\alpha - E_{0t} \cdot \cos\beta = 0 \tag{1.37}$$

$$\sqrt{\varepsilon_1} \cdot (E_0 + E_{0r}) - \sqrt{\varepsilon_2} \cdot E_{0t} = 0 \tag{1.38}$$

如果考虑折射定律公式［式（1.31）］以及 $n=\sqrt{\varepsilon}$，式（1.38）和式（1.36）是等价的，因此可以忽略其中的一个。其余的方程可求得 E_{0r} 和 E_{0t} 的解，从而导出 Fresnel's 公式：

$$\frac{E_{0t}}{E_0} = \frac{2\sqrt{\varepsilon_1 \varepsilon_2} \cdot \cos\alpha}{\varepsilon_2 \cdot \cos\alpha + \sqrt{\varepsilon_1 \cdot (\varepsilon_2 - \varepsilon_1 \cdot \sin^2\alpha)}} \tag{1.39a}$$

$$\frac{E_{0r}}{E_0}=\frac{\varepsilon_2\cdot\cos\alpha-\sqrt{\varepsilon_1\cdot(\varepsilon_2-\varepsilon_1\cdot\sin^2\alpha)}}{\varepsilon_2\cdot\cos\alpha+\sqrt{\varepsilon_1\cdot(\varepsilon_2-\varepsilon_1\cdot\sin^2\alpha)}} \tag{1.40a}$$

电场比的平方与反射系数和透射系数相关，两式的总和为 1。

如果电场与入射波正交，类似推导出相应的 Fresnel's 公式［式（1.39b）］和式（1.40b）：

$$\frac{E_{0t}}{E_0}=\frac{2\cos\alpha}{\cos\alpha+\sqrt{\frac{\varepsilon_2}{\varepsilon_1}-\sin^2\alpha}} \tag{1.39b}$$

$$\frac{E_{0r}}{E_0}=\frac{\cos\alpha-\sqrt{\frac{\varepsilon_2}{\varepsilon_1}-\sin^2\alpha}}{\cos\alpha+\sqrt{\frac{\varepsilon_2}{\varepsilon_1}-\sin^2\alpha}} \tag{1.40b}$$

图 1.3 描述了波从空气中向非吸收电介质 $\varepsilon_2=80$ 传递的两种情形。这里需要注意电磁场与入射平面平行的情况，因为在 $E_{0r}=0$ 处存在一个角度（称为布鲁斯特角），所以不存在任何反射。

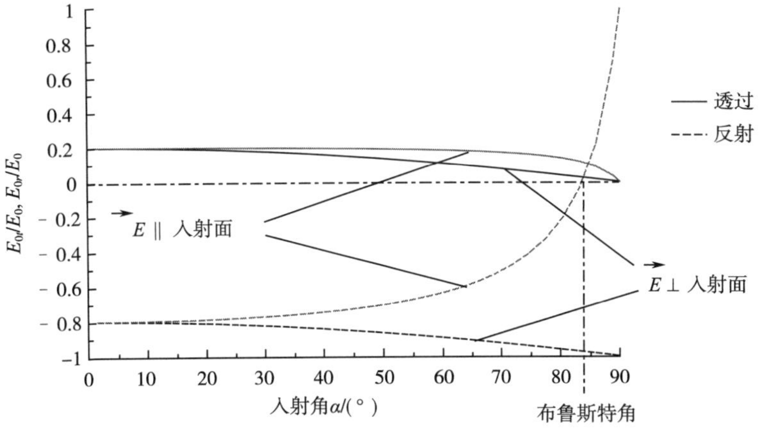

图 1.3 平面电磁场以入射角度 α 投射到半空间电介质（$\varepsilon=80$）中的电磁场反射与透射部分

运用这种方法，特别是式（1.31），很容易理解凸面物体，像鸡蛋，在其中心几厘米处局部受热的情况，因为微波射线在凸表面产生折射聚集到材料中心。

对于与波长尺寸相同或更小的物体，以前曾使用 Mie 理论来确定微波的吸收，但是现在用麦克斯韦方程进行数值模拟（参见第 18 章）变得更为重要。

在微波加热过程中，为了计算物体内部的温度变化，确定功率密度、电磁场起始点很重要。因为多数食品的磁性与真空状态下的磁性差别不大（$\mu=1$），所以大多数情况下，对电场的掌握足以计算因能量耗散所产生的热量。单位体积的能量耗散 p_v 主要由欧姆损耗决定，计算公式为：

$$p_v=\frac{1}{2}\cdot\Re(\vec{E}\cdot\vec{j}^{\,*}) \tag{1.41}$$

电流密度 $\vec{j}$ 可由电导率和式（1.8）中的电场确定。介电常数的虚部与电导率［式（1.16）］的等价式描述为：

$$\sigma_{\text{total}} = \sigma + \omega\varepsilon_0\varepsilon'' \tag{1.42}$$

由此产生的能量耗散可以根据总电导率或介电常数的虚部（又称介电损耗）写出：

$$p_v = \frac{1}{2}\sigma_{\text{total}} \cdot |\vec{E}|^2 = \frac{1}{2}\omega\varepsilon_0\varepsilon_{\text{total}} \cdot |\vec{E}|^2 \tag{1.43}$$

由于能量损耗穿透深度与电场强度的平方相关，因此数值是电场穿透深度 δ_E［式（1.21）］的一半。

$$\delta_p = \frac{1}{\omega} \cdot \sqrt{\frac{1}{2 \cdot \mu_0\mu\varepsilon_0\varepsilon' \cdot \left(\sqrt{\sqrt{1 + \frac{\varepsilon''^{*2}}{\varepsilon'^2}} - 1}\right)}} \tag{1.44}$$

1.3.5 在短时间热处理中利用微波的效果

对于短时热处理过程来说，提升加热速率尤为重要，而保温时间的影响变得不那么明显。因此，短时热处理过程需依赖快速传热机制：对于纯液体来说，采用常规板式或刮板式换热器加热技术可以实现快速加热，但是含有尺度约几毫米颗粒的体系，颗粒中心可能会受热不充分。对于固体食品来说，这个问题甚至会变得更为严重（Regier 等，2009）。

假设典型食品颗粒尺寸（特征长度）为 X，食品的导热系数 λ_p 和传热系数 α，可通过 $Bi=\alpha^* X/\lambda$ 计算得到毕渥数。这一无量纲数字描述了从周围介质到产品表面的热传递（外部）与产品内部通过传导进行的热传递（内部）之比。对于毕渥数远大于 1 的情况（传热阻力主要由内部热传导决定），增强外部传热不会显著加速产品内部加热（例如，更高的温度或速度）。因此，只有减小颗粒/产品尺寸或改变内部传热机制才会降低毕渥数，进而提高短时热处理过程中的加热速率和温度分布均匀性。其中改变内部传热的方法之一就是使用微波加热，这是一个有趣的替代过程，微波的穿透可以有效规避传导热阻，通过产品内部电磁能的损耗来产生热量。尽管如此，必须注意的是，必须考虑到微波穿透深度与产品尺寸特征的匹配（参见 1.3.4.2）。

1.4 微波系统的基础配置

微波系统一般由三部分组成：微波源、波导和辐射器。下面对这三部分进行详细介绍。

1.4.1 微波源

迄今为止，磁控管是工业和家庭应用中最常用的微波源［Metaxas（1996）指出近 98%］。因此本章节仅从现象学的角度对磁控管进行了描述，更加详细的介绍可参见 Metaxas 和 Meredith（1983）和 Puschner（1966）的研究。在过去的几年中，运行功率适用于加热的固态微波源快速发展。与磁控管发射微波相比，固态微波源更具有潜在的优势。因此，这些固态器件也将在这里简要介绍。

1.4.1.1　磁控管

磁控管由一个真空管组成，真空管中心有一个高负电的电子发射阴极（图1.4）。该阴极管周围分布着具有特定结构的阳极，这种阳极表现为开放的金属腔（也称为空腔谐振器，简称谐振腔）。电子从阴极发射后沿径向加速，然后在正交的磁场中发生偏转，从而产生螺旋运动。电子通过空腔的开口时，激发了空腔内的电磁波振荡。选择适宜的电场强度和磁场强度，可使谐振腔从电子中获得能量。这种现象类似于对着瓶子吹口哨，引起的共振回声。储存的电磁能量可以借助空腔中的圆环天线，通过谐振腔传输到波导或同轴线中。

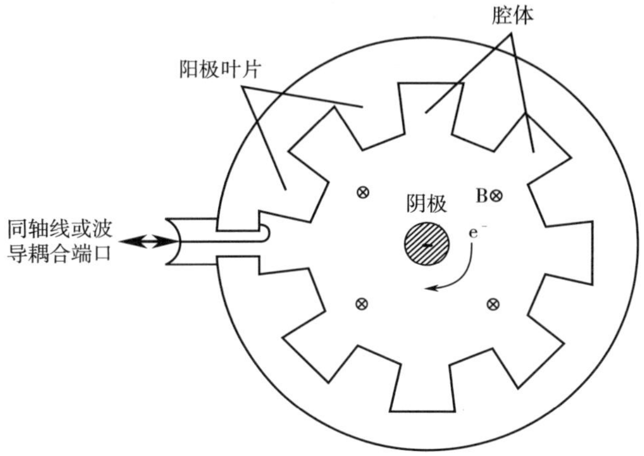

图1.4　磁控管示意图

资料来源：Regier, M., & Schubert, H. (2001). Microwave processing. In S. Richardson (Ed.), *Thermal technologies in food processing*. Cambridge: Woodhead Publishing Limited。

磁控管的输出功率由电流或磁场强度来控制。最大功率通常受到阳极温度的限制，温度太高会使阳极融化。对于频率为2.45GHz的磁控管，采用空气或水冷却电极时，最大功率分别限制为1.5kW和25kW（Roussy和Pearce，1995）。频率为915MHz的磁控管有更大的谐振腔（低谐振频率意味着更大的波长），单位面积获得的能量也更高。现在2.45GHz磁控管的效率大约可以达到70%，主要由于磁控管中通常使用磁通量受限但较为经济的铁氧磁体（Yokoyama和Yamada，1996），致使负载不匹配，使得微波加热的总效率通常较低。

1.4.1.2　固态微波源

在过去的几年里，随着半导体技术的进步，尤其是氮化镓（GaN）技术和先进的硅基横向扩散金属氧化物半导体（LDMOS）晶体管的研发成功，使得产生高达几百瓦的微波功率成为可能。因此，现在也可以使用这种固态源（代替真空管）技术来实现加热所需的功率。具有代表性的例子就是NXP半导体公司（Toulouse，France）提供的产品，NXP半导体公司（前Freescale Semiconductors）提供了一种额定功率为250W，工作频率为2450MHz的LDMOS晶体管，以及一种额定功率为350W，工作频率为915MHz的系统；他们报告指出该微波源的工作效率高达67%（Freescale，2015）。考虑到这种固态装置的最大功率在过去4年中增加了100%以上，效率提高了40%以上（Viza，2015），因此它们的应用变得越来越有吸引力。他们进一步声称，固态源器件的优点是体积小，与磁控管几千伏的电压相比，微波固态源使用低电压（50V），寿命长达20年，且更容易控制；例如与磁控管的典型开关控制相比，固态微波源的频率、相位甚至功率都是连续可变的（Freescale，2015）。利用多个频率和相位可变的晶体管，以及一个信号可以被检测和分析的反馈控制装置，可以避免出现微波辅助处理引发的加热不均匀现象，使得微波加热过程更加均匀，这在传统的微波辅助处理中是一个常见的问题。

1.4.2 波导

电磁波可以利用传输线（如同轴线）和波导来传导。由于波导在传输高频电磁波（包括微波）时有较低的损耗，因而可用于微波能的传输。原则上波导是横截面为圆形或矩形的中空导体，其内部尺寸的大小决定了最小传输频率 f_c（即截止频率），可通过波动方程的解［式（1.11）和对应的磁场方程］，以及相应的边界条件求解（表1.2，低于该条件，电磁波则不能传播）。对于宽度 a 和高度 b 的矩形波导，可推导出截止频率 f_c［式（1.45）］：

$$f \geqslant \frac{\sqrt{\left(\frac{m}{a}\right)^2+\left(\frac{n}{b}\right)^2}}{2\sqrt{\mu\mu_0\varepsilon\varepsilon_0}} = \min\left\{\begin{array}{ll}\dfrac{1}{2a\cdot\sqrt{\mu\mu_0\varepsilon\varepsilon_0}}, & a \geqslant b \\ \dfrac{1}{2b\cdot\sqrt{\mu\mu_0\varepsilon\varepsilon_0}}, & a \leqslant b\end{array}\right\} = f_c \tag{1.45}$$

在波导内，波的传输形式称为模式，决定着电磁场在波导内的分布。这些模式可分为横电波（TE）和横磁波（TM），分别来描述电场和磁场的传播方向。最常用的波导是矩形截面，其宽度 a 等于高度 b 的两倍，用TE10来表示，如图1.5所示。

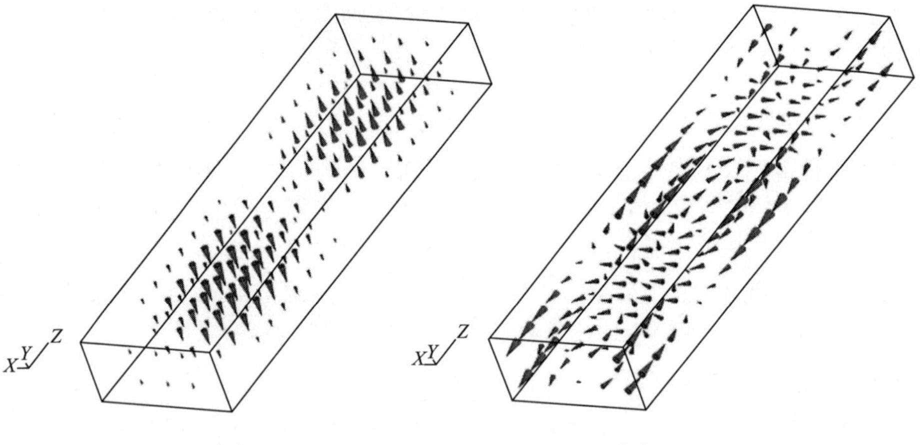

（a）　　（b）

图1.5 TE10矩形波导中电场（a）和磁场（b）构型形态

资料来源：Regier，M.，& Schubert，H.（2001）. Microwave processing. In S. Richardson（Ed.），*Thermal technologies in food processing*. Cambridge：Woodhead Publishing Limited。

1.4.3 微波辐射器和调谐器

当加热材料所需的微波由壁槽引入，并在波导中因负载匹配所吸收时，波导本身就可以作为微波加热的辐射器（图 1.6）。由于场的位置随时间而变化，因而这种构造被称为行波装置。只有当有壁流线阻隔，且狭缝超过一定尺寸时，狭缝处才会产生微波辐射，这种辐射是可以避免的（Roussy 和 Pearce，1995）。

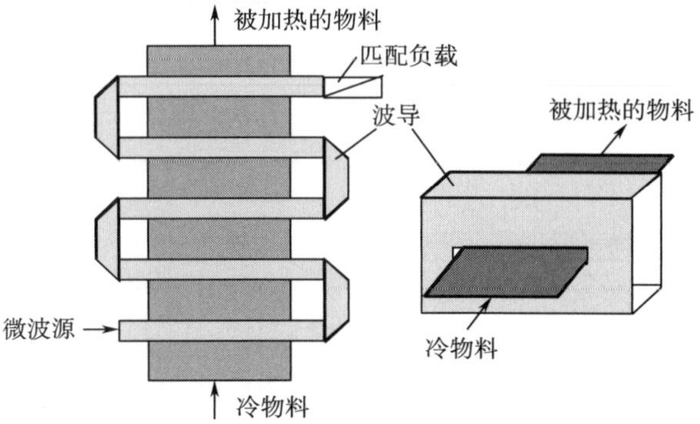

图 1.6 行波装置示意图

资料来源：Roussy, G., & Pearce, J. A. (1995). *Foundations and industrial applications of microwaves and radio frequency fields.* Chichester: John Wiley & Sons。

在食品工业微波设备和家用微波炉领域，常见的是驻波设备，将在下一章节详细介绍，还要介绍由狭缝排列（切断壁面电流）或喇叭天线（特殊开口末端构成）组成的波导。

微波在从微波源向微波辐射器的传输过程中，为了达到更高的功率吸收和极小的反射，需使负载的辐射器阻抗与相应微波源和波导的阻抗相匹配，为了达到这种状态，则需要引入调谐器。调谐器是波导的构成部分，用来匹配负载阻抗与波导阻抗。调谐器可尽量减少能量反射，使得能量与负载达到高效的匹配。

由于在加工过程中负载的变化，必须持续性控制或者优化这种匹配，以提供平均负载，防止剩余能量反射回微波源，造成微波源的过热和损坏。因此可以使用环形器（与微波穿行有关的装置），使得入射波通过，而反射波进入附加载荷（多数是水）。另外，通过附加载荷的加热情况，可以确定反射功率。

根据电磁场的结构，一般将辐射器可分为三类。

1.4.3.1 近场辐射器

在近场辐射器中，微波是从喇叭天线或者缝隙天线阵列中产生并直接“撞击”要加热的产品。能量应该设定在适宜的水平上，使其大部分被加热的物体吸收，只有小部分能量传递到产品后面的介电负载（通常是水）并被吸收转换成热量。与行波装置相似，驻波在这种辐射器中也是不存在的。因此，在与波传播方向正交的平面上，可获得相对均匀的电场分布（取决于波导的辐射模式）。

1.4.3.2 单模辐射器

近场辐射器和行波装置运行可控，但是能量损耗较高。为了有效地对低介电损耗的物质进行微波加热，适宜采用有共振模式的辐射器，可使某些位置的电场得到加强。被加热的材料应该放置于该电场强度较大的位置上。单模辐射器一般由以下部分组成：入射波导，调谐缝隙及相对小型的微波谐振腔，其尺寸在微波波长范围内。像使用谐振器来测试介电特性一样（参见第3章），驻波以某一频率存在于谐振腔内。驻波形成了一种特定的电场模式，这种模式可用于加热产品。值得注意的是，由于置入的介电材料会自发适配共振模式，因此，这种单模辐射器必须与负载很好的匹配。图1.7是该系统的一个示意图，其中心是一个具有高场强的柱形 TM_{010} 场结构，可用于圆柱形产品的加热，类似于使用泵来在管路输送流体一样（参见第16章）。

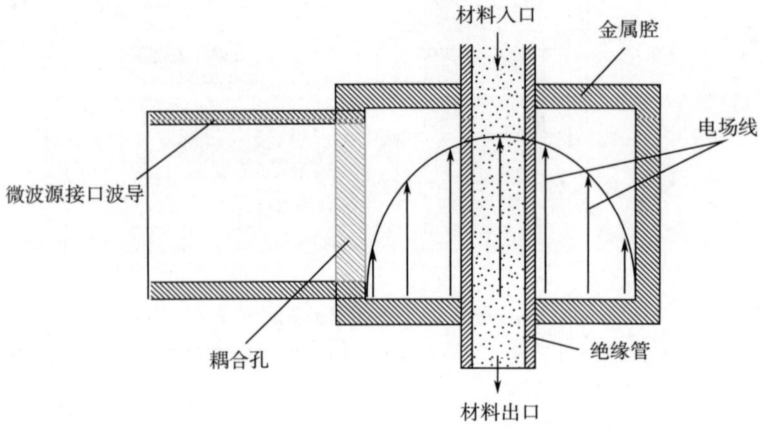

图1.7 TM_{010} 单模辐射器示意图

资料来源：Regier, M., & Schubert, H. (2001). Microwave processing. In S. Richardson (Ed.), *Thermal technologies in food processing*. Cambridge: Woodhead Publishing Limited。

由于每种频率范围内的模式数量随着谐振腔的尺寸迅速增加，为避免多种模式的作用，使用小尺寸的辐射器进行微波加热是很有必要的。

1.4.3.3 多模辐射器

由于模式密度随着辐射器的尺寸迅速增加，增大谐振腔尺寸可致使辐射器从单模到多模的迅速转变。另外，还要考虑到常规的微波发生器，如磁控管不能发射单一频率的微波而是一个频率段。

目前在工业以及家用微波炉上，多模微波器处于主要地位，这是因为大多数输送带隧道式微波设备和家庭式微波炉的尺寸规格，决定了它们都属于多模辐射器类型。尽管已有大量的仿真模型，但实际上随着时间的延续，经常会形成非均一的场分布。这种场分布主要取决于谐振腔，以及产品的几何形状和加工材料的介电特性。

与单模辐射器相比，一般这种非均一的场分布会产生不均匀加热，加热过程也难以控制，这在微波加热过程中是不希望出现的情况。通过改变谐振腔几何尺寸（如模式搅拌器）或移动产品（如放置在输送带或转盘上），可以避免加热不均匀现象的出现，这也会对场分布产生影响。

由于工业化生产对高产量的需求，微波工业化应用大都需要连续化生产。从1952年第一个输送带式微波炉专利开始（Spencer, 1952），连续式微波辐射器得到了不断发展。然而，由于缺乏高功率微波发生器，连续型微波加热设备在近10年以来才在工业上得以应用。

当今的工业微波炉（相应章节有更详细的阐述）依据微波源数量和功率的不同，可分为两类：高功率单磁控管设备和低功率多磁控管设备。然而，对于单模式单元可能只有单一微波源，在其他系统中（多模式，近场或行波系统），微波能可由一个大功率磁控管或几个小功率磁控管有选择地进行辐射。一般工业化高功率磁控管的使用寿命较长，低功率磁控管则适合处理少量物料，并且具有价格低廉的优势，因此占据了家用微波设备的市场，另外，低功率磁控管还能减少修理和维护的停机时间。

如上所述，对于所有的微波炉，特别是连续式微波炉，一个非常重要的问题就是如何避免在产品进口和出口位置产生微波泄漏。对于流体或颗粒状的小规格产品（尺寸在厘米范围）来说，可严格限制产品入口和出口的尺寸，通过物料吸收电磁波的特性，控制进出的数量，甚至在端口额外增加吸波负载。然而，对于大尺寸的物料来说，需要在微波设备进出口安装保护门，以防止微波的泄漏。图 1.8 中描述了一种传输带式微波炉以及它的微波源和开口设置。

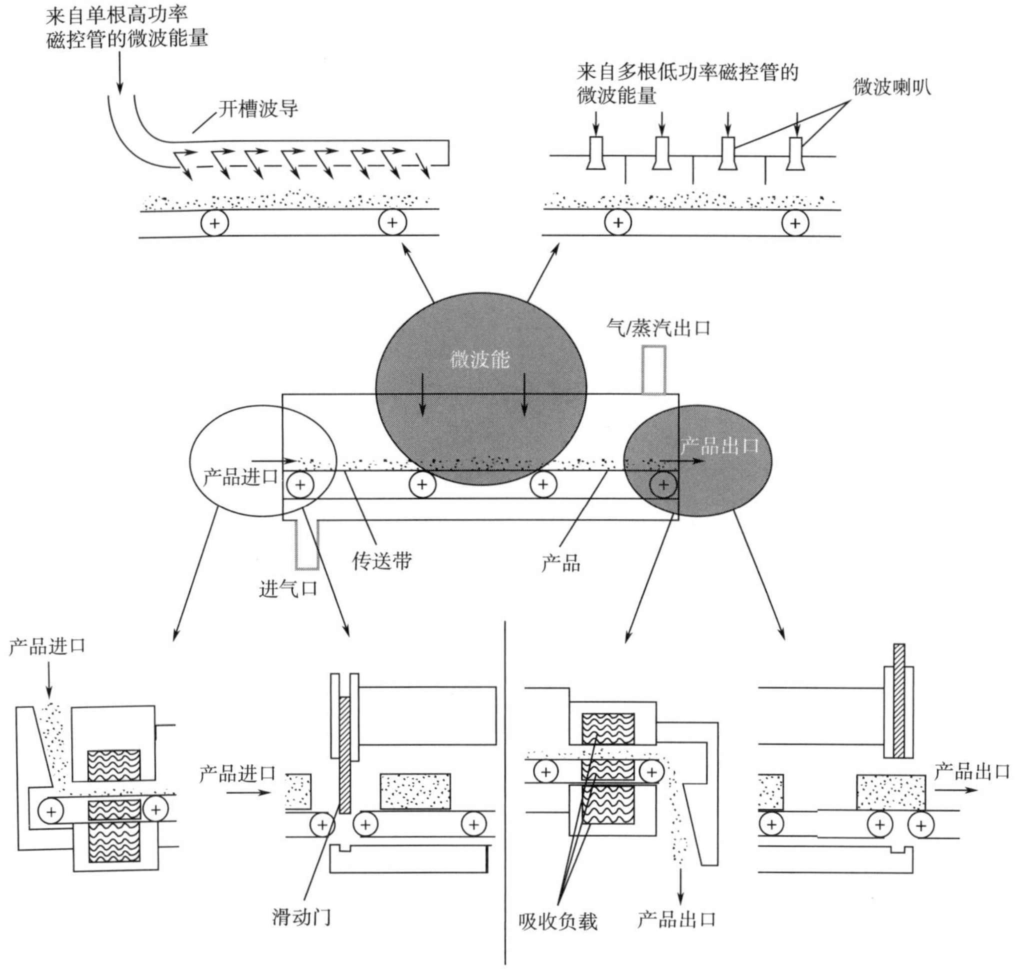

图 1.8 带有不同产品进出口及不同几种微波能量输入方式的连续带式微波设备

资料来源：Regier, M. , & Schubert, H. (2001). Microwave processing. In S. Richardson (Ed.), *Thermal technologies in food processing*. Cambridge: Woodhead Publishing Limited。

1.5 结语

本章介绍了频率介于 300MHz 和 300GHz 的电磁波——微波。从技术层面介绍了 ISM 所规定的微波加工频率波段，并介绍了确保人类健康的最高辐射水平和暴露剂量。然后，从理论层面阐述了电磁波相关理论，从麦克斯韦方程和本构方程出发，从一般波动方程到平面波解例，再到阻尼波和 Fresnel's 反射方程。最后，介绍了微波系统的结构组成和工作原理，该系统由微波源（大多数情况下仍为磁控管）、波导和辐射器组成。

1.6 本章术语

由于这些术语常用在特定的研究领域中，尽管有些变量的名称有些模糊，但还是要在具体方程中明确和理解其意义。

a	波导宽度
b	波导高度
$\vec{B}$	磁通密度
c，c_0	光速，真空光速
$\vec{D}$	电流密度
$\widehat{e_i}$	在 i 方向上的单位向量
$\vec{E}$	电场
f	频率，常数
g	常数
$\vec{H}$	磁场
h	常数
h	普朗克常数
i	虚数单位
$\vec{j}$	电流密度
$\vec{k}$，k	波向量，绝对值
m	常数
n	折射率，常数
$\Re(x)$	x 的实部
t	时间
$\vec{x}=(x, y, z)$	分量向量
α，α_r	入射角，反射角
β	折射角

δ_E	电场穿透深度
δ_P	功率穿透深度
ε_0	真空介电常数
$\varepsilon = \varepsilon' - i\varepsilon''$	相对介电常数
κ	阻尼系数
λ	波长
μ	相对磁导率
μ_0	真空磁导率
ρ	电荷密度
σ	电导率
ω	角频率

参考文献

Freescale. (2015). *Websites of Freescale Semiconductor, Inc.* http://www.freescale.com/products/rf/rf-cooking/rf-and-microwave-power-solutions-for-heating: RF_HEATING_PG, and http://www.freescale.com/products/rf/rf-cooking: RF-COOKING? cof=0&am=0 Visited 22.10.15.

ICNIRP. (1998). Guidelines on limits of exposure to time-varying electric, magnetic and electromagnetic fields (up to 300 GHz). *Health Physics*, *74*, 494-522.

IRPA. (1988). Guidelines on limits of exposure to radiofrequency electromagnetic fields in the frequency range from 100 kHz to 300 GHz. *Health Physics*, *54* (1), 115-123.

Metaxas, A. C. (1996). *Foundations of electroheat*. Chichester: John Wiley & Sons.

Metaxas, A. C., & Meredith, R. J. (1983). *Industrial microwave heating*. London: Polu Pelegrinus Ltd.

Püschner, H. A. (1966). *Heating with microwaves*. Berlin: Philips Technical Library.

Regier, M., Rother, M., & Schuchmann, H. P. (2009). Alternative heating technologies. In E. Ortega-Rivas (Ed.), *Processing effects on safety and quality of foods*. Boca Raton, FL: CRC Press.

Regier, M., & Schubert, H. (2001). Microwave processing. In S. Richardson (Ed.), *Thermal technologies in food processing*. Cambridge: Woodhead Publishing Limited.

Roussy, G., & Pearce, J. A. (1995). *Foundations and industrial applications of microwaves and radio frequency fields*. Chichester: John Wiley & Sons.

Spencer, P. (1952). Means for Treating Foodstuffs, U. S. Patent 2,605,383,605,383.

Viza, D. (2015, Sept 9). *RF cooking information for Prof. Regier*, personal communication with Dan Viza, Global Marketing Manager, RF Cooking, Freescale Semiconductor, Inc.

Yokoyama, R., & Yamada, A. (1996). Development status of magnetrons for microwave ovens. *Proceedings of 31st microwave power symposium*, 132-135.

2 微波加热与食品的介电特性

V. Meda[1], *V. Orsat*[2], *V. Raghavan*[2]
[1]University of Saskatchewan, Saskatoon, SK, Canada;
[2]McGill University, Montreal, QC, Canada

2.1 引言

大多数加工厂的产品质量、经济效益和其对环境的影响取决于加热工艺效率高低，因此这是迄今为止食品加工最关注的方面。绿色工程法规要求更高效地利用能源，采用更环保的原材料并且产生更少的废弃物。而在食品营养方面，要求在加工过程中尽量减少对食品原材料（尤其是富含营养的食材）的过度加工。因此，电加热技术，如射频加热、微波加热、欧姆加热和红外加热现已成为备受关注的技术。其中，微波加热技术的发展前景十分广阔（Chan 和 Reader，2000；Torrealba - Meléndez、Sosa - Morales、Olvera - Cervantes 和 Corona - Chávez，2015；Zhang 等，2006），它具有高效的特点，并且能与其他加热方式组合使用。

由于微波的快速加热特点非常符合人们当前快节奏的生活方式，微波目前被广泛应用在工业生产和家庭烹饪中。除快速加热特点外，微波加热还具有操作方便，设备维护费用低，即时加热等优点。将传统干燥方法（如热风干燥）与微波技术相结合，可以缩短加工时间，生产出高品质的食品，拓宽了可干燥食品的种类，因此此种组合技术在食品工业中得到了广泛的应用（Datta 和 Rakesh，2013；Gowen、Abu Ghanam、Frias 和 Oliviera，2006；Zhang、Tang、Mujumdar 和 Wang，2006）。然而，微波加热过程中食品温度不均问题仍然是微波能使用过程中的一个主要问题（Vadivambal 和 Jayas，2010）。

微波是指频率从 300MHz 至 300GHz 的电磁波（Singh 和 Heldman，2009）。微波以 $3\times10^{-8}\sim3\times10^{-11}$s 的波峰之间时间间隔震荡传播（Venkatesh 和 Raghavan，2004）。国际电信联盟规定了此电磁波频段范围内所能用于工业、科研、医疗和家庭（ISM & D）的频率。在北美，这些所谓的 ISM & D 频率是指 2450MHz 以及 915MHz，而在其他国家和地区还有一些其他可使用的微波频率。到目前为止，在北美和欧洲最常见的是 2450MHz，这也是大多数家用微波炉的工作频率。

微波震荡时间范围与原子和分子跃迁反应的时间序列一致，例如水中的反应、分子解离和水的介电弛豫。其中，水的介电弛豫频率范围较广，从结合水的 100MHz 至自由水的 18GHz（Miura、Yagihara 和 Mashimo，2003），而这正是微波热效应研究中广泛研究的性质。在生物原料（或其他含水原料）中，这也是微波能量转换成热能最有效的频率范围。

2.2 微波加热和食品的相关特性①

如前所述，微波能在 0.3~300GHz 的某些频段内以电磁波的形式传输。当微波作用于介电物料时，部分能量从物料中透射出去，部分能量被物料反射，部分能量被物料吸收转化为热能，然后以热的形式消散。物料加热是由于物料中分子动能的增加（即物料中的永久偶

① 参见第 1 章。

极随着入射波的震荡（电）场重新定位从而增加了自身的运动）以及产生的相关“分子摩擦”。物料中耗散的功率与微波源的频率、物料的介电损耗以及物料内部场强的平方成正比［式（2.2）］。物料在辐射器或谐振腔中吸收微波能。综合考虑所有特性，才可能确定适合微波加工的食品物料和微波加工工艺，也才能够了解微波加热过程中多种因素相互作用的机制。只有这样，才能充分利用微波加热的独特优点，即热源与物料间无需接触、体积加热、加热速度快、选择性吸收等。

如前所述，国际公约规定了只有少数几个频率可以被用在工业、科研和医学领域中，其中最常用的是 2.45GHz。在此频率下，交变电场使水分子取向每秒改变 2.45×10^9（2450000000）次，从而产生大量的热，使温度以每秒 10℃的速度攀升（Lew、Krutzik、Hart 和 Chamberlin，2002）。水是生物物料的主要成分，水分含量会直接影响微波加热效果。此外，也有其他许多次要因素共同影响微波加热效果（Chandrasekaran、Ramanathan 和 Basak，2013；Schiffmann，1986），例如物料中的离子（主要是盐含量）以及复合物料的比热容（Decareau，1992）。食品物料的比热容是影响食品微波加热的重要因素。当给予相同的热量，低比热容物料升温非常迅速。比如说油的比热容就非常低（Schiffmann，1986），因此含油物料的比热容也相对较低，通常比水的比热容低一半（Ohlsson，1983），因此对于含油物料而言，比热容会成为影响微波加热的决定因素。

2.3 微波与介电材料的相互作用

微波加热是介电材料与电磁波相互作用的结果。物料的介电特性决定了加热过程的效率和质量（Curet、Rouaud 和 Boillereaux，2014）。食品物料分子与微波发生了偶极相互作用，从而产生了分子运动和分子间摩擦现象（Salazar-Gonzalez、San Martin-Gonzalez、Lopez Malo 和 Sosa-Morales，2012）。微波热效应是由于微波在物料中发生能量耗散产热，造成了食品物料内部与外部的温度梯度差异，从而热量从物料中心向外部各个方向传播（Hossan、Byun 和 Dutta，2010）。随着微波工作频率的增加，高浓度离子溶液的加热速度会加快（Singh 和 Heldman，2009；Suarez、Viollaz、Rovedo、Tolaba 和 Haros，2000）。

当极性介电物料处于交变电场中时，物料中的偶极子会在电场作用下重排与电场对齐（极化）。极化变化率表示介电物料的位移电流，这与外加交变场共同作用将功率转换为热量。在波的一个平均变化周期中，微波能量在物料中的“损失”（即作为热量消耗）取决于外加电场以及物料极化的相位角差异。对于大部分介电材料而言，滞后的相位角取决于作为偶极子载体的分子的灵活性和质量，以及温度的随机影响效应。

2.3.1 功率消耗

食品物料对于微波的吸收会导致微波能量的衰减。当微波能量衰减至其初始值的 $1/e\approx36.8\%$ 时的距离称为其在物料中的穿透深度（Yam 和 Lai，2006），这会在下一章内容中详细介绍。

物料的基本介电特性是其复相对介电常数 ε^*：

$$\varepsilon^* = \varepsilon' - i\varepsilon'' \tag{2.1}$$

其中，ε^* 的实部 ε' 称为介电常数，虚部 ε'' 称为介电损耗。$\varepsilon''/\varepsilon'$ 的比值称为损耗正切，

写作 tanδ，其中 δ 为滞后相位。部分材料的介电特性列在表 2.1 和表 2.2 中。

表 2.1 部分食品的介电性质以及穿透深度

食品	915MHz				2450MHz		
	温度/℃	ε′	ε″	D_p/mm	ε′	ε″	D_p/mm
空气		1.0	0		1.0	0	
水							
蒸馏/去离子水	20	79.5	3.8	122.4	78.2	10.3	16.8
0.5% 盐水	23	77.2	20.8	22.2	75.8	15.6	10.9
冰	-12	—	—	—	3.2	0.003	11615
玉米油	25	2.6	0.18	467	2.5	0.14	220
新鲜水果和蔬菜							
苹果（品种 Red Delicious）	22	60	9.5	42.6	57	12	12.3
马铃薯	25	65	20	21.3	54	16	9.0
芦笋	21	74	21	21.5	71	16	10.3

资料来源：Tang，J. （2005）. Dielectric properties of foods. In H. Schubert，& M. Regier （Eds.），*Microwave Processing of Food* （p. 22-40）. Cambridge，UK：Woodhead Publishing Limited，Chapter 2。

表 2.2 蛋清和全蛋的介电性质

蛋制品	状态	温度/℃	介电常数（ε′）频率		介电损耗（ε″）频率	
			27.12MHz	915MHz	27.12MHz	915MHz
蛋清	液态	20	84.6	64.0	427.0	18.7
		80	98.3	50.5	866.5	33.3
		120	135.1	53.2	1665.8	56.9
	预煮后	20	89.3	64.5	411.8	18.9
		80	99.5	53.0	937.1	34.6
		120	124.4	50.1	1480.5	52.2
全蛋	液态	20	76.3	55.5	335.9	15.8
		80	87.5	48.9	801.8	30.5
		120	106.1	44.7	1132.7	42.3
	预煮后	20	79.6	56.5	336.8	16.3
		80	89.0	48.5	745.8	29.0
		120	104.8	44.3	1020.0	39.5

资料来源：Sosa-Morales，M. E.，Valerio-Junco，L.，Lopez-Malo，A.，& Garcia，H. S.（2010）. Dielectric properties of foods：Reported data in the 21st century and their potential applications. *LWT Food Science and Technology*，43，1169-1179。

Wang，J.，Tang，J.，Wang，Y.，& Swanson，B.（2009）. Dielectric properties of egg whites and whole eggs as influenced by thermal treatments. *LWT-Food Science and Technology*，42，1204-1212。

单位体积消耗功率可表示为：

$$P=\omega\varepsilon_0\varepsilon'(\tan\delta)E_{\mathrm{rms}}^2=2\pi f\varepsilon_0\varepsilon''E_{\mathrm{rms}}^2 \tag{2.2}$$

式中 ε_0——自由空间的介电常数，8.85×10^{-12}F/m；

f——微波频率，Hz；

E——被加热材料内部的电场强度，V/m。

出于完整考虑，其实微波在材料中的损耗包括介电损耗（极化）以及电导损耗（欧姆损耗），公式如下：

$$\varepsilon_t''=\varepsilon''+\sigma/\omega\varepsilon_0 \tag{2.3}$$

式中 σ——材料的电导率。

在微波频率下，金属的极化损耗为零，而对于没有电导损耗的电介质，其电导率项为零。在没有其他能源作用的情况下，暴露在微波能量下的平板材料其在 x 方向上传热的能量守恒方程可以写成：

$$\mathrm{d}T/\mathrm{d}t=\mathrm{d}(\alpha\mathrm{d}T/\mathrm{d}x)/\mathrm{d}x+(2\pi\varepsilon_0\varepsilon''E^2)/C_{\mathrm{p}} \tag{2.4}$$

式中 C_{p}——材料的比热容；

α——电导率温度。

如果微波源项中的所有参数都与位置（x）无关，则该项为常数，其贡献是使材料的温度随时间呈线性均匀增加。这就是体积加热的概念（volumetric heating）。此外，如果表面的边界条件采用对流换热系数来表示，且周围环境温度与材料初始温度一致，则材料的中心会比边缘更热。这就提出了微波能量由内而外加热的概念。

因此，材料的最初温度升高取决于微波源项参数大小，为了尽量提高升温速率，应尽可能提高电场强度、频率以及材料的介电损耗。然而，在实际（商业）应用中，能使用的微波频段限定于 ISM & D 频段内，电场强度的上限取决于基质或周围空气的介电强度（20~30kV/m），介电损耗的上限取决于材料对于微波能的吸收率。

2.3.2 材料内部的场强

场强 E 随材料内部位置的不同而不同。对于平面波而言，这种关系可以用材料的穿透深度 D_{p} 来表示，在 D_{p} 距离内，材料中的微波功率减少至入射功率的 1/e：

$$D_{\mathrm{p}}=\frac{1}{\omega}\left[2\mu_0\mu'\varepsilon_0\varepsilon'\left(\sqrt{1+(\tan\delta)^2}-1\right)\right]^{-1/2}\approx\lambda_0\sqrt{\varepsilon'}/2\pi\varepsilon'' \tag{2.5}$$

式中 μ_0——自由空间的磁导率，1.25×10^{-6}H/m；

μ'——材料的磁导率，通常数值为 1（非磁性材料）；

λ_0——微波在自由空间内的波长。

这种近似只适用于低损耗介质材料。值得注意的是，通常电场强度衰减一个 1/e 的距离，即所谓的趋肤深度 d，其与波的衰减常数 a 成反比。数值上，$D_{\mathrm{p}}=d/2$。

2.3.3 有效利用微波加热

使用较高的微波频率可达到更好的表面加热效果（Wang 和 Wang，2009），而使用较低的微波频率通常可以获得较大的穿透深度。在连续的体表面加热（quasi-volumetric heating）中，被加热物质的体积大小也应该按照 D_{p} 确定，需根据需要优先选择较小的体积。

衡量微波加热效率的一个相对简单的方法是比较热导率和生热率。对于平板来说，这里

给出一个 m 值：

$$m = (\omega\varepsilon_0\varepsilon''E^2x^2)/k\Delta T \tag{2.6}$$

也就是说，微波加热更适用于具有较高介电损耗值、较低热导率（k）、温度梯度差异不大、厚度较大的材料（x 值较大）。这里假设 $D_p \gg x$，确保电磁场能贯穿整个被加热物质，且在物质中是恒定的。

2.4 微波加热过程的测量

工业微波一般采用较高微波频率。在这些频率下，电子元件不会保持惰性。因此，电子电路可被形象化为波导。微波加热通常根据传输和反射能量测量，而不是电压和电流。

精确测量微波加热过程对微波工程师是一个挑战，计算微波转化为热能的有效转化率及其数学建模这一类基本问题仍有待专家们的进一步解决研究。引用 Meredith（1998）的话，“数值分析……是一种需要很高专业知识的技能，目前还只是在大学/工业研究中应用。在数值分析过程中，稍有偏差就会落入潜在的陷阱中，从而得到似是而非的结果”。因此，下面仅对控制方程进行简单的介绍。此外，近年来这方面研究有了很大的进展，更多的细节可参见第 18 章。

微波产生的热量用传导方程［式（2.7）］描述如下：

$$\rho C_p \frac{\partial T}{\partial t} = \lambda \nabla^2 T + Q \tag{2.7}$$

为了得到精确的数值解，这个简单的表达式应包括对流传热以及传导传热。

电磁场（微波）是产生热量值 Q 的热源，因此 Q 值是微波频率以及材料吸收能量能力的函数。

推导微波场方程所用的两个方程分别是安培定律［式（2.8）］和法拉第定律［式（2.9）］，它们都是麦克斯韦电磁方程，这是磁场强度 H 以及电通密度 D 的关系式：

$$\nabla \times H = \sigma E + \frac{\partial D}{\partial t} \tag{2.8}$$

这是电场强度 E 以及磁通密度 B 的关系式：

$$\nabla \times E = -\frac{\partial B}{\partial t} \tag{2.9}$$

此外，我们可以建立一个无磁性材料的微波公式。对于介电材料而言，我们可以得到式（2.10）：

$$\nabla^2 E = -\mu\varepsilon \frac{\partial^2 E}{\partial t^2} \tag{2.10}$$

其中 μ 是磁导率，代表与磁场的交互；ε 是介电常数，代表非电导材料与电场相互作用。单位体积能量耗散用生热率 $\dot{Q}$ 表示，因此我们用式（2.11）来表示微波过程产生的热量：

$$\dot{Q} = (\sigma_e |E|^2)/2 \tag{2.11}$$

电导率项 σ 包括电导率和相对介电常数 ε 的虚部或是介电损耗。在工业微波加热计算过程中，无论微波加热的是否为食品物料，首先要用的就是这个公式。然而当我们考虑微波加热食品的时候，我们不得不考虑多种因素影响，从而对未知的过程进行修正。因此相比而言，模拟非食品的微波加热过程相对容易。

2.5 影响微波加热的变量

微波加热设备参数以及负载特性（尺寸、形状、介电性质等）会影响微波加热速率以及加热均匀性。任意一种参数的改变都会显著影响微波加热过程（Peyre、Datta 和 Seyler，1997）。应用最广泛的用于解释介电性质的机制包括介电极化、偶极极化、界面极化、传导效应和其组合效应。

Hossan 等在 2010 年研究了传热系数、食品物料圆柱高度和微波频率与物料内部的温度分布之间的相关性。他们的结论是，食品物料高度的变化会影响物料内部温度分布，而（圆柱物料）半径的变化对其影响则很小。此外，他们也认为，物料介电常数和使用的微波频率是影响物料温度均匀分布的关键参数，而高对流换热可以使物料中温度分布更加均匀。

微波热效应是由物料与微波相互作用产生的，主要包括两种。第一，如果带电粒子在物料中可以自由穿梭（如样品碳中的电子），则物料中会产生感应电流，与施加的电流同步变化，这就是材料的离子电导。第二，如果带电粒子被束缚在材料中，微波电场会促使它们运动直至场力平衡，这就是材料的偶极极化。在微波作用下，离子电导和偶极极化都可能产生热效应。下文会就这个问题进行详细阐述。

值得注意的是，微波加热与微波光谱学是截然不同的。微波光谱学是一种量子现象即具有特定能量（即特定频率）的光子激发了分子旋转程度的改变。而对于微波加热而言，虽然固体和液体样品对于微波的吸收依赖于微波频率，但它绝不是量子化的。此外，材料的微波加热过程似乎是由于高频电场的作用，所以可以用经典分析方法分析。对其细节的讨论不是本章的研究内容，不过下文会介绍一些与之密切相关的化学内容。

2.5.1 介电极化

局部束缚的电荷无法跟随快速变化的高频电场可能会产生微波热效应。材料中电荷位移变化而产生的极化，可用电子和核子间位移变化以及核子与其他非等价电荷分布的核子间位移变化的总数来表示。这两种极化过程在时间尺度上比微波频率变化快得多，能够很好地跟随微波频率变化，因此其对微波热效应影响不大。

2.5.2 材料中极性分子/其他永久偶极的再定位

材料中极性分子/其他永久偶极再定位的极化现象是微波加热过程中最重要的极化现象，然而由于涉及大量的变量，这种极化现象理论研究非常复杂。除此之外，还存在界面极化（Maxwell-Wagner）效应 $\boldsymbol{a}_{\mathrm{i}}$，这是产生于非均质材料中的界面现象，但是其在微波频率下极化受限制，总体而言其对微波热效应的贡献有限。

损耗角 δ 是一个很重要的介电参数，在文献中经常以 $\tan\delta$ 的形式出现。它与复介电常数相关联，$\tan\delta=\varepsilon''/\varepsilon'$。损耗角 δ 是电场方向和材料极化方向之间的相位差。在磁性材料中，磁极化也可能产生热效应，这种磁性材料的复磁导率也可以用类似的表达式表示。

2.5.3 偶极极化

偶极极化是溶液体系中产生微波热效应的主要原因。在物质中，如水中，单个原子的不同电负性会导致整个分子产生永久电偶极。这种偶极对外部电场很敏感，并试图旋转自身按外部电场作用排列，这种旋转的能量由电场提供。对自由分子来说这种重新排列是很快的，但在液体中，由于其他分子的存在，这种瞬间重新排列受到阻碍。因此，偶极子对电场的响应能力受到限制，从而影响了不同频率电场中分子的运动。

在低频微波辐射下，偶极子能与电场同相位重新排列。偶极子在此过程中获得了一些能量，同时也有一些能量在碰撞中丢失，整体产生的热效应较小。在高频微波辐射下，偶极子没有足够的时间对电场做出响应，因此不旋转。由于分子没有运动，从而没有能量传递，因此也就没有加热效应。

在高低两个极限频率之间，存在着近似于偶极子响应时间的频率，即微波段频率。在微波频率区间内，频率较低，使偶极子有时间对交变场作出响应，从而旋转，但频率不至于太低，使偶极不能完全跟上频率变化。当偶极子刚刚适应在电场中的排列时，电场方向就发生了改变，从而电场方向和偶极子取向之间存在相位差。这种相位差导致偶极子随机碰撞产生能量损失，从而完成了微波介电加热过程。

对应介电损耗非零的频率范围相对较大，表明在这区间内发生了微波吸收（图 2.1）。这较宽的微波吸收频段与量子光谱吸收的谱线宽度形成对比，量子谱线宽度通常要小几个数量级。从图中可知，水的介电损耗在频率约为 20GHz 时达到最大值，这也是介电常数 ε' 出现拐点（随频率增大，介电常数显著下降，存在“平台”）的频率。对于大体积的物料而言，微波吸收效率过大可能会导致外层物料吸收能量过快，从而不可避免地导致物料内外加热不均匀。因此，为了限制微波吸收效率，家用微波炉通常避开这个最大值频率，选择 2.45GHz 作为工作频率。

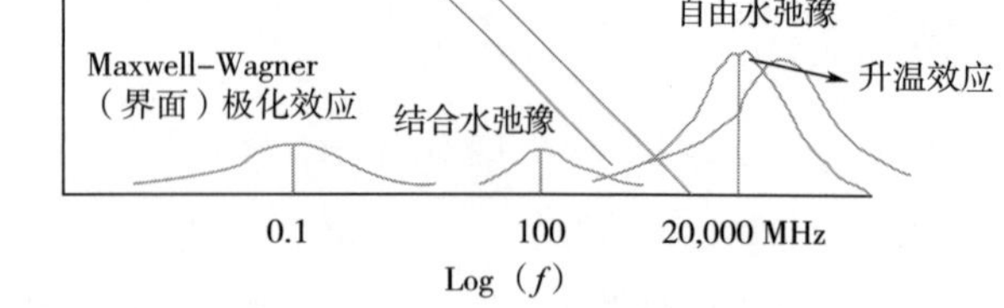

图 2.1 不同极化机制对以频率（f）为函数的湿物料介电损耗的贡献

注：这里标明的临界频率不够精确，只是显示了峰值的相对位置。

资料来源：Tang，J.，Hao，F.，& Lau，M.(2002). Microwave heating in food processing. *Advances in Bioprocessing Engineering*，1-44，Chapter 1。

Tang，J.(2005). Dielectric properties of foods. In H. Schubert & M. Regier(Eds.)，*Microwave Processing of Food*(p. 22-40，Chapter 2). Cambridge，UK：Woodhead Publishing Limited。

固体中分子偶极子不像在液体中那样可以自由旋转，而是被限制在一些由势垒分开的平衡位置上。与液体中的计算公式类似，固体中偶极子的这种行为的理论计算公式也已被总结归纳。计算这种行为的最简单模型是假设有两个被能量势垒分开的势阱，这代表了固体偶极子有两个可能的变化方向（Meredith，1998）。

2.5.4 Maxwell-Wagner（界面）极化

如果一种介电材料是非均匀，由两种介电材料夹杂组成的（一种介电材料包含在另一种之中），理论上也可以分析其极化情况。如果已知被包含材料的介电特性和几何形状，就有可能通过表达式计算整体体系样品的介电特性（参见第3章），从而分析其极化情况。而目前问题就变成了如何确定体系中各个组分的介电特性，除非是比较简单的体系，否则难以确定。在水中添加溶解盐会显著提高离子传导从而影响介电性质，并可能主导介电损耗。此外，大多数固体的介电损耗主要来自于离子传导，并可能受到温度的强烈影响（图2.2）。

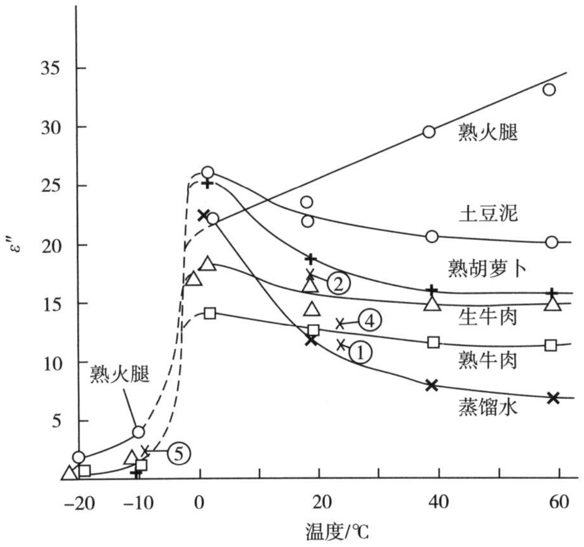

图2.2 3000MHz下温度对部分食品介电损耗（ε″）的影响

资料来源：Bengtsson，N. B.，& Risman，P. O.（1971）. Dielectric properties of foods at three GHz as determined by a cavity perturbation technique. *Journal of Microwave Power and Electromagnetic Energy*，6，107-123。

Tang，J.（2005）. *Dielectric Properties of Foods.* In H. Schubert & M. Regier（Eds.），Microwave processing of food（p. 22-40，Chapter 2）. Cambridge，UK：Woodhead Publishing Limited。

2.6 微波加热食品的配方优化设计

在消费过程中，人们对微波食品有更高的要求，目前已工业化生产的商品微波食品无法达到。在家庭烹饪中，人们总是希望食品加工过程既简单又快速，还能保持食品的营养成分不被破坏，这样微波处理就成为了一个好方法。然而，人们还期望微波加工的食品最好能像传统烤箱烘焙一样色香味俱全。为了达成这一点，在生产微波食品时就有很多注意事项，尤其是微波食品的配方控制方面。

目前，食品加工企业已不满足于改造现有的微波食品，而是开始设计专门适合于微波生产的食品，通过改变包装或是产品配方，使得产品更适于微波生产。微波产品加热不均的问题可通过改变食品形状解决，例如圆柱状产品没有尖锐的棱角，因此降低了微波不均匀加热的风险。微波产品上色困难的问题可能可以通过改变产品包装（参见第 13 章）或者使用衬底来收集微波能量使其集中加热于产品表面等方法来解决。此外，了解不同食品组分如何影响食品的加热特性也很重要。如果能将这些都研究透彻的话，那么将来仅用微波一种方法加工食品便成为可能。

现在，食品店里微波方便食品的种类已大大增加，消费者按自身喜好可有很多选择。微波食品的研发关注质量和安全两个方面，主要针对微波食品存在的四个缺陷进行改良，包括脆度较差、上色困难、加热不均以及口感不完善（Fraser 和 LeBlanc，1989）。

食品组分性质的改变会直接影响微波加热模式（Bows，2000）。开发新兴微波食品的成功与否取决于对微波能量场与食品组分之间相互作用的理解是否透彻。传统加热和微波加热生产的食品风味显著不同，因此需要改进微波食品的生产配方。

在微波食品的研发中，了解食品组分间的相互作用是成功开发产品的关键。每种食品物料都包含不同的组分，而每种组分都有不同的分子组成，这使其在微波处理过程中有独特的加热性能。水是大多数食品的主要组分，是食品组分中与微波相互作用产热的主要来源（Oliveira 和 Franca，2002）。和水一样，食品中具有不同介电性质的其他各种组分使得食品具有独特而复杂的微波加热潜力（Hegenbart，1992）。决定食品微波加热效果的主要因素包括食品组分的介电特性、比热、质量和形状。

2.6.1 微波褐变

微波加工食品的颜色是微波加热过程中需要考虑的重要因素（Pathare、Opara 和 Al-Said，2013）。目前已有一些生化指标可定量测定酶促褐变水平（Lunadei、Galleguillos、Diezma、Lleo 和 Ruiz Garcia，2011）。很多食品在温度超过 140℃ 的加热/烹饪过程中会发生褐变，从而产生独特、受欢迎的风味。如果没有褐变发生，食品口感会变差。微波食品的褐变程度与微波输出功率-时间与处理食品量的比值有关，这个比值的差异会显著影响微波食品上色程度，例如，当微波功率密度为 9W/g 时，秋葵发生了褐变（Dadali、Kilik Apar 和 Ozbek，2007）。影响褐变的两个主要因素是温度和时间，而微波加热过程中可能达不到褐变所需要的温度和时间。为了弥补这一点，可以考虑将易产生褐变的原料添加至微波加工食品中，从而获得令人满意的褐变效果（Decareau，1992）。

微波褐变配方包含一些基本化合物（如葡萄糖、碳酸钠、卵磷脂、盐、酵母提取物等），它们可以帮助食品在微波处理过程中产生表面褐变上色。褐变产物即是食品中的糖与氨基酸、多肽和蛋白质反应产生的小分子关键风味物质，如吡嗪、呋喃和噻唑（Liao、Raghavan、Meda 和 Yaylayan，2001）。

也可以使用促褐变装置来提高微波食品的表面上色。采用一次性衬底聚集部分微波能量对食品表面进行强加热，以达到表面焦脆以及上色的目的（Mehdizadeh、Chi、Riegert、

Blankenbeckler 和 Corcoran，2015）。这里的原理是借助与食品表面接触的支撑材料将微波能转化为热量，从而提供足够的热量使食品上色（Decareau，1992）。促褐变装置有多种设计形式，如托盘、带衬底的包装材料以及磁性成分等（参见第 13 章）。这些不同设计形式的促褐变与否取决于它们是否有比食品本身更快升温的能力。

Rhim 和 Hong（2011）研究了食品温度和水分含量对微波褐变的影响，结果表明温度显著升高时，食品微波褐变更加明显。

当达到一定温度时，糖会发生焦糖化现象从而产生棕色，而在微波炉中这个温度很难达到，因而微波上色较为困难（Davis，1995）。近年来，一些食品配料企业开发了促褐变剂，它们由纤维素和葡萄糖衍生而来，在加热时（包括微波加热时）会与食品中的组分发生美拉德反应，从而产生诱人的棕色色泽。因为饱和糖溶液的微波吸收转化能力是纯水的两到三倍，可改善微波上色效果。在烘焙食品中添加乳糖可以提高持水力，改善产品质地，提高产品体积，同时强化美拉德反应。尤其对于微波低温处理产品而言，添加乳糖是一个促进微波上色的简单方法（Knehr，2001）。所添加的糖晶体大小在微波褐变过程中也有着非常重要的作用。在烘焙产品中，糖在淀粉糊化过程中对于面团结构有着非常重要的影响。如果加入的糖不能迅速溶解于溶液中（以小晶体存在），会阻碍淀粉糊化过程，由于微波加热时间过短，在此短时间内淀粉无法完全糊化（Hegenbart，1992），影响产品品质。

2.6.2 微波爆米花

Singh 和 Singh（1999）采用由氢化油、黄油、氯化钠和碳酸氢钠组成的涂料来改善微波爆米花质量，结果表明，涂料配方对爆米花体积密度、膨化指数和爆粒率均有显著影响，合适的涂料配方能显著降低籽粒的体积密度，增大膨化指数和爆粒率。另一方面，研究发现涂料中碳酸氢钠对微波爆米花膨化性质没有显著影响，而适量的盐可使产品获得理想的膨化性能（Ceylan 和 Karababa，2004）。

2.6.3 微波烘焙①

微波烘焙面包品质较差，即使重新调整面团配方也只能达到普通烘焙面包的最低品质水平。事实上，微波烘焙面包通常不具备理想的质地和色泽，这是由于微波加热时间非常短，没有足够的时间使淀粉正常糊化、淀粉酶解转化或面团膨胀（Sumnu，2001）。实验表明面筋含量是影响微波烘焙面包的一个重要因素。面筋含量越低（约 25%），微波烘焙面包品质越好。添加面团乳化剂（卵磷脂、大豆蛋白和胶）也可以达到增大面团体积，降低面包硬度的目的（Ozmutlu、Sumnu 和 Sahin，2001）。在蛋糕配方中添加一些食品级的甲基纤维素和羟丙基甲基纤维素可以增加微波烘焙蛋糕的体积，提高其松软口感（Bell 和 Steinke，1990）。Clarke 和 Farrell（2000）发现面团乳化剂和燕麦纤维共同作用可提升微波烘焙比萨制品的品质。

通过选择合适的食品配方来控制微波过程中的食品水分迁移散失，并利用专门设计的衬底来提高微波食品表面褐变以及脆度，可使得微波烘焙产品品质得到显著的改善（Mast，2000；Ozmutlu 等，2001）。选用合适的食品配方可控制微波过程中水分的迁移散失，同时达

① 参见第 6 章。

到增强表面褐变和脆化的效果。一种纤维素粉、食用淀粉、胶体和植物油的混合物可以用来提高面团产品的持水力；另一种海藻酸盐、纤维素粉、乳蛋白、胶体和酶的混合物可以用来控制产品中水分迁移，增强面团结构强度，增大体积（Keskin、Sumnu 和 Sahin，2004）。还有一种以糖粉、糊精、起酥油、褐变剂和植物油为组成成分的具有良好介电性质的混合物，当其与面团组分复配时，能够增强微波烘焙产品表面褐变以及脆度（Seihun、Sumnu 和 Sahin，2003；Torrealba-Meléndez 等，2015）。

目前已经开发了许多适宜微波加工的功能性特种淀粉（National Starch and Chemical Co，Bridgewater，NJ，USA），这些功能包括提高微波烘焙产品酥脆度，改善质地和口感，控制吸油率，控制膨胀度和密度等。对淀粉进行预糊化物理改性，使淀粉即使在加工处理条件无法达到正常糊化温度的情况下（如微波）也能快速糊化提高黏度和膨胀度。调整淀粉组成，如高直链淀粉对水的敏感性较低，因此可以抵抗潮湿，提供更脆的食品表层。

在微波冷冻即食产品中，需要淀粉链段具有少分支、短链的特性，从而维持体系的黏度，避免微波处理过程中过热现象的发生。

2.6.4 微波烹饪

用微波烤制生肉是一个挑战，因为肉类周围的冷空气会使产品表面上色较差。此外，在微波熟制的过程中，肉类内部被加热，热量从内部向外部转移，这会导致产品硬化、干燥、口感差（Taki，1991）。这些问题可以通过调整原料配比解决，例如在肉表面涂抹盐基的涂料，使表面吸收更多的微波能以达到表面上色的目的；添加保水剂（淀粉等）能减少微波过程中肉制品水分流失；添加酶制剂能够保持肉制品嫩度；添加调味料可以改善肉制品的综合风味。

一般情况下，建议肉制品中的盐浓度尽量保持较低水平，从而保证一定的微波穿透深度，使得加热更均匀，避免过热（Schiffmann，1993）。另一方面，在某些特殊情况下，可以提高盐含量，从而提高肉制品表面加热速率获得良好上色（Schiffmann，1986）。

2.6.5 水分迁移

水是微波食品中最重要且最值得关注的组分。通常，食品中水分含量越高，体系介电损耗相对越高，微波加热效果越好。许多微波产品因其水分含量比一般产品高而拥有较好的品质，高水分含量能够减缓微波快速加热而带来的负面效应同时减轻微波加热不均匀性。在微波烘焙中，产品配方中额外的水以及保水剂的共同作用能够使得产品具有较好的品质（Hoseney，1997）。

在传统传导加热过程中，食品表面获得的高温会导致表面脱水和酥脆。而在微波加热过程中，食品表面温度较低并且内部温度梯度迫使水分迁移到表面，导致食品表面不脆。目前已经研制了特殊的食品配方来解决这个问题（Fraser 和 LeBlanc，1989）。食用胶体可以维持微波食品的黏度，模拟脂肪的功能以及感官品质，并在食品内部以及表面之间形成一层保护膜，避免水分从内部迁移至外部，从而维持表面的脆度（Dow Chemical Company，Midland，MI，USA）。

有人研究了微波烹饪牛肉馅中作为脂肪/水亲和剂的非肉类组分植物纤维对整体感官、烹饪和成分特性的影响。随着植物纤维（豌豆纤维）的加入，纤维膨胀吸收脂肪，进而与牛肉蛋白相互作用形成复杂的体系，阻止了微波加热过程中脂肪和水分的迁出（Anderson

和 Berry，2001）。

调整微波汉堡/小面包中肉的比例，可提高食品生产商对微波加热温度的选择性（Lyng、Scully、Mckenna、Hunter 和 Molloy，2002）。重要的是采用不同的配方（包括乳化剂、胶体、蛋白质和糖等）来分别调整控制汉堡中肉以及小面包的水分含量，确保微波加热时肉能加热而面包不会烤焦（Parker 和 Vollmer，2004）。

2.6.6 风味

调味工业正面临的新挑战是给微波加热食品专门设计调味配方。

微波处理的食品通常没有浓郁的味道和香味。为了解决这个问题，食品开发商在配料中添加了复杂多样的风味前体物质。一些公司生产了烘焙风味化合物，确保其在不同的加工处理过程中（包括微波处理过程）仍能保持稳定性，保证产品风味（Griffith Laboratories Worldwide Inc.）。

添加到微波食品配方中的风味物质是非常复杂的，因为它们必须提供如柠檬、黄油、香草等风味以及典型的焙烤风味，而这些风味在微波加热过程中由于温度以及时间未达到而没有充分体现（Steinke、Frick、Strassburger 和 Gallagher，1989）。微波与食品中的水强烈相互作用会导致挥发性脂肪酸的快速流失，从而产生令人不快的异味。Steinke 等（1989）对油/水混合物中各种挥发性酸的研究表明油的存在可以抑制挥发性脂肪酸的损失。

商业上已经开始使用新的微胶囊技术来控制食品中活性/功能性成分的释放。其中一种产品是疏水纳米微胶囊，它可以在微波加热至一定温度时释放活性成分和风味，从而使微波加工食品保留良好的风味（Shefer 和 Shefer，2003）。

2.7 未来发展趋势

物料经过微波处理时，它们会发生物理和结构转变，从而反向改变其介电性质以及在微波场下的行为。因此，在此过程中物料将电磁能转化为热能的能力也是不同的。正确认识和理解微波与不同物料的相互作用对于微波在农产品以及食品中的应用发展是至关重要的。物料的化学组分、大小、形状，以及在加工过程中物料与微波相互作用所表现的物理特性，都将直接决定整个微波生产过程能否成功。

微波加热的未来发展前景非常广阔，在生物质分馏（Kurian、Gariepy、Orsat 和 Raghavan，2015）、材料合成（Wang、Qu、Xu、Rena 和 Qu，2011）、分解油砂中的乳化液（Sawsan 和 Mortatha，2013）以及生物分子提取（Khodaei、Karboune 和 Orsat，2016）等方面都有应用。此外，微波辅助干燥的应用也逐年增多，因为微波辅助干燥更加节能，并且干燥产品品质更高（Routray、Orsat 和 Gariepy，2014）（参见第 8 章）。

参考文献

Anderson，E. T.，& Berry，B. W.（2001）. Effects of inner pea fiber on fat retention and cooking yield in high fat ground beef. *Food Research International*, *34* (8), 689-694.

Bell, D. A., & Steinke, L. W. (1990). Improved structure and texture in microwave cakes by the addition of methylcellulose and hydroxypropyl methylcellulose. *Cereal Foods World*, *35* (8), 8-43.

Bengtsson, N. B., & Risman, P. O. (1971). Dielectric properties of foods at three GHz as determined by a cavity perturbation technique. *Journal of Microwave Power and Electromagnetic Energy*, *6*, 107-123.

Bows, J. R. (2000). A classification system for microwave heating of food. *International Journal of Food Science and Technology*, *35*, 417-430.

Ceylan, M., & Karababa, E. (2004). The effects of ingredients on popcorn popping characteristics. *International Journal of Food Science and Technology*, *39*, 361-370.

Chan, T. V. C. T., & Reader, H. C. (2000). *Understanding microwave heating cavities*. Boston, MA: Artech House Publishers.

Chandrasekaran, S., Ramanathan, S., & Basak, T. (2013). Microwave food processing—A review. *Food Research International*, *52*, 243-261.

Clarke, C. I., & Farrell, G. (2000). The effects of recipe formulation on the textural characteristics of microwave-reheated pizza bases. *Journal of the Science of Food and Agriculture*, *80*, 1237-1244.

Curet, S., Rouaud, O., & Boillereaux, L. (2014). Estimation of dielectric properties of food materials during microwave tempering and heating. *Food Bioprocess & Technology*, *7*, 371-384.

Dadali, G., Kilik Apar, D., & Ozbek, B. (2007). Color change kinetics of okra undergoing microwave drying. *Drying Technology*, *25* (5), 925-936.

Datta, A. K., & Rakesh, V. (2013). Principles of microwave combination heating. *Comprehensive Reviews in Food Science and Food Safety*, *12*, 24-39.

Davis, E. A. (1995). Functionality of sugars: Physicochemical interactions in foods. *American Journal of Clinical Nutrition*, *62* (Suppl.), 170S-177S.

Decareau, R. V. (1992). *Microwave foods: New product development*. Connecticut, CT: Food and Nutrition Press, Inc.

Dow Chemical Company. Available from http://www.dow.com.

Fraser, J. D., & Leblanc, E. L. (1989). Microwaveability: The new wave considerations in food product formulation. *Canadian Home Economics Journal*, *39* (4), 139-143.

Gowen, A., Abu Ghanam, N., Frias, J., & Oliviera, J. (2006). Optimisation of dehydration and rehydration properties of cooked chickpeas (*Cicer arietinum* L.) undergoing microwave-hot air combination drying. *Trends in Food Science & Technology*, *17* (4), 177-183.

Griffith Laboratories Worldwide Inc. USA. http://www.griffithlabs.com.

Hegenbart, S. (1992). Microwave quality: Coming of age, *Food Product Design*, *June 1992*.

Hossan, M. R., Byun, D., & Dutta, P. (2010). Analysis of microwave heating for cylindrical shaped objects. *International Journal of Heat and Mass Transfer*, *53* (23), 5129-5138.

Keskin, S. O., Sumnu, G., & Sahin, S. (2004). Usage of enzymes in a novel baking process. *Nahrung/Food*, *48* (2), 156-160.

Khodaei, N., Karboune, S., & Orsat, V. (2016). Microwave-assisted alkaline extraction of galactan-rich rhamnogalacturonan I from potato cell wall by-product. *Food Chemistry*, *190* (1), 495-505.

Knehr, E. (2001). Dairy strikes a balance: Nutrition, flavour and functionality. *Food Product Design*, *June 2001* (Suppl.).

Kurian, J. K., Gariepy, Y., Orsat, V., & Raghavan, G. S. V. (2015). Comparison of steamassisted versus microwave – assisted treatments for the fractionation of sweet sorghum bagasse. *Bioresources and Bioprocessing*, *2*, 30. Available from: http://dx. doi. org/10. 1186/s40643-015-0059-3.

Lew, A., Krutzik, P. O., Hart, M. E., & Chamberlin, A. R. (2002). Increasing rates of reaction: Microwave-assisted organic synthesis for combinatorial chemistry. *Journal of Combinatorial Chemistry*, *4* (2), 95-105.

Liao, X., Raghavan, G. S. V., Meda, V., & Yaylayan, V. A. (2001). Dielectric properties of supersaturated α-D-glucose aqueous solutions at 2450 MHz. *Journal of Microwave Power & Electromagnetic Energy*, *36* (3), 131-138.

Lunadei, L., Galleguillos, P., Diezma, B., Lleo, L., & Ruiz Garcia, L. (2011). A multispectral vision system to evaluate enzymatic browning in fresh-cut apple slices. *Postharvest Biology and Technology*, *60*, 225-234.

Lyng, J. G., Scully, M., Mckenna, B. M., Hunter, A., & Molloy, G. (2002). The influence of compositional changes in beef burgers on their temperatures and their thermal and dielectric properties during microwave heating. *Journal of Muscle Foods*, *13* (2), 123-142.

Mast, R. (2000). Application of microwave technology to bakery products, British Society of Baking, BSB Conference, October 2000, Paper 441. http://britishsocietyofbaking. org. uk/conference-2000/.

Mehdizadeh, M., Chi, H., Riegert, R., Blankenbeckler, N., & Corcoran, W. (2015). Microwave browning of foods: Recent advancements in improving uniformity with a novel susceptor system. In *Conference presentation*, *49th annual international microwave power symposium* (*IMPI 49*), San Diego, California, June 2015.

Meredith, R. J. (1998). *Engineer's handbook of industrial microwave heating*. London, UK: The Institution of Electrical Engineers IEEE Publications.

Miller, R. A., & Hoseney, R. C. (1997). Method to measure microwave induced toughness in bread. *Journal of Food Science*, *62*, 1202-1204.

Miura, N., Yagihara, S., & Mashimo, S. (2003). Microwave dielectric properties of solid and liquid foods investigated by time-domain reflectometry. *Journal of Food Science*, *68* (4), 1396-1403.

National Starch And Chemical Co. Available from: http://www. nationalstarch. com.

Ohlsson, T. (1983). Fundamentals of microwave cooking. *Microwave World*, *4* (2), 4.

Oliveira, M. E. C., & Franca, A. A. (2002). Microwave heating of foodstuffs. *Journal of Food Engineering*, *53*, 347-359.

Ozmutlu, O., Sumnu, G., & Sahin, S. (2001). Effects of different formulations on the quality of microwave baked breads. *European Food Research and Technology*, *213* (1), 38-42.

Parker, K., & Vollmer, M. (2004). Bad food and good physics: The development of domestic microwave cookery. *Physics Education*, *39* (1), 82-90.

Pathare, P. B., Opara, U. L., & Al-Said, F. A. J. (2013). Colour measurement and analysis in fresh and processed foods: A review. *Food and Bioprocess Technology*, *6* (1), 36-60.

Peyre, F., Datta, A., & Seyler, C. (1997). Influence of the dielectric property on microwave heating patterns: Application to food materials. *Journal of Microwave Power and Electromagnetic Energy*, *32* (1), 3-14.

Rhim, J. W., & Hong, S. I. (2011). Effect of water activity and temperature on the color change of red pepper (*Capsicum annuum* L.) powder. *Food Science and Biotechnology*, *20* (1), 215-222.

Routray, W., Orsat, V., & Gariepy, Y. (2014). Effect of different drying methods on the microwave extraction of phenolic components and antioxidant activity of highbush blueberry leaves. *Drying Technology*, *32* (16), 1888–1904.

Salazar - Gonzalez, C., San Martin - Gonzalez, M. F., Lopez Malo, A., & Sosa - Morales, M. E. (2012). Recent studies related to microwave processing of fluid foods. *Food and Bioprocess Technology*, *5* (1), 31–46.

Sawsan, M., & Mortatha, M. (2013). The application of microwave technology in demulsification of water–in–oil emulsion for missan oil fields. *Iraqi Journal of Chemical and Petroleum Engineering*, *14* (2), 21–27.

Schiffmann, R. F. (1986). Food product development for microwave processing. *Food Technology*, *June 1986*, 94–98.

Schiffmann, R. F. (1993). Understanding microwave reactions and interactions. *Food Product Design*, *April 1993.*

Seihun, N., Sumnu, G., & Sahin, S. (2003). Effects of different emulsifier types, fat contents, and gum types on retardation of staling of microwave–baked cakes. *Nahrung/Food*, *47* (4), 248–251.

Shefer, A., & Shefer, S. (2003). Novel encapsulation system provides controlled release of ingredients. *Food Technology*, *57* (11), 40–42.

Singh, J., & Singh, N. (1999). Effects of different ingredients and microwave power on popping characteristics of popcorn. *Journal of Food Engineering*, *42*, 461–465.

Singh, R. P., & Heldman, D. R. (2009). *Introduction to food engineering* (4th ed.). Burlington, San Diego, London: Academic Press.

Sosa- Morales, M. E., Valerio - Junco, L., Lopez - Malo, A., & Garcia, H. S. (2010). Dielectric properties of foods: Reported data in the 21st century and their potential applications. *LWT Food Science and Technology*, *43*, 1169–1179.

Steinke, J. A., Frick, C., Strassburger, K., & Gallagher, J. (1989). Interaction of flavor systems in the microwave environment. *Cereal Foods World*, *34* (4), 330–332.

Suarez, C., Viollaz, P. E., Rovedo, C. O., Tolaba, M. P., & Haros, M. (2000). Improved drying techniques and microwave food processing. *Minimally Processed Fruits and Vegetables*, 175–188.

Sumnu, G. (2001). A review on microwave baking of foods. *International Journal of Food Science and Technology*, *36*, 117–127.

Taki, G. H. (1991). Functional ingredient blend produces low - fat meat products to meet consumer expectations. *Food Technology*, *November 1991*, 71–74.

Tang, J. (2005). Dielectric properties of foods. In H. Schubert, & M. Regier (Eds.), *Microwave Processing of Food* (pp. 22–40). Cambridge, UK: Woodhead Publishing Limited, Chapter 2.

Tang, J., Hao, F., & Lau, M. (2002). Microwave heating in food processing. *Advances in Bioprocessing Engineering*, 1–44, Chapter 1.

Torrealba- Meléndez, R., Sosa - Morales, M. E., Olvera - Cervantes, J. L., & Corona - Chávez, A. (2015). Dielectric properties of cereals at frequencies useful for processes with microwave heating. *Journal of Food Science and Technology*, *52* (12), 8403–8409.

Vadivambal, R., & Jayas, D. S. (2010). Non–uniform temperature distribution during microwave heating of food materials—A review. *Food and Bioprocess Technology*, *3* (2), 161–171.

Venkatesh, M. S., & Raghavan, G. S. V. (2004). An overview of microwave processing and dielectric properties of agri–food materials. *Biosystems Engineering*, *88* (1), 1–18.

Wang, J. , Tang, J. , Wang, Y. , & Swanson, B. (2009). Dielectric properties of egg whites and whole eggs as influenced by thermal treatments. *LWT-Food Science and Technology*, *42*, 1204-1212.

Wang, X. , Qu, K. , Xu, B. , Rena, J. , & Qu, X. (2011). Microwave assisted one - step green synthesis of cell - permeable multicolor photoluminescent carbon dots without surface passivation reagents. *Journal Materials Chemistry*, *21*, 2445-2450.

Wang, Y. , & Wang, J. (2009). Computer simulation of radio frequency heating. In S. Jun, & J. M. Irudayaraj (Eds.), *Food processing operations modeling* (pp. 81 - 112). Boca Ratón, FL: CRC Press.

Yam, K. L. , & Lai, C. C. (2006). Microwavable frozen food or meals. In Y. H. Hui (Ed.), *Handbook of food science, technology and engineering* (pp. 1131-1138). Boca Ratón, FL: CRC Press.

Zhang, M. , Tang, J. , Mujumdar, A. S. , & Wang, S. (2006). Trends in microwave-related drying of fruits and vegetables. *Trends in Food Science & Technology*, *17* (10), 524-534.

3 食品介电特性的测试

M. Regier[1], *K. Knoerzer*[2], *H. Schubert*[3]

[1]Trier University of Applied Sciences, Trier, Germany; [2]CSIRO Agriculture and Food, Melbourne, VIC, Australia; [3]Karlsruhe Institute of Technology (KIT), Karlsruhe, Germany

3.1 引言

介电特性表征了存储和消耗电场能量的能力（参见第 2 章），根据频率范围和介电特性的不同，可以从有关文献中获得许多不同的介电特性测试方法。在微波频率范围内，多数方法最初是针对高频和无线电射频电信装置中所使用的材料建立的。因此，与大多数（湿的）食品材料相反，这些方法多是针对介电损耗低的材料。

Engelder 和 Buffler（1991）、Kaatze 和 Giese（1980）和 Rost（1978）已经报道了微波介电特性的测试原理。本章综述了在微波频率范围内食品介电特性最常规的测试技术。在现象学水平上对不同的方法进行分类和描述后，又提出了更多、更进一步的关于未知介电特性信息的分析技术。通过总结这些方法的主要优缺点，以帮助选择适合不同材料（状态、几何形状和介电特性）和频率范围的最佳测试技术。

3.2 测试技术的分类

通常，测试技术可分为时域和频域两种方法；由于现代网络分析仪的实用性，对于食品物质来说，频域方法更加常用且准确。因此，本章只介绍频域方法。

这种分类方法是依据开放式和封闭式结构测试方法之间的区别进行的。

就封闭式系统而言，一般的差别主要是传输线和谐振器（可进一步分为完全填充和不完全填充谐振器）之间的差异。然而，在开放式系统中，主要是开放式探头和自由空间技术之间的差异。

3.2.1 封闭式结构

封闭式结构是指将电磁波限制在一个被金属外壁包围的有限空间内。

3.2.1.1 传输线

同轴电缆和简单的波导（通常呈矩形或圆形结构）均可以作为传输线。为了测量这些传输线中的介电特性，首先必须在不测量材料的情况下对传输线进行表征。在导入材料后，通过网络分析仪（宽频率范围）测量驻波比（SWR）、反射或透射系数可以获知未知材料的介电特性。反射波的测试比透射波的测试更为常见。

就测试驻波比来说，可以利用商业软件和用户开发的程序，通过与 SWRs 相关的驻波节点位置和节点宽度的变化、样品和波导的尺寸以及入射场模式来确定介电特性（Nelson，2010；Nelson、Stetson 和 Schlaphoff，1974）。

在这些反射测试中，使用了两种类型的传输线，如图 3.1 所示：一种是固定的短终端，该终端可以直接放置样品；另一种是滑动的短行程活塞。Roberts 和 von Hippel（1946）阐述了测试的基础，并由 Nelson 等（1974）和 Roussy、Ghanem、Thiebaut 和 Dichtel（1990）进行了概括和完善。

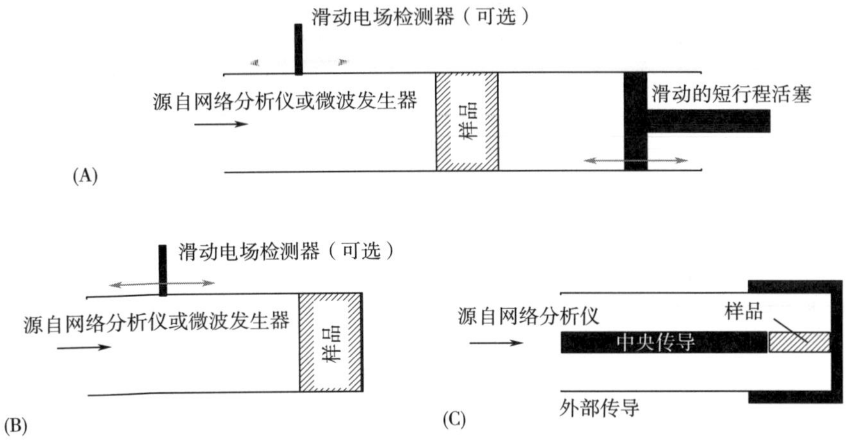

图 3.1 介电测试的不同传输线方式

注：（A）短程滑动波导；（B）波导（样品置于短末端）；（C）同轴电缆。

资料来源： Roussy, G., & Pearce, J. A. (1995). *Foundations and industrial applications of microwaves and radio frequency fields*. New York：Wiley。

在各种情况下，待测材料必须具有良好的几何形状且恰好可放进预设位置，以尽量减小由于空气间隙或物料变形所造成的误差。此外，为了防止波导中的磁场波形与期望值不同，待测材料的最大介电常数要有一定的限度。因此，该方法被认为最适用于低损耗的可加工固体（Agilent，2014）。虽然特殊的校准方法可以消除波导中未知反射引起的误差，但上述前提条件常常限制了其在食品材料中的应用（Engelder 和 Buffler，1991）。尽管如此，上述方法已成功用于谷物、种子以及粉末或粉碎材料的测试（Nelson，1972，1983；Nelson 和 You，1989；You 和 Nelson，1988）。

3.2.1.2 谐振腔

就传输线而言，适于测试高损耗材料，而低损耗的材料需要另一种不同的测试方法，这是因为材料的衰减太弱使得介电常数的计算缺乏准确性，因而采用谐振腔代替。谐振腔能够通过品质因数 Q 来放大电场（在某些区域），从而放大电场与具有介电特性的材料之间的相互作用。

谐振器是一个由具有传导性的（金属）外壁包围的空腔，其中电磁驻波可以由振荡耦合装置产生。用于介电测试的普通谐振器呈立方体或圆柱体，对于这些几何形状，可以求得一定边界条件下驻波的麦克斯韦方程组的几何解（例如，不存在平行于导电壁的电场分量）。在使用传输线进行测试的情况下，谐振器的测试只能在离散的或固定的（谐振）频率下进行。如果在不同的频率条件下，则必须选择另一种谐振模式，甚至是另一种具有不同几何尺度的谐振器。由于介电特性受谐振变化（谐振频率和品质因数）的影响，测量频率的选择也就取决于材料的特性（图 3.2）。

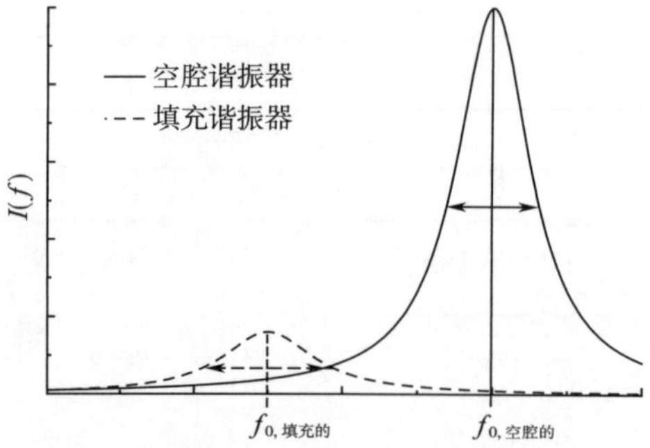

图 3.2 由电介质填充引起的谐振器谐振频率 f_0 的漂移和拓展

注：箭头表示下的自由幅宽 $\Delta f_{1/2}$。

因此，为了测定介电性质，必须测定谐振曲线，即谐振器的反射或透射系数除以频率。网络分析仪可以有效地完成这项工作，可以作为一定频率的电磁波源和反射检测器。

根据介电材料所占空间的大小，可以分为完全填充谐振器和不完全填充谐振器。对于完全填充谐振器，立方形和圆柱形谐振器通常用于食品的介电测定，而对于不完全填充谐振器，圆柱形谐振器则是首选（Bengtsson 和 Risman，1971；Gallone、Lucardesi、Martinelli 和 Rolla，1996；Janezic，2003；Persch，1997；Risman 和 Bengtsson，1971）。

针对两种类型的空腔谐振器，有以下两种检测方法：

绝对检测，即介电特性可以从空腔谐振器内共振方程的理论解获得，该值为麦克斯韦方程组的一个近似解。校正检测，即在测定未知介电特性的材料之前，首先测定已知介电性质物质的共振响应（谐振频率和品质因数），从而获得校正曲线。

之后的结果显示，完全填充谐振器相对更容易得出描述性的理论公式，因此更倾向于使用绝对测试方法。而在不完全填充谐振器中，这种推导仅适用于对称性的简单几何结构（见不完全填充谐振器部分或 Regier 和 Schubert，2000）。并且，在实际应用中，公式推导更加复杂，因此校准方法更为常用。

完全填充式谐振器

如果待测材料介电性质的实部和虚部均很小，完全填充式谐振器更加合适，因为此时电磁场和材料之间的相互作用使其敏感性得到了极大提高。这种谐振器的另一个优点是易于构造和理论描述，进而分析得出介电特性。

为了说明其原理，下面给出最简单的立方体谐振腔谐振公式。如第 1 章所述，由麦克斯韦方程导出电场和磁场的波动方程［式（3.1）和式（3.2）］。

$$\left(\Delta - \frac{1}{\mu\mu_0\varepsilon\varepsilon_0} \cdot \frac{\partial^2}{\partial t^2}\right)\vec{E}(\vec{r},\ t) = 0 \tag{3.1}$$

$$\left(\Delta - \frac{1}{\mu\mu_0\varepsilon\varepsilon_0} \cdot \frac{\partial^2}{\partial t^2}\right)\vec{B}(\vec{r},\ t) = 0 \tag{3.2}$$

此外，根据麦克斯韦方程可知磁场和电场是互相依存的［参见第 1 章中式（1.3）或表 1.1］。对于封闭的金属腔而言，表 1.2 中的边界条件是成立的，因此，在金属边界处可能不存在电场的平行分量和磁通量的垂直分量［式（3.3）和式（3.4）］。

$$\vec{E}_{\parallel} = 0 \quad \text{在金属边界处} \tag{3.3}$$

$$\vec{B}_{\perp}=0 \quad 在金属边界处 \tag{3.4}$$

对于方程的解，我们取电场的 x 分量 E_x，并利用分离算法：

$$E_x=f(x)\cdot g(y)\cdot h(z)\cdot e^{-i\omega t} \tag{3.5}$$

在此，提出了时谐特性（仅解的实部是物理相关的）。

用这种方法，得出波动方程［式（3.1）］：

$$f''(x)\cdot g(y)\cdot(z)\cdot e^{-i\omega t}+f(x)\cdot g''(y)\cdot h(z)\cdot e^{-i\omega t}+f(x)\cdot g(y)\cdot h''(z)\cdot$$

$$e^{-i\omega t}+\frac{\omega^2}{\mu\mu_0\varepsilon\varepsilon_0}f(x)\cdot g(y)\cdot h(z)\cdot e^{-i\omega t}=0$$

$$\Rightarrow\frac{f''(x)}{f(x)}+\frac{g''(y)}{g(y)}+\frac{h''(z)}{h(z)}+\frac{\omega^2}{\mu\mu_0\varepsilon\varepsilon_0}=0 \tag{3.6}$$

因为总和中的每一部分仅与一个变量相关，并且方程式对于所有组合是有效的，这些部分必须等于一个常数$\frac{f''}{f}=-k_x{}^2$、$\frac{g''}{g}=-k_y{}^2$和$\frac{h''}{h}=-k_z{}^2$，因此：

$$-k_x{}^2-k_y{}^2-k_z{}^2+\frac{\omega^2}{\mu\mu_0\varepsilon\varepsilon_0}=0 \tag{3.7}$$

然后，再选择调和函数：

$$f(x)=\sin(k_xx+\phi_x)$$
$$g(y)=\sin(k_yy+\phi_y)$$
$$h(z)=\sin(k_zz+\phi_z) \tag{3.8}$$

因此，其通解可以写成：

$$E_x(x, y, z, t)=A_x\cdot\sin(k_xx+\phi_x)\cdot\sin(k_yy+\phi_y)h\sin(k_zz+\phi_z)\cdot e^{-i\omega t} \tag{3.9}$$

这个解可以简化为 E_y 和 E_z，并且一定满足边界条件［式（3.3）和式（3.4）］。对于金属立方体谐振腔，在金属壁面 $x=0$ 及 $x=L_x$、$y=0$ 及 $y=L_y$ 和 $z=0$ 及 $z=L_z$ 上，E_x 与 $y=0$、$y=L_y$、$z=0$ 和 $z=L_z$ 的壁面平行，此处 E_x 应该为零，即 $E_x=0$。

这就意味着减少了相应的相位因数：即 $\phi_y=0=\phi_z$，且相应的波数一定满足式（3.10），m 和 n 都是自然数。

$$k_y=\frac{m\cdot\pi}{L_y}$$

$$k_z=\frac{n\cdot\pi}{L_z} \tag{3-10}$$

对于电场的 y 和 z 分量，方程是相似的，但要带入不同的参数 l、l'、m'和 n'（全部是自然数）和频率（ω'和 ω''）。只要联立麦克斯韦方程组和本构方程［式（1.2）和式（1.6）］就可以得到等式 $l=l'$、$m=m'$、$n=n'$和 $\omega=\omega'=\omega''$：

$$E_x=A_x\cdot\cos\left(\frac{l\cdot\pi}{L_x}\cdot x\right)\cdot\sin\left(\frac{m\cdot\pi}{L_y}\cdot y\right)\cdot\sin\left(\frac{n\cdot\pi}{L_z}\cdot z\right)\cdot e^{-i\omega t}$$

$$E_y=A_y\cdot\sin\left(\frac{l\cdot\pi}{L_x}\cdot x\right)\cdot\cos\left(\frac{m\cdot\pi}{L_y}\cdot y\right)\cdot\sin\left(\frac{n\cdot\pi}{L_z}\cdot y\right)\cdot e^{-i\omega t}$$

$$E_z=A_z\cdot\sin\left(\frac{l\cdot\pi}{L_x}\cdot x\right)\cdot\sin\left(\frac{m\cdot\pi}{L_y}\cdot y\right)\cdot\cos\left(\frac{n\cdot\pi}{L_z}\cdot y\right)\cdot e^{-i\omega t}$$

$$l, m, n\in N_0 \tag{3.11}$$

并结合振幅 A_x、A_y 和 A_z，发现其中有两个是独立的。满足边界条件的相应磁场，也可由表 1.1 中的麦克斯韦方程确定。应用式（3.7），通过式（3.12a）可以计算出所谓的共振频率 ω 或者 f：

$$f_{lmn} = \frac{\omega_{lmn}}{2\pi} = \frac{\sqrt{\mu\mu_0\varepsilon\varepsilon_0}}{2}\sqrt{\frac{l^2}{L_x{}^2} + \frac{m^2}{L_y{}^2} + \frac{n^2}{L_z{}^2}} \tag{3.12a}$$

l、m 和 n 描述了所有谐振器的谐振或本征模式，表征了沿 x 轴、y 轴和 z 轴方向观察电场的局部最大值。另一方面，从式（3.12a）可以看出，已知尺寸的谐振器的电介质填料和应用模式改变了谐振频率，因此可以确定电介质常数为：

$$\varepsilon' = \frac{4 \cdot f_{lmn}^2}{\mu\mu_0\varepsilon_0\sqrt{\frac{l^2}{L_x{}^2} + \frac{m^2}{L_y{}^2} + \frac{n^2}{L_z{}^2}}} \tag{3.13}$$

然而，在立方体谐振器中，通常没有特定的轴，而在圆柱体谐振器中存在圆柱轴，且圆柱轴平行的方向上不存在电场和磁场分量，所以即可区分横电波（TE）模式和横磁波（TM）模式。

半径为 R 和高度为 L_z 的圆柱体谐振器的类似推导方程为：

对于 TE 模式
$$f_{lmn}^{TE} = \frac{\omega_{lmn}}{2\pi} = \frac{\sqrt{\mu\mu_0\varepsilon\varepsilon_0}}{2}\sqrt{\left(\frac{\alpha'_{lm}}{\pi R}\right)^2 + \frac{n^2}{L_z{}^2}} \tag{3.12b}$$

对于 TM 模式
$$f_{lmn}^{TM} = \frac{\omega_{lmn}}{2\pi} = \frac{\sqrt{\mu\mu_0\varepsilon\varepsilon_0}}{2}\sqrt{\left(\frac{\alpha_{lm}}{\pi R}\right)^2 + \frac{n^2}{L_z{}^2}} \tag{3.12c}$$

由于圆柱体的对称性，场解需要用贝塞尔函数，而且 l 阶贝塞尔函数的第 m 个零点 α_{lm}，以及它的一阶导数 α'_{lm} 对共振频率有重要影响。

在实际中仅选择低模数的 l、m 和 n，这是因为模式密度（每个频率间隔的模式数）随着模数的增加而迅速增大，从而增加了模式的多样性。

对于介电损耗，谐振曲线在离散共振频率下不但有一个波峰而且是一条有一定带宽（或一定品质因数）的谐振曲线。这条谐振曲线可以通过二次洛伦兹线性方程描述［式（3.14）和图 3.3］：

$$I(f) \propto \frac{f_0^2}{(f - f_0)^2 + \left(\frac{f_0}{2Q}\right)^2} \tag{3.14}$$

式中　f_0——谐振频率；

Q——品质因数，谐振频率强度由 Q^2 来衡量。

如果 $\Delta f_{1/2}$ 表示最大频宽的一半，可以得到品质因数如下：

$$Q = \frac{f_0}{\Delta f_{1/2}} \tag{3.15}$$

然而，通过实验拟合洛伦兹线性方程而测得的谐振曲线比仅带入谐振频率和最大半幅这两个参数所计算的结果更为可靠。

通过引入介电损耗，谐振器的品质因数可以利用以下方程计算（Metaxas 和 Meredith，1983）：

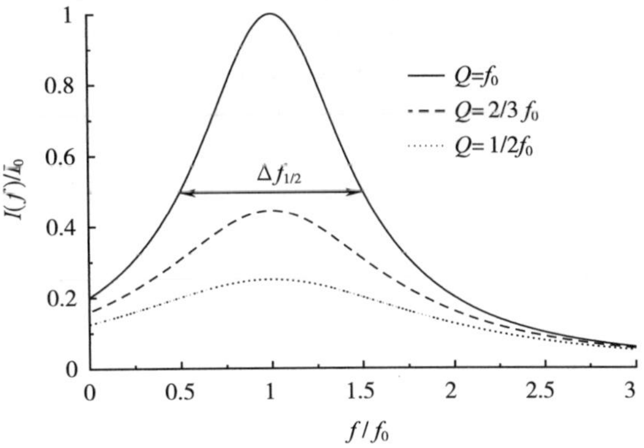

图 3.3 以品质因数为参数的洛伦兹二次曲线

$$Q_{损} = \frac{\varepsilon'}{\varepsilon''} + \frac{\iiint_{V_{空腔}} |\vec{E}|^2 \mathrm{d}V}{\iiint_{V_{充满}} |\vec{E}|^2 \mathrm{d}V} \overset{完全的}{=} \frac{\varepsilon'}{\varepsilon''} \tag{3.16}$$

对于完全填充式谐振腔而言，分子的积分为零，所以公式变得非常简单。材料的介电损耗强化了共振。而对于空腔谐振器而言，必须考虑在其器壁上也存在介电损耗（并且假设同种模式下保持不变），这里用空腔品质因数表示，即 $Q_{空}$。因此，测得的品质因数 Q 由下式确定：

$$\frac{1}{Q} = \frac{1}{Q_{空}} + \frac{1}{Q_{损}} = \frac{1}{Q_{空}} + \frac{\varepsilon''}{\varepsilon'} \tag{3.17}$$

据此，从式（3.18）可以计算出介电损耗：

$$\varepsilon'' = \varepsilon' \cdot \left(\frac{1}{Q} - \frac{1}{Q_{空}}\right) \tag{3.18}$$

因此，如果通过线性转换先确定了实部［式（3.13）］，就可以进一步确定空腔谐振器的品质因数和完全填充式谐振器的介电损耗。

尽管控制方程［式（3.12a、b、c）和式（3.18）］用于完全填充谐振器时方法相对简单，但是在这种情况下也经常使用校正方法（Risman 和 Bengtsson，1971）。

下面介绍一些针对特殊的简单几何形状的不完全填充式谐振器的控制方程，以及文献中所讨论的一些通用校正方法。

不完全填充式谐振器

不完全填充式谐振器的麦克斯韦方程组的解或波动方程的解与完全填充式谐振器的情况相似，唯一的区别是在介质填充和真空之间的界面上存在边界条件。分析表明，这只适用于几何形状简单或对称形状的谐振器，而且得到的方程很复杂。对于立方体谐振器，电介质材料必须直接放置在金属壁上；而对于圆柱体谐振器，电介质填充物则更适合集中放置在中心位置（图 3.4）。由于圆柱体谐振器在实际应用中更为常见，故对其进行进一步讨论。

对于同心圆柱结构而言，可分别从文献中找到 TM_{010}（Metaxas，1974，1996）和 TE_{011} 模式的控制方程（Regier，2003；Regier 和 Schubert，2000）。上述两种模式下 ε' 的计算需要依

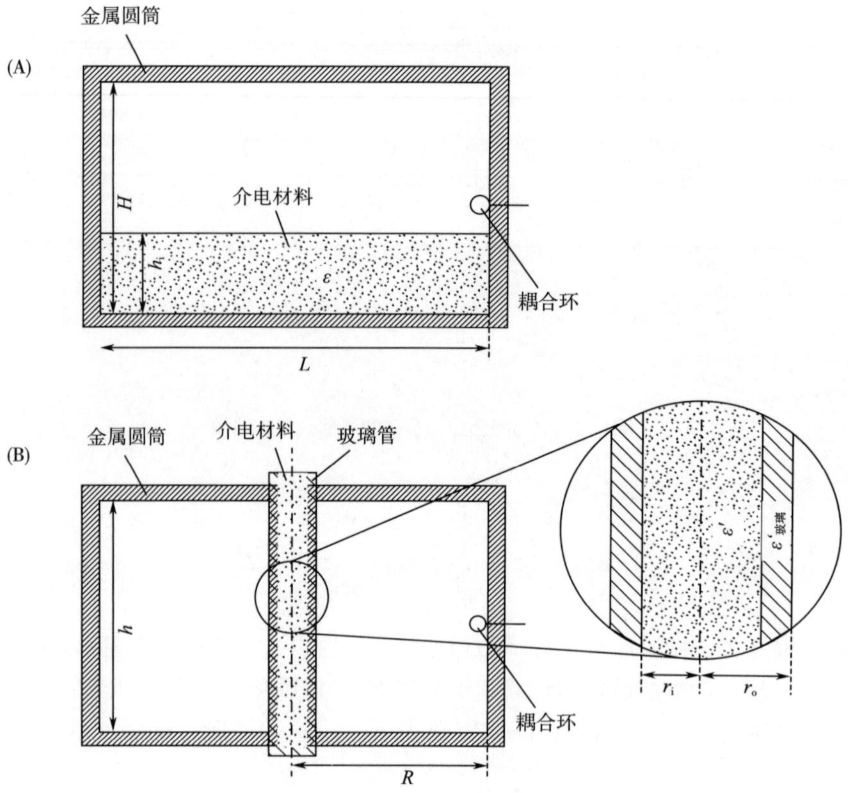

图 3.4 进行介电特性测定的不完全填充式谐振器的典型几何形状

注：（A）立方体；（B）同心圆柱体。

靠数值求解方法，而不能由完全封闭的解析表达式得出。

TM_{010} 模式的缺点是它的最大电场值在圆柱体轴面上，而这里是固定电介质样品的位置。一方面，电场可作用于低介电损耗及低介电常数的材料，使得此类材料测定更加准确；另一方面，谐振频率的显著降低可能使其偏离指定频率范围。此外，对于中等损耗的材料，强阻尼需要非常小的样品管（0.6mm；Metaxas 和 Meredith，1983），因此不适用于像乳浊液和颗粒食品这样的非均相食品原料。

TE_{011} 型圆柱体谐振器更适用于具有较高介电常数和损耗的材料测定。因为测定过程中，电介质材料被填充在谐振器的轴中心位置，而此处电场值最小（Regier 和 Schubert，2000），使得场中电介质之间的相互作用大大降低。因此，这种填充型谐振器的谐振频率（测试时频率）只发生微小的变化，可测得精确的介电常数，并且可以进一步分析介电损耗的阻尼。这就能够使用比 TM_{010} 模式下半径更大的玻璃管，从而使其适用于其他的非均相材料，如粉末或颗粒。

3.2.2 开放式结构

与上述介绍的封闭式结构相反，开放式结构测试技术的优点是适用于离散频率及宽频率范围的介电特性测定。这是因为在开放式结构中，多次反射可忽略不计，不存在特征模式的波，因此，在每个频率上都可能存在（或多或少）波的传播、透射和反射。

3.2.2.1 自由空间技术

开放式自由空间系统在样品几何形状、多相性及非接触式测量方面具有一定优势，其更适用于陶瓷复合材料的表征，而不适用于食品材料（Maurens 等，1992；Musil 和 Zacek，1986）。常见的食品材料通常具有高损耗，必须使用大功率微波进行测试。尽管如此，自由空间技术已经应用于尺寸较大的（且非常干燥的）谷物样品测试，尤其是在 4GHz 以上的高频条件下（Kraszewski 和 Nelson，1990；Nelson，2010；Nelson 和 Trabelsi，2004；Trabelsi 和 Nelson，2003）。

所有自由空间技术的共同点是未知样品在发射和接收天线之间具有固定的位置。与波导技术类似，复介电常数是由平面波透射或反射时的振幅和相位变化来确定的。

最简单的测量装置是具有平行平面的介电材料板。为了可以忽略边缘衍射效应并简化控制方程，样品的尺寸必须足够大。为了减小必要的样品尺寸，透射或反射波被介电透镜（Musil 和 Zacek，1986）或特殊形式的金属反射器（Maurens 等，1992）聚集。并且，这些装置有助于将微波喇叭天线提供的入射球面波转化为平面波（垂直于波传播平面中的相同相位）（Maurens 等，1992 和其中的参考文献）。通过校准程序，可以消除喇叭天线与样品表面之间多次反射产生的误差。

由于衍射指数或介电特性的频率依赖性（即色散），介电透镜的频带宽度有限。而对于金属反射器，馈源喇叭的阴影效应也可能带来一些问题。

两种典型的装置如图 3.5 所示。它们由一台 PC 控制的网络分析仪（或发生器和探测器）组成，此网络分析仪可以产生和探测一定频率的电磁波。两种情况下，声波都由喇叭天线发出。介电透镜或椭球形反射器（反射器的一个焦距在喇叭的位置，另一个固定在样

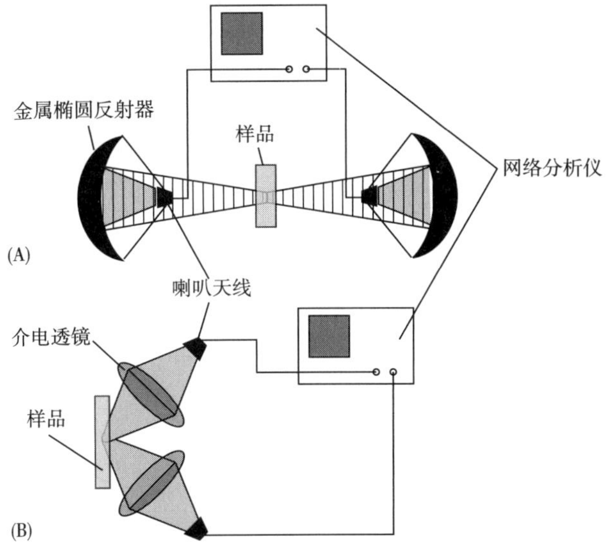

图 3.5 自由空间测试技术的典型装置

注：（A）透射测试；（B）反射测试。
尽管所示的透射和反射测量分别利用金属椭球形反射器和介电透镜进行，但两种类型的测量方法通用。

品所在的位置）可以将波聚焦到样品的位置。电磁波与样品的相互作用改变了波的振幅和相位，这种变化由喇叭接收，由网络分析仪和PC机进行检测和分析。仪器制造商的应用说明书中提及将样品放入带有微波透明窗口的炉中，即使在高温下也可以进行与温度相关的测量（Agilent，2014）。

3.2.2.2 开放式同轴探测器

开放式同轴探测器也是开放式结构测量方法的一种，也可认为是一种“自由空间”方法，但通常不这样描述。由于这种方法通常用于食品（具有较高的介电损耗）的介电测量，因此这里将对其进行更详细的阐述。

一定频率的电磁波源（和检测器）也是一个网络分析仪，所产生的波被耦合入一条开放式同轴电缆中，且同轴电缆顶端与被测材料直接接触，如图3.6所示。

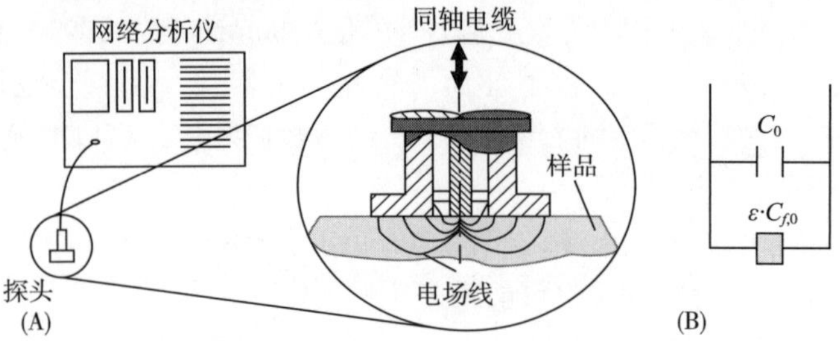

图3.6 开放式同轴测量装置的原理图（A）及探头的简化等效电路（B）

因此，在近似前提条件下（Stuchly 和 Stuchly，1980），探测器的阻抗 Z 假设为纯电容性的，且由两个平行的电容组成，一个为 C_0（不随样品变化），另一个为与介电常数线性相关的边缘场电容 $C_f=\varepsilon \cdot C_{f,0}$。

$$C = C_0 + C_f = C_0 + \varepsilon \cdot C_{f,0} \tag{3.19}$$

一方面，系统的阻抗 Z 可由电容表达：

$$Z = \frac{1}{i\omega C} = \frac{1}{i\omega(C_0 + \varepsilon \cdot C_{f,0})} \tag{3.20}$$

另一方面，阻抗 Z 可以通过线性的特征阻抗 Z_0 和复电压反射系数 $\Gamma=\Gamma_0 \cdot e^{i\phi}$ 计算：

$$Z = Z_0 \cdot \frac{1+\Gamma}{1-\Gamma} \tag{3.21}$$

联立式（3.20）和式（3.21），分离出实部和虚部，得到 ε' 和 ε''：

$$\varepsilon' = \frac{-2\Gamma_0 \cdot \sin\phi}{\omega \cdot C_{f,0} \cdot Z_0 \cdot (1 + 2\Gamma_0 \cdot \cos\phi + \Gamma_0^2)} - \frac{C_0}{C_{f,0}}$$

$$\varepsilon'' = \frac{1 - \Gamma_0^2}{\omega \cdot C_{f,0} \cdot Z_0 \cdot (1 + 2\Gamma_0 \cdot \cos\phi + \Gamma_0^2)} \tag{3.22}$$

这些方程相对简单，但仅在某些假设条件下成立（Grant、Clarke、Symm 和 Spyrou，1989）：C_0 和 $C_{f,0}$ 必须与频率和样品的介电常数无关，而且探测器不发射行波。由于大多数情况下不能严格满足这些假设，于是提出了替代方法（Grant 等，1989），但此方法更加复杂，因此不常用。通过对三种已知条件的校准测试，计算出未知的 C_0、$C_{f,0}$ 和线性特征阻抗。在大多数情况下，分别采用开放式末端、金属短路件和已知介电特性的物质（主要是水）进行校准。

实际上，这些系统的频率范围为0.2~20GHz。在较低的频率下，精度明显降低，但选用合适的探头（Stuchly、Gregory、Anderson 和 Kraszewski，1986）可克服该缺点。然而，当ε'和ε''较低时（相对于谐振器系统），探头测量精度有限，但该精密度通常足以满足微波加热测试的要求（Engelder 和 Buffler，1991）。

探头主要具有使用简单（尤其是对于液体）、尺寸较小和商业化适用性强的优点（Agilent，2014；Hewlett Packard，1993；Speag，2016）。几年前，唯一的市售探头尺寸仅有几厘米大小，通常伴随着一些测量问题，并且存在最小的样品厚度要求（Hewlett Packard 提出了经验公式 $h_{\min}=\dfrac{20\text{mm}}{\sqrt{|\varepsilon|}}$）。如今，这种开放式同轴探头已有不同的配置和直径（直径可达几毫米），且适用于较宽的温度范围，甚至可用于非常薄的（亚毫米范围）样品的测试（Speag，2016）。然而，对于固体样品来说，仍然要求其具有平滑的表面，从而避免空气间隙可能引起的显著误差。

3.3 介电特性的深入分析

如上所述，尽管有许多方法可以表征材料的介电特性，但有时可以从现有的数据中获得更多的信息，如混合物介电特性的插补法或外推法以及材料介电特性的实部与虚部之间的关系。第一种方法有助于利用纯物质的测量值估算混合物的介电特性，或通过不同成分混合物的测量值推算出纯物质的介电特性。第二种方法是通过 Kramers-Kronig 关系将介电特性的实部与虚部联系起来，从而可以通过与频率有关的虚部值确定实部值，反之亦然。

3.3.1 混合物的介电特性

大多数食品原料通常是由几种浓度不同的组分组成的复杂混合物。为了避免大量实验，可以尝试从纯物质的测量值来预测混合物的介电性质，尤其当有些纯物质（如粉末状或颗粒状样品）值不容易测量时，每种介电特性的测试值都是空气和样品混合物的值，而非纯固体的值。

针对这两种情况，文献中均已建立了相应的模型和公式。对于纯粹的经验公式，其应用范围非常有限（仅适用于特定的材料），因此，这里将介绍更多的理论公式。

由于这些模型都不涉及分子动力学层面，实际上它们只涵盖了无相互作用的混合物，如分散体系；另一方面，对于相互作用的混合物，例如水-酒精混合液或盐溶液，目前还没有简单的常规方法，读者可参考分子动力学模拟的方法。

事实上，当一种电介质在另一种电介质中的微观几何分布是已知的情况下，有一项研究在理论基础上解决了（非相互作用的）电介质混合物的介电特性测量问题，但在食品技术领域鲜为人知（Bergman，1978）。尽管该研究涵盖了所有的模型（假设波长远大于粒子大小），但由于其数学复杂性，往往优先选用其他更简单的模型。

Wiener（1913）建立了平板电容器简单模型的方程，该模型中存在具有相应体积分数的不同介质层。根据与电容器板平行或正交的层位排列，串联或并联电容器的等效电路，分别建立了计算混合物介电特性的方程［式（3.23）和式（3.24）］：

$$\frac{1}{\varepsilon_m} = \frac{\Phi_2}{\varepsilon_2} + \frac{1 - \Phi_2}{\varepsilon_1} \tag{3.23}$$

$$\varepsilon_m = \Phi_2 \cdot \varepsilon_2 + (1 - \Phi_2) \cdot \varepsilon_1 \tag{3.24}$$

由于实际混合物通常不分层，需要将这些方程与形状系数 u 结合，进一步得到通用的 Wiener 方程：

$$\frac{\varepsilon_m - \varepsilon_1}{\varepsilon_m + u \cdot \varepsilon_1} = \Phi_2 \cdot \frac{\varepsilon_2 - \varepsilon_1}{\varepsilon_2 + u \cdot \varepsilon_1} \tag{3.25}$$

Fricke（1955）利用介电损耗和电导率之间的强相关性（见第 1 章），用 Mudgett、Wang 和 Goldblith（1974）曾使用的计算混合物介电损耗的模型建立了一个电导率的计算模型。该模型适用于高介电连续相（1）和低介电分散相（2）的混合物，式（3.26）也存在一个形状系数 a，对于球状物（类似于乳状液）$a=2$，对于针状物 $a=1$。

$$\varepsilon_m = \varepsilon_1 \cdot \frac{\varepsilon_2 \cdot (1 + a \cdot \Phi_2) + \varepsilon_1 \cdot a \cdot (1 - \Phi_2)}{\varepsilon_1 \cdot (a + \Phi_2) + \varepsilon_2 \cdot (1 - \Phi_2)} \tag{3.26}$$

从数学角度来看，通过纯物质获得混合物介电特性的函数应该是连续的，并且对于所有的变量 ε_1、ε_2 和 Φ_2 都应该是单调且可微分的。此外，它也适用于多种混合物的混合体系。

除了使用 Lichtenecker 和 Rother（1931）的方程［式（3.27）］：

$$\ln\varepsilon_m = \Phi_2 \cdot \ln\varepsilon_2 + (1 - \Phi_2) \cdot \ln\varepsilon_1 \tag{3.27}$$

也可以使用式（3.28）：

$$\varepsilon_m^y = \Phi_2^x \cdot \varepsilon_2^y + (1 - \Phi_2)^x \cdot \varepsilon_1^y \tag{3.28}$$

这类方程通常适用于有空气存在的颗粒状或粉末状材料构成的混合物（Nelson，1996）。忽略空气质量的前提下，取指数 $x=3$ 和 $y=1$，可得出一个含有体积密度 ρ 和固体密度 $\rho_{固}$ 的近似方程［式（3.28a）］：

$$\varepsilon_m \propto \left(\frac{\rho}{\rho_{固}}\right)^3 \tag{3.28a}$$

对于固体材料的介电特性，该方程具有一定参考意义，但仅限于粉末状固体。通过测量不同体积密度材料的介电特性，使用固体密度外推法［式（3.28a）］可获得固体材料介电特性。以图 3.7 中石灰石粉末为例加以说明（Regier，2003）。

Erle、Regier、Persch 和 Schubert（2000）比较了上述方法在乳液和悬浮液中的适用性，Nelson（1996）则比较了在颗粒状材料中的适用性。研究表明，尽管对混合物介电特性的精确描述（不相互影响的电介质）存在通用的公式，但大多数情况下，更易于找到每种物质最适合的表达式（数学或微观几何方法）。上述所有方程均可对混合物的介电特性进行初步估算，并有助于进一步计算。

3.3.2 介电特性实部与虚部之间的关系（Kramers-Kronig 关系）

如第 1 章所述，介电特性 ε 或更精确的磁化率 $\chi=\varepsilon-1$，与材料的线性响应有关，即所谓的极化 $\vec{P}$ 与外加电场 $\vec{E}$ 方向相关。以下我们只讨论齐次行为，因此只关注 E 和 P 的绝对值。

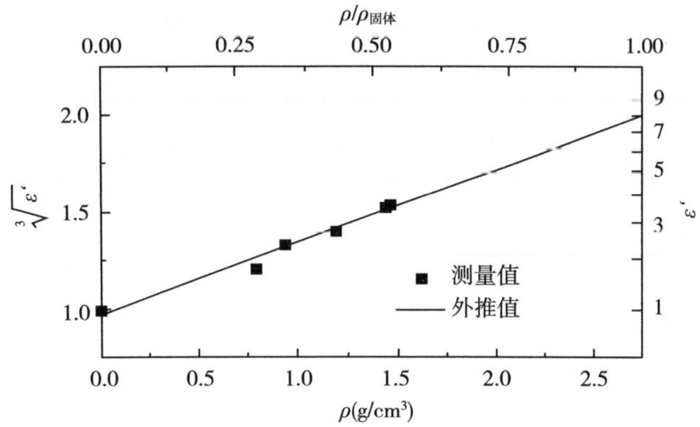

图 3.7 密度相关法外推石灰石介电常数以确定固体值

注：外推法获得的介电常数 $\varepsilon'=8.0$ 与文献中的值 7.6 吻合。

资料来源：Nelson，S. O. （1996）. Determining dielectric properties of coal and limestone by measurements on pulverized samples. *Journal of Microwave Power and Electromagnetic Energy*，31（4），215-220。

在大多数情况下，初始相关性被忽略：

$$P(t)=\chi(t)\cdot E(t) \tag{3.29}$$

卷积公式求解，得：

$$P(t)=\int_{-\infty}^{+\infty}\chi(t-t')\cdot E(t')\mathrm{d}t' \tag{3.30}$$

即 t 时刻的材料极化受 t'时刻电场反应的影响（也被称为因果行为）。

如果变量 E、P 和 χ 经过傅里叶变换转化为 $\widetilde{E}$、$\widetilde{P}$ 和 $\widetilde{\chi}$，例如，对于 E：

$$\widetilde{E}(\omega)=\int_{-\infty}^{+\infty}E(t)\cdot e^{iwt}\mathrm{d}t$$

$$E(t)=\frac{1}{2\pi}\int_{-\infty}^{+\infty}\widetilde{E}(\omega)\cdot e^{-iwt}\mathrm{d}\omega \tag{3.31}$$

对于变换后的变量，式（3.29）的卷积变为一个简单的乘积：

$$\widetilde{P}(\omega)=\widetilde{\chi}(\omega)\cdot\widetilde{E}(\omega) \tag{3.32}$$

另一种物理假设是 χ（t）的因果关系，即对于 $t'\leqslant t$ 之前的结果，仅考虑 E（t'）在 t 时刻的影响。由此得到：

$$\chi(t-t')\equiv 0,\ 若 t'>t \tag{3.33}$$

因此，$\widetilde{\chi}$（ω）的傅里叶变换为：

$$\widetilde{\chi}(\omega)=\int_{0}^{\infty}\chi(t)\cdot \mathrm{e}^{iwt}\mathrm{d}t=\widetilde{\chi}'+i\widetilde{\chi}'' \tag{3.34}$$

由于 χ（t）被定义为一个实函数，所以磁化率的实部 $\widetilde{\chi}'$ 与虚部 $\widetilde{\chi}''$ 之间必须具有依赖性。此外，$\widetilde{\chi}$（ω）必须对 $\tilde{\tilde{\zeta}}$（ω）>0 时是可解析的，其中 $\omega\in\mathrm{R}$，且 χ（t）随 ω 的增大无限趋于零 [$\lim\limits_{\omega\to\infty}\widetilde{\chi}$（$\omega$）$=0$]。

根据函数理论，由介电特性表述的磁化率的实部 $\widetilde{\chi}'$ 与虚部 $\widetilde{\chi}''$ 的关系可由下式表示：

$$\varepsilon'(\omega)=\tilde{\chi}'(\omega)+1=\frac{1}{\pi}\int_{-\infty}^{+\infty}\frac{\varepsilon''(\omega)}{\omega'-\omega}\mathrm{d}\omega'+1$$

$$\varepsilon''(\omega)=-\tilde{\chi}''(\omega)=\frac{1}{\pi}\int_{-\infty}^{+\infty}\frac{\varepsilon'(\omega)-1}{\omega'-\omega}\mathrm{d}\omega' \quad (3.35)$$

这两种情况整体可以定义为 Cauchy 主值：

$$\int_{-\infty}^{+\infty}\frac{X}{\omega'-\omega}\mathrm{d}\omega' \equiv \lim_{\delta\to 0^+}\left[\int_{-\infty}^{\omega-\delta}\frac{X}{\omega'-\omega}\mathrm{d}\omega'+\int_{\omega+\delta}^{+\infty}\frac{X}{\omega'-\omega}\mathrm{d}\omega'\right] \quad (3.36)$$

因此，若实部或虚部的频率依赖关系已知，那么通过测试得到其中一项就可以计算出另一项。尽管这种方法还不是很普遍，但也有一些应用特例，如区分各部分介质损耗的差异（离子的、偶极的和电子的）（Steeman 和 van Turnhout，1997）或如 3.3.1 所述的计算混合物的有效介电函数（Gorges、Grosse 和 Theiß，1995）。

3.4 结语

本章介绍了微波频率下介电特性测试的几种常用方法。通过对封闭式和开放式结构进行分类，列举了最具代表性的实例，并阐述了各种方法的适用范围和优缺点，以便针对具体问题选择最适测试方法。

此外，介绍了介电特性测试深入分析的相关内容。一方面，表明了用复合方程来预测混合物和纯物质介电性质的可行性。另一方面，当与频率相关的虚部已知时，可以利用 Kramers-Kronig 关系式获得介电常数的实部，反之亦然。

3.5 本章术语

a	形状系数
A_x，A_y，A_z	电场振幅系数
$\vec{B}$	磁通密度
C，C_0，C_f，$C_{f,0}$	电容，内场电容，边缘场电容，无电解质样品时的边缘场电容
$\vec{E}$	电场
f_0，f_{lmn}	共振频率
$f_{0,空}$	空腔谐振器的共振频率
$f_{0,填充}$	填充谐振器的共振频率
f，g，h	函数
$h_{\min}$	最小样品厚度
i	虚数单位
I	电流强度
$\tilde{\zeta}(x)$	x 的虚部

k_x，k_y，k_z	x、y 和 z 方向上的波数
L_x，L_y，L_z	x、y 和 z 方向上的长度
l，m，n	自然数
$\vec{P}$	极化
Q	品质因子
$Q_{空}$	空腔谐振器的品质因子
$Q_{损耗}$	与介电损耗有关的品质因子
$\vec{r}=(x, y, z)$	分量向量
R	圆柱半径
$\mathfrak{R}(x)$	x 的实部
t	时间
u	形状系数
x，y	指数常量
α_{lm}	贝塞尔函数 l 阶的第 m 个零点
α'_{lm}	贝塞尔函数一阶导数的第 m 个零点
$\Delta f_{1/2}$	半幅自由宽度
Γ	电压反射系数
ε_0	真空介电常数
$\varepsilon=\varepsilon'-i\varepsilon''$	相对介电常数
φ，φ_x，φ_y，φ_z	相位
Φ	体积分数
μ	相对介电常数
μ_0	真空介电常数
ρ	体积密度
$\rho_{固}$	固体密度
$\chi=\varepsilon-1$	磁化率
ω	角频率

参考文献

Agilent. (2014). *Basics of measuring dielectric properties of materials—Application note.*

Bengtsson, N. E., & Risman, P. O. (1971). Dielectric properties of foods at 3 GHz as determined by cavity perturbation technique, Ⅱ. *Journal of Microwave Power*, *6* (2), 107-123.

Bergman, D. J. (1978). The dielectric constant of a composite material—A problem in classical physics. *Physics Reports*, *43* (9), 377-407.

Engelder, D. S., & Buffler, C. R. (1991). Measuring dielectric properties of food products at microwave frequencies. *Microwave World*, *12* (2), 6-15.

Erle, U., Regier, M., Persch, C., & Schubert, H. (2000). Dielectric properties of emulsions and suspensions: Mixture equations and measurement comparisons. *Journal of Microwave Power and Electromagnetic Energy*, *35* (3), 185-190.

Fricke, H. (1955). The complex conductivity of a suspension of stratified particles of spherical or cylindrical form. *Journal of Physical Chemistry*, *59* (2), 168-170.

Gallone, G., Lucardesi, P., Martinelli, M., & Rolla, P. A. (1996). A fast and precise method for the measurement of dielectric permittivity at microwave frequencies. *Journal of Microwave Power and Electromagnetic Energy*, *31*, 158-164.

Gorges, E., Grosse, P., & Theiß, W. (1995). The Kramers-Kronig-Relation of effective dielectric functions. *Zeitschrift für Physik B*, *97*, 49-54.

Grant, J. P., Clarke, R. N., Symm, G. T., & Spyrou, N. M. (1989). A critical study ofthe open-ended coaxial line sensor technique for RF and microwave complex permittivity measurements. *Journal of Physics E*, *22*, 757-770.

Hewlett Packard. (1993). *User's Manual—HP 85070B Dielectric Probe Kit.*

Janezic, M. D. (2003). *Nondestructive relative permittivity and loss tangent measurements using a split-cylinder resonator. PhD thesis.* University of Colorado.

Kaatze, U., & Giese, K. (1980). Dielectric relaxation spectroscopy of liquids: Frequency domain and time domain experimental methods. *Journal of Physics E*, *13*, 133-141.

Kraszewski, A., & Nelson, S. O. (1990). Study on grain permittivity measurements in free space. *Journal of Microwave Power and Electromagnetic Energy*, *25* (4), 202-210.

Lichtenecker, K., & Rother, K. (1931). Die Herleitung des logarithmischen Mischungsgesetzes aus allgemeinen Prinzipien der stationären Strömung. *Physikalische Zeitschrift*, *32*, 255-260.

Maurens, M., Priou, A., Brunier, P., Aussudre, S., Lopez, M., & Combes, P. (1992). Freespace microwave measurement technique for composite minerals. In A. Priou (Ed.), *Dielectric Properties of Heterogeneous Materials*. Elsevier.

Metaxas, A. C. (1974). Design of a resonant cavity as a heating device at 2.45 GHz. *Journal of Microwave Power*, *9* (2), 123-128.

Metaxas, A. C. (1996). *Foundations of electroheat.* Wiley.

Metaxas, A. C., & Meredith, R. (1983). *Industrial microwave heating.* Peter Peregrinus.

Mudgett, R. E., Wang, D. I. C., & Goldblith, S. A. (1974). Prediction of dielectric properties in oil-water and alcohol-water mixtures at 3000 MHz, 25℃ based on pure component properties. *Journal of Food Science*, *39* (4), 632-635.

Musil, J., & Zacek, F. (1986). *Microwave measurements of complex permittivity by freespace method and their applications*. Elsevier.

Nelson, S. O. (1972). A system for measuring dielectric properties at frequencies from 8.2 to 12.4 GHz. *Transactions of the ASAE*, *15* (6), 1094-1098.

Nelson, S. O. (1983). Dielectric properties of some fresh fruits and vegetables at frequencies of 2.45 to 22 GHz. *Transactions of the ASAE*, *26* (2), 613-616.

Nelson, S. O. (1996). Determining dielectric properties of coal and limestone by measurements on pulverized samples. *Journal of Microwave Power and Electromagnetic Energy*, *31* (4), 215-220.

Nelson, S. O. (2010). Fundamentals of dielectric properties measurements and agricultural applications. *Journal of Microwave Power and Electromagnetic Energy*, *44* (2), 98-113.

Nelson, S. O., Stetson, L. E., & Schlaphoff, C. W. (1974). A general computer program for precise calculation of dielectric properties from short-circuited waveguide measurements. *IEEE Transactions on Instrumentation and Measurement*, *IM-23* (4), 455-460.

Nelson, S. O., & Trabelsi, S. (2004). Principles for microwave moisture and density measurement in grain and seed. *Journal of Microwave Power and Electromagnetic Energy*, *39* (2), 107-114.

Nelson, S. O., & You, T. S. (1989). Microwave dielectric properties of corn and wheat kernels and soybeans. *Transactions of the ASAE*, *32* (1), 242-249.

Persch, C. (1997). *Messung von Dielektrizitätskonstanten im Bereich von* 0.2 *bis* 6 *GHz und deren Bedeutung für die Mikrowellenerwärmung von Lebensmitteln*, *Dissertation*. Universität Karlsruhe.

Regier, M. (2003). *Über dielektrische und Magnetresonanz - Methoden zur Charakterisierung disperser Systeme*. *Dissertation*. Logos Verlag: Universität Karlsruhe.

Regier, M., & Schubert, H. (2000). Dielectric properties at microwave frequencies studied in partially filled cylindrical cavities. *Journal of Microwave Power and Electromagnetic Energy*, *35* (1), 25-33.

Risman, P. O., & Bengtsson, N. E. (1971). Dielectric properties of foods at 3 GHz as determined by cavity perturbation technique, I. *Journal of Microwave Power*, *6* (2), 101-106.

Roberts, S., & van Hippel, A. (1946). A new method for measuring dielectric constant and loss in the range of centimeter waves. *Journal of Applied Physics*, *17* (7), 610-616.

Rost, A. (1978). *Messung dielektrischer Stoffeigenschaften*. Vieweg.

Roussy, G., Ghanem, H., Thiebaut, J. M., & Dichtel, B. (1990). Six-port waveguide used for simultaneous measuring permittivity and permeability of solid materials in microwave region. *Journal of Microwave Power and Electromagnetic Energy*, *25*, 67-75.

Roussy, G., & Pearce, J. A. (1995). *Foundations and industrial applications of microwaves and radio frequency fields*. New York: Wiley.

Speag. (2016). *Schmid & Partner Engineering AG*. Available from: <http://www.speag.com/products/dak/dielectric-measurements/>Accessed 2016.

Steeman, P. A. M., & van Turnhout, J. (1997). A numerical Kramers-Kronig transform for the calculation of dielectric relaxation losses free from Ohmic conduction losses. *Colloid and Polymer Science*, *275* (2), 106-115.

Stuchly, M. A., & Stuchly, S. S. (1980). Coaxial line reflection methods for measuring dielectric properties of biological substances at radio and microwave frequencies—A review. *IEEE Transactions on Instrumentation and Measurement*, *IM-29* (3), 176-183.

Stuchly, S. S., Gregory, G., Anderson, L., & Kraszewski, A. (1986). A new sensor for dielectric measurements. *IEEE Transactions on Instrumentation and Measurement*, *IM-35* (2), 138-141.

Trabelsi, S., & Nelson, S. O. (2003). Free-space measurement of dielectric properties of cereal grain and oilseed at microwave frequencies. *Measurement Science and Technology*, *14*, 589-600.

Wiener, O. (1913). Die Theorie des Mischkörpers für das Feld der stationären Strömung. *Abhandlungen der mathematisch-physikalischen Klasse der königlich sächsischen Gesellschaft der Wissenschaft*, *32*, 507-604.

You, T. S., & Nelson, S. O. (1988). Microwave dielectric properties of rice kernels. *Journal of Microwave Power*, *23* (3), 150-159.

4 微波加工对食品营养、感官和其他品质特性的影响

C. Contreras[1], *M. Benlloch-Tinoco*[2], *D. Rodrigo*[3], *N. Martínez-Navarrete*[1]

[1]Universitat Politècnica de València, Valencia, Spain;

[2]University of Nottingham, Loughborough, United Kingdom;

[3]Instituto de Agroquímica y Tecnología de Alimentos (IATA-CSIC), Valencia, Spain

4.1 引言

近年来，发达国家消费者已经意识到饮食对健康和幸福指数的影响（Lado 和 Yousef，2002）。因此，高品质、低加工程度食品的需求日益增长，不仅能满足营养摄入需要，带来健康益处，还可降低某些疾病的风险；此外，此类食品还应具备保质期长、感官品质良好、加工方便且成本低等优势（Costa、Dekker、Beumer、Rombouts 和 Jongen，2001）。工业生产低加工程度且货架储藏稳定的食品是极具挑战性的，它通常包括开发和实施新的保存方法，以减少物理或化学变化带来的不利影响，抑制酶活性，减少致病性和有害微生物的浓度，或控制致病性和有害微生物的生长。上述过程应该尽可能保持产品的自然属性，并避免加工成本大幅上涨。

寻求传统热保藏技术的替代方法是解决上述问题的手段之一，以提高目前市场现有产品的质量，并用于新产品的开发。微波加工技术是替代方法之一，并已经成功地应用于化工行业。近年来，微波已广泛应用于食品工业的不同单元操作过程，如解冻/回温、脱水/干燥、烹饪、漂白、烘焙、消毒或巴氏杀菌。微波是一种非电离电磁辐射，其频率为 0.3～300GHz，常用 ISM 频率在 2.45GHz 附近，介于红外线和无线电波、电视电波之间（参见第 1 章）。微波工作过程中，内热产生或体积加热与对流和传导现象是同时发生的，尽管它们的时间尺度有所不同。基于此，微波加热具有启动时间短、加热速率快、能源效率高、产品影响小、设备控制精准、选择性强、终产品营养品质高等特点，从而优于传统加热方式（Chandrasekaran、Ramanathan 和 Basak，2013；Salazar－González、San Martín－González、López-Malo 和 Sosa-Morales，2012；Sumnu，2001）。由于微波的体积加热效应（内部加热），区别于传统热传导（表面加热），所以食品在加工过程中整体热转化效率更高。在大多数情况下，将微波与传统加热方式相结合可实现快速的内部加热和理想的表面加热效果（Martín、Albors、Martínez-Navarrete、Chiralt 和 Fito，2000），这取决于不同程度的处理条件和食物的基本特性。

微波技术领域的研究进展已成为热议话题，人们对微波加热在工业上的应用产生了浓厚的兴趣。然而，其实际应用仍很有限。本章介绍的是微波加热作为食品加工的一种替代或辅助方法。每种加工方式都会使食品的感官、生化和营养特性产生重要变化，需对其进行评估；因此，我们考察了微波对不同食品品质的影响，且在引用的参考文献中可以找到更多关于本节内容的详细信息。同时，对不同食品及其加工单元操作进行了总结。

4.2 不同食品的微波加工

微波在水果、蔬菜、肉类、鱼类等产品加工中的应用实例如表 4.1 所示，其中，最值得关注的是微波在干燥过程中的应用，这主要由于微波能够加速干燥过程。在不使用微波的情况下食品的干燥过程通常会受到限制，这主要由于食品（尤其是水分含量较低的产品或加工过程中逐渐失水的产品）的导热系数较低。微波干燥有常压干燥和真空干燥两种形式。微波热风联合干燥广泛应用于食品工业中（Shaheen、El－Massry、El－Ghorab 和 Anjum，2012）。与热风干燥或微波干燥相比，微波真空干燥能够显著减少加工时间、降低加工温度和提高产品品质，因为热和氧化应激水平均降低（Lin、Durance 和 Scaman，1998；Orsat、Changrue 和 Raghavan，2006；Torringa、Van Dijk 和 Bartels，1996）。此外，虽然也有微波辅助冷冻干燥的相关研究，但目前在食品工业中还未出现商业设备的安装和使用。造成这一现象的主要原因是冷冻干燥食品成本高，市场规模小。总体来说，根据 Shaheen 等（2012）的研究，微波干燥食品的质量介于热风干燥和冷冻干燥之间。因此，这种方法更适合高品质产品的加工。

表 4.1　微波在国内和工业食品加工中的实际应用

食品商品	微波食品加工技术	实际使用示例
水果和蔬菜	干燥	苹果、草莓、香蕉、葡萄干、马铃薯、洋葱、胡萝卜和大蒜
	漂烫	马铃薯和蘑菇
	烹饪	豆类种子
	烘烤	孜然
	解冻	果汁
	巴氏杀菌	果汁
	灭菌	香草和香料，如胡椒粉和牛至
肉类和鱼类	回温/解冻	冷冻肉类，如猪肉、牛肉等
	烹饪/焙烤	肉类，如猪肉、鸡肉、羊排、培根和鱼
其他食品	干燥	罗非鱼片
	加热	预烹饪产品
	漂烫	花生
	烹饪	意大利面、米饭和鹰嘴豆
	干燥	夏威夷果
	巴氏杀菌/灭菌	流体，如牛乳、花生基饮料和鸡蛋

产品的微波回温或解冻也是工业和家庭中常见的应用之一（参见第 12 章）。冷冻肉类、鱼类、蔬菜、水果、黄油和浓缩果汁是大多数食品加工操作中的常用原料，但是，很少有工艺能够直接处理冷冻的原料，因此在进一步加工前需进行原料的解冻或回温（Shaheen 等，2012）。原料的充分解冻意味着原料整体达到 0℃ 且体系中没有冰的存在。传统的解冻方法是通过热传导的方式将热量传递到产品表面及中心，而微波解冻则是利用电磁辐射在食品内部产生热量（Yarmand 和 Homayouni，2009）。因为水的导热系数比冰低，所以解冻过程中冰的融化会降低冷冻食品中的热量传递速率，因此，微波的内部加热方式更有助于产品的回温或解冻。

在产品安全方面，微波加热的主要问题是影响微波能量吸收的因素较多，从而导致微波加热过程温度分布不均（参见第17章），这也是微波加热的主要缺点之一，其中温度较低的区域可能有致病菌的残留（Hamoud-Aghaa、Cureta、Simoninb和Boillereauxa，2014；Salazar-González等，2012）。为了避免微波加热过程中温度分布的不均匀性，研究人员提出了采用传统加热和微波加热相结合的方法（Hamoud-Aghaa等，2014）。近年来，许多实验结果表明微波更有利于提高动植物食品的微生物安全性（巴氏杀菌和灭菌过程）（Benlloch-Tinoco、Martínez-Navarrete等，2014；Benlloch-Tinoco、Pina-Pérez，2014；Cañumir、Celis、De Brujin和Vidal，2002；Huang、Sheng、Yang和Hu，2007；O'donnell、Tiwari、Bourke和Cullen，2010；参见第10章）。

食品的品质主要受初加工和工业加工的影响。然而，家庭中食物的熟制过程也决定了食品的感官和功能特性。在家庭和餐饮业中，微波炉主要应用于食品的复热，因为这是一个快速、安全和卫生的加热过程。

下面将对微波在不同种类食品加工中的应用进行讨论。

4.2.1 水果和蔬菜制品

众所周知，水果和蔬菜是关键膳食营养的重要来源，如维生素、矿物质和纤维素。保持产品新鲜是保证其营养价值的最佳方法，但时刻保持产品的新鲜是完全不可能的。从这个意义上来讲，为了保证这些产品的安全，必须使用适当的保存方法。脱水是最古老的食品保藏方法之一，在果蔬加工中占有重要地位（Lin等，1998）。由于植物组织形态的复杂性，脱水这一过程会导致多种物理效应，不仅会导致细胞萎缩、硬化、结构变化等一些宏观变化，还会影响传质过程（Martín等，2000）。

为了保证干果和蔬菜在保持其营养成分的同时具有良好的外观，建议使用组合干燥技术。在大多数情况下，从技术和消费者的角度来看，微波处理使水果脱水都具有若干优点，如改善了干燥物料的质构（Contreras、Martín-Esparza和Martínez-Navarrete，2012；Torringa等，1996）。微波加热食品原料时产生的内热可通过真空浸渍或渗透预处理来改善（Contreras、Martín、Martínez-Navarrete和Chiralt，2005；Orsat等，2006）。真空浸渍能使水果孔隙中所含的气体被液相取代，增加与施加的电磁场相互作用的偶极分子的比例，从而引起分子摩擦而产生热量（Martín等，2000）。另一方面，渗透预处理过程中的除水伴随着渗透溶液中溶质的吸收；当离子存在于渗透溶液中时，它们通常会进入组织，从而增加其介电损耗，这使得微波干燥更有效（Erle和Schubert，2001）。由此产生的成分变化导致了最终产品更好的品质，如在结构和体积方面（Contreras、Martín-Esparza、Martíinez-Navarrete和Chiralt，2007；Martín等，2000）。在过去的25年里，一些研究已经报道了用微波辅助的方法来干燥果蔬的优点，下面将介绍其中的一些研究。

漂烫是果蔬工业加工的重要环节，其主要作用是使酶失活，这些酶会引起果蔬在随后的加工或贮藏过程中颜色、质地或风味等品质恶化。漂烫是一个热处理过程，可以通过将蔬菜浸泡在含有酸和/或盐或蒸汽的溶液中来完成。此外，还可以使用微波加热技术来实现漂烫（Regier，2014；Schirack、Drake、Sanders和Sandeep，2006；参见第9章）。与传统的加热方法相比，微波的优点包括操作速度快、节能和过程控制效率高，而且在某些情况下，不需要额外的水。在这些情况下，维生素和其他可溶性营养物质的浸出减少，产生的废水量大大减少。使用微波可以使中心部分更快地被漂烫，不受任何厚的或不均匀的部分的影响，使处理后的蔬菜味道更新鲜。在蔬菜微波之前先用热水或蒸汽热烫的方法更经济，因为低成本的热水或蒸汽首先用来提高温度，而更昂贵的微波能量则完成了更困难的任务——加热食品的内部。时间、温度、蒸气压和微波功率的最佳条件取决于加工的特定蔬菜种类，必须由实际操作测定（Shaheen 等，2012）。根据 DorantesAlvarez、Barbosa-Caanovas 和 Gutiearrez-Loa Pez（2000）和 Carranza-Concha、Camacho 和 Martínez-Navarrete（2012）的研究，果蔬的品质在快速加热时保存得更好。在不久的将来，对这一问题感兴趣的研究人员有望开发出对微波热烫食品加工有利的更具体的技术，将赋予食品额外的价值，并且能克服微波能源的成本问题（Shaheen 等，2012）。

另一方面，近年来，利用微波对食品进行杀菌已受到广泛的关注，这种处理方法对草药和香料的杀菌非常有效。微波处理香料的有效性依赖于微波对产品的高度渗透（Plessi、Bertelli 和 Miglietta，2002）。香草和香料的特点取决于它们的香气，因此，了解每种工艺处理对其挥发性化合物的影响至关重要。对于涉及原料加热的处理更是如此，如微波处理（Bertelli、Plessi 和 Miglietta，2003）。微波巴氏杀菌法也被证明比传统的热处理更有效地杀灭猕猴桃泥中的李斯特菌（*Listeria monocitogenes*）（Benlloch-Tinoco、Martínez-Navarrete 等，2014；Benlloch-Tinoco、Pina-Pérez 等，2014；参见第 10 章）。

上述工艺过程或多或少地受原料、工艺类型和工艺条件的影响，从而影响果蔬的整体品质。下文将探讨微波能量对果蔬感官特性、功能价值及宏观、微观成分的影响。

4.2.1.1 对感官特性的影响

感官特性是食品品质评价的基础，原材料或食品加工工艺等因素会对食品品质产生积极或消极的影响。果蔬干燥是一种广泛使用的单元操作，它会对产品的理化性质产生重大影响，但不足之处是脱水产品的感官品质往往很差。对消费者来说，食品的一些品质特性很重要，如复水能力、颜色、质地、体密度和收缩率。

如前所述，微波的主要特点是可以缩短处理时间，这似乎能更好地保存食品的感官、营养和功能特性，对颜色和质构都有独特的影响（De Ancos、Cano、Hernández 和 Monreal，1999；Igual、García-Martínez、Camacho 和 Martinez-Navarrete，2010）。正如 Benlloch-Tinoco、Varela、Salvador 和 Martínez-Navarrete（2012）的研究所示，微波适用于猕猴桃泥样品的灭菌，微波处理的猕猴桃泥较传统处理的猕猴桃泥更受消费者青睐（Benlloch-Tinoco、Igual 等，2014）。表 4.2 显示了一些其他关于微波在果蔬加工中的应用及其对感官品质影响的研究。

表 4.2 微波能量在不同果蔬上的应用概况以及对感官品质的影响

加热方法	实际应用（参考文献）	微波概述
微波干燥相对于热风干燥	葡萄干（Tulasidas、Raghavan 和 Mujumdar，1995）	结果表明，微波干燥的葡萄干在色泽、结晶糖、黏稠度、产品破损和均匀性等方面均优于热风干燥。加快气流速度可提高葡萄干的品质，而提高微波功率和空气温度则是相反的效果。研究发现，三种工艺条件参数的选择是实现优质产品高效节能的关键

续表

加热方法	实际应用（参考文献）	微波概述
微波干燥相对于热风干燥	苹果和草莓（Contreras、Martín Esparza、Chiralt 和 Martínez-Navarrete，2008）	在较高的空气温度和微波作用下，能得到一种色泽变化较小、结构更加坚固的脱水产物。然而，微波处理温度越高，色素降解越快。以草莓为例，在微波作用下，花青素的损失增加，光度下降
	大蒜（Sharma 和 Prasad，2001）	使用 CIE 的 $L^*a^*b^*$ 颜色坐标来测量干蒜瓣的颜色。研究人员还对大蒜中的挥发油进行了比较，这些含硫化合物使得大蒜有辛辣味。与热风干燥相比，通过组合微波热风干燥方法干燥后的干蒜瓣的颜色较浅。微波热风干燥蒜瓣中还保留了引起强烈风味的大量挥发性组分。因此，微波热风干燥能得到更高质量的脱水蒜瓣
微波真空干燥相对于热风干燥	香蕉（Drouzaf 和 Schuber，1996）	微波真空干燥用于保存高品质产品，能避免由于传统干燥的高温而导致的产品降解，优于常规干燥技术。干制品加工前后的结构对产品的最终质量起着重要的作用。该工艺生产出的脱水香蕉片经口感、香气、气味和复水实验验证，品质优良
	蔓越莓（Yongsawatdigul 和 Gunasekaran，1996）	与常规方法相比，微波真空干燥改善了蔓越莓干的颜色质量（样品颜色更红）。在相同的水分含量下，经微波真空干燥的蔓越莓所需的切割力较小（质地较软）
微波真空干燥相对于热风干燥或冷冻干燥	胡萝卜（Lin 等，1998）	与通过热风干燥制备的胡萝卜片相比，微波真空干燥的胡萝卜片具有更大的复水能力、更低的密度、更少的颜色劣变和更柔软的质感。尽管冷冻干燥的胡萝卜片产品具有更好的复水能力和外观，但通过感官评定小组评定，在颜色、质地、风味和总体偏爱方面，微波真空干燥的样品质量等于或优于冷冻干燥的样品，无论是干燥还是复水状态下都是如此。此外，在干燥状态下，微波真空干燥的胡萝卜片具有独特的膨化质地，这是感官小组成员所青睐的，并且可能是开发小吃型产品的理想特性
渗透处理结合微波真空干燥	草莓和苹果（Erle 和 Schubert，2001）	经渗透处理和微波真空干燥的水果结合了两个单元操作的优点。渗透处理过程中的条件选择会影响微波脱水的效率和最终产品的性能，能够获得在颜色、味道、结构和体积各方面都位高质量的干果产品
微波真空干燥	萨斯卡通浆果（Meda、Gupta 和 Opoku，2008）	研究了微波真空干燥对颜色变化的影响。使用不同的微波功率和真空压力，并使用 CIE 的 $L^*a^*b^*$ 颜色坐标测量颜色。样品的黄色不受影响。然而，干燥过程中 L^* 和 a^* 值产生了明显的变化。总色差取决于微波功率和真空压力水平

续表

加热方法	实际应用（参考文献）	微波概述
热风干燥结合微波真空干燥相对于热风干燥或冷冻干燥	苹果（Ferenczi、Czukor和Cserhalmi，2014）	微波真空干燥与热风干燥相结合，能够生产出膨化松脆的产品，其外观、颜色、稠度和味道比通过热风或冷冻干燥制成的干燥产品更好
微波干燥或卤素灯微波干燥相比于热风干燥	胡萝卜（Sumnu、Turabi和Oztop，2005）	推荐使用微波和卤素灯微波结合的方法来干燥胡萝卜以用于速食汤和休闲食品行业。其可以显著提高复水率，减少颜色劣变。此外，如果需要将产品的水分含量降低到非常低的水平，则建议使用卤素灯微波炉
微波干燥结合喷射床相对于热风干燥或喷射床干燥	苹果（Feng和Tang 1998）	脱水苹果丁的颜色是衡量加热均匀性的一个指标，因为加热不均匀会造成部分烧焦和不均匀的颜色。与常规热风干燥或喷射床干燥相比，使用组合方法，干燥产品表现出更少的颜色变化和更好的复水特性。较少的颜色变化可能是由于干燥时间显著减少
微波热烫结合微波干燥相对于水/盐水溶液热烫结合热风干燥或带式干燥机	马铃薯（Severini、Baiano、De Pilli、Carbone和Derossi，2005）	将马铃薯在蒸馏水、盐溶液、热蒸馏水或热含糖盐溶液中进行微波热烫。干燥在微波炉、空气柜或带式干燥机中进行。微波脱水能得到具有良好保色能力的产品。然而，通过微波进行的整个热烫干燥过程太昂贵。就产品质量（颜色和复水能力）而言，最佳组合是微波热烫并在带式干燥机上进行脱水
微波加热结合热风干燥相对于热风干燥	苹果（Funebo、Ahrné、Kidman、Langton和Skjöldebrand，2000）	用高输出功率的微波能量进行预处理对最终产品质量有很大的影响。最初，用微波加热几分钟会产生坚硬且收缩的苹果块，这有利于脱水苹果的运输和存储。简而言之，初始微波热处理会导致刺穿脱水苹果所需的应力增大，刺穿复水苹果所需的应力减小，脱水苹果会产生更大的收缩和更高的复水能力
进行或不进行渗透脱水预处理的微波加热相比于常规加热	葡萄柚酱（Igual、Contreras和Martínez-Navarrete，2014）	微波加热和渗透脱水被认为是非常规的葡萄柚果酱生产技术。与新鲜水果相比，在微波和常规加热条件下处理的果酱颜色变化最大。通过将渗透脱水和微波工艺相结合获得的果酱显示出更高的屈服应力、更大的稠度和更高的黏弹性。在感官分析中，该样本评分更高
微波烘焙相比于传统烘焙	茴香籽（Behera、Nagarajan和Jagan Mohan Rao，2004）	使用微波加工香料被认为是香料加工的一种替代方法，因为微波处理更简便。对最佳的热条件进行了标准化，微波加热的样品比常规烘焙的样品更能保留茴香籽的特有风味化合物。因此，微波处理保留了挥发油中的醛类物质，使微波成为茴香籽加工的最佳加热方式

续表

加热方法	实际应用（参考文献）	微波概述
微波杀菌处理	胡椒（Plessi 等，2002） 牛至（Bertelli 等，2003）	微波处理也是一种杀菌处理方法，有利于胡椒主要香气化合物的保存。微波处理只对这两种食材基本的挥发性化合物产生了轻微的影响，处理过和未处理过的样品之间几乎没有区别
微波灭菌法相比于传统的巴氏杀菌法	葡萄柚汁（Igual、Contreras、Camacho 和 Martínez Navarrete，2014）	将鲜榨葡萄柚汁与用微波或传统加热方法杀菌的葡萄柚汁进行比较。一般来说，热处理对柚子汁的流动特性、浑浊度和颜色有显著的影响，特别是在常规工艺的情况下。然而，从感官角度看，巴氏杀菌的样品与新鲜的样品区别较小。微波杀菌汁的颜色变化最小。鉴于这些原因，也鉴于工艺时间的缩短，可以考虑将微波灭菌作为一种处理方法
	猕猴桃泥（Benlloch-Tinoco 等，2013；Benlloch-Tinoco、Igual 等，2014）	选择了合适的工艺条件以模拟巴氏杀菌处理过程中酶和微生物的失活。在感官评估中，消费者必须对外观、颜色、气味、味道、甜度、酸度、一致性和整体接受度进行评分。尽管巴氏杀菌法都影响了消费者对猕猴桃果泥的接受度，但基于所有感官属性评估，微波处理的猕猴桃果泥显然更受欢迎。微波加热对甜度和酸度没有影响，而这些感官特性对消费者的接受度的影响最大。此外，微波处理导致产品颜色变化较小

4.2.1.2 对营养和功能价值的影响

可将果蔬纳入功能性食品，因为它们提供了除了基本营养素之外的有益组分，是天然抗氧化剂的优质来源，因此经常摄入蔬菜来源产品对人体健康有益（Antunes、Dandlen、Cavaco 和 GraÇa，2010；Benlloch-Tinoco、Igual、Rodrigo 和 Martínez-Navarrete，2013；Du、Li、Ma 和 Liang，2009）。从这个意义上来讲，在果蔬加工过程中保护其中的抗氧化物质十分重要。蔬菜中主要的抗氧化物质是维生素 C、维生素 E、类胡萝卜素和以类黄酮为主的酚类化合物（Podsędek，2007）。蔬菜的工业加工和家庭烹饪可能会影响其功能特性（如抗氧化物质的含量和组成、抗氧化活性和抗氧化物质的生物利用度）。一般而言，与生蔬菜相比，经过热处理的蔬菜中含有的抗氧化物质含量和活性均较低，这是由于抗氧化物质在加热过程中被降解（Podsędek，2007）。烹饪过程中会发生抗氧化物质的释放和氧化还原活性代谢物的破坏或生成，从而影响抗氧化物质含量（Wachtel-Galor、Wong 和 Benzie，2008）。因此需进一步研究热处理过程对营养物质可利用率或损失（尤其是抗氧化能力）的影响，以便优化食品加工方法来保证食物（如果蔬等）在加工过程中的抗氧化活性。Drouzas 和 Schubert（1996）指出常规干燥方法的主要缺点是主要香味和营养物质在干燥过程中受热降解。为了防止这些物质的大量损失，可以使用微波结合真空干燥来替代传统干燥方法。表 4.3 总结了一些微波在果蔬加工中的应用及其对营养和功能方面的影响。

表 4.3　微波能量在不同果蔬上的应用概况以及对营养和功能方面的影响

加热方法	实际应用（参考文献）	微波概述
微波结合热风干燥相对于热风干燥	马铃薯（Khraisheh、Mcminn 和 Magee，2004）	用微波干燥模式或对流干燥模式的烤箱来分别处理圆柱形马铃薯样品，系统以不同的输出功率工作。在整个实验过程中，按预定的时间间隔取样来测定维生素 C 含量。在干燥至相似的水分含量下，微波干燥样品的维生素 C 含量至少是对流干燥样品的两倍
微波结合真空干燥相对于热风干燥或冷冻干燥	胡萝卜（Lin 等，1998）	热风干燥导致样品 α、β -胡萝卜素含量降低，而微波结合真空干燥样品的 α -胡萝卜素含量降低程度较少，这是由于微波结合真空干燥升温速率快、腔体氧含量低。冷冻干燥样品的 α、β -胡萝卜素含量无显著变化。样品维生素 C 含量在热风干燥中的损失明显，这是由于抗坏血酸在热风中易氧化且热风干燥持续时间较长。微波结合真空干燥的胡萝卜中维生素 C 保留较好。冷冻干燥过程由于温度极低，维生素 C 没有明显的损失。与热风干燥相比，微波结合真空干燥能更好地保留样品中维生素（特别是对热和氧气敏感的维生素）
微波结合真空干燥和热风预干燥、后干燥相对于热风干燥或冷冻干燥	草莓（Böhm、Kühnert、Rohm 和 Scholze，2006）	微波结合真空干燥和热风对流干燥均显著降低了草莓的抗坏血酸、酚类物质的含量和抗氧化能力，而冷冻干燥的草莓未见降低。改善微波结合真空干燥的条件有可能提高产品抗坏血酸的保留率和酚类化合物的稳定性并减小抗氧化能力的降低。改进工艺条件后的微波结合真空干燥样品的营养组分浓度与冷冻干燥样品接近
	苹果（Ferenczi 等，2014）	在微波结合真空干燥前进行热风预干燥，进而测定干燥产品的总酚含量、自由基清除活性和芳香族化合物含量。相对于热风干燥或冷冻干燥，通过联合微波真空干燥和热风预处理获得的干制苹果的芳香族化合物和酚类化合物含量显著提高，但抗氧化能力没有显著变化。这些优势使得组合微波真空干燥技术在食品加工的诸多领域比热风干燥或冷冻干燥更具优势
微波烹饪相对于传统水煮	豆类种子（Hernández-Infante、Sousa、Montalvo 和 Tena，1998）	微波加热是一种降低血凝素和胰蛋白酶抑制剂（抗营养物质）的有效方法，它类似于常规水煮法，但不会影响大多数豆类种子（蚕豆、豌豆、鹰嘴豆、大豆和小扁豆）的蛋白质质量。不过有一些豆类，即使经过微波处理，仍会保留有毒成分
微波烹饪相对于炒制和水煮	胡椒（Chuah 等，2008）	微波加热和炒制不会影响样品自由基清除活性、总酚含量、抗坏血酸含量或类胡萝卜素含量，而这些物质的含量在煮沸过程中会大大降低。尤其是长时间水煮的食品组织，其抗氧化活性的流失显著。此研究表明微波加热和炒制是能更大程度保留辣椒中的生物活性成分的烹饪方法

续表

加热方法	实际应用（参考文献）	微波概述
微波烹饪相对于加压或常规烹饪	大豆（Kaushik、Satya 和 Naik，2010）	采用三种方法进行大豆预浸泡：微波系统处理（家用微波炉）、传统处理（电热板）以及加压处理（高压釜），直至大豆组织变软。与加压和常规处理相比，微波处理能更好地保留矿物质和维生素，因此建议使用微波进行大豆预浸泡
微波加热作为出汁前预处理相对于未经预处理产品	苹果泥（Gerard 和 Roberts，2004）	在不同温度下压榨苹果泥。采用微波炉加热的苹果泥（不同的处理时间以达到最佳的温度）为实验组，对照组为未加热样品，测定后期压榨得苹果汁的酚类以及类黄酮的含量。微波加热可提高苹果泥中酚类和黄酮物质的压榨提取率，使得果汁中总酚类和类黄酮的浓度增加
微波巴氏杀菌相对于传统巴氏杀菌	西柚汁（Igual 等，2010；Igual、García-Martínez、Camacho 和 MartínezNavarrete，2011）	使用微波代替传统的巴氏杀菌法能更好地保留西柚汁中重要的热不稳定营养素。常规巴氏杀菌会导致西柚汁中柠檬酸和抗坏血酸显著下降，而微波处理则保留了这些化合物且保留了更多的类黄酮化合物。此外，与新鲜果汁，尤其是常规巴氏杀菌果汁相比，冷冻微波巴氏杀菌果汁更好地保留了总酚含量和抗氧化能力，并保留了抗坏血酸和维生素 C 含量
	猕猴桃泥（Benlloch-Tinoco 等，2013；Benlloch-Tinoco、Igual 等，2014）	比较了微波和常规加热对猕猴桃泥的灭酶能力。在达到相同的过氧化物酶失活的程度下，微波处理的果泥表现出更好的营养成分（维生素 C、维生素 A 和维生素 E 以及总类黄酮，苯酚和单宁酸）存留率，并具有良好的功能特性（抗氧化能力），且灭活酶和微生物的含量等于或高于常规加热的果泥。因此，微波加热可用于获得具有更高安全性、稳定性、营养和功能特性以及消费者接受度的巴氏杀菌猕猴桃泥

4.2.2 肉类及鱼类制品

在肉类及鱼类加工中，微波能的主要应用之一是解冻。解冻通常被认为是冷冻过程的逆过程。最常用的用于解冻冷冻肉类制品的方法包括室温解冻、冷水解冻、蒸汽解冻和接触解冻。肉类和鱼类组织的冷冻和解冻过程所带来的主要不利影响是解冻时在边缘切口存在大量的蛋白质汁液流失。近年来，人们积极研究了各种可替代传统解冻过程的方法，包括高压、微波、欧姆和超声波处理，目的是最大程度地减少解冻过程中汁液流失以及其带来的肉类品质的劣变（Kim 等，2013）。

微波可以快速解冻小块肉类，但不适用于解冻食品工业中常用的大块冷冻肉（参见第 12 章），这是由于微波解冻过程不均匀，某些部分的肉可能已经熟化，而有些部分仍未解冻。使用微波循环加热的方法可能可以最大程度地减少热失控现象。冷冻样品的微波解冻速率取决于样品的材料特性、尺寸以及电磁辐射的功率和频率（Taher 和 Farid，2001）。目前已有很多研究对比了传统解冻方法与微波解冻方法。Taher 和 Farid（2001）对冷冻碎牛肉（质量为 1.50kg，直径为 235mm，高度为 40mm）进行循环微波解冻，研究表明解冻过程是从样品表面开始，逐步缓慢延伸至样品内部，这是由于样品近表面处对微波有强烈吸收。水的介电损耗要高于冰，因此解冻过程从已经解冻的含有高水分含量的外部向未解冻的含有冰的内部延伸。他们还发现冷冻碎牛肉的微波解冻时间不到传统解冻时间的五分之一。此外，已有研究表明控制微波解冻过程中样品表面温度就不会引起肉的表面温度的过度升高。因此可在可控条件下微波解冻肉类制品，控制其表面温度不超过 10℃，从而维持肉类制品的质量。相比于 4℃ 或 21℃ 的传统解冻方法，微波解冻可提供更高质量的产品。Lee 和 Park（1999）对比了冷藏解冻（4℃）、烘箱解冻（28℃ 和 50℃）和微波解冻，发现微波解冻是一种防止冷冻猪肉汁液过度流失以及局部过热的快速解冻方法。微波处理能提高解冻速率，且对解冻产品汁液流失率、持水力和总需氧菌量有显著影响。总而言之，微波和对流加热的协同处理是食品工业解冻过程的最佳选择。

另一方面，微波烹饪是近年来才被引入肉类工业的一种加工方法。但是，关于微波烹饪培根在商业中的应用的早期报道可追溯到 1986 年（Edgar，1986）。近年来，微波烹饪的烤肉已经商品化。与传统方法相比，微波烹饪达到烹饪所需最高温度的时间更短。但是，与其他烹饪方法相比，使用微波烹饪的肉类食品缺少表面褐变，这是由于烹饪时间过短且表面温度过低达不到褐变的要求。James、Barlow、James 和 Swain（2006）使用家用微波炉和中试规模的工业微波烹饪隧道来烹饪培根，确定了高品质培根的最佳生产工艺和产品参数。

Duan、Jiang、Wang、Yu 和 Wang（2011）的研究表明热风结合微波干燥技术可用于新鲜罗非鱼片的干燥，此技术能提高新鲜罗非鱼片的脱水率，并缩短干燥时间。为了保持鱼片的质量，建议使用较低的热风温度和微波功率。另一方面，Duan、Zhang、Mujumdar 和 Wang（2010）提出在干燥海参样品时，微波结合冷冻干燥技术可以代替传统冷冻干燥技术，因为此技术在大大降低加工时间和能量消耗的同时，可生产与常规冷冻干燥产品质量相当的产品。

4.2.2.1 对感官特性的影响

本节综述和讨论了微波处理对肉类、鱼类解冻和烹调过程的影响及其对产品感官特性的影响。

Kim 等（2013）对比研究了传统解冻和微波解冻对冷冻牛肉品质特性的影响。由经过训练的专家小组根据外观、风味、质地、味道和总体可接受性对解冻肉进行感官评定。与传统解冻方法（4℃ 冷藏解冻、25℃ 室温解冻和 15℃ 冷水解冻）相比，通过微波解冻的样品具有更好的感官特性和更少的汁液流失。因此，作者认为微波解冻是减少冷冻引起的质量劣变的有效方法。此外，微波解冻冷冻鸡胸肉（1.5~2.0kg）的理化特性研究表明，随着微波功率增加，解冻速率加快，样品边缘位置与中心位置之间的温度差也增加。与其他解冻方法相比（包括传统冷藏解冻以及其他功率微波解冻），在 250W 的中等微波功率下持续 144s 的处理是最合适的，可最大程度地减少肉质的劣变，从而获得更优的颜色和质地，并显著减少解冻汁液损失（Kim 等，2011）。

Hoda、Ahmad 和 Srivastava（2002）评估了烤箱烹饪和微波烹饪水牛肉的感官特性。微波烹饪水牛肉的颜色感官评分（在喜好程度上）更高，且质地嫩度改善。然而，热风烤箱烹饪的产品风味更佳。与使用热风烤箱烹饪相比，使用微波缩短了烹饪所需时间且产品加热均匀。

4.2.2.2 对营养和功能价值的影响

肉类和鱼类是具有高营养价值的食物，因此许多研究人员一直致力于研究微波处理对其营养和功能成分的影响。Uherová、Hozová 和 Smirnov（1993）研究了微波热处理后猪肉和鸡肉维生素 B_6 和硫胺素的保留率。与传统烤箱处理相比，微波处理能够更好地保留样品的维生素 B_6 和硫胺素。使用微波加热肌肉组织对热敏性维生素的破坏要比传统焙烤小。鉴于此，推荐将微波烹饪和焙烤应用于食品工业、家庭、餐馆和医院的肉类食品制备中。在另一项研究中，Kumar 和 Aalbersberg（2006）评估了一种传统的太平洋地区的烹饪方式——土灶烹饪，比较了土灶烘烤、微波烹饪及烤箱烹饪的鸡、羊排和鱼的营养保留。结果表明微波烹饪是提高肉类样品中营养保留率的最有效方法，微波烹饪肉类中硫胺素、视黄醇和核黄素的保留率最高。土灶烹饪维生素保留率低于微波烹饪，可能是由于土灶烹饪温度要比微波烹饪更高。烹饪后产品水分含量的高低与烹饪方法和食物种类相关。总的来说，土灶烹饪的食品水分流失最大。这可能意味着，相比微波或烤箱烹饪，土灶烹饪会造成更大的汁液流失。微波或烤箱烹饪会造成熟化食品中蛋白质劣变的可能微乎其微。

同时，Maranesi 等（2005）研究了微波烹饪或焙烤对羊肋排中可分离瘦肉特定营养成分的影响。此种肉的传统烹饪方法是焙烤。微波加热后进行焙烤也可作为另一种烹饪方法。两种方法在水分、蛋白质和几种脂肪酸的保留率上存在显著差异，微波处理比单一焙烤更具优势。微波烹饪产生的产品组分变化不像焙烤那么明显。一些研究阐明了脂肪在肉类风味中的重要性，而烹饪过程会影响脂肪含量。对比微波烹饪与传统烤箱焙烤对山羊肉脂肪含量的影响，微波烹饪过程中的脂肪球整体迁移率较高，即脂肪流失明显。因此与传统烹饪相比，微波烹饪会对肉类成品品质产生负面影响。

4.2.3 其他食品

除了以上提及的食物外，微波也被用于加工米饭、意大利面或烘焙食品。最常用的利用微波的方法是烹饪、干燥或烘焙。研究人员从很多方面对微波烹饪和传统烹饪进行了比较。如 Lakshmi、Chakkaravarthi、Subramanian 和 Singh（2007）比较了用电饭锅、高压锅和微波烹饪大米的能耗，发现在各种方法中，微波烹饪时间最短，而且大大降低了能量消耗。干燥意大利面最常用的方法是热风干燥，而 De Pilli、Giuliani、Derossi 和 Severini（2009）研究了微波干燥对意大利面特性的影响，认为用不同方法干燥样品的质量是近似的，但微波干燥可以大大缩短干燥时间。还有几位研究人员采用微波联合热风干燥坚果，如澳洲坚果（Silva、Marsaioli、Maximo、Silva 和 Gonçalves，2006）或开心果（Kouchakzadeh 和 Shafeei，2010）。此外，微波还可用于焙烤面包、蛋糕、甜甜圈、饼干等，读者可以参考 Sumnu（2001）和第 6 章来获取微波焙烤产品的全面介绍。

另一方面，微波能够对许多含水或含盐食品进行快速有效加热，从而推动了微波辅助巴氏杀菌和灭菌的研究（参见第 10 章）。微波巴氏杀菌或灭菌的研究对象包括酸乳等预包装食品、袋装食品，以及牛乳等需要连续巴氏杀菌的流体（Schubert 和 Regier，2007）。Sabliov、Boldor、Coronel 和 Sanders（2008）提出，可将微波加热作为花生基饮料 UHT 过程中的一个灭菌步骤，因其所需时间短且加热温度分布均匀。Dev、Raghavan 和 Gariepy

(2008) 认为微波对于蛋壳和蛋壳膜具有非常好的穿透性，因此可将微波加热用于整蛋巴氏杀菌。研究结果表明微波具有对带壳蛋进行巴氏杀菌的潜力，与目前的水浴巴氏杀菌相比，微波巴氏杀菌处理时间更短、产品质量更优。另一方面，使用微波对熟制食物进行巴氏杀菌以延长其保质期的研究也进行了很多年。在最近的研究中，Tang 等（2015，2008）指出，微波技术能对装在聚合物托盘中的不均匀食品进行有效灭菌。

4.2.3.1 对感官特性的影响

烘焙过程必须保证产品在固定的水分含量下同时获得表面褐变和良好的质构（参见第 6 章），采用热风的传统烘焙方法能够达到这两点。如先前所提及的，微波烘焙产品的表面既不能产生足够的褐变，也不能形成焦脆的外壳（Chandrasekaran 等，2013）。如 Sumnu (2001) 和第 6 章所述，样品在微波炉中加热是一个非常快速的过程，没有足够的时间进行淀粉的糊化、淀粉的酶解、面团/面糊的充分膨胀、面团/面糊最终熟化成刚性瓤心结构以及风味的形成。因此微波烘焙产品通常质量较差，主要表现在感官特性方面。微波烘焙的产品体积小、质地坚韧、表面缺乏褐变和焦脆外壳。因此在 Sumnu（2001）和第 6 章中提出了一些可提高微波烘焙产品质量的替代方法和组合方法。微波常与传统或红外表面烘焙方法联合使用以达到褐变和质构改善的目的（Shaheen 等，2012）。微波烘焙产品体积小是由于淀粉糊化不完全，可采用预糊化淀粉或具有高介电性质和低糊化焓的淀粉来克服此问题。可在配方中增加胶体来弥补微波烘焙蛋糕水分的流失。开发新配方或使用特定的添加剂来改进传统配方可解决微波烘焙产品硬度或韧性过大的问题。可使用衬底（用于吸收电磁能并将其转化为热量的材料）（参见第 13 章）来提高面团的表面温度，从而更易产生表面褐变上色。也可在产品表面涂上特殊的涂层或将其置于传统烤箱中短时间焙烤以实现微波烘焙产品的表面褐变以及焦脆。

Megahey、Mcminn 和 Magee（2005）采用不同功率来微波烘焙马德拉蛋糕面糊。与对流烤箱烘焙的蛋糕相比，在特定微波功率下（250W，70s）焙烤的蛋糕（30g）质构特性更佳，弹性更好且硬度更低。一些学者研究了添加乳化剂、胶体（Seyhun、Sumnu 和 Sahin，2003）和额外添加淀粉（Seyhun、Sumnu、和 Sahin，2005）对微波烘焙产品的影响，以获得与传统烘焙产品有相似感官特性的微波烘焙产品。Sumnu、Sahin 和 Sevimli（2005）研究了非传统烘焙方法，如红外烘焙以及红外微波组合烘焙。以传统烘烤蛋糕为对照，红外微波组合烘焙蛋糕的硬度和色值与传统烘焙蛋糕相似。针对红外微波组合烘焙面包的研究也有类似结果（Keskin、Sumnu 和 Sahin，2004）。

在饼干的工业生产中，饼干的碎裂可能是由一种称为“龟裂”的开裂现象造成的。“龟裂”通常表现为产品部分表面延伸的裂纹，产品在随后的生产操作中易完全破裂。Ahmad、Morgan 和 Okos（2001）研究了微波烘焙对低水分产品的龟裂现象和机械强度的影响。传统烘焙饼干在回转烤炉中烘烤，微波烘焙饼干首先在回转烤炉中预烤，接着在微波炉中完成整个烘烤过程。与传统烘焙饼干相比，微波烘焙饼干龟裂程度显著减少。微波烘焙期间饼干温度始终维持在 110℃以上，水分分布更加均匀，从而降低饼干龟裂程度并加强机械强度。此外，研究还发现与传统烘焙饼干相比，微波烘烤饼干暴露在高湿度的空气下更不易龟裂。

为优化传统烹饪工艺，Vallicelli、Angioloni 和 Dalla Rosa（2008）比较了用传统水煮法和微波方法（一种新型可用于意大利面烹饪的微波炉）烹饪的意大利面质量。微波烹饪使意大利面外层具有更好的色泽、更高的凝胶度和更紧密的面筋网络结构，这大大降低了烹饪过程中的蒸煮损失。与传统水煮意大利面相比，微波烹饪意大利面凝胶度更高，从而其硬度更低。但是，这两种方法烹饪意大利面质构的差异可以通过选择适当的加热时间来弥补。考虑到除色泽差异外，微波烹饪意大利面感官特性与水煮意大利面几乎相同，且微波烹饪可缩短制备时间，因此微波是一种烹饪意大利面的更为便捷的替代方法。同样，Zhao、Xiong、Qiu 和 Xu（2007）研究了微波烹饪对米饭品质的影响。将大米在电饭锅或工业连续式微波炉中以不同的功率蒸煮。连续式微波炉的单位能耗定义为微波功率比上大米的传送速度。对蒸煮后的米饭立即进行感官评价，分别对米饭的气味、外观、味道和质地进行评分，结果表明随着微波能量消耗的增加，米饭的感官品质得到改善。同时作者强调微波蒸煮的米饭在储藏期间的味道评分要高于电饭锅蒸煮的米饭。

微波处理可作为流体巴氏杀菌的替代方法。Valero、Villamiel、Sanz 和 Martínez-Castro（2000）研究了传统巴氏杀菌和微波巴氏杀菌牛乳的感官特性，生牛乳分别被置于传统热交换器中杀菌或流经连续微波处理系统杀菌。受过训练的感官评定小组对杀菌后以及储藏期间牛乳的可接受度以及总体风味进行评估，他们并不能直接区分微波和传统巴氏杀菌牛乳的差别，这是由于牛乳在经过微波巴氏杀菌后以及在储藏期间的味道和气味均未改变。因此可将微波处理作为传统巴氏杀菌良好的替代方法。Clare 等（2005）比较了在相同条件（温度和保留时间）下使用传统 UHT 单元和微波加热单元灭菌脱脂牛乳（原味和巧克力风味）的感官参数。每隔 3 个月取样进行描述性感觉评定（以 12 个月为限），感官评定表明，与微波灭菌样品相比，经过 UHT 处理的牛乳颜色明显较深，呈现出更明显的焦糖味和陈腐味/脂肪味，并且涩味增加。贮藏期间 UHT 和微波灭菌牛乳产品的甜味和芳香味都有所降低，而陈腐味/脂肪味随着时间的延长而增加，且纯牛乳感官特性的变化比巧克力牛乳更明显。这些研究结果表明，微波技术可作为一种有力的替代灭菌手段来生产具有长保质期的无菌乳制品。

微波烫漂可作为传统烫漂的一种替代方法，但微波漂烫的产品常产生异味（Schirack 等，2006；Schirack、Sanders 和 Sandeep，2007）。微波漂烫花生中检测到的异味可能与苯乙醛、愈创木酚和 2，6-二甲基吡嗪浓度升高有关，这可能是由于微波漂烫温度较高发生了美拉德反应和热降解（Schirack 等，2006）。为了避免这种负面的感官特性，Schirack 等（2007）经实验得出了用于微波漂烫的有效加工参数，并提供了相关工艺参数的指导，确保花生微波漂烫的快速进行和漂烫产品的良好质量（无异味）。

Uysal、Sumnu 和 Sahin（2009）发现微波焙烤榛子的颜色（基于 CIE 测定的 L^* 和 a^* 值）和质构（基于破断力）能够与传统焙烤的榛子相媲美。Silva 等（2006）研究表明经过微波和热风干燥的澳洲坚果在外观、脆度和总体接受度方面与传统干燥的澳洲坚果没有显著差异。

4.2.3.2 对营养和功能特性的影响

Alajaji 和 El-Adawy（2006）研究了微波烹饪和其他传统烹饪方法（如水煮和高压蒸汽烹饪）对鹰嘴豆（*Cicer arietinum* L.）营养成分和抗营养因子的影响。每种烹饪方法均减少了鹰嘴豆的矿物质、脂肪、总灰分和碳水化合物的含量，同时也降低了赖氨酸、色氨酸和含硫氨基酸的含量。而经烹饪后，鹰嘴豆中蛋白质的体外消化率、蛋白质功效比和必需氨基酸指数均有所提高。微波烹饪鹰嘴豆的特点是节省时间，同时保留了产品最高的营养价值，提高了蛋白质消化率和 B 族维生素和矿物质的保留率。与传统烹饪相比，微波烹饪鹰嘴豆 B

族维生素（核黄素、硫胺素、烟酸和吡哆醇）的流失更少。基于此，推荐使用微波烹饪鹰嘴豆，可以降低豆类中肠胃胀气组分和抗营养因子（胰蛋白酶抑制剂、血凝素活性、单宁、皂苷和植酸）的水平，从而改善其营养质量。在大米的微波蒸煮方面，对比微波和电饭锅蒸煮米饭，在贮藏初期其成分就发生显著差异，而不是在储藏120天后才存在差异（Zhao等，2007）。微波蒸煮能量消耗越大，储藏初期米饭的水分、游离脂肪酸和蛋白质含量的减少量越明显。综合考虑该研究结果，认为在受控的条件下使用微波可作为煮饭的一种可行方法。

目前也有关于微波加热对牛乳中特定营养成分影响的研究，其中微波对牛乳维生素的影响结论存在争议。一些研究人员认为，经过微波处理的牛乳几乎不流失任何维生素，或者流失很少一部分，而且脂肪和蛋白质的含量也没有变化。Sieber、Eberhard 和 Gallmann（1996）研究了微波处理后牛乳的营养成分变化，并得出微波与传统加热后的牛乳无显著区别的结论。Villamiel、Corzo、Martínez-Castro 和 Olano（1996）将25mL生牛乳在微波炉中或传统加热至不同温度（70~120℃），后研究了牛乳加热过程中发生的主要化学变化。与传统加热牛乳相比，微波加热牛乳发生了更显著的乳糖异构化、美拉德反应和蛋白质变性，这可能是由于微波处理过程中的样品温度分布不均。研究人员认为设备改进和过程控制可改善微波过程温度分布不均，从而降低微波加工食品中化学变化的发生。

El-Badrawy、El-Zainy、Shalaby 和 El-Sayed（2007）研究了微波在花生种子焙烤中的应用，并将其与传统焙烤方法进行比较，测定了未加工、微波焙烤和传统焙烤花生油的化学成分、矿物质、个别氨基酸、低聚糖和脂肪酸含量。结果表明微波焙烤在保留花生化学组分和矿物质含量方面优于传统焙烤。此外，与传统焙烤相比，微波焙烤提高了花生蛋白的蛋白质功效比（PER）和生物效价（BV）。PER根据氨基酸的组成来评估蛋白质的质量，而BV则衡量从食物中吸收的蛋白质的比例。与未经焙烤的花生油相比，微波焙烤对花生油的化学组分无显著影响，而传统焙烤对其影响较大，微波焙烤并不会增加花生油中丙二醛的含量，而传统焙烤则会。微波烘焙能有效地保留生花生油的营养价值，与传统焙烤相比，微波焙烤花生油的不饱和度更高，而反式脂肪酸含量更低。同时，Uysal 等（2009）建议使用微波红外组合烤箱焙烤榛子，因为微波焙烤榛子可以获得与传统焙烤榛子类似的脂肪酸组成。但是，Megahed（2001）在对花生进行微波焙烤的研究中却抵制使用微波，因为微波加速了某些不期望得到的和有害化合物（例如氧化产物、转化色素等）的形成，同时造成花生油颜色加深。此外，读者也可参考其他微波焙烤的研究，如微波焙烤坚果（Zook、Macku 和 Deming，1995）、花生种子（Yoshida、Hirakawa、Tomiyama、Nagamizu 和 Mizushina，2005）和葵花籽（Anjum、Anwar、Jamil 和 Iqbal，2006），以便进一步了解这些产品在微波加热过程中的营养变化。

通常采用对流方法烘焙咖啡豆，但目前也有关于微波咖啡的研究。Nebesny 和 Budryn（2003）评估了使用对流或微波方法焙烤咖啡豆的抗氧化活性，研究结果表明，无论是采用传统（对流）或微波焙烤的咖啡豆都具有高活性的1,1-二苯基-2-三硝基苯肼（DPPH）自由基清除能力，可避免亚油酸氧化。但是，焙烤会导致咖啡起始抗氧化能力下降。抗氧化能力与多酚浓度密切相关，微波焙烤使多酚含量降低不显著，因此微波焙烤咖啡豆磨成的咖啡抗氧化活性更强。亚油酸氧化测试没有显示出如此显著的相关性，但是同样表明微波处理样品抗氧化活性更高。

液态蜂蜜由于黏度较高，在一些加工过程中易出现问题，因此食品加工业急需便于储藏加工的干燥蜂蜜来替代液态蜂蜜。干燥蜂蜜粉可直接添加到干混料、调味料或干涂料中，也易于与其他干组分混合，并在混合中保持蜂蜜的全部风味。通常使用干燥工艺来制备蜂蜜粉，例如喷雾干燥、隧道干燥和滚筒干燥。Cui、Sun、Chen 和 Sun（2008）优化了蜂蜜微波结合真空干燥的操作参数（微波功率、真空压力和样品厚度三方面），并评估了干燥产品的质量。在最佳工艺条件下，干燥成品主要糖（果糖、葡萄糖、麦芽糖和蔗糖）含量没有显著变化。挥发性酸、醇类、醛类和酯类为液态蜂蜜中存在已知的主要芳香物质。在微波结合真空干燥过程中，醇类和酯类的含量略有变化、挥发性酸含量显著下降且醛类和酮类含量显著增加。Cui 等（2008）没有讨论微波结合真空干燥蜂蜜醛类和酮类含量增加的潜在利弊，因为该干燥方法不会显著改变总挥发性成分，从而不会显著改变蜂蜜的独特风味和香气（Escriche、Visquert、Juan-Borrás 和 Fito，2009）。此外，该干燥过程中蜂蜜色泽也未变深。

4.3 微波在保持食品品质方面的优越性

自 1930 年微波开始应用于食品加工以来（Schubert 和 Regier，2006），有大量的证据表明微波具有保藏和/或加工不同食品的潜力，伴随而来的是人们对微波取代传统加热方法的期望也越来越高（Vadivambal 和 Jayas，2007，2010）。正如先前许多作者报道的那样（Salazar-González 等，2012；Vaddivambal 和 Jayas，2007，2010），微波的魅力主要在于其能大幅度保持食品品质。与传统加热相比，微波加热更大程度地确保了食品的安全性并能适当延长其保质期（De Ancos 等，1999；Salazar-González 等，2012）。

然而几十年后，微波加热在食品工业中的应用仍然受限。尽管目前已进行了大量研究来评估微波在食品加工中的应用，证明该技术可广泛应用于巴氏杀菌、灭菌和脱水等加工步骤（Cañumir 等，2002；Huang 等，2007；O'Donnell 等，2010），人们仍对其应用的真正益处存疑。对比微波与传统加热技术，微波的优越性仍存在争议（Banik、Bandyopadhyay 和 Ganguly，2003）。

微波与传统方法加热原理不同，因此正确对比微波和传统加热技术的热过程是一项挑战。不幸的是，由于缺乏有效对比评价微波和传统加热对食品安全和质量的影响的通用标准，人们无法清楚了解微波的真正益处，更深一步也就是人们无法理解这两种加热方式与食品相互作用机制的主要差别。换句话说，比较方法的差异性可能会导致错误的结论，并限制了比较不同研究的可能。Banik 等（2003）综述并讨论了如何选择不同的微波加工条件（如温度暴露或处理时间），简而言之，不当的动力学数据采集经常导致不同的作者得出相矛盾的结论。

尽管目前还没有标准化方法用于评估微波加热相比于传统加热的优点，但是绝大多数作者都认同微波的优越性，认为微波应用于一些食品加工中可以极大程度地保持食品的品质。以下介绍过去几十年来就这一课题进行的众多研究中的两个例子（Salazar-González 等，2012；Vaddivambal 和 Jayas，2007，2010）。Lau 和 Tang（2002）指出，相对于使用微波加热，当使用传统加热对腌制芦笋进行巴氏杀菌时，其质地会发生更明显的变化。同样，Igual 等（2010）证明了微波巴氏杀菌葡萄柚汁比传统方法能更好地保留产品中柠檬酸和抗坏血酸含量。有趣的是，一些食品加工过程中品质特性较少被破坏往往是由于采用的加工方式是微波，微波能高效地钝化酶和微生物，从缩短加工时间。如 Latorre、Bonelli、Rojas 和 Gerschenson（2012）观察到，与传统处理方法相比，红甜菜的微波漂烫能使过氧化物酶更快失活。同样，Matsui、Gut、De Oliveira 和 Tadini（2008）研究表明，与传统加热方法相比，椰子汁经微波处理后过氧化物酶和多酚氧化酶的失活要更快。此外，Yaghmaee 和 Durance（2005）观察到，与传统加热相比，大肠杆菌（*Escherichia coli*）在微波场下对温度变化更敏感。

然而，值得注意的是，微波处理相比于其他处理方式更具优越性的原因尚不清楚，因为不同作者在分析及解释实验结果时无法达成共识。因此，如果要在食品工业上充分利用微波技术，则深入了解微波能量在加工过程中如何与食物基质相互作用至关重要。这些知识将有助于安全可靠地控制加热过程，从而得到更安全有效，经济可行的微波处理方法。

迄今为止，在微波保藏领域（巴氏杀菌和灭菌）有三种不同的假设来解释微波比传统加热技术加工和保存食物的效率更高的原因：①更快的加热速度；②更高的效率；③非热效应。在这方面，正如 Chandrasekaran 等（2013）所综述和讨论的那样，尽管有数项科学研究声称微波的非热效应导致了更快的微生物和酶的失活以及更好的食品营养，功能和感官特性的保留（Banik 等，2003），但没有确凿的证据能证明在没有温度或 pH 的条件下只有微波辐射的致死作用。从化学角度看，最近的一项研究（Kappe、Pieber 和 Dallinger，2013）表明有机合成中不存在微波非热效应。因此，本章将专门讨论更快的加热速度和更高的效率这两点原因。

4.3.1 更快的加热速度

正如诸多文献（Salazar-González 等，2012；Vaddivambal 和 Jayas 2007；Zhang、Tang、Mujumdar 和 Wang，2006）以及本书中各个章节讨论的那样，传统加热基本依靠加热介质（如水、空气或蒸汽）通过传导和对流的方式把热量从热源输送到对象，而微波加热（体积加热）过程中热量产生的方式较特殊，这使得微波较其他传统加热方式具有许多优势，包括加热速度快、处理时间短、选择性强、热效率高和水分移除率高（Chandrasekaran 等，2013；De Ancos 等，1999；Huang 等，2007；Salazar-González 等，2012；Vaddivambal 和 Jayas，2010）。值得注意的是，更快的加热速度似乎是微波最公认的能够最大程度保持产品质量的特性之一（Gowen、Abu-Ghannam、Frias 和 Oliveira，2006；Huang 等，2007；Queiroz 等，2008）。如 Hebbar、Nandini、Lakshmi 和 Subramanian（2003）、Salazar-González 等（2012）以及 Vadivambal 和 Jayas（2010）的研究报道中均提到了这一点。Hebbar 等（2003）声称微波加热是一种快速杀灭微生物同时减少热损伤的方法。微波更快的加热速度能更好地保持食品质量，因为其处理时间更短、热暴露量更少。在过去的几十年中，使用低温长时（LTLT）热处理来保藏食品的方法已逐渐被高温短时（HTST）热处理替代。这是由于微生物的热敏性高于大多数食品的质量属性（Awuah、Ramaswamy 和 Economides，2007），因此高温短时热处理可以在杀灭微生物的同时更好地保持产品质量。考虑到微波直接加热以及内部加热食物的能力，微波技术具有传统 HTST 方法的所有潜在优势，基于微波技术的 HTST 应用可将 HTST 方法提升到一个新水平。

4.3.2 更高的效率

尽管更快的加热速度已被证明是微波技术的公认优势，但在某些情况下，这一特点不能用来解释和支持某些微波加热过程和传统加热过程之间观察到的差异。Tajchakavit 和 Ramaswamy（1997）、Tajchakavit、Ramaswamy 和 Fustier（1998）、Soysal 和 Söylemez（2005）就发现了此点，他们计算并比较了动力学参数，结果证明微波灭酶活和/或微生物的效率更高，或简而言之，当用热负荷来比较微波和传统处理的强度时，微波加热只要较低的热负荷就能达到传统处理的食品中酶和微生物失活的同等水平，正如之前的一项研究中发表的那样（BenllochTinoco、Martínez-Navarrete 等，2014）。鉴于这些研究中的实验数据都是在等温条件下测得的，获得的微波与传统两种技术之间的差异不应仅归因于微波更快的加热速度。因此作者还讨论了由于暴露在微波辐射中而导致产品温度升高从而放大或增强酶和微生物失活的可能性。但是，迄今为止，尚未有确凿的证据证实存在与微波处理相关的非热效应。一些作者认为，微波的影响可能是由于微波暴露过程中分子在电磁场中发生了重新排布，这可能会影响微生物的蛋白质结构（Banik 等，2003；Rosen，1972）。另一种假设是，食物暴露在微波场中，微波会影响蛋白质的极性和/或带电组分，从而提高了对酶和微生物的灭活能力（Kermasha、Bisakwski、Ramaswamy 和 Van De Voort，1993）。因此，需针对微波能量对食物基质的真正影响以及它们之间的相互作用进行更加深入的研究，从而全面理解微波在食品加工领域的应用实际潜力和效益。

4.4 未来发展趋势

微波技术有助于改进传统加工方法，从而为食品加工业提供了许多便利。如果在特定的操作条件下应用微波技术可以提高生产效率、缩短转化和/或保藏食物的时间、降低能源消耗，同时减少食品质量损失。

因此，微波加工的市场和应用前景广阔，但仍需解决多个问题。首先，关键是须深入理解微波加热背后的物理现象（电磁效应以及传热和传质现象），明确交变电磁场与待加热食品之间的相互作用。

根据过程建模来预测微波热量分布是一个有力手段，可据此来优化不同的微波应用。因此诸如磁共振热成像、化学标记和时间温度指示剂等新兴温度测定方法将有助于确定微波过程食品材料内的温度分布，以验证模拟过程，并促进微波巴氏杀菌和灭菌系统在食品工业中的广泛应用。

如今食品工业有着向连续加工生产发展的明显趋势。因此连续式微波设备的开发和发展越快，微波处理作为快速和深度加热的单元操作在食品工业中的应用就越多。但是微波加热均匀性差是个亟待解决的问题。目前已有一些方法来提高产品微波加热时的均匀性，例如在微波处理时旋转和振动食品、在食品周围增加吸波介质（热水）、微波加热后再平衡以及使用微波循环功率等（Chandrasekaran 等，2013）。变频和相位控制微波处理是目前正在研究的可改善微波均匀性的有效新方法，现已成功应用于加热非食品材料的商业生产中（FDA，2012），仍需更多研究将此技术拓展应用于食品工业中。

4.5 结语

微波已成功应用于多种食品加工过程，例如食品原料的烹饪、干燥和巴氏杀菌。本章综述了各种微波辅助食品加工技术及其对不同食品的营养、感官和其他品质特性的影响。

与传统方法烹饪的产品相比，微波烹饪的产品能保留更佳的口味、颜色、质量和营养价值。微波加工的优势是更快的加热速度和更高的效率。同时，微波处理在杀灭病原体或灭酶方面效果更好，这很大程度上归因于加热速度提高而导致的热效应显著增强。但是，目前也有关于微波非热效应的相关报道，推测微波非热效应可能是由电场与食品中存在的特定极性分子的相互作用引起的，这与宏观温度的升高（热效应）无关。近年来，微波非热效应受到了学者的广泛关注并引起了科学界激烈的争辩。

参考文献

Ahmad, S. S., Morgan, M. T., & Okos, M. R. (2001). Effects of microwave on the drying, checking and mechanical strength of baked biscuits. *Journal of Food Engineering*, *50* (2), 63-75.

Alajaji, S. A., & El-Adawy, T. A. (2006). Nutritional composition of chickpea (*Cicer arietinum* L.) as affected by microwave cooking and other traditional cooking methods. *Journal of Food Composition and Analysis*, *19* (8), 806-812.

Anjum, F., Anwar, F., Jamil, A., & Iqbal, M. (2006). Microwave roasting effects on the physico-chemical composition and oxidative stability of sunflower seed oil. *Journal of the American Oil Chemists' Society*, *83* (9), 777-784.

Antunes, M. D. C., Dandlen, S., Cavaco, A. M., & Graça, M. (2010). Effects of postharvest application of 1-mcp and postcutting dip treatment on the quality and nutritional properties of fresh-cut kiwifruit. *Journal of Agricultural and Food Chemistry*, *58* (10), 6173-6181.

Awuah, G. B., Ramaswamy, H. S., & Economides, A. (2007). Thermal processing and quality: Principles and overview. *Chemical Engineering and Processing: Process Intensification*, *46* (6), 584-602.

Banik, S., Bandyopadhyay, S., & Ganguly, S. (2003). Bioeffects of microwave—A brief review. *Bioresource Technology*, *87* (2), 155-159.

Behera, S., Nagarajan, S., & Jagan Mohan Rao, L. (2004). Microwave heating and conventional roasting of cumin seeds (*Cuminum cyminum* L.) and effect on chemical composition of volatiles. *Food Chemistry*, *87* (1), 25-29.

Benlloch-Tinoco, M., Igual, M., Rodrigo, D., & Martínez-Navarrete, N. (2013). Comparison of microwaves and conventional thermal treatment on enzymes activity and antioxidant capacity of kiwifruit puree. *Innovative Food Science and Emerging Technologies*, *19*, 166-172.

Benlloch-Tinoco, M., Igual, M., Salvador, A., Rodrigo, D., & Martínez-Navarrete, N. (2014). Quality and acceptability of microwave and conventionally pasteurised kiwifruit puree. *Food Bioprocess*

Technology, *7*, 3282–3292.

Benlloch–Tinoco, M., Martínez–Navarrete, N., & Rodrigo, D. (2014). Impact of temperature on lethality of kiwifruit puree pasteurization by thermal and microwave processing. *Food Control*, *35*, 22–25.

Benlloch–Tinoco, M., Pina–Pérez, M. C., Martínez–Navarrete, N., & Rodrigo, D. (2014). *Listeria monocytogenes* inactivation kinetics under microwave and conventional thermal processing in a kiwifruit puree. *Innovative Food Science and Emerging Technologies*, *22*, 131–136.

Benlloch–Tinoco, M., Varela, P., Salvador, A., & Martínez–Navarrete, N. (2012). Effects of microwave heating on sensory characteristics of kiwifruit puree. *Food Bioprocess Technology*, *5*, 3021–3031.

Bertelli, D., Plessi, M., & Miglietta, F. (2003). Effect of microwaves on volatile compounds in origanum. *LWT–Food Science and Technology*, *36* (6), 555–560.

Böhm, V., Kühnert, S., Rohm, H., & Scholze, G. (2006). Improving the nutritional quality of microwave–vacuum dried strawberries a preliminary study. *Food Science and Technology International*, *12* (1), 67–75.

Cañumir, J. A., Celis, J. E., De Brujin, J., & Vidal, L. V. (2002). Pasteurization of apple juice by using microwaves. *Lebensmittel–Wissenschaft und Technologie*, *35*, 389–392.

Carranza–Concha, J., Camacho, M. M., & Martínez–Navarrete, N. (2012). Effects of blanching on grapes (*Vitis vinifera*) and changes during storage in syrup. *Journal of Food Processing and Preservation*, *36*, 11–20.

Chandrasekaran, S., Ramanathan, S., & Basak, T. (2013). Microwave food processing—A review. *Food Research International*, *52* (1), 243–261.

Chuah, A. M., Lee, Y. – C., Yamaguchi, T., Takamura, H., Yin, L. – J., & Matoba, T. (2008). Effect of cooking on the antioxidant properties of coloured peppers. *Food Chemistry Volume*, *111* (1), 20–28.

Clare, D. A., Bang, W. S., Cartwright, G., Drake, M. A., Coronel, P., & Simunovic, J. (2005). Comparison of sensory, microbiological, and biochemical parameters of microwave versus indirect UHT fluid skim milk during storage. *Journal of Dairy Science*, *88* (12), 4172–4182.

Cocci, E., Sacchetti, G., Vallicelli, M., Angioloni, A., & Dalla Rosa, M. (2008). Spaghetti cooking by microwave oven: Cooking kinetics and product quality. *Journal of Food Engineering*, *85*, 537–546.

Contreras, C., Martín, M. E., Martínez –Navarrete, N., & Chiralt, A. (2005). Effect of vacuum impregnation and microwave application on structural changes which occurred during air–drying of apple. *Lebensmittel–Wissenschaft und–Technologie*, *38*, 471–477.

Contreras, C., Martín–Esparza, E., & Martínez–Navarrete, N. (2012). Influence of drying method on the rehydration properties of apricot and apple. *Journal of Food Process Engineering*, *35*, 178–190.

Contreras, C., Martín – Esparza, M. E., Chiralt, A., & Martínez – Navarrete, N. (2008). Influence of microwave application on convective drying: Effects on drying kinetics, and optical and mechanical properties of apple and strawberry. *Journal of Food Engineering*, *88*, 55–64.

Contreras, C., Martín– Esparza, M. E., Martíinez – Navarrete, N., & Chiralt, A. (2007). Influence of osmotic pre–treatment and microwave application on properties of air dried strawberry related to structural changes. *European Food Research and Technology*, *224*, 499–504.

Costa, A. I. A., Dekker, M., Beumer, R. R., Rombouts, F. M., & Jongen, W. M. F. (2001). A consumer–oriented classification system for home meal replacements. *Food Quality and Preference*, *12*,

229-242.

Cui, Z. -W., Sun, L. -J., Chen, W., & Sun, D. -W. (2008). Preparation of dry honey by microwave-vacuum drying. *Journal of Food Engineering*, *84*, 582-590.

De Ancos, B., Cano, M. P., Hernándcz, A., & Monreal, M. (1999). Effects of microwave eating on pigment composition and color of fruit purees. *Journal of the Science of Food and Agriculture*, *79*, 663-670.

De Pilli, T., Giuliani, R., Derossi, A., & Severini, C. (2009). Study of cooking quality of spaghetti dried through microwaves and comparison with hot air dried pasta. *Journal of Food Engineering*, *95* (3), 453-459.

Dev, S. R. S., Raghavan, G. S. V., & Gariepy, Y. (2008). Dielectric properties of egg components and microwave heating for in-shell pasteurization of eggs. *Journal of Food Engineering*, *86*, 207-214.

Dorantes-Alvarez, L., Barbosa-Caanovas, G., & Gutiearrez-Loa Pez, G. (2000). Blanching of fruits and vegetables using microwaves. In G. Barbosa - Cánovas & G. Gould (Eds.), *Innovations of Food Processing*. CRC Press, ISBN: 1-56676-782-2.

Drouzaf, A. E., & Schuber, H. (1996). Microwave application in vacuum drying of fruits. *Journal of Food Engineering*, *28*, 203-209.

Du, G., Li, M., Ma, F., & Liang, D. (2009). Antioxidant capacity and the relationship with polyphenol and Vitamin C in *Actinidia fruits*. *Food Chemistry*, *113* (2), 557-562.

Duan, X., Zhang, M., Mujumdar, A. S., & Wang, S. (2010). Microwave freeze drying of sea cucumber (*Stichopus japonicus*). *Journal of Food Engineering*, *96* (4), 491-497.

Duan, Z. -H., Jiang, L. -N., Wang, J. -L., Yu, X. -Y., & Wang, T. (2011). Drying and quality characteristics of tilapia fish fillets dried with hot air-microwave heating. *Food and Bioproducts Processing*, *89* (4), 472-476.

Edgar, R. (1986). The economics of microwave processing in the food industry. *Food Technology*, *40* (6), 106-112.

El-Badrawy, E. E. Y., El-Zainy, A. R. M., Shalaby, A. O., & El-Sayed, N. Y. (2007). Effect of microwave roasting on chemical composition of peanut seeds and comparing it with the ordinary roasting process. In: *2th conference of faculty of specific education* (pp. 11-12).

Erle, U., & Schubert, H. (2001). Combined osmotic and microwave-vacuum dehydration of apples and strawberries. *Journal of Food Engineering*, *49* (23), 193-199.

Escriche, I., Visquert, M., Juan-Borrás, M., & Fito, P. (2009). Influence of simulated industrial thermal treatments on the volatile fractions of different varieties of honey. *Food Chemistry*, *112* (2), 329-338.

FDA Food and Drug Administration. (2012). *Kinetics of microbial inactivation for alternative food processing technologies - Microwave and radio frequency processing*. Available from http://www.fda.gov/Food/FoodScienceResearch/SafePracticesforFood Processes/ucm100250.htm Last accessed 05.02.16.

Feng, H., & Tang, J. (1998). Microwave finish drying of diced apples in a spouted bed. *Journal of Food Science*, *63* (4), 679-683.

Ferenczi, S., Czukor, B., & Cserhalmi, Z. (2014). Evaluation of microwave vacuum drying combined with hot-air drying and compared with freeze- and hot-air drying by the quality of the dried apple product. *Periodica Polytechnica Chemical Engineering*, *58* (2), 111-116.

Funebo, T., Ahrné, L., Kidman, S., Langton, M., & Skjöldebrand, C. (2000). Microwave heat treatment of apple before air dehydration – Effects on physical properties and microstructure. *Journal of Food Engineering*, *46* (3), 173–182.

Gerard, K. A., & Roberts, J. S. (2004). Microwave heating of apple mash to improve juice yield and quality. *LWT–Food Science and Technology*, *37* (5), 551–557.

Gowen, A., Abu–Ghannam, N., Frias, J., & Oliveira, J. (2006). Optimisation of dehydration and rehydration properties of cooked chickpeas (*Cicer arietinum* L.) undergoing microwave – hot air combination drying. *Trends in Food Science & Technology*, *17* (4), 177–183.

Hamoud–Aghaa, M. M., Cureta, S., Simoninb, H., & Boillereauxa, L. (2014). Holding time effect on microwave inactivation of *Escherichia coli* K12: Experimental and numerical investigations. *Journal of Food Engineering*, *143*, 102–113.

Hebbar, H. U., Nandini, K. E., Lakshmi, M. C., & Subramanian, R. (2003). Microwave and infrared heat processing of honey and its quality. *Food Science and Technology Research*, *9* (1), 49–53.

Hernández–Infante, M., Sousa, V., Montalvo, I., & Tena, E. (1998). Impact of microwave heating on hemagglutinins, trypsin inhibitors and protein quality of selected legume seeds. *Plant Foods for Human Nutrition*, *52* (3), 199–208.

Hoda, I., Ahmad, S., & Srivastava, P. K. (2002). Effect of microwave oven processing, hot air oven cooking, curing and polyphosphate treatment on physico–chemical, sensory and textural characteristics of buffalo meat products. *Journal of Food Science and Technology*, *39* (3), 240–245.

Huang, Y., Sheng, J., Yang, F., & Hu, Q. (2007). Effect of enzyme inactivation by microwave and oven heating on preservation quality of green tea. *Journal of Food Engineering*, *78*, 687–692.

Igual, M., Contreras, C., Camacho, M. M., & Martínez – Navarrete, N. (2014). Effect of thermal treatment and storage conditions on the physical and sensory properties of grapefruit juice. *Food Bioprocess Technology*, *7*, 191–203.

Igual, M., Contreras, C., & Martínez–Navarrete, N. (2014). Colour and rheological properties of non–conventional grapefruit jams: Instrumental and sensory measurement. *LWT–Food Science and Technology*, *56*, 200–206.

Igual, M., García–Martínez, E., Camacho, M. M., & Martínez–Navarrete, N. (2010). Effect of thermal treatment and storage on the stability of organic acids and the functional value of grapefruit juice. *Food Chemistry*, *118* (2), 291–299.

Igual, M., García – Martínez, E., Camacho, M. M., & Martínez – Navarrete, N. (2011). Changes in flavonoid content of grapefruit juice caused by thermal treatment and storage. *Innovative Food Science and Emerging Technologies*, *12* (2), 153–162.

James, C. H., Barlow, K. E., James, S. J., & Swain, M. J. (2006). The influence of processing and product factors on the quality of microwave pre – cooked bacon. *Journal of Food Engineering*, *77* (4), 835–843.

Kappe, C. O., Pieber, B., & Dallinger, D. (2013). Microwave effects in organic synthesis: Myth or reality? *Angewandte Chemie International Edition*, *52*, 1088–1094.

Kaushik, G., Satya, S., & Naik, S. N. (2010). Effect of domestic processing techniques on the nutritional quality of the soybean. *Mediterranean Journal of Nutrition and Metabolism*, *3* (1), 39–46.

Kermasha, S., Bisakwski, B., Ramaswamy, H., & Van De Voort, F. R. (1993). Thermal and microwave inactivation of soybean lipoxigenase. *LWT–Food Science and Technology*, *26*, 215–219.

Keskin, S. O., Sumnu, G., & Sahin, S. (2004). Bread baking in halogen lamp – microwave combination oven. *Food Research International*, *37*, 489–495.

Khraisheh, M. A. M., Mcminn, W. A. M., & Magee, T. R. A. (2004). Quality and structural changes in starchy foods during microwave and convective drying. *Food Research International*, *37* (5), 497–503.

Kim, T. –H., Choi, J. –H., Choi, Y. –S., Kim, H. –Y., Kim, S. –Y., Kim, H. –W., & Kim, C. –J. (2011). Physicochemical properties of thawed chicken breast as affected by microwave power levels. *Food Science and Biotechnology*, *20* (4), 971–977.

Kim, Y. B., Jeong, J. Y., Ku, S. K., Kim, E. M., Park, K. J., & Jang, A. (2013). Effects of various thawing methods on the quality characteristics of frozen beef. *Korean Journal for Food Science of Animal Resources*, *33* (6), 723–729.

Kouchakzadeh, A., & Shafeei, S. (2010). Modeling of microwave–convective drying of pistachios. *Energy Conversion and Management*, *51* (10), 2012–2015.

Kumar, S., & Aalbersberg, B. (2006). Nutrient retention in foods after earth–oven cooking compared to other forms of domestic cooking 2. Vitamins. *Journal of Food Composition and Analysis*, *19*, 311–320.

Lado, B. H., & Yousef, A. E. (2002). Alternative food–preservation technologies: Efficacy and mechanisms. *Microbes and Infection*, *4*, 433–440.

Lakshmi, S., Chakkaravarthi, A., Subramanian, R., & Singh, V. (2007). Energy consumption in microwave cooking of rice and its comparison with other domestic appliances. *Journal of Food Engineering*, *78* (2), 715–722.

Latorre, M. E., Bonelli, P. R., Rojas, A. M., & Gerschenson, L. N. (2012). Microwave inactivation of red beet (*Beta vulgaris* L. *var. conditiva*) peroxidase and polyphenoloxidase and the effect of radiation on vegetable tissue quality. *Journal of food Engineering*, *109* (4), 676–684.

Lau, M. H., & Tang, J. (2002). Pasteurization of pickled asparagus using 915 MHz microwaves. *Journal of Food Engineering*, *51* (4), 283–290.

Lee, J. –K., & Park, J. –Y. (1999). Rapid thawing of frozen pork by 915 MHz microwave. *Korean Journal of Food Science and Technology*, *31* (1), 54–61.

Lin, T. M., Durance, D. T., & Scaman, C. H. (1998). Characterization of vacuum microwave, air and freeze dried carrot slices. *Food Research International*, *31* (2), 111–117.

Maranesi, M., Bochicchio, D., Montellato, L., Zaghini, A., Pagliuca, G., & Badiani, A. (2005). Effect of microwave cooking or broiling on selected nutrient contents, fatty acid patterns and true retention values in separable lean from lamb rib–loins, with emphasis on conjugated linoleic acid. *Food Chemistry*, *90*, 207–218.

Martín, M. E., Albors, A., Martínez–Navarrete, N., Chiralt, A., & Fito, P. (2000). *Micro–structural changes in apple tissue subjected to combined air–microwave drying. Proceedings of the 12th international drying symposium IDS2000. Paper no. 419.* Elsevier Science, ISBN 0–444–50422–2 (CD–ROM).

Matsui, K. N., Gut, J. A. W., De Oliveira, P. V., & Tadini, C. C. (2008). Inactivation kinetics of polyphenol oxidase and peroxidase in green coconut water by microwave processing. *Journal of Food Engineering*, *88* (2), 169–176.

Meda, V., Gupta, M., & Opoku, A. (2008). Drying kinetics and quality characteristics of microwave–vacuum dried Saskatoon berries. *Journal of Microwave Power and Electromagnetic Energy*, *42* (4), 4–12.

Megahed, M. G. (2001). Microwave roasting of peanuts: Effects on oil characteristics and composition. *Nahrung/Food*, *45* (4), 255–257.

Megahey, E. K., Mcminn, W. A. M., & Magee, T. R. A. (2005). Experimental Study of Microwave baking of madeira cake batter. *Food and Bioproducts Processing*, *83* (4), 277–287.

Nebesny, E., & Budryn, G. (2003). Antioxidative activity of green and roasted coffee beans as influenced by convection and microwave roasting methods and content of certain compounds. *European Food Research and Technology*, *217*, 157–163.

O'donnell, C. P., Tiwari, B. K., Bourke, P., & Cullen, P. J. (2010). Effect of ultrasonic processing on food enzymes of industrial importance. *Trends in Food Science & Technology*, *21*, 358–367.

Orsat, V., Changrue, V., & Raghavan, G. S. V. (2006). Microwave drying of fruits and vegetables. *Stewart Postharvest Review*, *6*, 4–9.

Plessi, M., Bertelli, D., & Miglietta, F. (2002). Effect of microwaves on volatile compounds in white and black pepper. *Lebensmittel-Wissenschaft und-Technologie*, *35*, 260–264.

Podsedek, A. (2007). Natural antioxidants and antioxidant capacity of Brassica vegetables: A review. *LWT-Food Science and Technology*, *40* (1), 1–11.

Queiroz, C., Mendes, M. L., Fialho, E., & Valente-Mesquita, V. L. (2008). Polyphenol oxidase: Characteristics and mechanisms of browning control. *Food Reviews International*, *24*, 361–375.

Regier, M. (2014). Microwave processing of foods and its combination with electron beam processing. In S. Pillai, & S. Shayanfa (Eds.), *Electron beam pasteurization and complementary food processing technologies.*, ISBN: 978-1-78242-100-9.

Rosen, C. G. (1972). Effects of microwaves on food and related material. *Food Technology*, *26* (7), 36–40.

Sabliov, C. M., Boldor, D., Coronel, P., & Sanders, T. H. (2008). Continuous microwave processing of peanut beverages. *Journal of Food Processing and Preservation*, *32* (6), 935–945.

Salazar-González, C., San Martín-González, M. F., López-Malo, A., & Sosa-Morales, M. E. (2012). Recent studies related to microwave processing of fluid foods. *Food Bioprocess and Technology*, *5*, 31–46.

Schirack, A. V., Drake, M. A., Sanders, T. H., & Sandeep, K. P. (2006). Characterization of aroma-active compounds in microwave blanched peanuts. *Journal of Food Science*, *71*, 513–520.

Schirack, A. V., Sanders, T. H., & Sandeep, K. P. (2007). Effect of processing parameters on the temperature and moisture content of microwave-blanched peanuts. *Journal of Food Process Engineering*, *30* (2), 225–240.

Schubert, H., & Regier, M. (2006). Novel and traditional microwave applications in the food industry. advances in microwave and radio frequency processing. In M. Willert-Porada (Ed.), *Report from the 8th international conference on microwave and high-frequency heating* (773 pp.). Editorial: Springer.

Schubert, H., & Regier, M. (2007). *The microwave processing of foods.* USA: Published by Woodhead Publishing Limited, England and CRC Press.

Severini, C., Baiano, A., De Pilli, T., Carbone, B. F., & Derossi, A. (2005). Combined treatments of blanching and dehydration: Study on potato cubes. *Journal of Food Engineering*, *68* (3), 289–296.

Seyhun, N., Sumnu, G., & Sahin, S. (2003). Effects of different emulsifier types, fat content and gum types on retardation of staling of microwave baked cakes. *Nahrung Food*, *47* (4), 248–251.

Seyhun, N., Sumnu, G., & Sahin, S. (2005). Effects of different starch types on retardation of staling of microwave-baked cakes. *Food and Bioproducts Processing*, *83*, 1–5.

Shaheen, M. S., El - Massry, K. F., El - Ghorab, A. H., & Anjum, F. M. (2012). Microwave applications in thermal food processing. In W. Cao (Ed.), *The development and application of microwave heating*. ISBN: 978-953-51-0835-1.

Sharma, G. P., & Prasad, S. (2001). Drying of garlic (*Allium sativum*) cloves by microwave- hot air combination. *Journal of Food Engineering*, *50* (2), 99-105.

Sieber, R., Eberhard, P., & Gallmann, P. U. (1996). Heat treatment of milk in domestic microwave ovens. *International Dairy Journal*, *6* (3), 231-246.

Silva, F. A., Marsaioli, J. A., Maximo, G. J., Silva, M. A. A. P., & GonÇalves, L. A. G. (2006). Microwave assisted drying of macadamia nuts. *Journal of Food Engineering*, *77*, 550-558.

Soysal, Ç., & Söylemez, Z. (2005). Kinetics and inactivation of carrot peroxidase by heat treatment. *Journal of Food Engineering*, *68* (3), 349-356.

Sumnu, G. (2001). A review on microwave baking of foods. *International Journal of Food Science & Technology*, *36* (2), 117-127.

Sumnu, G., Sahin, S., & Sevimli, M. (2005). Microwave, infrared and infrared-microwave combination baking of cakes. *Journal of Food Engineering*, *71* (2), 150-155.

Sumnu, G., Turabi, E., & Oztop, M. (2005). Drying of carrots in microwave and halogen lamp microwave combination ovens. *LWT-Food Science and Technology*, *38* (5), 549-553.

Taher, B. J., & Farid, M. M. (2001). Cyclic microwave thawing of frozen meat: experimental and theoretical investigation. *Chemical Engineering and Processing: Process Intensification*, *40* (4), 379-389.

Tajchakavit, S., & Ramaswamy, H. S. (1997). Thermal vs. microwave inactivation kinetics of pectin methylesterase in orange juice under batch mode heating conditions. *LWT-Food Science and Technology*, *30* (1), 85-93.

Tajchakavit, S., Ramaswamy, H. S., & Fustier, P. (1998). Enhanced destruction of spoilage microorganisms in apple juice during continuous flow microwave heating. *Food Research International*, *31* (10), 713-722.

Tang, J. (2015). Unlocking potentials of microwaves for food safety and quality. *Journal of Food Science*, *80*, 1776-1793.

Tang, Z., Mikhaylenko, G., Liu, F., Mah, J. - H., Pandit, R., Younce, F., & Tang, J. (2008). Microwave sterilization of sliced beef in gravy in 7-oz trays. *Journal of Food Engineering*, *89* (4), 375-383.

Torringa, E. M., Van Dijk, E. J., & Bartels, P. V. (1996). *Microwave puffing of vegetables: Modeling and measurements. Proceedings of the 31st microwave power symposium* (pp. 1619). Manassas: International Microwave Power Institute.

Tulasidas, T. N., Raghavan, G. S. V., & Mujumdar, A. S. (1995). Microwave drying of grapes in a single mode cavity at 2450 MHz—II: Quality and energy aspects. *Drying Technology*, *13* (8/9), 1973-1992.

Uherová, R., Hozová, B., & Smirnov, V. (1993). The effect of microwave heating on retention of some B vitamins. *Food Chemistry*, *46* (3), 293-295.

Uysal, N., Sumnu, G., & Sahin, S. (2009). Optimization of microwave—infrared roasting of hazelnut. *Journal of Food Engineering*, *90* (2), 255-261.

Vadivambal, R., & Jayas, D. S. (2007). Changes in quality of microwave-treated agricultural products—A review. *Biosystems Engineering*, *98* (1), 1-16.

Vadivambal, R., & Jayas, D. S. (2010). Non-uniform temperature distribution during microwave heating of food materials-A review. *Food Bioprocess Technology*, *3*, 161-171.

Valero, E., Villamiel, M., Sanz, J., & Martínez-Castro, I. (2000). Chemical and sensorial changes in milk pasteurised by microwave and conventional systems during cold storage. *Food Chemistry*, *70*, 77-81.

Villamiel, M., Corzo, N., Martínez - Castro, I., & Olano, A. (1996). Chemical changes during microwave treatment of milk. *Food Chemistry*, *56* (4), 385-388.

Wachtel- Galor, S., Wong, K. W., & Benzie, I. F. F. (2008). The effect of cooking on *Brassica* vegetables. *Food Chemistry*, *110* (3), 706-710.

Yaghmaee, P., & Durance, T. D. (2005). Destruction and injury of *Escherichia coli* during microwave heating under vacuum. *Journal of applied Microbiology*, *98* (2), 498-506.

Yarmand, M. S., & Homayouni, A. (2009). Effect of microwave cooking on the microstructure and quality of meat in goat and lamb. *Food Chemistry*, *112* (4), 782-785.

Yongsawatdigul, J., & Gunasekaran, S. (1996). Microwave - vacuum - drying of cranberries: Part Ⅰ: Energy use and efficiency. Part Ⅱ: Quality evaluation. *Journal of Food Processing and Preservation*, *20* (2), 121-156.

Yoshida, H., Hirakawa, Y., Tomiyama, Y., Nagamizu, T., & Mizushina, Y. (2005). Fatty acid distributions of triacylglycerols and phospholipids in peanut seeds (*Arachis hypogaea* L.) following microwave treatment. *Journal of Food Composition and Analysis*, *18* (1), 3-14.

Zhang, M., Tang, J., Mujumdar, A. S., & Wang, S. (2006). Trends in microwave-related drying of fruits and vegetables. *Trends in Food Science & Technology*, *17* (10), 524-534.

Zhao, S., Xiong, S., Qiu, C., & Xu, Y. (2007). Effect of microwaves on rice quality. *Journal of Stored Products Research*, *43* (4), 496-502.

Zook, D. E., Macku, C., & Deming, D. (1995). Effect of microwave heating on roasted nut flavor. *Developments in Food Science*, *37*, 1493-1518.

5 食品微波加工技术概述及未来发展趋势

V. Orsat, *G. S. V. Raghavan*, *K. Krishnaswamy*
McGill University, Montreal, QC, Canada

5.1 引言

21 世纪以来，在美国、加拿大以及许多欧洲国家，微波炉已成为必不可少的家用电器。随着发展中国家城市化水平的不断提高以及电力供应的日益普及，全球家用微波炉的使用量逐年增加。目前，微波炉仍主要用于食品的加热和复热过程，但越来越多地被应用于烹饪和解冻（WHO，2015）。近年来，微波在工业应用领域得到了十足的发展，且开发了具有工业规模的微波处理单元，主要用于食品干燥、肉类预烹调、即食食品的巴氏杀菌以及肉类和鱼类的回温等加工处理环节。当代消费者追求高品质、低加工食品（Hong 和 Wang，2015），这推动了新型微波加工技术在解冻（Shaheen、El-Ghorab、Anjum 和 El-Massry，2012）、漂烫（Adedeji、Gachovska、Ngadi 和 Raghavan，2008；Kowalska、Lenart 和 Leszczyk，2008）、烘焙（Ahmad、Morgan 和 Okos，2001；Sumnu，2001）、巴氏杀菌（Cañumir、Celis、de Bruijn 和 Vidal，2002；Lau 和 Tang，2002）、微波辅助萃取活性物质（Krishnaswamy、Orsat、Gariépy 和 Thangavel，2013；Wang、Xi、Zheng 和 Miao，2010）等领域的发展。

本章主要介绍了微波技术在食品加工中应用现状和发展前景，包括微波系统工业应用的简史和当前在食品应用中的概述。

5.1.1 微波技术工业化应用的历史

微波加热技术的发现源自于第二次世界大战期间两位英国物理学家 Henry A. Boot 和 John T. Randall（Brittain，1985；Osepchuk，1984）对空腔磁控管的开发。Raytheon 公司关于微波波导的研究发现，由于局部热量的产生，玉米粒可在辐射管附近爆裂，从而提出了微波加热这一概念。微波加热技术的发展和价值归功于 Raytheon 公司的 Percy Spencer，其申请了许多关于微波加热应用方面的专利。Raytheon 和 GE Westinghouse 公司的科学家长期致力于工业微波炉加热的开发及应用研究。其中，Raytheon 公司率先推出了一种独立式水冷装置 Radarange，并于 20 世纪 50 年代初升级为风冷冷却方式，广泛用于饭店和餐饮服务业。20 世纪 60 年代，Raytheon 公司面临着来自其他制造商（如 Litton、Tappan 和 GE）日益激烈的竞争，决定不再开拓家用微波炉市场，而是将专利授权给 Westinghouse 和 Whirlpool 等其他公司使用（Osepchuk，1984）。20 世纪 60 年代中期，Raytheon 公司收购了 Amana 公司，以获取其在制造和营销领域的专业知识，并将其应用于家用微波炉市场。20 世纪 70 年代初期，多家公司（如 Tappan、GE、Amana、Toshiba、Hitachi 和 Sharp）致力于开发台式微波炉，并展开了激烈的竞争。多年来，微波技术的提升使得微波炉在门的密封性（Rocha、Facão、Sousa 和 Viegas，2008）、固态电源控制、微处理器和微波炉泄露指示器（Lopez-Iturri 等，2015；Narayan、Arun、Jha 和 Bommer，2012）等方面得到进一步的改进。表 5.1 列出了工业微波系统的发展历史。

表 5.1 工业微波系统发展历史

年份	工业微波系统的发展
1948	Raytheon 发明了第一台 Radarange
1965	Raytheon 发明了第一台单模微波干燥设备
1970	Raytheon 发明了第一台 25kW 的连续回温系统
1972	Raytheon 发明了第一台 25kW 的微波发射机
1973	Raytheon 开始运营工业微波设备
1982	Raytheon 发明了第一台 40kW 的微波烹饪系统
1984	Raytheon 发明了第一台 50kW 的大功率微波发射机
1992	Raytheon 将工业微波组售卖给 Amana
1996	EnWave's 建立了第一台辐射能量真空（REV）设备原型用于食品以及保健品的脱水
1997	Amana 推出了中等功率 40kW 的批量回温线
1999	Ferrite Components Inc. 介绍了用于均匀加热和烹饪的圆波导技术 Amana 推出了高功率 75kW 的连续回温线
2003	Ferrite 收购 Amana 的工业微波组
2010	Ferrite 开发 L、S 和 X 波段以上的共振 4 端口铁氧体设备应用于科学，医疗和安全方向

资料来源：Ferrite. （2015）. *Ferrite Incorporated*. http：//www. ferriteinc. com/products _ drying. html Accessed in October 2015。

5.2 工业微波辐射器

微波是介于射频和红外之间的电磁频谱，频率在 0. 3 ~ 300GHz。2450MHz 是家用微波炉中最为常用的频率，而在美洲 915MHz 则主要用于工业规模的应用。表 5. 2 列出了不同国家/地区允许使用的微波频率。

表 5.2 不同国家/地区微波使用频率分配用于工业、医学和科学（ISM）的频率范围为 433. 92MHz 至 40GHz

频率/MHz	允许的频率范围（公差+或-）	区域
433. 92	0% ~ 2%	奥地利、荷兰、葡萄牙、德国和瑞士
896	10MHz	英国
915	13MHz	南美洲和北美洲
2375	50MHz	阿尔巴尼亚、保加利亚、匈牙利、罗马尼亚和俄罗斯
2450	50MHz	全世界范围内都能使用（可使用 2375MHz 的地方除外）
3390	0% ~ 6%	荷兰

续表

频率/MHz	允许的频率范围（公差+或-）	区域
5800	75MHz	全世界
6780	0%~6%	荷兰
24150	125MHz	全世界
40680		英国

资料来源：Püschner.（2015）. *Pueschner microwave power systems*. http：//www.pueschner.com/en/microwave-technology/frequency-ranges： http：//www.pueschner.com/downloads/vacuumdrying.pdf Accessed October 2015。

微波系统主要由以下组件构成：磁控管、升压变压器、炉腔、波导、辐射器和待处理样品。所有微波系统的原理基本相同。微波系统中所用变压器主要为升压器，其将家用交流电频率从50~60Hz提升至2450MHz，且此类变压器占微波炉总重量的一半以上，主要用于为磁控管供电。磁控管的工作电压为4000V，可以将电能转换为微波能。磁控管中产生的微波通过波导传输，到达微波腔。微波腔由反射壁组成，以容纳待加热的产品，并最大限度地提高微波加热效率。家用微波炉多采用矩形的多模谐振腔作为微波辐射器，而微波系统中最常用的辐射器为多模辐射器、单模辐射器和行波辐射器。此外，高效的微波系统应具备可靠的运行系统、高效的功率传输且成本低廉（Orsat、Yang、Changrue 和 Raghavan，2007；Osepchuk，2002；Venkatesh 和 Raghavan，2004）。下面将对不同的微波辐射器进行简要介绍。

5.2.1 多模辐射器

多模辐射器在工业微波系统中的应用最为常见，大约占50%以上，其工作原理与家用微波系统相似，但仅用于处理大批量物料。它是一个矩形导电金属腔用于盛放待加热产品，微波能量通过波导传输到辐射器中，并受到腔壁的多次反射，反射波与产品相互作用，并在腔体和产品内建立电场分布，由此在不同位置产生了稳定的电场传播模式。因此，被称为多模辐射器。

待测样品的介电特性以及谐振腔内样品材料的大小和位置决定了多模辐射器中的场分布。多模辐射器适合具有高介电损耗并占据较大辐射器体积（>50%）的产品；针对介电损耗较小且占据辐射器体积较小（<20%）的样品，电场分布则相对不均匀，导致温度分布不均，最终使得样品出现“热点或冷点”。为了提高温度分布的均匀性，通常在谐振腔内安装连续旋转的转盘或模式搅拌器（旋转反射器），从而有助于实现样品中电场的均匀分布。

物料中电场空间分布与材料介电特性及其在腔体内的位置和数量有关。因此，特定科学研究实验数据无法作为大规模工业化设计的理论支持。为了绘制腔内的场分布图，通常将水作为实验模型样本。然而，由于场分布受物料固有介电特性所影响，当采用其他介质时，温度分布也将随之发生变化。Dai、Orsat 和 Raghavan（2010）的研究表明，采用氯化钴作为指示剂的石膏板可绘制出多模微波腔中微波能量分布图。

数值建模（如时域有限差分法）可用于预测微波腔内装载样品中的场分布。一旦确定了样品参数（如尺寸、形状、位置、介电和热性能以及材料的均匀性等），其在微波系统运行时的温度分布即可进行模拟和验证，从而有助于特定产品在多模系统中的工业化应用（参见第1章）。

5.2.2 单模辐射器

在特定体积的单模腔体中仅存在一种传播模式，样品被固定在矩形或圆形的单模腔体中高场强的预设位置，故其为最高效的微波能量传递方式。单模辐射器主要由馈电波导、调谐柱塞和一个尺寸在微波波长范围内的小型微波谐振腔组成。最简单和最常见的单模谐振腔需在 TM_{010} 模式下运行，且具有最小的物理尺寸（参见第1章）。由于样品宽度必须小于入射微波波长的一半，因此需保证样品尺寸较小。然而，通过往复式移动调谐柱塞可使得时间平均场均匀地分布在整个样品。反之，样品将随着设备输出的周期性形成间歇式加热效果（参见第1章）。

5.2.3 行波辐射器

行波辐射器主要由特定排列方式的波导构成。样品从一端通过波导并吸收微波，其传输距离、介电特性以及尺寸和体积均对微波吸收起着至关重要的作用。

为了防止微波泄露，在波导的一段设置虚拟的水负载以吸收未被样品吸收的微波能量。此外，调节传送带速度，使样品以恒定的速度通过波导，从而实现样品各部分场强的一致性。该系统模式可保证物料一次性通过波导，且均匀稳定的吸收微波能量（参见第1章）。

5.3 现代食品加工应用

如前所述，家用微波炉已被广泛使用，且微波工业化应用正逐渐拓展，如在医疗应用、食品、橡胶、纺织品、木制品、陶瓷、有机/无机合成、聚合、细胞分解等方面的应用。事实证明，微波技术是污泥处理、医疗废物处理、土壤污染修复、废水修复和活性炭再生的有效替代方法，并且是热源/能源紧缺的有效补充（Wu，2008）。本章总结了微波在解冻、真空干燥、冷冻干燥、脱水、烹饪、热烫、烘焙、烤制、提炼、巴氏杀菌、灭菌、提取等食品加工环节中现有和潜在的应用（Krishnaswamy 等，2013；Lew、Krutzik、Hart 和 Chamberlin，2002；Lidstrom、Tierney、Wathey 和 Westman，2001；Venkatesh 和 Raghavan，2004）。

食品工业中微波加工技术应用的开发相对较慢，其主要原因在于设备和运行成本昂贵，工业化放大过程中存在安全隐患（微波泄露）（Wray 和 Ramaswamy，2015）。然而，与传统工艺相比，微波加工技术在食品中的工业应用却具有独特的功能。以下小节将围绕微波食品工业应用展开介绍。

过去十年里，多家公司围绕微波技术开展了系列研究，如曾在2003年收购了 Amana 公司工业微波部的 Ferrite's Industrial Microwave Systems（Nashua，NH，USA）、EnWave Corporation（EnWave Corp.，BritishColumbia，Canada）、Püschner Microwave Power Systems（Schwanewede，Germany）、Microdry Incorporated（Crestwood，KY，USA）、Sairem（Neyron，France）、Industrial Microwave Systems L. L. C.（New Orleans，LA，USA）、Defreeze Corporation（Southboro，MA，USA）、Stalam（Vicenza，Italy）和 Advanced Microwave Technologies（AMT，Edinburgh，UK）。上述公司均为微波加工工业设备供应商，并在食品和制药领域具有一定的影响力。

5.3.1 烹调与漂烫①

微波烹饪加工技术已成功在培根、肉馅饼和肉丸中实现了工业化应用。微波加热过程中体积温度的升高促进蛋白的凝结更加均匀，从而提升产品品质（Edgar，1986）。微波处理可减少培根切片中亚硝胺的形成，且产品外观良好。此外，微波处理还可提高脂肪的稳定性和品质（Ohlsson 和 Bengtsson，2000）。由于微波可缩短烹饪时间，而传统对流传热可促进表面水分的快速蒸发，因此，工业生产多采用传统加热与微波加热相结合的加工方式。微波烹调培根可大幅降低能耗、减少产品收缩、改善产品颜色和外观等感官品质（James、Barlow、James 和 Swain，2006）。为了有效控制害虫和霉菌的生长，采用连续式工业微波炉处理大米可显著提升其产品品质（Zhao、Xiong、Qiu 和 Xu，2007）。事实证明，与传统加工相比，微波处理具有明显优势，例如传统热加工会导致大量热不稳定维生素在加工过程中的流失，而微波处理在一定程度上可克服上述现象的发生，减少营养成分的损失（Begum 和 Brewer，2001；Brewer 和 Begum，2003；Villanueva、Marquina、Vargas 和 Abellan，2000）。20 世纪 70 年代，微波技术被应用于食品加工领域，尤其在培根预调理行业占据了早期的工业微波市场。目前，用于培根微波加工的工业设备主要来源于 Microdry Incorporated（Crestwood，KY，USA）、Defreeze Corporation（Southboro，MA，USA）和 Ferrite's Industrial Microwave Systems（Nashua，NH，USA）。

由于漂烫过程中需保证酶的失活，组织软化，且最大限度降低某些水果和蔬菜在色泽和风味等方面的损失。因此，漂烫是产品在干燥、冷冻、油炸和装罐前的重要加工环节。微波漂烫引起了人们极大的兴趣，这主要是因为微波加工可以大大缩短加工时间，且有效减少营养物质的损失（Adedeji 等，2008；Kowalska 等，2008；Walde、Velu、Jyothirmayi 和 Math，2006）。

Wang、Zhang、Mujumdar、Mothibe 和 Azam（2012）研究了微波漂烫和传统漂烫方式对微波冷冻干燥和常规冷冻干燥生菜块的影响。结果表明，微波漂烫生菜块的电导率是传统漂烫样品的 2 倍，是未漂烫样品的 5 倍。微波漂烫样品介电损耗和电导率的增加，可有效缩短干燥时间。由此说明微波漂烫可有效改善微波冷冻干燥过程（Wang 等，2012）。Sarang、Sastry、Gaines、Yang 和 Dunne（2007）已证实漂烫可增加食物中的离子含量，从而提高其电导率，改善微波和欧姆加工过程中的加热均匀性。

Begum 和 Brewer（2001）采用微波漂烫以及传统水和蒸汽漂烫对比不同加工方式对番茄的影响。结果发现，微波漂烫保留了番茄中大量的营养物质，且番茄具有较佳的色泽和风味（Begum 和 Brewer，2001）。此外，在微波漂烫胡萝卜片的研究中还发现，与传统漂烫相比，

---

① 参见第 9 章。

果胶甲酯酶灭活效果更佳，且处理时间大大缩短（Başkaya Sezer 和 Demirdöven，2015）。

设计并开发工业级微波漂烫加工设备仍是一个巨大的挑战，需考虑辐射器的合理设计、良好的微波加热循环控制、食品组分与微波处理过程中温度分布情况等因素。因此，工业级微波漂烫加工技术仍是一个尚未充分研究开发的领域（Shaheen 等，2012）。

5.3.2 回温和解冻①

冷冻食品再加工需回温或解冻。解冻是将冷冻食品置于环境温度中（即0℃以上）化冰，从而可进行进一步的机械加工过程（如切片、切割、成型）。而工业生产应用中则主要采用长时间水中浸泡的方式来完成解冻过程。Taher 和 Farid（2001）基于理论和实验对冷冻碎牛肉的微波解冻过程进行了研究，结果表明与传统解冻方式相比，微波解冻所需的时间可缩短20%。

回温，即将冷冻食品的温度调节至略低于冰点，以便于进行机械切碎和后续处理。回温是产品温度升高的初始过程，待完全解冻后开始后续加工处理（Shaheen 等，2012）。微波回温具有改善食品温度均匀性和降低水分散失等特点。目前，市场中已有多家公司推出商用微波回温隧道设备。Ferrite's Industrial Tempering Systems 公司（Ferrite's Industrial Microwave Systems，Nashua，NH，USA）生产的微波连续式回温设备每小时处理量可达 17000lbs②（≈7.7t），且可对装置进行调整实现小批量生产。Microdry Incorporated 公司生产的工业微波回温隧道设备具有较大的隧道开口以容纳标准的肉类包装，该包装主要由便于清洗的不锈钢和聚丙烯材料制成（Model TC－75 75 kW—915MHz—Microdry Incorporated，Crestwood，KY，USA）。此外，Stalam 公司也有类似的微波回温和除霜设备（Vicenza，Italy）。图 5.1 所示为 AMTek Microwave 公司生产的 AMT4400 型连续式工业微波回温装置，其由四个 AMT7510 微波发射器组件供电，通过计算机软件以及显示屏控制，全面监控回温过程并简化操作过程（Amtek，2015）。

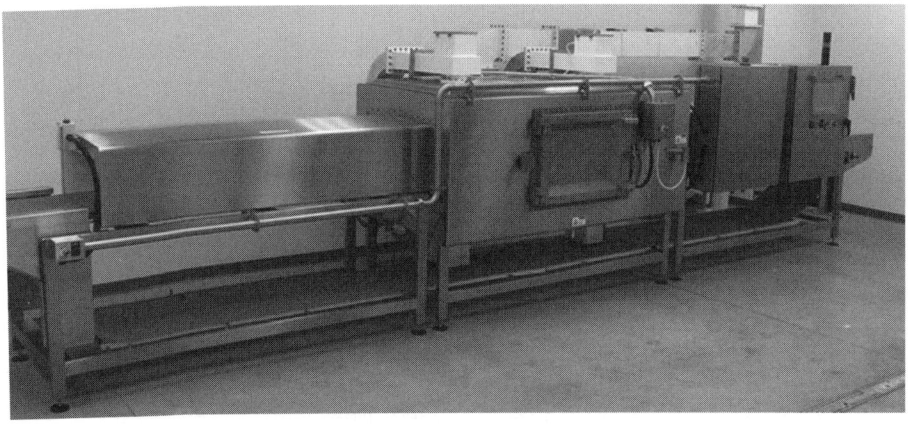

图 5.1 工业连续式微波回温装置 AMT4400

资料来源：AMTek Microwave，Cedar Rapids，IA，USA。

---

① 参见第 12 章。

② 1lbs = 1 磅 = 0.45kg。——译者注

5.3.3 干燥①

干燥是延长食品贮藏期，用于食品保存的最古老的方法之一。其中，空气对流干燥是最常用的食品干燥方法。对流干燥系统的操作原理简单且设备成本低，但仍存在能源效率低、产品质量差等缺点。在对流干燥中，干燥空气用于去除产品中的水分，在物料内部和表面之间形成压力梯度，从而导致水分从内部向表面迁移。但产品的外层被过度干燥，导致表面硬化，并阻止了物料内部水分的去除。经过一段时间后干燥达到平衡，产品表面可能出现过热现象。食品长时间暴露在高温下会导致挥发性芳香族化合物的损失以及风味、颜色、质地变差，从而影响产品的整体质量（Alibas，2007；Guiné 和 Barroca，2012；Mayor、Moreira 和 Sereno，2011；Wray 和 Ramaswamy，2015）。

传统对流干燥中存在的问题，可通过与体积加热的微波干燥方法联用来解决。其中，商用微波干燥设备可用于微波辅助对流干燥，微波真空干燥和微波辅助冷冻干燥。微波热风隧道干燥机供应商主要包括：Ferrite's Industrial Microwave Systems（Nashua，NH，USA）、Püschner Microwave Power Systems（Schwanewede，Germany）、Microdry Incorporated（Crestwood，KY，USA）、Sairem（Neyron，France）、Industrial Microwave Systems L. L. C.（New Orleans，LA，USA）和 Defreeze Corporation（Southboro，MA，USA）。

为实现意大利面、饼干或薯片的完全干燥，并稳定其中的水分含量，微波/热风干燥被用作最终的干燥过程（Osepchuk，2002）。Ferrite's Industrial Microwave Systems（前身为 Amana）的 MIP9 干燥机是目前世界上较为经典的微波干燥系统，其可用于干燥和脱水。Ferrite 的微波馈口、辐射器和控制技术均获得了专利，可确保将微波能量均匀分布到产品中，并提供快速且可预测的干燥过程（Ferrite，2015）。

微波真空干燥（MVD）是微波和真空技术相结合的独特工艺。MVD 是一种高效的过程，可缩短处理时间，并大幅提高产品质量。这种工艺在低于产品沸点的环境条件下去除水分，而且通过设置较低的氧气浓度来防止产品在干燥过程中的氧化（Regier、Knorzer 和 Erle，2004；Swittra、Therdthai 和 Dhamvithee，2011）。Pueschner Microwave Power Systems（Schwanewede，Germany）设计了一个使用微波带式干燥机（μWaveVac1290 型）的连续真空干燥装置。该装置是自动连续干燥系统，适用于低热导率且对温度敏感的产品。微波真空干燥机中的皮带由聚四氟乙烯（PTFE）涂层玻璃纤维制成。干燥湿产品时，在微波真空干燥过程结束时，它们会从黏稠态转变为很脆的干燥块状物。因此，通常会根据最终产品的要求在传送带的末端对块状物进行粉化或造粒。微波真空干燥的正常工作压力为 1000~5000Pa（Püschner，2015）。

EnWave 的辐射能真空（REV）技术在真空条件下利用微波能量来进行食品、药品和工业材料的低温脱水。nutraREV 和 quantaREV 是专为食品工业设计的两个 REV 平台。商业化的 nutraREV 设备已在多家大型公司中使用，其在 37℃ 或更低的温度下能够提供高达 150kW 的微波功率，用来干燥水果、蔬菜、草药、乳制品、肉类、海产品等。由 EnWave nutraREV 制造的微波真空干燥干酪生产单元的标称功率为 100kW（图 5.2）。

同时，EnWave 已对中试规模的 quantaREV 系统进行了测试，可实现固体、液体、颗粒状或胶囊化产品的大容量低温脱水。商用 quantaREV 工艺设备预计将于 2015 年推出。

① 参见第 8 章。

图 5.2 EnWave nutraREV 公司制造的脱水干酪加工单元（100kW）

资料来源：EnWave Corporation，BC，Canada。

微波冷冻干燥（MFD）是一种在低于水的冰点温度下运行的微波辅助干燥方法。食品和药品（如疫苗）的冷冻干燥成本非常昂贵，MFD 技术是潜在的替代方法之一，因为该技术能够缩短加工时间并降低能耗。目前，为与 Merck 等行业伙伴合作，Enwave 设计了名为 frozenREV 的 MFD 中试平台（Enwave，2015）。

5.3.4 巴氏杀菌①

在过去的十年中，用于固体、半固体和液体食品巴氏杀菌和灭菌工业微波设备取得了一定的进展。传统杀菌方法通过热传导使得物料中心达到致死温度，而微波杀菌具有物料体积加热的特点，是一种高效、适度加工和短时的杀菌方法。同时，结合快速冷却技术，可最大限度降低热降解程度以及对营养物质（如风味、颜色、质地和其他功能成分）的破坏（Cañumir 等，2002；Lau 和 Tang，2002）。由 Advanced Microwave Technologies 公司（AMT，Edinburgh，UK）生产的微波巴氏杀菌设备，主要适用于中试和工业化规模的液体杀菌。Stalam 公司（Vicenza，Italy）制造的微波巴氏杀菌设备则适用于新鲜肉酱意大利面和预包装面包的杀菌环节（Stalam，2015）。Micvac AB（Moelndal，Sweden）和 Tops Foods nv（Olen，Belgium）公司在全球范围内已成功实现在即食食品巴氏杀菌方面的应用。

AMT（Edinburgh，UK）开发了一款工业规模的连续流体式微波体积加热装置，该装置由处理罐、泵、压力和温度传感器、流量计、旋转装置以及微波体积加热单元组成（图 5.3），主要用于番茄汁的杀菌处理。番茄汁在（85±0.4）℃的条件下流过处理管道，流速 100L/h，处理时间（81.8±1.1）s（Stratakos、Delgado-Pando、Linton、Patterson 和 Koidis，2016）。该装置共有六个磁控管用于产生微波，完成杀菌后的样品则收集在无菌容器中，并用冰水冷却（Stratakos 等，2016）。

① 参见第 10 章。

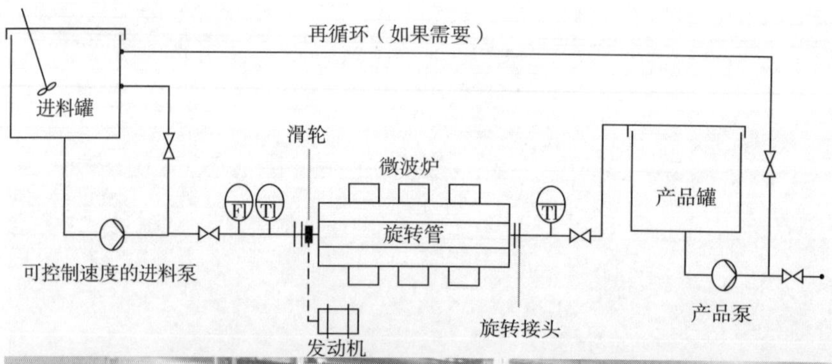

图 5.3 Advanced Microwave Technologies 公司制造的工业连续流体式微波加热装置

资料来源：Stratakos, A., Delgado-Pando, G., Linton, M., Patterson, M. F., & Koidis, A.（2016）. Industrial scale microwave processing of tomato juice using a novel continuous microwave system. *Food Chemistry*, 190, 622-628 and AMT, Edinburgh, UK。

5.3.5 烘焙①

微波通常采用与传统烘焙以及红外加热方式相结合的方法用于食品烘焙加工，以加快烘烤过程。早在20世纪50年代便开始了微波烘焙的系列研究工作，近年来主要通过乳化剂、树胶、淀粉、脂肪、酶等配料的添加优化微波烘焙食品配方（Keskin、Sumnu 和 Sahin, 2004；Seyhun、Sumnu 和 Sahin, 2003；Sumnu, 2001），从而提高干燥速率，改善产品内部的水分分布（Ahmad 等，2001）。与传统烘焙相比，微波烘焙大大缩短了烘烤时间。Stalam 公司（Vicenza, Italy）生产的微波和射频烘焙装置，用于烘焙后干燥和白硬皮面包的生产。该套设备已投入市场，具有高能效和高产量等特点，可用于普通硬皮面包、预烤或烘烤后白硬皮面包的生产（Stalam, 2015）。

5.3.6 包装②

微波衬底包装材料主要由一层金属化塑料薄膜组成，且该薄膜可层压成纸板或稳定的

① 参见第6章。

② 参见第13章。

基材。该金属膜可吸收微波能量并将其转化为热量，金属薄膜的厚度对微波的吸收或反射具有一定的影响（Regier，2014）。市售几款冷冻比萨类产品中均含有微波衬底包装材料，其可使比萨饼底发生褐变且脆性增加（Cole 和 Lafferty，2002）。许多食品公司均拥有不同微波衬底包装材料的相关专利，微波食品包装领域的创新引起了新型 RFID 传感器的开发，从而形成了智能包装系统，可对食品进行远程无损监控（Vanderroost、Ragaert、Devlieghere 和 De Meulenaer，2014；Yam、Takhistov 和 Miltz，2005）。

5.3.7 辅助萃取

微波辅助萃取（MAE）是一种生物活性成分的高效萃取方法。当将介电物料（样品以及用于萃取的溶剂）置于微波场中时，生物分子和溶剂都会通过扭曲、分子运动或分子的物理旋转以匹配交变电场的作用，从而促进溶剂与样品的快速加热（Dandekar 和 Gaikar，2002；Sun、Liao、Wang、Hu 和 Chen，2007）。微波萃取速率和提取物纯度与样品及溶剂的介电特性、目标物质在溶剂中的溶解度以及温度有着直接关系。温度对于萃取过程十分重要，温度越高，扩散速率和萃取速率则越高。由于热敏性化合物对萃取时间的限制，微波萃取明显优于传统萃取方法，具有萃取时间短、萃取率高、升温速率快、溶剂消耗低、靶向选择等多项优势（Pallaroni、Von Holst、Eskilsson 和 Björklund，2002；Wang 等，2010）。微波萃取已被广泛应用于多种不同生物活性化合物的提取，如亚麻籽中的芥子油异豆油树脂二糖苷（Nemes 和 Orsat，2010）、苹果渣中的果胶（Wang 等，2007）、花生皮中的酚类抗氧化剂（Ballard、Mallikarjunan、Zhou 和 O'Keefe，2009）、小麦和玉米中的玉米赤霉烯酮（Pallaroni 等，2002）、红树莓中的花青素（Sun 等，2007）、绿茶叶中的茶多酚和茶咖啡因（Pan、Niu 和 Liu，2003）、葡萄多酚（Krishnaswamy 等，2013）以及蓝莓叶中的多酚和酚类化合物（Routray 和 Orsat，2014）。

无溶剂微波萃取是一种基于绿色化学概念的可持续发展技术。将待提取样品置于微波腔中，不添加任何水或溶剂，通过对样品基质中所含的水进行加热，破坏细胞壁，并在较短时间内完成提取过程（Chemat、Fabiano-Tixier、Abert Vian、Allaf 和 Vorobiev，2015）。目前，无溶剂微波提取技术仍处于实验室小试阶段，需要进一步研究加以扩大规模，并最终达到中试或工业处理水平。

5.4 未来新兴应用的研究和开发

2015 年 10 月的最新报告总结了全球新兴食品加工技术，其中高压加工（HPP）和微波加工已被确定为未来 10 年的主要研究技术（Jermann、Koutchma、Margas、Leadley 和 Ros-Polski，2015）。不同地域在接受新技术方面存在着明显差异：在欧洲，冷等离子体和脉冲电场被视为重要新技术；而在北美，高压加工（80%），微波（88%）和紫外线（84%）则被认为更具有发展前景（Jermann 等，2015）。

自 20 世纪以来微波技术有着长足的进步和发展，但仍需要大量研究才能将微波技术更为广泛地应用于食品工业。高昂的初期投资和运行费用、微波工艺的优化以及设备安全举措是微波工业应用面临的重要难题。因此，装备的精细化设计，防辐射泄漏的相关安全措施的建立，相关技术人员的培训是微波技术工业化应用的必要条件。

微波技术在功能性和新型食品加工领域，如杀菌、巴氏灭菌、预处理工艺、脱水、保质期延长等方面有着广泛的应用。因此，以创新的方式利用微波能量实现其应用加工仍将会是未来的研究热点。

参考文献

Adedeji, A. A., Gachovska, T. K., Ngadi, M. O., & Raghavan, G. S. V. (2008). Effect of pretreatments on drying characteristics of okra. *Drying Technology*, *26* (10), 1251–1256.

Ahmad, S. S., Morgan, M. T., & Okos, M. R. (2001). Effects of microwave on the drying, checking and mechanical strength of baked biscuits. *Journal of Food Engineering*, *50* (2), 63–75.

Alibas, I. (2007). Microwave, air and combined microwave—air-drying parameters of pumpkin slices. *LWT-Food Science and Technology*, *40* (8), 1445–1451.

Amtek. (2015). *Amtek microwaves*. http://www.4amtek.com/index.php/products/microwavetempering-systems/Accessed in October 2015.

Ballard, T. S., Mallikarjunan, P., Zhou, K., & O'Keefe, S. F. (2009). Optimizing the extraction of phenolic antioxidants from peanut skins using response surface methodology. *Journal of Agricultural and Food Chemistry*, *57* (8), 3064–3072.

Başkaya Sezer, D., & Demirdöven, A. (2015). The effects of microwave blanching conditions on carrot slices: Optimization and comparison. *Journal of Food Processing and Preservation*. Published Online 12 MAR 2015. Available from: http://dx.doi.org/10.1111/jfpp.12463.

Begum, S., & Brewer, M. (2001). Chemical, nutritive and sensory characteristics of tomatoes before and after conventional and microwave blanching and during frozen storage. *Journal of Food Quality*, *24* (1), 1–15.

Brewer, M. S., & Begum, S. (2003). Effect of microwave power level and time on ascorbic acid content, peroxidase activity and color of selected vegetables. *Journal of Food Processing & Preservation*, *27* (6).

Brittain, J. E. (1985). The magnetron and the beginnings of the microwave age. *Physics Today*, *July 1985*, 60–67.

Cañumir, J. A., Celis, J. E., de Bruijn, J., & Vidal, L. V. (2002). Pasteurisation of apple juice by using microwaves. *LWT-Food Science and Technology*, *35* (5), 389–392.

Chemat, F., Fabiano-Tixier, A. S., Abert Vian, M., Allaf, T., & Vorobiev, E. (2015). Solvent-free extraction of food and natural products. *TrAC Trends in Analytical Chemistry*, *71*, 157–168.

Cole, L. R., & Lafferty, T. P. *Patterned microwave susceptor*. U. S. Patent No. 6,414,290. 2 Jul. 2002.

Dai, J., Orsat, V., & Raghavan, G. S. V. (2010). Visualization of microwave energy distribution in a multimode microwave cavity using $CoCl_2$ on gypsum plates. *Journal of Microwave Power and Electromagnetic Energy*, *44* (3), 144–152.

Dandekar, D. V., & Gaikar, V. (2002). Microwave assisted extraction of curcuminoids from *Curcuma longa*. *Separation science and technology*, *37* (11), 2669–2690.

Edgar, R. (1986). The economics of microwave processing in the food industry. *Food Technology*, *1986*, 106–112.

Enwave. (2015). *Enwave Corporation*. http://www.enwave.net/nutrarev.php: http://www.enwave.net/freezerev.php: http://www.enwave.net/nutrarev.php Accessed in October 2015.

Ferrite. (2015). *Ferrite Incorporated*. http://www.ferriteinc.com/products_drying.html Accessed in October 2015.

Guiné, R. P. F., & Barroca, M. J. (2012). Effect of drying treatments on texture and color of vegetables (pumpkin and green pepper). *Food and Bioproducts Processing*, *90* (1), 58-63.

Hong, X., & Wang, J. (2015). Use of electronic nose and tongue to track freshness of cherry tomatoes squeezed for juice consumption: Comparison of different sensor fusion approaches. *Food and Bioprocess Technology*, *8* (1), 158-170.

James, C., Barlow, K. E., James, S. J., & Swain, M. J. (2006). The influence of processing and product factors on the quality of microwave pre-cooked bacon. *Journal of Food Engineering*, *77* (4), 835-843.

Jermann, C., Koutchma, T., Margas, E., Leadley, C., & Ros-Polski, V. (2015). Mapping trends in novel and emerging food processing technologies around the world. *Innovative Food Science & Emerging Technologies*, *31*, 14-27.

Keskin, S. O., Sumnu, G., & Sahin, S. (2004). Usage of enzymes in a novel baking process. *Nahrung/Food*, *48* (2), 156-160.

Kowalska, H., Lenart, A., & Leszczyk, D. (2008). The effect of blanching and freezing on osmotic dehydration of pumpkin. *Journal of Food Engineering*, *86* (1), 30-38.

Krishnaswamy, K., Orsat, V., Gariépy, Y., & Thangavel, K. (2013). Optimization of microwave-assisted extraction of phenolic antioxidants from grape seeds (*Vitis vinifera*). *Food and Bioprocess Technology*, *6* (2), 441-455.

Lau, M. H., & Tang, J. (2002). Pasteurization of pickled asparagus using 915 MHz microwaves. *Journal of Food Engineering*, *51* (4), 283-290.

Lew, A., Krutzik, P. O., Hart, M. E., & Chamberlin, A. R. (2002). Increasing rates of reaction: Microwave-assisted organic synthesis for combinatorial chemistry. *Journal of Combinatorial Chemistry*, *4* (2), 95-105.

Lidstrom, P., Tierney, J., Wathey, B., & Westman, J. (2001). Microwave assisted organic synthesis-Review. *Tetrahedron*, *57*, 9225-9283.

Lopez-Iturri, P., de Miguel-Bilbao, S., Aguirre, E., Azpilicueta, L., Falcone, F., & Ramos, V. (2015). Estimation of radiofrequency power leakage from microwave ovens for dosimetric assessment at nonionizing radiation exposure levels. *BioMed Research International*, *2015*.

Mayor, L., Moreira, R., & Sereno, A. M. (2011). Shrinkage, density, porosity and shape changes during dehydration of pumpkin (*Cucurbita pepo* L.) fruits. *Journal of Food Engineering*, *103* (1), 29-37.

Narayan, S., Arun, K., Jha, R., & Bommer, J. P. (2012). *RF leakage radiation from microwave oven for aircraft interior applications. Antennas and propagation society international symposium (APSURSI), 2012 IEEE* (pp. 1-2). IEEE.

Nemes, S. M., & Orsat, V. (2010). Screening the experimental domain for the microwave-assisted extraction of secoisolariciresinol diglucoside from flaxseed prior to optimization procedures. *Food and Bioprocess Technology*, *3* (2), 300-307.

Ohlsson, Thomas, & Bengtsson, Nils (2000). Microwave technology and foods. *Advances in Food and*

Nutrition Research, *43*, 65-140.

Orsat, V., Yang, W., Changrue, V., & Raghavan, G. S. V. (2007). Microwave-assisted drying of biomaterials. *Food and Bioproducts Processing*, *85* (3), 255-263.

Osepchuk, J. M. (1984). A history of microwave heating applications. *IEEE Transactions on Microwave Theory and Techniques*, *32* (9), 1200-1224.

Osepchuk, J. M. (2002). Microwave power applications. *IEEE Transactions on Microwave Theory and Techniques*, *50* (3), 975-985.

Pallaroni, L., Von Holst, C., Eskilsson, C., & Björklund, E. (2002). Microwave-assisted extraction of zearalenone from wheat and corn. *Analytical and Bioanalytical Chemistry*, *374* (1), 161-166.

Pan, X., Niu, G., & Liu, H. (2003). Microwave-assisted extraction of tea polyphenols and tea caffeine from green tea leaves. *Chemical Engineering and Processing*, *42* (2), 129-133.

Püschner. (2015). *Pueschner microwave power systems.* http://www.pueschner.com/en/microwave-technology/frequency-ranges; http://www.pueschner.com/downloads/vacuumdrying.pdf Accessed October 2015.

Regier, M. (2014). Microwavable food packaging, Chapter 20. In J. H. Han (Ed.), *Innovations in food packaging* (pp. 495-514). Elsevier.

Regier, M., Knorzer, K., & Erle, U. (2004). Microwave-and microwave vacuum-drying of food [Review]. *Chemie Ingenieur Technik*, *76* (4), 424-432.

Rocha, A. M., Facão, M., Sousa, J. P., & Viegas, A. (2008). Optimization of a door seal structure of a microwave oven using a FDTD method. *International Journal of Numerical Modelling: Electronic Networks, Devices and Fields*, *21* (6), 507-513.

Routray, W., & Orsat, V. (2014). MAE of phenolic compounds from blueberry leaves and comparison with other extraction methods. *Industrial Crops and Products*, *58*, 36-45.

Sarang, S., Sastry, S. K., Gaines, J., Yang, T. C. S., & Dunne, P. (2007). Product formulation for ohmic heating: blanching as a pretreatment method to improve uniformity in heating of solid—liquid food mixtures. *Journal of Food Science*, *72* (5), E227-E234.

Seyhun, N., Sumnu, G., & Sahin, S. (2003). Effects of different emulsifier types, fat contents, and gum types on retardation of staling of microwave-baked cakes. *Nahrung/Food*, *47* (4), 248-251.

Shaheen, M. S., El-Ghorab, A. H., Anjum, F. M., & El-Massry, K. F. (2012). *Microwave applications in thermal food processing.* INTECH Open Access Publisher.

Stalam. (2015). http://www.stalam.com/en/rf-applications-for-industrial-bakeries/pasteurisation-equipment.html Accessed in October, 2015.

Stratakos, A., Delgado-Pando, G., Linton, M., Patterson, M. F., & Koidis, A. (2016). Industrial scale microwave processing of tomato juice using a novel continuous microwave system. *Food Chemistry*, *190*, 622-628.

Sumnu, G. (2001). A review on microwave baking of foods. *International Journal of Food Science and Technology*, *36*, 117-127.

Sun, Y., Liao, X., Wang, Z., Hu, X., & Chen, F. (2007). Optimization of microwave-assisted extraction of anthocyanins in red raspberries and identification of anthocyanin of extracts using high-performance liquid chromatography-mass spectrometry. *European Food Research and Technology*, *225* (3), 511-523.

Swittra, B.-N., Therdthai, N., & Dhamvithee, P. (2011). Characterization of microwave vacuum-dried durian chips. *Journal of Food Engineering*, *104* (1), 114-122.

Taher, B., & Farid, M. (2001). Cyclic microwave thawing of frozen meat: Experimental and theoretical investigation. *Chemical Engineering and Processing: Process Intensification*, *40* (4), 379-389.

Vanderroost, M., Ragaert, P., Devlieghere, F., & De Meulenaer, B. (2014). Intelligent food packaging: The next generation. *Trends in Food Science & Technology*, *39* (1), 47-62.

Venkatesh, M. S., & Raghavan, G. S. V. (2004). An overview of microwave processing and dielectric properties of agri-food materials. *Biosystems Engineering*, *88* (1), 1-18.

Villanueva, M. T. O., Marquina, A. D., Vargas, E. F., & Abellan, G. B. (2000). Modification of vitamins B1 and B_2 by culinary process: Traditional systems and microwaves. *Food Chemistry*, *71* (4), 417-421.

Walde, S. G., Velu, V., Jyothirmayi, T., & Math, R. G. (2006). Effects of pretreatments and drying methods on dehydration of mushroom. *Journal of Food Engineering*, *74* (1), 108-115.

Wang, S., Chen, F., Wu, J., Wang, Z., Liao, X., & Hu, X. (2007). Optimization of pectin extraction assisted by microwave from apple pomace using response surface methodology. *Journal of Food Engineering*, *78* (2), 693-700.

Wang, Y., Xi, G. S., Zheng, Y. C., & Miao, F. S. (2010). Microwave-assisted extraction of flavonoids from Chinese herb Radix puerariae (Ge Gen). *Journal of Medicinal Plant Research*, *4* (4), 304-308.

Wang, Y., Zhang, M., Mujumdar, A. S., Mothibe, K. J., & Azam, S. R. (2012). Effect of blanching on microwave freeze drying of stem lettuce cubes in a circular conduit drying chamber. *Journal of Food Engineering*, *113* (2), 177-185.

WHO. (2015). World Health Day. Food safety: What you should know. http://www.searo.who.int/entity/world_health_day/2015/whd-what-you-should-know/en/Accessed in October 2015.

Wray, D., & Ramaswamy, H. S. (2015). Novel concepts in microwave drying of foods. *Drying Technology*, *33* (7), 769-783.

Wu, T. - N. (2008). Environmental perspectives of microwave applications as remedial alternatives: Review. *Practice Periodical of Hazardous, Toxic, and Radioactive Waste Management*, *12*: *2* (102), 102-115.

Yam, K. L., Takhistov, P. T., & Miltz, J. (2005). Intelligent packaging: Concepts and applications. *Journal of Food Science*, *70* (1), R1-R10.

Zhao, S., Xiong, S., Qiu, C., & Xu, Y. (2007). Effect of microwaves on rice quality. *Journal of Stored Products Research*, *43* (4), 496-502.

6 微波（辅助）烘焙

E. Turabi Yolacaner[1], *G. Sumnu*[2], *S. Sahin*[2]
[1]Hacettepe University, Ankara, Turkey;
[2]Middle East Technical University, Ankara, Turkey

6.1 引言

微波烘焙具有节省时间、能量、空间以及保护产品营养成分等优点，但仅使用微波技术进行烘焙的产品也存在一些质量问题。因此，微波烘焙的产品还没有被消费者完全接受。质地坚韧、老化快、干燥、缺乏色泽和风味以及不易形成表壳是微波烘焙产品普遍存在的品质问题。微波加热的机制和速度是影响微波烘焙制品品质的主要原因。为获得具有与传统烘焙产品品质相当的微波烘焙产品，进一步的产品开发是必要的。近年来的研究主要集中在使用组合或混合烘焙技术代替单独使用微波技术来提高产品质量。本章首先介绍微波加热的基本原理，讨论微波加热的优缺点，然后介绍了微波烘焙的技术和设备，最后概括总结了具体微波烘焙产品（如面包、蛋糕、饼干和无麸质产品）品质改善的最新研究进展。

6.2 微波烘焙的原理

烘焙是一个同时具有传热和传质的复杂过程。许多物理、化学和生化的变化发生在食品烘焙过程中，包括淀粉的糊化、蛋白质的变性、发酵物释放二氧化碳、体积膨胀、水分蒸发、外壳形成、褐变反应等。

在传统的烘焙中，热量主要通过热媒对流和炉壁辐射传递到产品表面并通过热传导的方式传递到产品中心。传热速率和传热量、烤箱湿度和烘焙时间是影响最终产品质量的重要烘焙条件（Therdthai 和 Zhou，2003）。与传统烘焙不同，微波烘焙中食品处在室温环境下，周围空气并没有被微波加热，热量的产生是由于微波对食品中带电粒子以及极性分子的交互作用，并通过食品材料传导。由于热量的快速产生，微波炉内的产品加热速度非常快，因此，在微波烘焙过程中，可能没有足够的时间保证烘焙反应充分完成，这些反应包括淀粉糊化、淀粉的酶促反应、面团或面糊的充分膨胀、外壳形成、褐变以及面团或面糊最终形成坚硬的表壳结构。诸如淀粉糊化、褐变等动力学反应不仅与温度有关，还与烘焙时间有关，因此，在缩短烘焙时间的同时，必须保证糊化和褐变反应的完成，否则会降低产品的品质（Therdthai、Zhou 和 Adamczak，2002）。

微波烘焙与传统烘焙最大的区别是微波不能引起褐变和形成外壳。这是因为微波炉里的空气是常温的，不能像在传统的烤箱中那样被加热，导致在微波炉中烘焙的食物表面不能达到褐变反应所需的温度。

对于微波加热，能量方程可由式（6.1）表示：

$$\frac{\partial T}{\partial t} = \alpha \nabla^2 T + \frac{\dot{Q}}{\rho C_p} \qquad (6.1)$$

式中 T——温度；

t——时间；

α——热扩散率；

ρ——密度；

C_p——材料的比热容；

$\dot{Q}$——单位体积材料所产生的热量，它代表电磁能的转化量。

热量 $\dot{Q}$ 和区域内电场强度 E 之间的关系可由电磁波的麦克斯韦方程求得，该式（6.2）由 Metaxas 和 Meredith（1983）提出：

$$\dot{Q} = 2\pi\varepsilon_0\varepsilon''fE^2 \tag{6.2}$$

式中 ε_0——自由空间介电常数；

ε''——食品的介电损耗；

f——微波频率；

E——电场强度值的均方根。

传统烘焙的传质机制包括蒸发扩散和冷凝（Tong 和 Lund，1993）。水分在外壳和内瓤中的运动可以用菲克原理来表述（Sablani、Marcotte、Baik 和 Castaigne，1998；Thorvaldsson 和 Janestad，1999）。

压力梯度和浓度梯度是微波烘焙过程中水分传递的驱动力。许多研究者的研究结果都表明，微波加热高含水量的食品时，食品内部会产生很高的压力（Feng、Tang、Cavalieri 和 Plumb，2001；Ni、Datta 和 Orrance，1999）。

对于面团的微波加热，已经建立了传热传质与热量变化以及传湿特性与内部产热之间的一维数学模型（Tong 和 Lund，1993）。

介电特性和热特性是影响食品微波加热的物理性质。介电特性是指介电常数和介电损耗，而热特性是指热导率和比热容。介电常数是衡量材料贮存微波能力大小的尺度，而介电损耗是衡量材料将微波能转化为热能的能力大小的尺度。食品的介电特性取决于食品成分、温度和频率（Calay、Newborough、Probert 和 Calay，1995；参见第 2 章及第 3 章）。

6.3 微波烘焙的优缺点

与传统烘焙相比，微波烘焙产品的温度上升速度更快，总的烘焙时间缩短，因而也就节省了能量。微波烘焙的另一个优点是，终端产品比传统烘焙的产品含有更高的营养价值。此外，微波可以穿透面团，使 α-淀粉酶失活，这导致了面包瓤具有黏性（Chamberlain，1973）。而且由于较短的处理时间，微波设备占据空间小。

然而，微波烘焙产品有多方面的质量问题。微波烘焙时间短是产生问题的主要原因，因为整个烘焙反应需要较长的时间完成。在传统烘焙中，较长的烘焙时间可以保证正常的理化反应顺利完成，而短时的微波烘焙往往无法使这些反应全部完成（Hegenbert，1992）。微波与传统加热机制的差异以及产品中各组分在微波能作用下的特殊相互作用是微波烘焙产品品质较差的另一个原因（Goebel、Grider、Davis 和 Gordon，1984）。在微波烘焙面包中，糊化不足、面筋结构的变化以及快速产生的气体和蒸汽会引起面包品质的变化（Yin 和 Walker，1995）。

微波烘焙产品的品质缺陷主要是：坚实而又粗糙的质地、老化快、产品表面颜色差而又无表壳以及产品干燥（Sumnu，2001）。微波引起面筋结构的变化，烘焙过程中直链淀粉大量浸出，淀粉糊化不足，导致面筋组织坚硬。在微波加热过程中，特别是在低水分含量的媒介中，可以观察到因加热不均而导致的与传统方法截然不同的淀粉转化模式，结果就形成了粗糙的质地及坚韧的面包瓤（Zallie，1988）。

微波产品迅速老化的原因尚不清楚。与传统烘焙相比，在微波烘焙过程中，高直链淀粉的析出可能是微波复热面包（Higo 和 Noguchi，1987）和微波烘焙蛋糕（Seyhun，2002）迅速老化的原因。大量的水分流失导致微波烘焙产品比传统烘焙产品更加干燥，研究表明微波烘焙面包和蛋糕比传统烘焙的产品失水更多（Keskin、Sumnu 和 Sahin，2004a；Seyhun、Sumnu 和 Sahin，2003；Sumnu、Ndife 和 Bayindirli，1999）。微波内部加热使产品内部产生了很大的压力梯度，加速了水分从食品内部向表面迁移（Datta，1990）。

还原糖与蛋白质或含氮物质加热形成化合物如类黑精，即产生非酶褐变反应（美拉德反应），反应在 160℃左右开始。另一方面，当果糖、麦芽糖、葡萄糖等糖类被加热到类似的温度时，就会形成颜色物质焦糖。微波烘焙中相对较低的食品表面和周围温度限制了褐变反应的发生。此外，在微波炉中，从食品体系中蒸发的水分子直接与产品周围的冷空气作用并冷凝，从而阻止了食品表面褐变和脆化（Schiffmann，1994）。面制品经过微波烘焙后，并非烤制成我们所期望的松脆而表面褐色的产品，而是黏湿的产品。即使经过长时间加热，它们会变得干燥易碎，表面却不呈现褐色。褐色表面是由高温脱水过程中产生的美拉德和焦糖化反应获得的。此外，一定的处理时间对于这些褐变反应的完成也是必要的。褐变反应的动力学速度常数随着温度的升高（Ibarz、Pagan 和 Garza，2000）和水分含量的降低（Moyano、Rioseco 和 Gonzalez，2002）而增加。

微波烘焙产品同样也缺乏褐变反应所产生的香味。微波烘焙蛋糕的香味分布图表明，其香味与奶油面糊相似，缺乏传统烘焙产品所具有的坚果、褐变、焦糖类等许多类型的香气成分（Whorton 和 Reineccius，1990）。在微波烘焙过程中，个别香味成分通过蒸馏而损失掉，有些香味成分被淀粉和蛋白质束缚或化学降解。外壳对香味的流失有屏障作用（Eliasson 和 Larsson，1993），而由于微波烘焙产品没有外壳，香味很容易从产品中释放出来而损失。通过改变食品配方可以降低香味化合物的挥发性，从而在微波烘焙过程中使香味损失降到最低，这可以通过添加配方中油相或含油量来实现（Yaylayan 和 Roberts，2001），也可以胶囊化香味物质以达到降低香气成分的挥发的目的（Whorton 和 Reineceius，1990）。此外，在微波烘焙蛋糕的过程中，会有生面粉味或鸡蛋腥味等不良风味，添加香味剂可以掩盖这些不良风味，并获得与传统烘焙蛋糕相似的味道。

由于微波烘焙的产品具有较差的品质，提高其产品品质便成为了食品工艺师们的一个挑战。因此，将微波加热与其他加热方法相结合或使用混合技术可能是提高微波烘焙产品品质的解决方案。采用这种方式，微波加热过程的加速优势可以与热风、红外（IR）加热、射流冲击技术等多种加热机制的其他优势相结合。

6.4 微波辅助烘焙的工艺与设备

在 20 世纪 90 年代早期，APV Baker（英国）开发了一种用于后烘焙的微波-传统烘焙炉，以替代射频（RF）加热（Bengtsson，2001）。虽然射频加热具有降低产品水分活度的优点，但微波设备更紧凑、更灵活，且微波技术更先进。因此，在烘焙及后烘焙加工领域，有微波和其他加热方法结合代替 RF 加热的趋势。

目前使用的微波组合加热器可分为以下几类：

（1）仅使用微波；

（2）微波联合红外（卤素灯或烤架）；

（3）微波联合热空气（射流或其他）；

（4）微波联合蒸汽；

（5）微波联合感应加热；

（6）以上各种方式的组合（Datta 和 Rakesh，2013）。

前一节中已经提到了微波单独用于烘焙时产品的许多缺点。其他加热技术结合微波有助于获得高品质的烘焙产品。

1999 年，General Electric（louisville，KT，USA）生产了一种联合利用微波加热和红外加热的 Advantium 烤炉，卤光灯分别设置在烤炉的顶部和底部（图 6.1）。卤光灯所产生的近红外辐射用来获得产品表面的棕褐色外表并防止表面黏湿。卤光灯-微波联合炉兼有卤光灯加热所产生的产品表面棕褐色泽和松脆口感以及微波加热节省时间的优点。

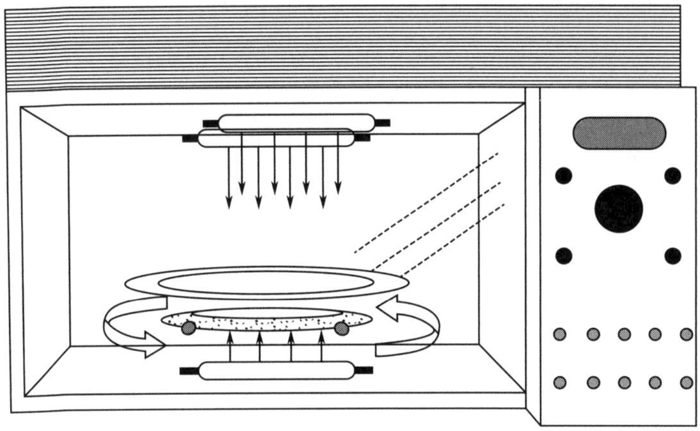

图 6.1 卤光灯-微波联合炉

资料来源：Sumnu，G.，Sahin，S.，& Sevimli，M. Microwave，infrared and infrared-microwave combination baking of cakes. *Journal of Food Engineering*，71（2），150-155，Copyright，©（2005）with permission from Elsevier。

还有一种组合方式是微波联合热空气，提供强制热空气，模拟微波和热空气同时加热。在传统的没有强制气流的微波炉中，气流较低，导致热量和水分迁移率非常低（Verboven、Datta、Anh、Scheerlinck 和 Nicolai，2003）。在射流冲击技术中，高速气流冲击食品表面，增加了热量和质量的传递速率。带有烤架或红外光源的微波方式也可与热空气结合在一起使用。

微波与蒸汽相结合是一种新工艺，蒸汽产生并被送入炉腔中。作为一种可在同一设备中使用的加热模式，蒸汽似乎不是与微波同时作用，目前还没有关于这种联合作用设备的研究。然而，在专利（US 8772685 B2）中，介绍了一种微波蒸汽烹饪系统（Backaert 和

Demuynck，2014）。该系统由一个贮水池、一个底部有多个孔的食品容器和一个由微波屏蔽材料组成的器壁组成，食物被放置在容器中，避免了直接暴露在微波能下被作用。

在专利文献中，微波炉与电磁炉的组合已经被报道（LG Electronics，1997）。在底部安装屏蔽板，在屏蔽板下方设置感应线圈，以便在微波和/或感应烹调（传输高频磁场）之间进行选择。但还没有已知的商业单位使用这种组合加热设备，也没有相应的科学研究。

在另一项专利（9006616 B2）中，描述了一种加工装置及其组合系统（McNamee 等，2008）。在该系统中，控制装置控制炉腔内的辐射加热元件、鼓风机和空气室中的对流加热元件以及微波能源，以提供多种潜在的工作模式。

6.5 微波辅助烘焙在特定食品中的应用

如前所述，微波烘焙产品存在很多质量问题，为了减少这些问题，有许多关于微波辅助烘焙技术的研究。大多数研究都集中在改善面包、蛋糕和一些无麸质烘焙产品的品质上，而对其他烘焙产品的研究有限。

6.5.1 微波烘焙面包

将微波与射流相结合的混合烤箱已被用于生产微波烘焙产品，这种烤箱可以将微波烘焙产品烤制出棕褐色的表壳（Walker 和 Li，1993）。射流过程是将流体直接喷射到产品表面以提高产品表面加热速度的加工过程（Ovadia 和 Walker，1998），这样产品内部的微波快速烘焙就与产品表壳的快速射流烘烤相适应。此外，利用射流烘烤形成的外壳可以减少微波烘焙导致的水分快速蒸发。

微波加热与红外加热相结合是近年来发展起来的一种常见的烘焙方法。红外-微波复合炉同时具有红外加热产品的棕褐色及松脆表面的优点和微波加热节省时间的优点。红外-微波联合烘焙近年来已应用于烘烤面包，而且比传统烘焙方法节省 75% 的烘焙时间（Keskin 等，2004a）。应用红外-微波复合炉烘焙的面包与传统方法烘焙的面包相比具有相近的体积和色泽，但重量损失和硬度仍然比较高。研究发现，应用红外-微波复合炉烘焙，微波加热是影响产品硬度和重量损失的主要因素。为了克服微波烘焙产品缺乏棕褐色及表皮外壳这一问题，建议使用红外-微波联合烘焙。

为降低面包的硬度，可将蛋白酶、α-淀粉酶、木聚糖酶、脂肪酶等酶添加到红外-微波联合烘焙的面包配方中（Keskin、Sumnu 和 Sahin，2004b）。在传统烘焙中，酶经常被用来降低面包的硬度、抗淀粉老化以及增加面包的体积。对比含有不同酶以及不含酶的面团在不同的烤炉中烘烤后的硬度，结果表明，在微波和红外-微波组合烘焙中，所有的酶都能有效地降低面包瓤的初始硬度和贮存期间的硬度，并增大面包体积。然而，在传统烘焙中，酶对面包瓤硬度的影响主要体现在贮藏期间。结果还发现，添加蛋白酶的面包与不添加蛋白酶的面包的在颜色上存在显著差异，且与添加其他酶的面包的颜色也有显著差异。

由于大量的直链淀粉浸出而造成的面包内部初始硬度较大的问题可以通过添加 α-淀粉酶和脂肪酶得到减缓，因微波造成的面筋变化而导致的硬度问题可以通过使用蛋白酶来缓解，因为蛋白酶可分解面筋蛋白而使面包软化。木聚糖酶对面筋形成以及质量都具有特定的作用

（Hamer，1995），添加木聚糖酶的微波烘焙面包的结构改善与这种特定作用有关。因为在红外-微波联合烘焙中，微波加热比红外加热对面包硬度的变化起到更主要的作用，所以酶在红外-微波联合烘焙面包过程以及面包贮存过程中对于硬度的影响效果与只用微波烘焙的情况相似。

在使用红外-微波复合炉烘焙面包的过程中，可以通过保持炉内的一定湿度来降低烘焙面包的硬度（Demirekler、Sumnu 和 Sahin，2004）。在 50%～70% 卤光灯功率和 20% 微波功率的条件下，采用红外-微波复合炉［在复合炉中，100% 微波功率为 706W（IMPI 2-liter 测试），面团初始质量为 50g，红外灯温度和功率未知］，烘焙 5min 的面包可以获得与传统烘焙面包在颜色、质构特性、体积和孔隙度方面相近的质量。

烘焙之后，所有的烘焙产品都会发生一系列的物理和化学变化（Cauvain，1998），大部分与老化相关。众所周知，淀粉回生意味着淀粉凝胶硬化，这被认为是老化产品硬度增加的原因。在微波炉中烘焙的面包快速老化的机制目前尚不清楚，红外-微波联合烘焙是一种很有前景的延缓焙烤制品老化的方法。采用机械（压缩测量）、物化特性［差示扫描量热仪，DSC；X 射线衍射；傅里叶变换红外光谱（FTIR）］、流变学［快速黏度分析仪（RVA）］等方法（Ozkoc、Sumnu、Sahin 和 Turabi，2009），对微波、红外-微波和传统三种不同烤炉烘焙面包的老化情况进行了研究。发现在三种加热方式中，微波烘焙样品的淀粉回生相关指标都是最高的。利用红外-微波联合加热，可以生产出与传统烘焙面包相似老化程度的面包，其老化焓和与淀粉老化相关的 FTIR 峰也与传统烘焙面包相似。

无损 FTIR 光谱法可用于研究老化产品，测量产品中淀粉短程有序的程度。通过分析谱带的宽窄，可以监测淀粉回生带来的构象变化，谱带变窄是由于淀粉在老化后变得更加有序，从而导致构象范围缩小和键能分布更小（Karim、Norziah 和 Seow，2000；Wilson、Goodfellow 和 Belton，1991）。光谱区域 1200～800cm^{-1} 被证明对淀粉分子的有序程度较为敏感（Ottenhof、Hill 和 Farhat，2005）。其他研究人员已经证实该光谱区域吸收值随淀粉老化的变化，包括～1000cm^{-1} 处重叠谱带相对强度的变化（Cocchi 等，2005），这与面包中存在的支链淀粉聚合物的渐进排序有关，而在 1047cm^{-1} 处的峰值则与淀粉结晶区有关（Karim 等，2000）。

与水有关的变化，如干燥和水的重新分配，也会对测量的光谱产生影响。由表 6.1 和表 6.2 所示，随着储存时间的增加，2980～3600cm^{-1}（A1）和 2810～2970cm^{-1}（A2）峰的积分面积比显著下降，这是由于储存期间面包瓤样品蛋白-淀粉网络中水分含量的减少，导致谱带强度的变化。研究表明微波和复合烤箱烘焙样品的峰值强度比常规烘焙样品的峰值强度低得多。此外，在微波烘焙面团中添加胶体对降低储存过程中的水分流失效果尤为明显（表 6.2）。

表 6.1　2980～3600cm^{-1}（A1）和 2810～2970cm^{-1}（A2）峰的积分面积比；与对照面包相关的 1060～1070cm^{-1}（A3）和 1151cm^{-1}（A4）峰的积分面积比

项目	烤炉类型					
	传统		微波		红外-微波组合	
峰值比/贮藏时间	A1/A2	A3/A4	A1/A2	A3/A4	A1/A2	A3/A4
1h	5.1±0.3	0.89±0.05	1.8±0.20	1.25±0.32	3.5±0.40	0.96±0.07
120h	3.5±0.7	1.07±0.09	1.4±0.30	1.27±0.18	2.1±0.50	1.03±0.11

资料来源：Ozkoc，S. O.，Sumnu，G.，Sahin，S.，& Turabi，E. Investigation of physicochemical properties of breads baked in microwave and infrared-microwave combination ovens during storage. *European Food Research and Technology*，228，883-893，Copyright，©（2009）with permission from Springer。

表 6.2　2980~3600cm^{-1}（A1）和 2810~2970cm^{-1}（A2）峰的积分面积比；
与添加胶体面包相关的 1060~1070cm^{-1}（A3）和 1151cm^{-1}（A4）峰的积分面积比

项目	烤炉类型					
	传统		微波		红外-微波组合	
峰值比/储存时间	A1/A2	A3/A4	A1/A2	A3/A4	A1/A2	A3/A4
1h	5.0±0.8	0.91±0.09	3.3±0.3	1.22±0.07	3.6±0.2	0.97±0.03
120h	3.8±0.4	1.09±0.04	2.1±0.4	1.30±0.05	2.4±0.3	1.09±0.06

资料来源：Ozkoc，S. O.，Sumnu，G.，Sahin，S.，& Turabi，E. Investigation of physicochemical properties of breads baked in microwave and infrared - microwave combination ovens during storage. *European Food Research and Technology*，228，883-893，Copyright，©（2009）with permission from Springer。

面包瓤结构是面包的主要品质属性之一。面包瓤的结构与外观有显著的关系，对面包的体积和质地也有影响，因此了解面包瓤的结构可能有助于预测面包的品质和运输特性。不同加热方式机制和配方中不同类型胶体的存在也对面包瓤孔隙结构的形成有影响。

Ozkoc、Sumnu 和 Sahin（2009）研究了不同胶体（黄原胶、瓜尔胶、κ-卡拉胶和黄原胶-瓜尔胶共混物）对不同烤炉（红外-微波复合炉和传统烤箱）烘烤面包的宏观和微观结构的影响，并分别通过图像和扫描电子显微镜（SEM）分析进行了评估。图像分析结果显示，黄原胶-瓜尔胶共混物的加入改善了面包的品质，增加了面包的孔隙面积。扫描电子显微镜（SEM）分析结果表明，在常规烤箱中烘焙的对照面包（不含胶体）气孔更小，更呈球形或椭圆形。此外，常规烘焙对照面包的封闭气室结构更均匀，而在红外-微波组合炉中烘焙面包的气孔彼此非常接近，气室合并形成通道，导致它们不再是球形。传统烘焙面包中的淀粉颗粒变形程度较大，呈连续的糊化淀粉片，而在红外-微波联合加热过程中，观察到颗粒状残留物和连续的糊化淀粉结构。

微波与射流冲击或红外加热相结合，以获得所需品质特性的微波烘烤产品。在 Sumnu、Datta、Sahin、Keskin 和 Rakesh（2007）的研究中，在两种不同的商用微波炉中，使用三种不同的加热模式（微波与红外相结合、微波与射流冲击相结合和单独射流冲击）烘焙面包，测定了烘焙面包的物理特性。在射流冲击式烤炉中烘焙的面包与在其他烤炉中烘焙的面包在体积和含水量方面有显著差异。此外，还测定了面包的介电常数、介电损耗、比体积、孔隙率、热导率和含水量的瞬态值，建立了介电性质、导热系数、含水率和孔隙率的函数关系的回归方程。本研究获得的物理性质数据可以作为新型加热模式烘焙过程的定量信息，对优化这些过程的数学建模研究至关重要。

烘焙产品的多孔结构影响着其运输和其他特性，这些特性决定了加工食品的最终品质。因此，量化烘焙产品孔隙是建立运输性质与孔隙结构之间关系的第一步（Datta、Sahin、Sumnu 和 Keskin，2007）。使用几种新老技术（液体挤压孔隙度法、扫描图像分析、比色法、体积置换法和扫描电子显微镜）对不同加热方式（微波-红外、微波-射流冲击以及射流冲击）烘焙的面包的孔隙性质包括总孔隙度、封闭、盲孔和通孔的数目以及孔径分布进行了表征。结果表明，孔径分布具有双峰性，只有结合多种方法才能获得较全面的信息。此外还发现大量的气孔是封闭的，射流冲击烘焙的面包总孔隙率最高，其次是微波-射流烘焙和微波-红外烘焙。

6.5.2 微波烘焙蛋糕

加热方式是影响蛋糕温度分布和物理性能的主要因素。在 Li 和 Walker（1996）的研究中，微波结合气体射流大大缩短了烘烤时间，制作的奶油蛋糕可以获得令人满意的色泽，但蛋糕的体积很小且质地坚硬。

在另一项研究中，研究了常规烘焙和微波烘焙联用法对奶油蛋糕特性的影响（Bilgen、Coskuner 和 Karababa，2004）。先利用传统的烘焙方法烘焙蛋糕形成表皮，再利用微波烘焙蛋糕内瓤。选择不同的常规烘烤时间（8min 或 11min）、微波功率（400W 或 600W）、微波烘焙时间（30s、40s 或 50s）作为烘焙参数，蛋糕糊样品的初始质量为 100g。在较短的常规烘烤时间和较低的微波功率下，蛋糕的烘烤损耗比对照蛋糕小，较长的烘烤时间和较低的微波功率增加了蛋糕的体积。这项研究将传统烘焙和微波烘焙相结合，可以生产出与传统烘焙品质相当的蛋糕。

红外加热、传统烘焙和空气射流冲击也可以与微波加热相结合生产烘焙蛋糕产品。在 Sumnu、Sahin 和 Sevimli（2005）的研究中，比较了微波、红外和红外-微波组合烤箱烘焙过程中蛋糕的品质。在微波炉中烘焙的蛋糕在重量损失、体积、硬度和颜色方面表现最差，利用红外和红外-微波联合烘焙技术可以实现蛋糕表面的颜色形成。此外，红外-微波联合烘焙在增加微波烘焙蛋糕体积的同时，还能减少重量损失和硬度。红外-微波组合烤箱制作的蛋糕的硬度和颜色与传统烘焙的蛋糕相似，烘焙时间也减少了约 75%。

在 Sevimli、Sumnu 和 Sahin（2005）的研究中，使用响应面法对红外-微波组合烘焙蛋糕的工艺条件进行了优化。上部红外功率、下部红外功率、微波功率和烘烤时间是自变量，测定了蛋糕的重量损失、比体积、颜色和质地。样品初始质量为 100g，经 IMPI 2-liter 试验确定，烤箱的微波功率为 706W。研究发现，上部红外功率、微波功率和烘烤时间对蛋糕的减重、比体积和硬度有显著影响。在 60% 上部红外功率、70% 下部红外功率和 30% 微波功率下烘焙 5min，其质量与传统烘焙蛋糕相当，只是颜色不同。通过使用红外-微波组合烤箱，可以获得高品质的蛋糕，同时比传统烘焙减少了约 79% 的烘焙时间。

不同的配料也会影响蛋糕在微波或微波辅助烘焙过程中的物理性质。Sakiyan、Sumnu、Sahin 和 Meda（2007）研究了配方中脂肪含量的变化以及乳化剂或脂肪替代物的添加对微波和红外-微波联合烤箱烘焙蛋糕的颜色和品质特性的影响。结果表示不推荐在微波和红外-微波联合烤箱中使用一种以蛋白质为基础的脂肪替代物（微粒化浓缩乳清蛋白），因为以它为脂肪代替物的烘焙产品质地过于坚硬。红外-微波联合烘焙的产品颜色变化随烘烤时间线性增加，含有麦芽糊精、Lecigran 大豆卵磷脂粉末和 Purawave 乳化剂的蛋糕经红外-微波联合烘焙后也具有相似的结果。

淀粉在蛋糕中的糊化作用对产品的最终品质至关重要。微波烘焙最主要的缺点之一是因为烘焙时间短，淀粉糊化不够。Sakiyan 等（2011）研究了不同烘焙方式的烤箱以及不同的蛋糕配方对淀粉糊化程度的影响。在微波、红外-微波组合和常规烤箱中进行烘焙，用差示扫描量热仪（DSC）和快速黏度分析仪（RVA）检测了淀粉糊化程度，其中样品配方分别为无脂、含 25% 脂肪或含 25% 微粒化浓缩乳清蛋白的蛋糕。DSC 和 RVA 结果表明，增加烘焙时间可以显著提高所有烘焙产品的糊化水平，脂肪含量对淀粉糊化的影响因烤炉类型的不同而不同，在微波和红外-微波联合烘焙的情况下，配方中添加脂肪导致凝胶化程度更高，这可以解释为脂肪含量高的样品比其他配方的介电性质更好（Sakiyan 等，2007）。尽管脂肪的介电性质较低，但含脂蛋糕的介电性质比无脂蛋糕高，这是因为含脂蛋糕的孔隙率较低（Sakiyan 等，2007）。脂肪的加入降低了传统烘焙中淀粉的糊化程度，这可能是由于在烘焙过程中脂质和直链淀粉之间形成复合物，从而通过延迟热传递和水进入淀粉颗粒来延缓淀粉糊化（Elliasson，1985；Ghiasi、Hoseney 和 Varriano-Marston，1982；Larsson，1980）。微波烘焙蛋糕中淀粉糊化度不足，根据配方不同，糊化程度在 55%~78%，而将红外与微波相结合烘焙蛋糕，可以得到 70%~90% 的糊化程度。

在 Sánchez-Pardo、Ortiz-Moreno、García-Zaragoza、Necoechea-Mondragón 和 Chanona-Pérez（2012）的研究中，使用双循环微波-烤箱烤炉烘焙磅蛋糕。这是一种结合了微波加热省时优点和电烤面包机的褐变发脆优点的技术，这个烤箱装有内部电加热器，用来烘烤磅蛋糕的表面。研究确定了最佳微波强度和烘烤时间，采用图像分析方法对产品结构进行了分析，并与传统烘焙法进行了比较。将质量损失、密度、水分活度、湿度、亮度和七个图像分析参数作为烘焙品质参数进行测量，结果表明在此微波炉中进行两次烘焙可以消除传统微波烘焙产品的质量问题（Sumnu，2001）。第一个烘焙周期可以在较低的强度和较长的时间内进行，以改善内部品质，而第二个周期可以在较高的强度和较短的时间内进行，以实现整体熟化。这种类型的烤箱配有内部电加热器，用来烘烤磅蛋糕的表面，并响应面分析确定最佳烘烤条件。对于初始质量为 45g 的磅蛋糕，最佳烘焙条件为低功率（204W，120s）第一个循环，高功率（937W，70s）第二个循环，200℃下的烘焙 5.5min。图像分析显示，与传统方法相比，这种双循环微波-烤箱烤炉烘焙蛋糕的碎屑数量减少了 7%，并且可以产生更大的体积（11%）和更高的亮度（2%）。

Sakiyan（2015）研究了在红外-微波联合烤箱中烘焙的功能性蛋糕（大豆蛋糕）的配方和烘焙条件，利用响应面法进行进一步的优化研究。蛋糕样品的初始重量为 100g，烘烤时间（8min、9min 或 10min），大豆粉含量（30%、40% 或 50%），乳化剂［双乙酰酒石酸单（双）甘油酯（DATEM）］浓度（0.4%、0.6% 或 0.8%）作为独立变量，所检测的品质参数为蛋糕样品的体积比、重量损失、颜色总变化和硬度。根据多元回归分析，各因变量的方程式和决定系数（r^2）见表 6.3。大豆面粉的最佳烘烤时间、大豆粉含量和 DATEM 浓度分别为 9.5min、30% 和 0.72%。结果表明，最佳工艺点的响应值与传统的磅蛋糕基本一致。因此，用红外-微波联合烤箱可以在很短的时间内生产出高品质的磅蛋糕。

表 6.3　不同配方的蛋糕在联合烤箱中烘焙不同时间的回归方程

	方程式	r^2	失拟项
质量损失/%	$Y_1 = 27.2833^{***} - 0.6936^{**} X_1 - 0.4263^{*} X_2 + 2.6026^{***} X_3 - 0.9962^{**} X_1^2 - 1.0384^{**} X_2^2 - 1.2487^{**} X_3^2 - 0.1037^{ns} X_1 X_2 + 0.3010^{ns} X_1 X_3 - 0.0262^{ns} X_2 X_3$	96.91	0.267^{ns}

续表

	方程式	r^2	失拟项
总色度变化（ΔE）	$Y_1 = 58.3728^{***} + 1.6641^{**} X_1 + 0.0716^{ns} X_2 + 3.9558^{***} X_3 - 0.5407^{**} X_1^2 + 0.1550^{ns} X_2^2 - 1.8106^{***} X_3^2 - 0.1075^{ns} X_1 X_2 + 0.0533^{ns} X_1 X_3 - 0.3022^{ns} X_2 X_3$	99.11	0.594^{ns}
比体积/（m^3/kg）	$Y_1 = 1.30497^{***} - 0.04634^{**} X_1 + 0.02243^{*} X_2 + 0.09863^{***} X_3 - 0.05883^{*} X_1^2 - 0.06608^{**} X_2^2 - 0.02389^{ns} X_3^2 - 0.00014^{ns} X_1 X_2 + 0.01725^{ns} X_1 X_3 + 0.00500^{ns} X_2 X_3$	93.32	6.94^{ns}
硬度（N）	$Y_1 = 0.1528^{***} + 0.0090^{**} X_1 - 0.0137^{*} X_2 + 0.0395^{***} X_3 + 0.0035^{ns} X_1^2 - 0.0099^{ns} X_2^2 + 0.0036^{ns} X_3^2 - 0.0109^{ns} X_1 X_2 + 0.0097^{ns} X_1 X_3 - 0.0029^{ns} X_2 X_3$	85.51	15.65^{ns}

注：X_1 为大豆粉含量，%；X_2 为 DATEM 浓度，%；X_3 是烘焙时间，min。

* 表示显著性水平 $p \leq 0.05$；

** 表示显著性水平 $p \leq 0.01$；

*** 表示显著性水平 $p \leq 0.001$；

ns 表示所标注数据无显著性差异。

资料来源：Sakiyan，O. Optimization of formulation of soy cake baked in infrared－microwave combination oven by response surface methodology. *Journal of Food Science and Technology*，52（5），2910－2917，Copyright，©（2015）with permission from Springer。

6.5.3 微波烘焙无麸质产品

乳糜泻（麸质过敏症）是一种对小麦（麦醇溶蛋白）、黑麦（黑麦醇溶蛋白）和大麦（大麦醇溶蛋白）的前体蛋白中的某些氨基酸序列不耐受的疾病。在遗传易感人群中，这种前体蛋白破坏小肠黏膜，导致某些营养物质难以吸收。到目前为止，治疗乳糜泻的唯一有效方法是严格遵循无麸质饮食和避免食用含麸质食物。由于小麦是世界各地日常饮食的主要组成部分之一，也是大多数烘焙食品的基本成分，所以无麸质饮食制备很复杂，很容易让患者混淆（Kupper，2005）。麸质替代是目前食品科学和技术领域最大的挑战之一，而对于乳糜泻患者，找到高品质的无麸质食品也是主要问题之一。

在一些研究中，微波也被用于无麸质产品的烘焙。因无麸质配方缺乏麸质蛋白，产品很难获得理想的品质，因此确定合适的烘焙条件以及合适的无麸质烘焙产品配方是至关重要的。在 Turabi、Sumnu 和 Sahin（2008）的研究中，采用响应面法对无麸质米糕的烘焙条件和配方进行了优化。两种蛋糕配方含有不同类型的胶体：黄原胶和黄原胶－瓜尔胶混合物。蛋糕样品的初始质量为 100g，自变量为乳化剂含量（0%、3%或 6%面粉质量）、上部卤素灯功率（50%、60%或70%）、烘焙时间（7.0min、7.5min或8.0min），比体积、表面颜色变化、硬度和重量损失作为品质参数。将自变量和因变量分别拟合到二阶模型方程中，利用该模型对不同实验条件下的因变量进行了预测。以黄原胶和5.28%乳化剂配制而成的蛋糕，在60%卤素灯功率下烘焙7min的产品品质最佳，并在最佳条件下计算了品质特性值（表6.4）。添加了黄原胶或黄原胶-瓜尔胶混合物的蛋糕，在乳化剂（Purawave）的最佳浓度下，以传统烤箱烘焙作为对照，使用红外-微波炉联合烘焙的蛋糕颜色和硬度与传统烤箱烘焙的蛋糕相似（表6.4），红外-微波联合烘焙使蛋糕体积增大，但含水量降低。红外-微波联合烘焙相比传统烘焙时间减少了77%，因此建议使用红外-微波组合烘焙生产无麸质米糕。此外，仅使用黄原胶的产品在比体积和硬度方面效果更好（表6.4）。

表6.4　在传统烤箱和红外-微波组合烤炉中烘焙的蛋糕的品质特性

参数	红外-微波组合烘焙		传统烘焙	
	黄原胶-瓜尔胶混合物	黄原胶	黄原胶-瓜尔胶混合物	黄原胶
比体积（mL/g）	1.57	1.75	1.30	1.38
总色度变化（ΔE）	32.18	30.56	26.43	25.34
硬度（N）	2.58	2.32	2.35	2.13
重量损失/%	13.69	11.94	10.65	7.70

资料来源：Turabi，E.，Sumnu，G.，Sahin，S. Optimization of baking of rice cakes in infrared - microwave combinationo oven by response surface methodology. *Food Bioprocess Technology*，1，64 - 73，Copyright，©（2008）with Permission from Springer。

烘焙后产品所发生的化学和物理变化称为老化，这是一个复杂的过程，不能用单一的效应来解释。烘焙方法和配方主要影响烘焙后的老化过程。针对烘焙产品的老化问题，常用的方法之一是在配方中添加胶体。在Sumnu、Koksel、Sahin、Basman和Meda（2010）的研究中，测定了不同浓度的黄原胶和瓜尔胶及其混合物对红外-微波联合烤箱烘焙的无麸质米糕老化的影响，并与传统烤箱烘焙的蛋糕进行了比较。配方中加入浓度为0.3%和1.0%的胶体，蛋糕在（22±29）℃下存放120h，以评估蛋糕的老化行为。与对照配方相比，黄原胶共混物的加入降低了蛋糕的硬度、重量损失、回生焓值以及蛋糕在储存过程中的回黏性的变化。结果表明，烘箱类型是影响无麸质蛋糕老化参数的重要因素，与传统烤箱相比，红外-微波联合烤箱烘焙的无麸质蛋糕具有更低的回生焓，但硬度更高。

Demirkesen、Campanella、Sumnu、Sahin和Hamaker（2014）进行了另一项研究，以了解栗子粉、黄原胶-瓜尔胶与双乙酰酒石酸单（双）甘油酯（DATEM）混合物对传统和红外-微波联合烤箱烘焙的无麸质大米面包老化的影响。采用机械压缩（TA）、差示扫描量热法（DSC）和X射线衍射（X射线衍射用于确定淀粉的结晶结构，有助于了解面包是否老化）进行了结构分析。在面包老化过程中，直链淀粉和支链淀粉表现出不同的结晶结构（直链淀粉老化为V型，支链淀粉老化为B型）。所有面包样品硬度、水分损失和回生焓在储存期间显著增加。由于淀粉等碳水化合物聚合物具有大量的氢键，通过分析FTIR光谱频带窄化和强度变化，可监测由淀粉回生引起的构象变化（Wilson等，1991）。FTIR谱表明，1041cm^{-1}和1150cm^{-1}波数左右的峰面积随着贮藏时间的增加而增大，这两个峰的面积与淀粉的回生结构有关。根据X射线衍射图，在老化过程中，观察到新鲜面包在2θ约为20°的出峰保持不变。老化面包的X射线衍射图为B型结构，17°、19.5°和22°处出现峰值，表现为支链淀粉的回生。储存较长时间的面包中，在24°观察到一个额外的峰。面包的回生焓和总结晶度值随烘烤工艺变化无显著差异。

一些其他类型的无麸质面粉可以与米粉结合使用，用于生产微波烘焙的无麸质产品。在Demirkesen等（2013a，2013b）的研究中，测定了不同油莎豆粉/米粉比例的配方对红外-微波联合和传统烤箱烘焙的无麸质面包品质的影响，还比较了不同烤箱烘焙的面包的淀粉糊化程度。常规烘焙的油莎豆粉/米粉比例为10：90的面包和红外-微波联合烘焙的油莎豆粉/米粉比例为20：80的面包硬度和体积是佳的，并具有相似的表皮颜色。在传统和红外-微波联合烤箱中烘焙的面包，其淀粉糊化度分别为91%～94%和84%～85%。

在进一步的研究中，响应面方法被用来优化红外-微波联合烤箱烘焙的含有栗子粉、米粉和黄原胶混合物的无麸质面包品质（Demirkesen、Sumnu、Sahin和Uysal，2011）。对无麸质面包的配方和工艺条件进行了优化，测定了面包的重量损失、硬度、比体积和颜色变化。以米粉为主要原料，添加不同比例的栗子粉和乳化剂，采用40%～80%的上部卤素灯功率、30%～70%的微波功率和9～17min的烘焙时间，对无麸质配方的面包进行烘焙，同时烘烤4个面团样品，每个样品的初始质量为100g，用IMPI 2-L-liter测定微波功率为682W。以传统烤箱烘焙的无麸质面包和小麦面包作为对照，添加了46.5%栗子粉和0.62%乳化剂，并以40%红外功率和30%微波功率烘焙9min的面包，其品质与传统烘焙面包在统计学上具有相似性。

了解烘焙产品内部的宏观和微观结构是至关重要的，因为食品的理化、感官和运输特性在很大程度上取决于面包瓤结构，面包瓤结构影响着面包瓤的外观和烘焙产品的质地。由于食品材料的复杂性，测定食品的微观结构一直是一个挑战。相对特征的图像分析和量化是现代食品显微技术的基础，这有助于理解烘焙产品内部的宏观和微观结构。

在Turabi、Sumnu和Sahin（2010）的研究中，使用扫描仪和扫描电镜SEM研究了不同的胶体对传统和红外-微波组合烤箱烘焙的无麸质米糕宏观结构的影响。黄原胶、瓜尔胶、刺槐豆胶、κ-卡拉胶和黄原胶-瓜尔胶混合胶是蛋糕配方中常使用的胶类。以不含胶体的蛋糕作为对照组，结果表明，不同类型胶体的添加均会影响米糕的孔隙面积和孔数，含黄原胶和黄原胶-瓜尔胶共混胶的米糕孔隙率最高。与传统烤炉蛋糕相比，红外-微波联合烤炉烘焙的蛋糕具有更高的孔隙率。无麸质米糕的微观结构（图6.2和图6.3）表明，常规烘焙的米糕淀粉颗粒更易变形，在红外-微波联合烤炉中烘焙的米糕中同时观察到颗粒状淀粉残体和变形的淀粉结构。结果发现，并非所有的淀粉颗粒都失去了原有的特性，也有部分没有被完全糊化。

在Demirkesen等（2013a，2013b）的研究中，还对以栗子粉和米粉为原料，在不同烤箱中烘焙的无麸质面包进行了图像分析。采用扫描仪和扫描电镜SEM研究了栗子粉、黄原胶-瓜尔胶混合胶以及乳化剂DATEM的混合原料对传统和红外-微波联合烤炉烘烤的大米面包宏观和微观结构的影响，测定了孔面积、孔径分布和圆度值。不同烤箱烘焙的

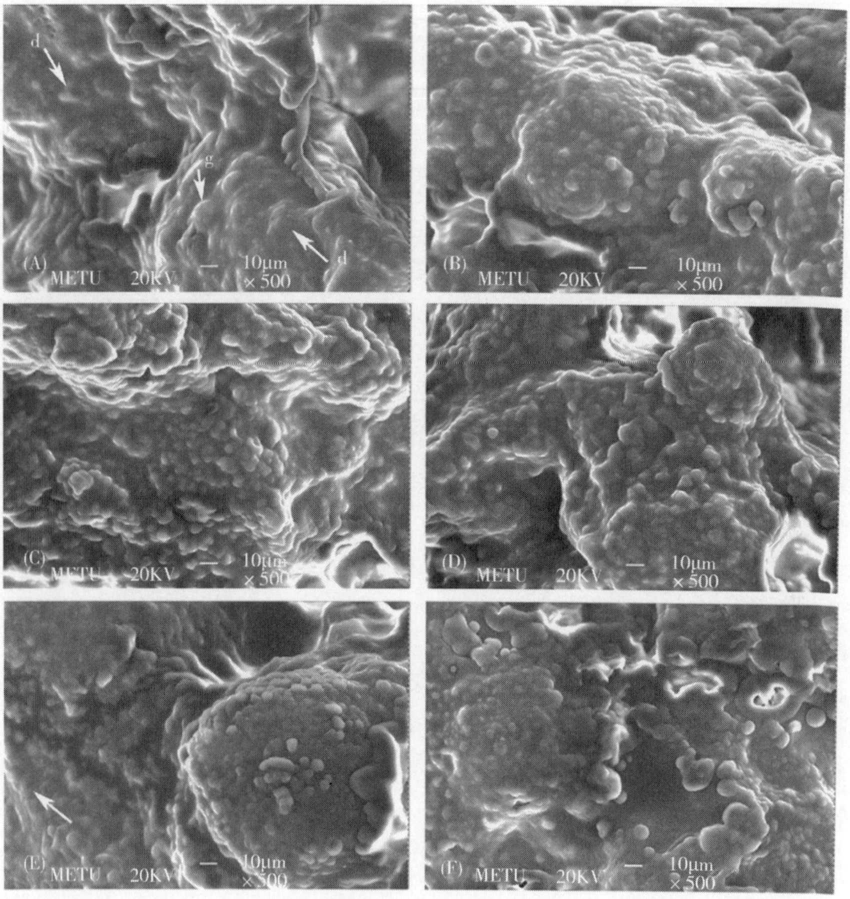

图 6.2 传统烤箱烘焙蛋糕的 SEM 显微照片（500 ×）

注：（A）对照组；（B）黄原胶；（C）瓜尔胶；（D）黄原胶-瓜尔胶；（E）刺槐豆胶；（F）κ -卡拉胶。箭头 d 表示变形淀粉结构，箭头 g 表示颗粒淀粉残留。

资料来源： Turabi，E.，Sumnu，G.，& Sahin，S. Quantitative analysis of macro and micro-structure of gluten-free rice cakes containing different types of gums baked in different ovens. *Food Hydrocolloids*，24，755 - 62，Copyright，©（2010） with permission from Elsevier。

不同配方的无麸质面包的扫描图像如图 6.4 所示。将 46% 的米粉替换成含有黄原胶-瓜尔胶和乳化剂 DATEM 混合物的栗子粉，在红外-微波联合烤箱中烘焙的面包的孔隙面积分数最高，不含添加剂或栗子粉的面包的孔隙面积分数最低。红外-微波联合烘焙提高了产品孔面积和孔数，红外-微波联合可使栗子粉-米粉面包的气孔数（0 ~ 5mm^2）增加约 23% ~ 28%，大气孔数（>10mm^2）增加 71%。栗子粉的纤维含量和较大的淀粉颗粒有助于气泡的稳定，使其具有更好的面包瓤结构。当使用添加剂和红外-微波联合烤箱时，孔分布更加均匀。结果表明，在红外-微波联合烤箱中烘焙的栗子粉-米粉面包中淀粉颗粒没有完全破裂。

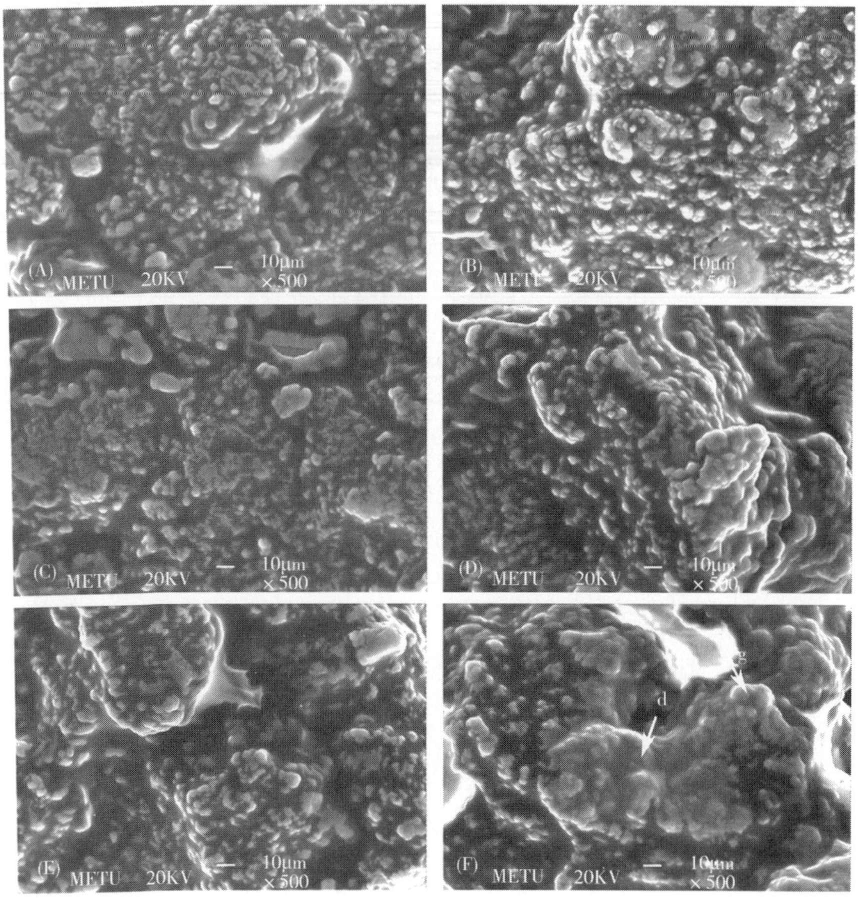

图 6.3 红外-微波联合烘焙蛋糕的 SEM 显微照片（500×）

注：（A）对照组；（B）黄原胶；（C）瓜尔胶；（D）黄原胶-瓜尔胶；（E）刺槐豆胶；（F） κ -卡拉胶。箭头 d 表示变形淀粉结构，箭头 g 表示颗粒淀粉残留。

资料来源： Turabi, E., Sumnu, G., & Sahin, S. Quantitative analysis of macro and micro-structure of gluten-free rice cakes containing different types of gums baked in different ovens. *Food Hydrocolloids*, 24, 755 - 62, Copyright, ©（2010） with permission from Elsevier。

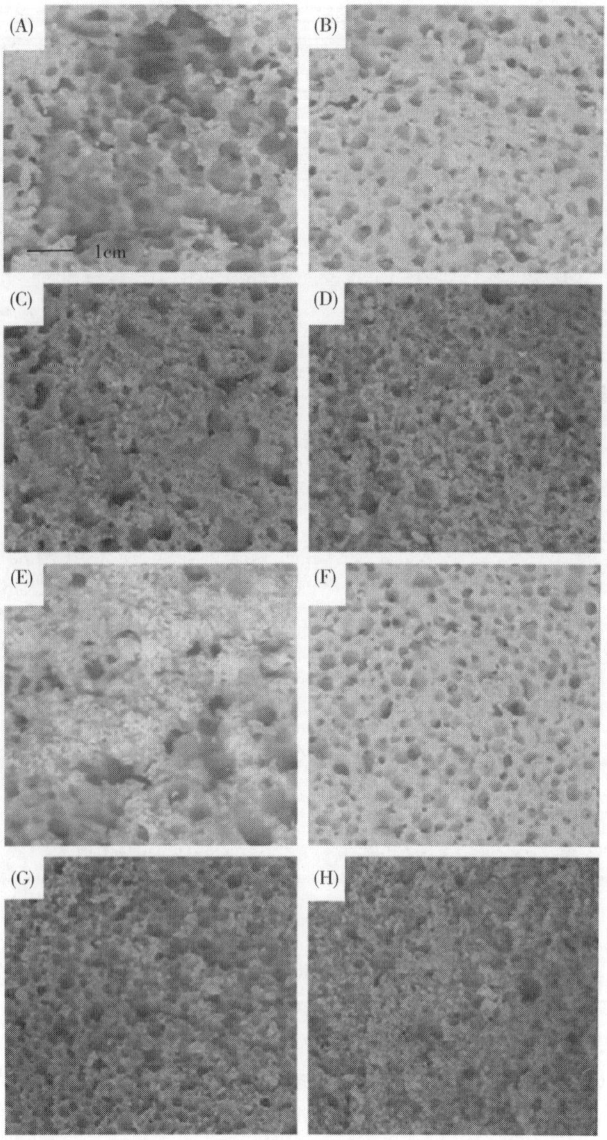

图 6.4　不同烤箱烘焙的不同无麸质配方面包的扫描图像

注：（A）在传统烤箱里烘焙的大米面包；（B）在传统烤箱中烘焙的含黄原胶-瓜尔胶-DATEM 混合物的大米面包；（C）在传统烤箱中烘焙的栗子粉-大米面包；（D）在传统烤箱中烘焙的含有黄原胶-瓜尔胶-DATEM 混合物的栗子粉-大米面包；（E）在红外-微波组合烤炉中烘焙的大米面包；（F）在红外-微波组合烤炉中烘焙的含黄原胶-瓜尔胶-DATEM 混合物的大米面包；（G）在红外-微波组合烤炉中烘焙的栗子粉-大米面包；（H）在红外-微波组合烤炉中烘焙的含有黄原胶-瓜尔胶-DATEM 混合物的栗子粉-大米面包。

资料来源：Demirkesen，I.，Sumnu，G.，& Sahin，S. Image analysis of gluten-free breads prepared with chestnut and rice flour and baked in different oven. *Food Bioprocess Technology*，6，1749－1758，Copyright，©（2013）with permission from Springer。

6.5.4 无壳面包

无壳面包是烘焙行业的一个新概念。微波技术使烘焙无壳面包成为可能，无壳面包与普通面包的唯一区别是没有形成外壳。因为面包外壳含有可能致癌的丙烯酰胺，无壳面包在工业上的应用可能具深远的前景（Mondal 和 Datta，2011）。对于儿童和老年人来说，这种面包也是一种选择。一般来说，无壳面包是在烘烤后去掉了普通面包外壳，然而这种加工方式在能源方面非常低效并且造成原材料的浪费，因此，这在经济和合理消费方面都是有问题的（Technical Trend，2009）。

英国食品集团 RHM 推出了用合适的烘焙工艺烘焙的无壳面包（www. foodnavigator. com），美国、意大利、西班牙等其他国家也有这种面包，然而这种无壳面包是通过烘烤后切掉面包皮来制造的。在 Mondal 和 Datta（2010）的研究中，使用一种特殊的烤炉对无壳面包烘烤过程进行了二维 CFD 建模。在面团的温和烘烤过程中，水被喷洒在面团的表面。微波辅助烘焙可能是生产无壳面包的另一种方法，但在设计烘箱设备和确定工艺条件方面还需要做进一步的研究。

微波炉烘烤的面包是一种没有外壳的“普通”面包（Kintsel）。面包的表面有一层薄薄的白膜，像面包的中心一样光滑而有弹性。面包是在微波透明（聚丙烯或聚四氟乙烯）盒中烘烤的，盒子被放置在一个特殊的控制系统上，这个控制系统通过传送带进入微波室，然后装有面团的面包盒在传送带上通过微波炉连续传送。获得专利的微波腔体是圆形的，螺旋放置在微波室周围的磁控管从侧面和下面都能对产品产生均匀的加热。

法国公司 MO2 开发了一套系统，可以利用微波技术烤出无壳面包，这在经济上很有价值，目前正在法国进行实践（Technical Trend in Baking+Biscuit，2009）。在无壳面包需求稳步增长的情况下，Francois Gelé 和他的员工提出了采用微波技术的想法。在法国南部尼姆附近的公司实验室，他们深入研究微波烹饪的过程及其在专业烘焙过程中的应用，创造出一条微波生产无壳面包的完整生产线，彻底改造了烤箱、模具及其操作方法。这条生产线上烤的面包是没有外壳的“普通”面包，产品表面覆盖着一层薄薄的、像面团一样的膜，表皮和面包瓤一样柔软且富有弹性。由于专利模具穿孔的作用，水聚集在有盖的模具外表面，这种微波烘焙的产品比传统烘焙失水更少。

结合传统的烤箱与湍流气流生产无壳面包也将是一个不错的选择。而且这样的组合还会带来另一个好处，即不仅能烤出白色外表面的无壳面包，还能在短时间内使面包变成褐色，从而使面包的外皮变软。

6.6 未来发展趋势

单独使用微波烘焙会导致产品品质较差。如前几节所述，近年来的趋势是将微波加热与其他处理方法如热风、射流和红外加热相结合。虽然有使用微波辅助加热的研究，但这些研究在产品种类方面是有限的。目前只有面包、蛋糕和一些不含麸质的产品可在微波辅助烤箱中烘焙。需要进一步的研究来表明这些组合烤箱是否还适用于烘焙其他不同的产品，研究其对饼干、百吉饼（又称面包圈、贝果）、松饼、甜甜圈、饼干等品质的影响。

相位控制是一种微波加热方法，可以用来控制产品的加热速率和温度分布（Bows、Patrick、Andrew、Metaxas 和 Dibben，1999）。由于这种方法为直接控制微波场和随之产生的温度分布提供可能，因此可以在食品烘焙过程中用来实现产品褐变。

不同成分与微波能量相互作用仍然是一个需要深入研究的领域，这些研究将为改善微波辅助烘焙产品的品质提供依据。建立微波烘焙过程中面糊或面团的介电、热和功能特性的模型，可以改善微波烘焙产品的品质缺陷。实现提高微波烘焙产品品质的目标，就可以大大节省时间和能源，此外，生产高营养质量的产品也将成为可能。

参考文献

Backaert, D. M. C. J., & Demuynck, M. (2014). *Microwave steam cooking container system.* US Patent US8772685 B2.

Bengtsson, N. (2001). Development of industrial microwave heating of foods in Europe. *Journal of Microwave Power and Electromagnetic Energy*, *36* (4), 227-240.

Bilgen, S., Coskuner, Y., & Karababa, E. (2004). Effects of baking parameters on white layer cake quality by combined use of conventional and microwave ovens. *Journal of Food Processing and Preservation*, *28*, 89-102.

Bows, J. R., Patrick, M. L., Andrew, R. J., Metaxas, C. R., & Dibben, D. C. (1999). Microwave phase control heating. *International Journal of Food Science & Technology*, *34* (4), 295-304.

Calay, R. K., Newborough, M., Probert, D., & Calay, P. S. (1995). Predictive equations for dielectric properties of foods. *International Journal of Food Science & Technology*, *29* (6), 699-713.

Cauvain, S. P. (1998). Improving the control of staling in frozen bakery products. *Trends in Food Science & Technology*, *9* (2), 56-61.

Cocchi, M., Foca, G., Marchetti, A., Sighinalfi, S., Tassi, L., & Ulrich, A. (2005). *Annali di Chimica 95 by Societa Chimica Italiana.*

Datta, A. K. (1990). Heat and mass transfer in the microwave processing of food. *Chemical Engineering Progress*, *86* (6), 47-53.

Datta, A. K., & Rakesh, V. (2013). Principles of microwave combination heating. *Comprehensive Reviews in Food Science and Food Safety*, *12*, 24-39.

Datta, A. K., Sahin, S., Sumnu, G., & Keskin, S. O. (2007). Porous media characterization of breads baked using novel heating modes. *Journal of Food Engineering*, *79*, 106-116.

Demirekler, P., Sumnu, G., & Sahin, S. (2004). Optimization of bread baking in halogen lamp-microwave combination oven by response surface methodology. *European Food Research and Technology*, *219* (4), 341-347.

Demirkesen, I., Campanella, O. H., Sumnu, G., Sahin, S., & Hamaker, B. R. (2014). A study on staling characteristics of gluten-free breads prepared with chestnut and rice flours. *Food and Bioprocess Technology*, *7*, 806-820.

Demirkesen, I., Sumnu, G., & Sahin, S. (2013a). Image analysis of gluten-free breads prepared with chestnut and rice flour and baked in different ovens. *Food and Bioprocess Technology*, *6*, 1749-1758.

Demirkesen, I., Sumnu, G., & Sahin, S. (2013b). Quality of gluten-free bread formulations baked in different ovens. *Food and Bioprocess Technology*, 6, 746–753.

Demirkesen, I., Sumnu, G., Sahin, S., & Uysal, N. (2011). Optimization of formulations and infrared–microwave combination baking conditions of chestnut–rice breads. *International Journal of Food Science & Technology*, 46, 1809–1815.

Elliasson, A. C. (1985). Starch gelatinization in the presence of emulsifiers: A morphological study of wheat starch. *Starch*, 37 (12), 411–415.

Elliasson, A. C., & Larsson, K. (1993). *Cereals in breadmaking: A molecular colloidal approach*. New York: Marcel Dekker.

Feng, H., Tang, J., Cavalieri, R. R., & Plumb, O. A. (2001). Heat and mass transfer in microwave drying of porous materials in a spouted bed. *AICHE Journal*, 47 (7), 1499–1511.

Ghiasi, K., Hoseney, R. C., & Varriano-Marston, E. (1982). Effects of flour components and dough ingredients on starch gelatinization. *Cereal Chemistry*, 60, 58–61.

Goebel, N. K., Grider, J., Davis, E. A., & Gordon, J. (1984). The effects of microwave energy and conventional heating on wheat starch granule transformations. *Food Microstructure*, 3 (1), 73–82.

Hamer, R. J. (1995). Enzymes in the baking industry. In G. A. Tucker, & L. F. J. Woods (Eds.), *Enzymes in food processing* (pp. 199–222). Glasgow: Blackie Academic and Professional.

Hegenbert, S. (1992). Microwave quality: Coming of age. *Food Product Design*, 17, 29–52.

Higo, A., & Noguchi, S. (1987). Comparative studies on food treated with microwave and conductive heating. I. Process of bread hardening by microwave heating. *Journal of the Japanese Society for Food Science and Technology*, 34 (12), 781–787.

Ibarz, A., Pagan, J., & Garza, S. (2000). Kinetic models of non-enzymatic browning in apple puree. *Journal of the Science of Food and Agriculture*, 80 (8), 1162–1168.

Karim, A. A., Norziah, M. H., & Seow, C. C. (2000). Methods for the study of starch retrogradation. *Food Chemistry*, 71, 9–36.

Keskin, S. O., Sumnu, G., & Sahin, S. (2004a). Bread baking in halogen lamp–microwave combination baking. *Food Research International*, 37 (5), 489–495.

Keskin, S. O., Sumnu, G., & Sahin, S. (2004b). Usage of enzymes in novel baking process. *Nahrung-Food*, 48 (2), 156–160.

Kintsel, N. *Microwaves in the food industry*. Available from: http://www.linn-high-therm.de/about-us/download/publications.html.

Kupper, C. (2005). Dietary guidelines and implementation for celiac disease. *Gastroenterology*, 128 (4), 121–127.

Larsson, K. (1980). Inhibition of starch gelatinization by amylase–lipid complex formation. *Starch*, 32, 125–126.

LG Electronics. (1997). *Microwave oven in combination with induction heating cooker*. US Patent No. 5698125.

Li, A., & Walker, C. E. (1996). Cake baking in conventional, impingement and hybrid ovens. *Journal of Food Science*, 61 (1), 188–191.

Metaxas, A. C., & Meredith, R. J. (1983). *Industrial microwave heating*. London: Peter Peregrinus.

Mcnamee, R., Schulte, R. A., Miller, T., Carlson, R. W., Goranson, J. A., & Cook, E. R. (2008). *Cooking appliance including combination heating system*. US Patent 9006619.

Mondal, A., & Datta, A. K. (2010). Two-dimensional CFD modeling and simulation of crustless bread baking process. *Journal of Food Engineering*, 99, 166–174.

Mondal, A., & Datta, A. K. (2011). Investigation of the process parameters using response surface methodology on the quality of crustless bread baked in a water spraying oven. *Journal of Food Process Engineering*, *34*, 1819–1837.

Moyano, P. C., Rioseco, V. K., & Gonzalez, P. A. (2002). Kinetics of crust color changes during deep-fat frying of impregnated french fries. *Journal of Food Engineering*, *54* (3), 249–255.

Ni, H., Datta, A. K., & Torrance, K. E. (1999). Moisture transport in intensive microwave heating of biomaterials: A multiphase porous model. *International Journal of Heat and Mass Transfer*, *42* (8), 1501–1512.

Ottenhof, M. A., Hill, S. E., & Farhat, I. A. (2005). Comparative study of the retrogradation of intermediate water content waxy maize, wheat and potato starches. *Journal of Agricultural and Food Chemistry*, *53*, 631–638.

Ovadia, D. Z., & Walker, C. E. (1998). Impingement in food processing. *Food Technology*, *52* (4), 46–52.

Ozkoc, S. O., Sumnu, G., & Sahin, S. (2009). The effects of gums on macro and microstructure of breads baked in different ovens. *Food Hydrocolloids*, *23*, 2182–2189.

Ozkoc, S. O., Sumnu, G., Sahin, S., & Turabi, E. (2009). Investigation of physicohemical properties of breads baked in microwave and infrared–microwave combination ovens during storage. *European Food Research and Technology*, *228*, 883–893.

Sablani, S. S., Marcotte, M., Baik, O. D., & Castaigne, F. (1998). Modeling of simultaneous heat and water transport in the baking process. *Lebensm–Wiss U–Technolology*, *31* (3), 201–209.

Sakiyan, O. (2015). Optimization of formulation of soy–cakes baked in infrared–microwave combination oven by response surface methodology. *Journal of Food Science and Technology*, *52* (5), 2910–2917.

Sakiyan, O., Sumnu, G., Sahin, S., & Meda, V. (2007). The effect of different formulations on physical properties of cakes baked with microwave and near infrared–microwave combinations. *Journal of Microwave Power and Electromagnetic Energy*, *41* (1), 20–26.

Sakiyan, O., Sumnu, G., Sahin, S., Meda, V., Koksel, H., & Chang, P. (2011). A study on degree of starch gelatinization in cakes baked in three different ovens. *Food and Bioprocess Technology*, *4*, 1237–1244.

Sánchez–Pardo, M. E., Ortiz–Moreno, A., García–Zaragoza, F. J., Necoechea–Mondragón, H., & Chanona–Pérez, J. J. (2012). Comparison of pound cake baked in a two cycle microwave–toaster oven and in conventional oven. *LWT–Food Science and Technology*, *46*, 356–362.

Schiffmann, R. F. (1994). Critical factors in microwave generated aromas. In J. McGorrin, T. H. Parlimant, & M. J. Morello (Eds.), *Thermally generated flavors: Maillard, microwave and extrusion processes*, *ACS symposium series no. 543* (pp. 386–394). Washington, DC: American Chemical Society.

Sevimli, K. M., Sumnu, G., & Sahin, S. (2005). Optimization of halogen lamp—microwave combination baking of cakes: A response surface methodology study. *European Food Research and Technology*, *221*, 61–68.

Seyhun, N. (2002). *Retardation of staling of microwave baked cakes. MS thesis*. Middle East Technical University, Ankara, Turkey.

Seyhun, N., Sumnu, G., & Sahin, S. (2003). Effects of different emulsifiers, gums and fat contents on retardation of staling of microwave baked cakes. *Nahrung–Food*, *47* (4), 248–251.

Sumnu, G. (2001). A review on microwave baking of foods. *International Journal of Food Science &*

Technology, *36* (2), 117–127.

Sumnu, G., Datta, A. K., Sahin, S., Keskin, S. O., & Rakesh, V. (2007). Transport and related properties of breads baked using various heating modes. *Journal of Food Engineering*, *78*, 1382–1387.

Sumnu, G., Koksel, F., Sahin, S., Basman, A., & Meda, V. (2010). The effects of xanthan and guar gums on staling of gluten-free rice cakes baked in different ovens. *International Journal of Food Science & Technology*, *45*, 87–93.

Sumnu, G., Ndife, M. K., & Bayindirli, L. (1999). Temperature and weight loss profiles of model cakes baked in the microwave oven. *Journal of Microwave Power and Electromagnetic Energy*, *34* (4), 221–226.

Sumnu, G., Sahin, S., & Sevimli, M. (2005). Microwave, infrared and infrared-microwave combination baking of cakes. *Journal of Food Engineering*, *71*, 150–155.

Technical Trend (2009). Crustless without waste. *Baking+Biscuit*, *3*, 28–30.

Therdthai, N., & Zhou, W. B. (2003). Recent advances in the studies of bread baking process and their impacts on the bread baking technology. *Food Science and Technology Research*, *9* (3), 219–226.

Therdthai, N., Zhou, W. B., & Adamczak, T. (2002). Optimisation of the temperature profile in bread baking. *Journal of Food Engineering*, *55* (1), 41–48.

Thorvaldsson, K., & Janestad, H. (1999). A model for simultaneous heat, water and vapour diffusion. *Journal of Food Engineering*, *40* (3), 167–172.

Tong, C. H., & Lund, D. B. (1993). Microwave-heating of baked dough products with simultaneous heat and moisture transfer. *Journal of Food Engineering*, *19* (4), 319–339.

Turabi, E., Sumnu, G., & Sahin, S. (2008). Optimization of baking of rice cakes in infrared—microwave combination oven by response surface methodology. *Food and Bioprocess Technology*, *1*, 64–73.

Turabi, E., Sumnu, G., & Sahin, S. (2010). Quantitative analysis of macro and micro-structure of gluten-free rice cakes containing different types of gums baked in different ovens. *Food Hydrocolloids*, *24*, 755–762.

Verboven, P., Datta, A. K., Anh, N. T., Scheerlinck, N., & Nicolai, B. M. (2003). Computation of airflow effects on heat and mass transfer in a microwave oven. *Journal of Food Engineering*, *59* (2-3), 181–190.

Walker, C. E., & Li, A. (1993). Impingement oven technology-Part Ⅲ: Combining impingement with microwave. *American Institute of Baking Technology Bulletin*, *15* (9), 1–6.

Whorton, C., & Reineccius, G. (1990). Current developments in microwave flavors. *Cereal Foods World*, *35* (6), 553–555.

Wilson, R. H., Goodfellow, B. J., & Belton, P. S. (1991). Comparison of Fourier transform mid infrared spectroscopy and near infrared reflectance spectroscopy with differential scanning calorimetry for the study of the staling of bread. *Journal of the Science of Food and Agriculture*, *54*, 471–483.

Yaylayan, V. A., & Roberts, D. D. (2001). Generation and release of food aromas under microwave heating. In A. K. Datta, & R. C. Anantheswaran (Eds.), *Handbook of microwave technology for food applications* (pp. 173–189). New York: Marcel Dekker.

Yin, Y., & Walker, C. E. (1995). A quality comparison of breads baked by conventional versus non-conventional ovens: A review. *Journal of the Science of Food and Agriculture*, *67* (3), 283–291.

Zallie, J. P. (1988). The role and function of starches in microwaveable food formulation. In: *Proceedings of MW foods*, *Chicago*, *Illinois*.

7 微波辅助油炸

R. Schiffmann
R. F. Schiffmann Associates, Inc., New York, NY, United States

7.1 引言

在工业加工生产中很少单独使用微波加热，这主要是由于与采用热空气、蒸汽等传统加热模式系统相比，微波系统的设备成本和运营成本更高。当然也有单独使用微波进行工业化生产的例外，例如食品工业中培根的预烤及鱼、肉、蔬菜等的回火均是单独采用微波处理。在传统加热系统中额外添加微波能通常可以带来显著的好处，例如：

- 提高生产速度。
- 改善产品质量。
- 提高难加热材料的产量。
- 减少人力。
- 减少占地面积。
- 增加生产量。
- 节约成本。

一般来说，微波能可以通过两种方式与传统的传热手段相结合：一种是连续系统，其中微波生产段与传统加热段或早或晚地错开，这在微波辅助干燥材料中很常见（参见第8章）；另一种是混合系统，其中微波和传统加热方式组合在一个单元中，实例如微波辅助油炸，而这也是本章的主题。

7.2 深度油炸

食品的深度油炸是将食品完全浸入（或只是部分浸入，如甜甜圈）温度通常为350~375°F（177~191℃）的热油中的过程。[水分含量相对较低的产品一般建议使用较低油炸温度（140~180℃）以防止丙烯酰胺的形成，但这并不适用于甜甜圈，因为降低油炸温度就需要延长油炸时间，而低温下油的黏度降低会导致甜甜圈吸收更多脂肪，使其表面油腻，造成食用质量差，涂层稳定性降低等负面影响。] 鸡肉、鱼肉等食物在浸入热油前要先裹上一层面包糠或淀粉（玉米粉、面粉和天妇罗），一旦这些带有涂层的食物浸入油中，便开始脱水并发生美拉德反应，该反应分解糖和蛋白质，使食物表面呈金黄色或褐色。这种脱水过程会在食品表面形成一层阻止或限制油吸收的外壳，这个外壳就像一个“烧蚀保护层”①，它控制和防止产品的过度加热，其方式类似于保护火箭鼻锥过热和破坏所使用的烧蚀隔热砖。在甜甜圈及类似的面团制品制备过程中，产品在油炸前不进行涂覆，而是在油炸期间产品自行形成涂层，即硬壳，如7.3所述。

深度油炸因其传热效率高而被广泛应用于工业加工中，最初是通过热传导加热，然后发

① 烧蚀保护层：利用表面的化学反应及气体释放来降低破坏性热传递，而保护表面免遭过度加热。

生持续的热对流加热。被油炸物体表面的油由于热量损失和水分蒸发而冷却，其与油炸产品相邻的较热油发生交换，从而产生热对流现象。油炸用油的导热系数大约比空气的导热系数高一个数量级（Zimmerman，2006），因此，热油与涂层或面团表面的紧密接触使热量向该表面快速传递。许多物理和化学手段可以防止食物过度油炸。在一本名为《公平的食物》的有趣书籍中，Eunice Liu（2015）很好地概述了油炸的过程，如油炸夹心面包的过程。

- 第一阶段："起始加热……食物完全浸入热油中，直到食物表面达到水的沸点为止……然而热对流只能对食物表面均匀加热，对食物中心无加热效果。而食物中心是通过热传导进行加热……热量由食物热表面扩散到食物中心……"
- 第二阶段："表面沸腾……食物周围的热油使食物内部水分蒸发，进而促进食物内外的油交换循环，并提高了热传递效率……（同时）防止热油渗入食物外皮或表面。"
- 第三阶段："降低传热效率。随着食物外壳持续脱水，它向食物其他部分传导的热量就会减少，因此通过逸出蒸汽传热的速率就会降低。食物内部剩余水分被缓慢加热到沸点，继而进一步加热食物……"
- 第四阶段："泡沫终点。这是深度油炸的最后一个阶段……食物内部水分不再蒸发……这个时候就要将油炸食物从油中取出……"

在使用传统工业深度油炸机时存在很多问题：

- 当油炸食物时，油本身会发生一系列化学和物理变化，表现为油的变质。这些变化包括：
  - ◇ 水解、氧化、异构化和聚合。这些变化会进一步导致游离脂肪酸、醛、酮及其他化合物的产生（Bordin，2013）。
  - ◇ 黏度增加，这会降低传热系数以及油的烟点。
- 油炸食物涂层或表面会形成硬壳，形成了一个有效的传热屏障，从而延长食物油炸所需时间。
- 食物涂层或表面中热油和水的相互作用产生的水蒸气会阻止了油到达食物内部，但同时也减少了向食物表面的热传导。
- 油炸过程中食物表面碳水化合物分解会形成阻挡气体，通常是二氧化碳，也阻止了油向食品的有效热传递。
- 在油炸甜甜圈时，会出现传热效率降低的现象。这是由于在甜甜圈油炸过程中，上述水蒸气和阻挡气体的结合使面团不断膨胀，形成了一个更好的热绝缘体。下一节将对此进行详细解释。

7.3 微波辅助油炸甜甜圈

这是一个最终产品无法通过任何其他手段获得的工艺，其产品质量也是传统过程所无法比拟的。DCA Food Industries，Inc. 是一家生产工业甜甜圈加工机械以及甜甜圈面团所需的干混合料的制造商。1961 年，作者在这家公司工作时，发现了微波油炸甜甜圈的概念（Schiffmann 等，1972；Schiffmann 和 Roth，1972）。微波油炸这种组合能够克服在油炸过程中面团无法充分膨胀进而使得甜甜圈无法达到潜在最大体积的严重问题。为了说明这一问题的重要性以及解释如何通过微波能的加入解决这一问题，有必要首先描述传统的油炸过程。工业用的微波油炸锅本质上是装有热炸油的长条型不锈钢锅（图7.1）。

图7.1 典型的甜甜圈炸锅

注：生面团被挤出到油炸锅的左侧，油炸完后的甜甜圈在右侧收集。

资料来源：W. H. Kemper GmbH，Rietberg，Germany。

油炸油可以通过电加热，也可以通过间接燃气加热，或者使用热传递流体管加热。工业甜甜圈油炸锅每小时可生产多达24000个甜甜圈。油炸锅包含金属传送带，可以延长油炸锅的长度，并使用金属推杆将油炸甜甜圈输送通过热油进行油炸。传统的甜甜圈油炸是一个两阶段过程，在这过程中，面圈首先淹没油炸约50s，然后翻到第二个面再炸约50s。至此，只有甜甜圈的下半部分完全膨胀了（图7.2）。（完全浸没甜甜圈面团以使其均匀油炸褐变是不可能的，因为这将降低整个甜甜圈的体积。）

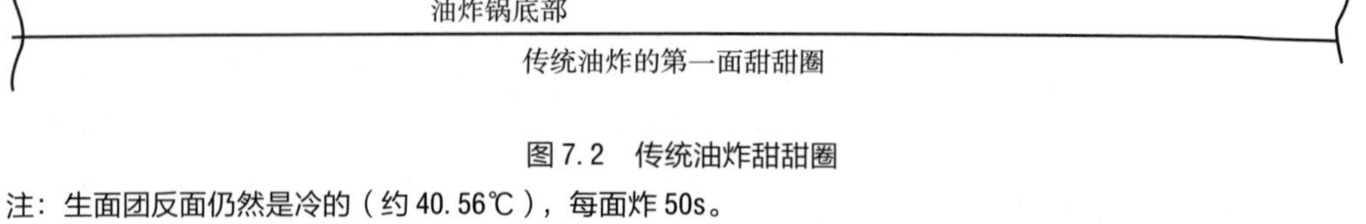

图7.2 传统油炸甜甜圈

注：生面团反面仍然是冷的（约40.56℃），每面炸50s。

资料来源：Institute of Food Technologists。

一旦生面团的第二面浸入热油中，就会迅速形成一层硬皮，从而阻止面团膨胀。这就产生了所谓的“核心”——甜甜圈的未膨胀部分，其密度约为已经油炸膨胀的面团的两倍。该核心也有更坚实的质地，并倾向于更快变质。最重要的是，它会阻止甜甜圈达到其潜在最大体积（Schiffmann，1971）。

通过向油炸甜甜圈锅中添加微波能量，可以实现在微波焙烤面圈上部的同时用热油煎炸面圈下部。因此，当甜甜圈翻转时，油炸仅使该面褐变，因为微波已使这面完全膨胀了，从而使得甜甜圈的体积比传统的大了 25%（图 7.3）。

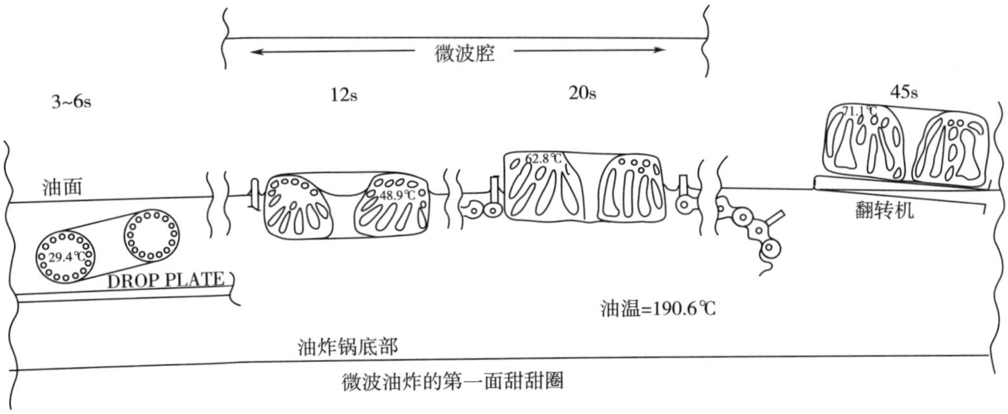

图 7.3 微波辅助油炸甜甜圈

注：面团温度可达到约 71.11℃，甜甜圈反面几乎完全膨胀，每面炸 45s。

资料来源：Institute of Food Technologists。

7.3.1 微波辅助油炸甜甜圈机

微波辅助甜甜圈油炸机包括一个传统的甜甜圈炸锅，一个不锈钢多模微波腔体，它通过螺栓固定在油炸锅前半部分的框架上，和一个或多个微波发生器，产生微波频率为 2.45GHz，通过波导耦合到微波腔体。微波辅助油炸甜甜圈系统所需的微波能量非常小。例如，每小时生产量约为 14000 个甜甜圈的微波辅助炸锅需要约 10kW 的微波功率。为了保持微波耦合到甜甜圈的最佳效率，即尽量减低微波能量的使用，有必要在炸油的表面加上最大容量的面圈，以限制微波能量对油的影响。换句话说，一个 8 个甜甜圈宽的输送系统应包含 8 个甜甜圈，因为如果只有 6 个甜甜圈，大量的微波能量将浪费在加热油而不是甜甜圈上，这会增加甜甜圈的生产成本，降低系统的整体效率。图 7.4 是一个典型的微波辅助油炸甜甜圈的示例。它显示了微波辅助甜甜圈油炸锅的每部分组件，最左端是将生的圆环型面团挤压到油炸锅中的组件，紧随其后的是甜甜圈炸锅的前半部分，微波腔体被用螺栓固定到油炸锅的框架上，其次是支柱，支柱上放置四个 2.5kW 微波发生器并用波导将其与腔体连接起来，之后剩下的是甜甜圈油炸锅的非微波部分，一直到图示最右边的出口端。将微波组件添加到炸锅中会带来一些独特的工程问题，其与其解决方法如下所述。

（1）甜甜圈的制作过程中需要大量的经验，所以面包师可以在微波腔体中看到甜甜圈落入热油以及到翻转的整个过程是很重要的。为了实现这一点，有必要提供一个无障碍的视窗，一个可以看到油炸锅微波部分中甜甜圈整个表面的微波窗口。这是通过螺栓连接大量波导来实现的，这些波导的尺寸小到足以限制 2.45GHz 微波传输，即以网格排布的开口约 2.54cm×2.54cm 的长矩形管，如图 7.5 所示。

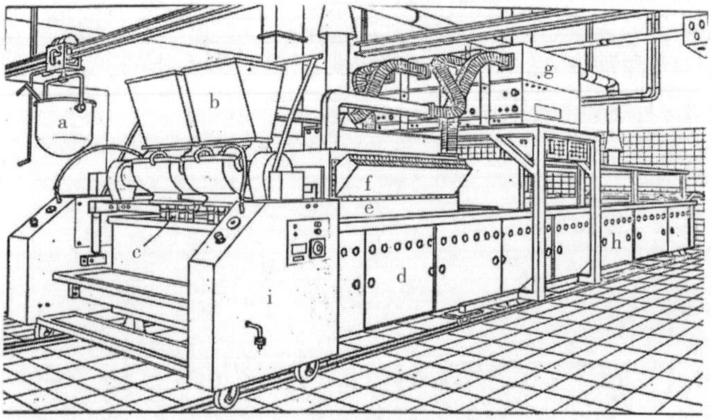

图 7.4 典型的微波辅助油炸甜甜圈机

注： a—输送到挤出机的混合面团； b—将面团送入挤出机喷嘴的面团料斗； c—挤出机喷嘴也称为切割机； d—油炸锅的前半部分； e—微波腔体； f—微波窗口（图 7.5）； g—微波发生器以及将其耦合到腔体的波导（e）； h—炸锅的后半部分； i—操作员控制面板。

资料来源： Institute of Food Technologists。

图 7.5 “微波窗口”——由多个铝管组成的观察网格，约 2.54cm × 2.54cm 的横截面和约 15.24cm 或更长的长度，在观测端无可检测的微波泄漏

资料来源： Belton，J. （2016）. *Personal Communication*，June 9，2016。

（2）如前所述，由于煎炸油会变质，所以必须定期清空深油炸锅，用新鲜油代替用过的煎炸油，并清洗油锅。对于微波辅助炸锅，必须先将微波腔体从炸锅框架上卸下，然后使用提升装置将腔体提升到炸锅上方。这样才可以清理油炸锅，同时，需将腔体内壁中的凝固聚合物（由热油释放的蒸汽导致）清除。

（3）还需要将波导从腔体上卸下。当重新组装油炸锅时，为了确保这些组件再次正确地用螺栓固定在腔体上，还设计了一种系统，在该系统中，每一个波导都保持着由发生器感测到的正气压，气压正常证明波导已经妥善固定到微波腔体上，否则微波发生器不能工作。

（4）如上所述，微波发生器位置远离炸锅，因此在炸锅的入口端为面包师或操作员提供了一个主控制面板，通过它可以控制微波发生器的输出功率和炸锅输送机的运作。

7.3.2 微波辅助加工甜甜圈的优势

- 利用微波辅助油炸工序所得到的甜甜圈体积显著增大，增大率从15%~25%不等，这意味着面包店利用相同原料，微波油炸方式可以比传统油炸多生产15%~25%的甜甜圈。或者说，面包店可以选择销售比传统甜甜圈大得多的甜甜圈。
- 通过消除甜甜圈核心实现了许多好处：
  - ◇ 这些甜甜圈比传统甜甜圈吸油量少得多，使面包店节省了大量炸油成本。
  - ◇ 微波甜甜圈的保质期比常规甜甜圈长了好几天，即不会很快变质。这是由于消除了比其余的油炸甜甜圈屑更快变质的核心。另外，较短的油炸时间也有帮助。
  - ◇ 这些微波甜甜圈上使用的糖基涂层具有更长的保质期，因为微波辅助油炸油脂吸收降低。
  - ◇ 油炸时间减少了多达20%，从而使得单位时间内的产量更高。

图7.6（A）和图7.6（B）显示了带有核心的传统油炸甜甜圈（A）和去核心的微波辅助油炸甜甜圈（B）之间的区别。

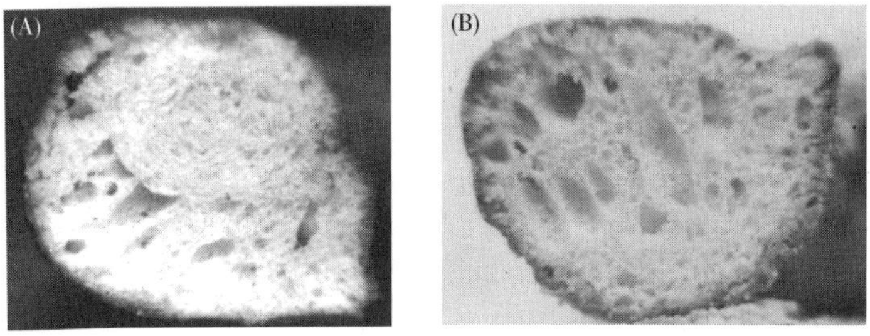

图7.6 左为传统油炸甜甜圈（A），右为微波辅助油炸甜甜圈（B）

注：（A）中的致密核在（B）中已经完全消除。

资料来源： Institute of Food Technologists。

7.3.3 微波辅助甜甜圈加工的商业化

经过两年多的工厂测试，从20世纪60年代末至70年代上半叶，有25个微波辅助甜甜圈油炸机在美国、加拿大和欧洲销售。在开发用于微波辅助油炸甜甜圈的面团时，因为微波的传热机制不同，我们发现有必要改变发酵液中发酵酸的用量和种类；我们还需要添加额外的面筋来强化面团，以控制微波辅助炸锅内甜甜圈的膨胀程度。因此，由于没有传统的用于微波辅助油炸的甜甜圈原混料，该公司开发并销售了专有的甜甜圈原混料以配合微波辅助油炸机。

7.3.4 微波辅助甜甜圈油炸机现状

目前，世界上没有任何地方使用微波辅助甜甜圈油炸机。20世纪70年代中期，尽管许多面包店对产品都很满意，但DCA Food Industry，Inc. 却停止生产微波辅助油炸甜甜圈原混料。因为这是一个远远超越其时代的创举。当时美国国内几乎没有家用微波炉，所以操作人员通常不熟悉甚至恐惧微波加热的概念。此外，生产微波辅助油炸甜甜圈机械和配料的公司（DCA Food Industries，Inc.）更想生产和销售那些销售人员更熟悉和更愿意销售的传统油炸甜甜圈加工设备，而不是微波辅助设备。

7.4 其他微波辅助油炸过程

迄今为止，虽然甜甜圈的生产是微波辅助油炸技术唯一成功的应用，但已经对这种技术在其他食品中的应用进行了研究。作者在微波辅助油炸裹面包屑的鸡和鱼方面做了大量的工作。

- 微波辅助油炸裹面包屑鸡：使用微波辅助油炸，人们希望增加传统的连续油炸裹面包屑鸡设备的产量。研究已经发现的确可以增加产量，即在美国，裹面包屑鸡的产量最多可增加到50%。换句话说，在生产线上增加一个微波系统，其目的是在鸡肉油炸的时候将其内部煮熟，在同样的时间里，可以生产将比传统油炸多50%以上的裹满面包屑的鸡肉。尽管制造商对该技术的成果十分满意，但他们仍不愿采用新工艺。
- 微波油炸裹面包屑鱼制品：制造商再次希望通过向传统油炸面包屑鱼过程中添加微波能量来增加产量。这种情况的困难在于，必须采用通常用于这种炸鱼工艺中的压紧输送机，而这对微波设备设计带来了一些挑战。因此，制造商不愿意继续研究这个新设备。

7.5 微波辅助油炸在食品工业中的未来

令人惊讶的是，尽管最初的制造商取得了成功，但微波辅助油炸技术仍没有被食品工业应用。这种不被应用的情况很有启发意义：

- 创新的时机至关重要。在美国，出现得太早的创新不太可能取得巨大的成功。在这种情况下，微波能量的使用在行业内非常有限，以至于销售人员不愿意出售设备。正如一家大型烘焙食品供应公司在其西海岸业务上取得了巨大成功，但在东海岸业务上却因为工厂人员设置了路障而失败，这也反映了用户的担忧。如今，鉴于世界各地微波炉的广泛使用，这应该不再是工业化应用微波辅助油炸的障碍。
- 微波辅助油炸的应用主要障碍可能是要求用户集中和广泛的参与才能实现一个成功的微波油炸过程。最成功的微波处理设备系统是那些用户积极参与其开发的设备系统。微波设备制造商通常无法自行开发创新的系统或工艺。在微波辅助油炸甜甜圈的案例中，大部分的产品和工艺开发是由DCA的人员在几年内完成的，而微波发生器和相关微波硬件的供应商在工艺开发方面的发挥的作用要小得多。DCA的实验室人员了解成功生产甜甜圈的要求，并能够利用他们的技能不仅定义硬件要求，而且还能够生产“软件”，即独特的甜甜圈干混料，随后为了成功生产设备系统和产品，开展了两年的广泛的厂内测试和进一步的研究。

微波具有加热材料内部的独特能力，并且当它与其他热源（如热油）相结合时，可以生产出与传统工艺质量相同或更优的产品，而成本却等于或低于传统工艺。这种组合也还可能以合理的成本提供更大的产量。此外，当加热产品存在泡沫状或类似结构时，微波能量通常是其加热、烘烤、烹调或干燥内部的最佳方式，因为其加热时间比传统方法短，而且通常破坏性也小得多，即避免表面硬化或使表面过热而加热内部。如果公司希望采用微波辅助油炸作为一种生产其产品的方式，则可能需要广泛的研究和开发，这可能需要一个专门团队的共同努力，也可能需要修改现有的产品或其组件。然而，这在产品质量、流程效率和投资回报方面，潜在的回报是巨大的。

［致谢：感谢《食品技术》主编 Bob Swientek 允许使用他论文中的数据（Schiffmann，1971）。］

参考文献

Belton，J.（2016）. *personal communication*，June 9，2016.

Bordin，K.（2013）. Changes in food caused by deep fat frying. *ALAN*，*63*（1）.

Liu，E.（2015）. *Fair food*：*The science of deep-frying.* https://scienceandfooducla. wordpress. com/2015/08/25/fair-food-deep-frying/.

Schiffmann，R. F.（1971）. Applications of microwave energy to doughnut production. *Food Technology*，*25*，58-62.

Schiffmann，R. F.，et al.（1972）. *Apparatus for producing cooked products.* U. S. Patent 3. 633,490.

Schiffmann，R. F.，& Roth，H.（1972）. *Method of producing cooked products.* U. S. Patent 3,679,432.

Zimmerman，B.（2006）. *Heat transfer and cooking.* http://www. cookingforengineers. com/ article/224/Heat-Transfer-and-Cooking.

拓展阅读

Farkas，B. E.，et al.（1996）. Modeling heat and mass transfer in immersion frying. I. Model development. *Journal of Food Engineering*，*29*（2），211-226.

8 微波（辅助）干燥

V. Gaukel[1], *T. Siebert*[1], *U. Erle*[2]
[1]Karlsruhe Institute of Technology（KIT）, Karlsruhe, Germany;
[2]Nestlé R&D Center, Solon, OH, United States

8.1 引言

干燥是最古老的食品加工技术之一，其最初目的是延长易腐败食品的贮藏时间。食物的腐败变质是一个复杂的生物化学反应过程，主要由产品内部存在的自由水或非结合水和氧气引起（Barbosa-Cánovas 和 Vega-Mercado，1996）。

然而，延长食品保质期并不是食品干燥的唯一目的。干燥还可用于改善产品的加工品质，例如提升颜色和口味（Sokhansanj 和 Jayas，2015），有利于提高产品的整体消费者接受度。与新鲜食品相比，干燥食品由于重量轻、容积小更易于携带和储运，特别是粉末食品，流动性强，可以显著地节省产品包装、贮藏和运输成本。同时，干燥还有利于改善产品的后续阶段加工，如研磨、混合和分离过程。干燥产品的黏性较小，在混合和研磨过程中消耗的能量更少。此外，干燥还可灭活部分微生物（尤其是中温和低温微生物）和昆虫，灭活效果取决于干燥工艺条件。

干燥技术已在世界各地发展数千年，也相继出现了许多干燥方法，其中最重要的包括：热风干燥（AD）、冷冻干燥（FD）、真空干燥（VD）、太阳能干燥（SD）和渗透干燥（OD）。这些干燥方法大多可以与微波联合使用，其中微波真空干燥（MVD）现已成为重要的工业干燥手段。为了解微波辅助干燥技术的独特优势，本章首先以热风干燥（AD）为例回顾干燥工艺原理。

8.2 干燥工艺的原理

热风干燥（AD）是常见且成熟的工业干燥方法。图 8.1 所示为食品的典型干燥曲线，它可划分为三个阶段。在初始干燥阶段（IP）后，干燥速度（随时间蒸发的水分量）达到恒定的阶段为第一阶段，即“恒速干燥阶段”（CRP）。在此阶段，产品表面保持湿润，内部气流将水蒸发的热量传递到表面，而水蒸气则被热空气从产品表面带离，传热和传质过程同时进行。为了保持产品表面湿润，产品内部水分因毛细作用会从内部连续不断地流出至表面。此外，在恒速干燥阶段的产品表面温度理论上是恒定的，但由于水分蒸发需要消耗能量，产品的表面温度通常明显低于空气温度。图 8.1（A）所示为胡萝卜片的热风干燥曲线，它表明实际数据不一定能准确反映恒速干燥阶段。决定和限制恒速干燥阶段干燥速度的因素主要有气流温度、相对湿度和气流速度，改变其中任何一项参数，都可以很大程度上加速（或延迟）干燥过程。

这些变化发生在下一个干燥阶段，我们称此阶段为“第一降速阶段”（1FRP）。在此阶段，产品表面逐渐变干，产品内部水分无法快速地传输到表面。蒸发水分所需的热量仍不断从产品表面传导至内部，产品内部水蒸气则需穿过已干燥区域传输到表面，这意味着传热和传质的阻力增加，使得产品的干燥速率降低、表面温度缓慢升高。在此过程

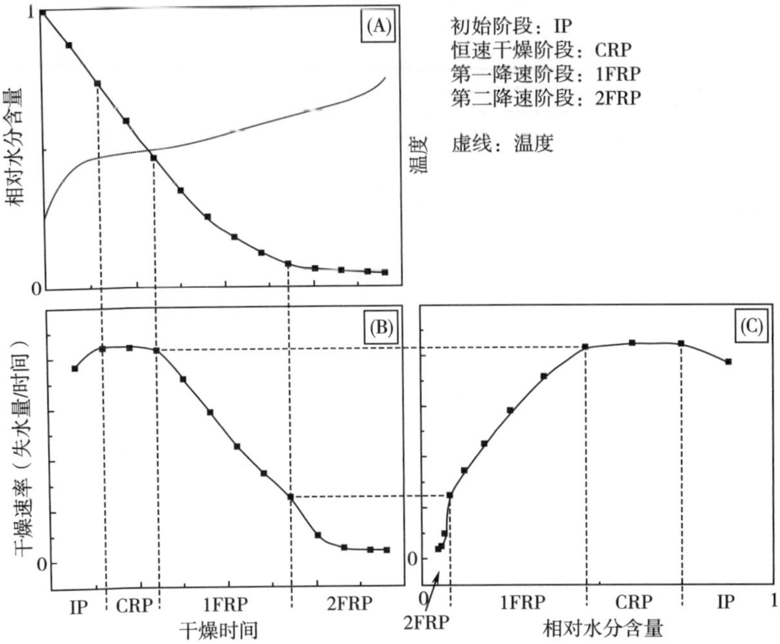

图 8.1 胡萝卜片的热风干燥曲线

注：干燥过程分为初始阶段、恒速干燥阶段、第一降速阶段和第二降速阶段。

（A）（相对）水分含量和温度随干燥时间的变化；（B）干燥速率随干燥时间的变化；（C）干燥速率随（相对）水分含量的变化。

中，随着水分蒸发面不断向产品的中心移动，干燥速率会不断降低。此时若要想提高干燥速度较为困难，必须采用更高的气流温度或更大的气流速度，这都会导致产品表面温度升高。恒速干燥阶段水分蒸发的冷却效应不复存在，进一步导致产品过热。产品外层可能快速干结，即所谓的“表面硬化”现象，产品表面形成的硬壳将会阻碍进一步的干燥过程或导致产品开裂。

在“第二降速阶段”（2FRP），所有的自由水蒸发完毕，只剩下结合水。需要额外的解吸能量来进行结合水的干燥，解吸过程会进一步阻碍干燥过程。工业干燥过程中是否达到此阶段取决于产品的吸水性和干燥工艺的目标水分含量。第二降速阶段仅在分析干燥速率的图中可见［图 8.1（B）和图 8.1（C）］，在图 8.1（A）中则不可见。图 8.1（C）中曲线的斜率因干燥产品不同会有所差异（Mujumdar，2015）。若干燥过程继续进行，产品温度将会升高到与热空气温度一致。

对于工业食品干燥过程，很难界定单个干燥阶段的绝对时长，它们之间没有严格的限制。每种食品性质不同，干燥腔内各处的加工条件也各不相同，所以并非所有产品都会在同一时间处于同一干燥阶段。因此，不同干燥阶段之间的衔接相对紧凑，用来衡量干燥过程的特征值通常是指在干燥过程中产品达到其目标水分含量的时间。干燥时间因工艺条件和产品而异，而产品达到可接受干燥状态的水分含量则由产品预期用途决定（Jangam、Law 和 Mujumdar，2010）。

8.3 微波（辅助）干燥的特点

如第 1 章所述，微波可以采用不同的方式传递能量，其特征在于微波可以穿透食品实现内部加热。食品材料吸收微波的程度取决于材料的介电特性、尺寸和形状，以及其他竞争性吸波并影响局部场强的材料。

8.3.1 微波加热机制和选择性干燥

如第 2 章所述，食品材料吸收微波的程度取决于自身的介电特性。特定频率和强度下的电磁场在介质中产生的热量主要由介质的复介电常数虚部 ε''决定。由于水分子和可溶性离子对 ε''有很大影响，因此随着材料水分含量的降低，材料的微波吸收能力通常也会降低。复介电常数的实部 ε'也受水分的影响。图 8.2 所示为不同水分含量苹果片的介电特性变化趋势，其他食品材料的介电特性变化情况与此或多或少类似。从右（高水分含量）向左（低水分含量）看图，我们观察到 ε''略有增加，表明水分含量大幅下降却未导致 ε''下降，这是由于可溶性离子在失水过程中富集且苹果片失水皱缩导致 ε''趋于平稳。在水分含量较低的情况下（低于 0.6），水分散失会导致 ε''显著下降，此时材料对微波能量的吸收能力明显减弱。当食品内部干湿部分共存时，例如在降速干燥阶段，微波会选择性加热水分含量高的部分，即“均化效应”（Zhang、Tang、Mujumdar 和 Wang，2006）。除此之外，局部聚焦效应等其他原因也可能导致产品出现热点、冷点以及温度梯度反向（即中心温度高于外围温度）的问题。微波加热可以克服其他热源的传热限制，加速水的蒸发，从而加快传质速度。在微波干燥的各个阶段，干燥速度始终与产品吸收的微波能量成正比。这正是微波干燥的独特之处：产品尺寸越大，传热传质差异越明显，微波干燥的关键优势就愈发显著。

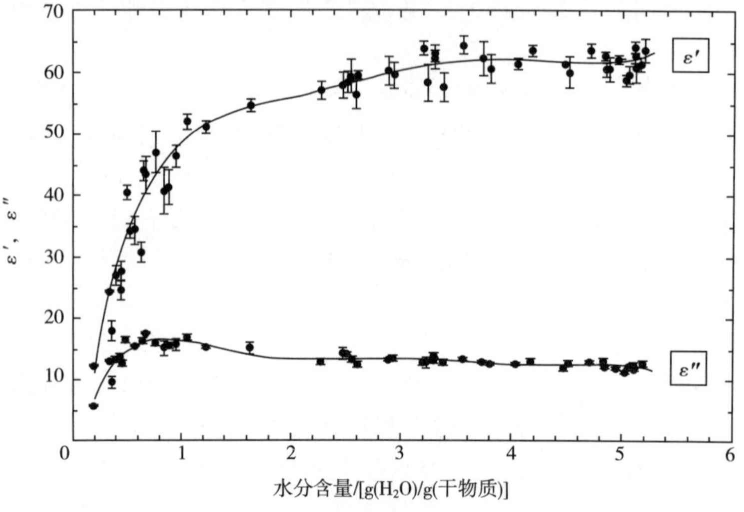

图 8.2 水分含量对苹果介电特性的影响

资料来源：Erle, U.（2001）. *Untersuchungen zur Mikrowellen-Vakuumtrocknung von Lebensmitteln.* Aachen：Shaker Verlag。

随着干燥过程中可蒸发水分的减少，微波干燥效率在某特定阶段后会有所降低。如果此时不对微波功率进行调节，由于干燥腔中产品吸收微波能量逐渐减少，电磁场强度会逐渐增强，可能会导致一些其他问题，如热失控、电弧或等离子体形成。

8.3.2 热失控现象

像其他聚合物一样，当温度超过临界温度时，许多食品生物高聚物的 ε''会急剧增大。随着温度的升高，食品材料逐渐变软，分子可以更加自由地运动，材料可吸收更多的微波能量，使得干燥过程不断加速，此现象也可在冷冻产品加热过程中冰的融化中被观察到（参见第 12 章）。这种现象被称为“热失控”现象，这是个非常不稳定的状态，会导致产品突然过热甚至燃烧，在非真空状态下甚至可能引发火灾。因此，在产品干燥的末期阶段，需要限制微波功率强度以防止热失控现象的发生，因为此时水分的蒸发可能已不足以冷却产品。或者也可通过增加产品暴露在微波下的量来弥补产品介电特性低的问题，例如增加干燥传送带上产品层的厚度。

8.3.3 离子体形成和电弧现象

在高场强下，特别是在真空环境下，电场会发生击穿或放电，产生流动的电子或空气离子，甚至导致等离子体的形成或电弧现象，这是产品干燥末期必须限制微波功率强度的另一个原因。在气压达到约 250Pa 时，2. 45GHz 下等离子体形成所需场强最小（参见第 17 章）。虽然等离子体在某些技术领域是有益的，但在微波干燥中通常不希望出现等离子体，主要由于等离子体的形成会消耗能量并可能损坏干燥设备和产品。如等离子体的形成会使微波干燥设备中的聚四氟乙烯材料发黑甚至腐蚀，也会使食品表面形成黑色焦壳而无法食用。Metaxas 和 Meredith（1983）非常详细地描述了电场击穿的后果及其产生原因，包括电场强度、压力和气体种类。干燥腔中局部场强主要与设置的微波功率、干燥腔设计以及产品的质量和介电特性等有关。低吸波材料会导致区域内电磁场强度增大，因此在产品干燥的末期通常需要降低微波功率，并且尽可能避免微波强度峰值的出现，因为一旦等离子体形成，仅需很少的能量即可维持干燥过程。使用具有稳定电源的“低纹波”磁控管或固态微波源可以缓解上述问题。

8.3.4 微波场分布

另外，限制微波功率不可过高的原因与微波场分布有关。尽管微波干燥设备的设计已经取得了相当大的进步，但设备中微波场的分布并不是完全均匀的，冷、热点分布不均问题将在第 18 章中加以讨论。有些设备制造商采用模式搅拌器来均匀分布微波场，而移动产品也是一个很好的方法，例如家用微波炉中通常设有转盘使产品运动而获得比较均匀的微波能量。“适度”使用微波可以使产品有更多的热量传递时间来平衡微波吸收不均的问题。通常来讲，可以通过增大干燥设备的尺寸即相应增加设备模数，来改善微波场的分布均匀性。

8.3.5 产品尺寸

如图 8. 3 所示，微波干燥颗粒状食品过程存在一种潜在缺陷。米氏（Mie）吸收系数曲线是在常用频率 2.45GHz（对应的波长约为 12.2cm）的电磁场中基于不同直径球体计算的，这些球体具有水的介电特性。吸收系数为 1 表示 100% 的入射电磁能均被物体吸收。计算结果表明，电磁能的吸收随球体半径的减小而略有增加，直至减小到约 4cm。在较小的球体中，微波和物体之间的共振相互作用和聚焦效应会导致吸收数值波动，甚至出现吸收系数大于 1 的结果。但对于半径小于 0.5cm 的小球体，电磁能的吸收是相当低的。

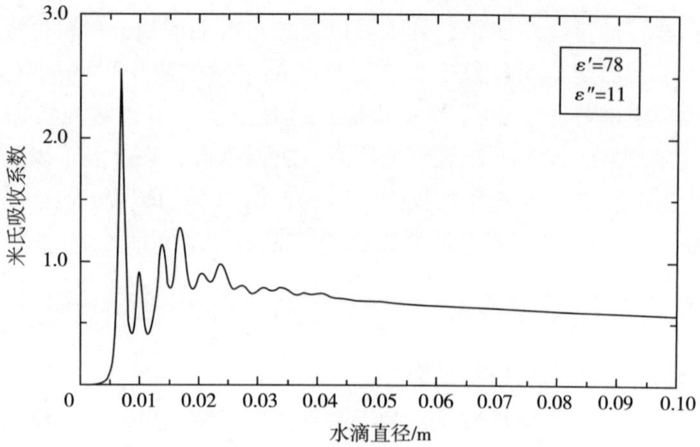

图 8.3 米氏吸收系数——适用于水滴的计算

资料来源： Erle，U. （2001）. *Untersuchungen zur Mikrowellen- Vakuumtrocknung von Lebensmitteln.* Aachen：Shaker Verlag。

这意味着一个小而湿的物体就可能无法吸收足够的微波能量，而无法被加热。此效应可用于解释使用干燥设备处理单个粒子的干燥过程，当粒子之间相互接触并堆积形成块体时，此效应就不再显著。此外，半径为 0.5~3cm 的物体由于聚焦效应可能会发生不均匀加热或过热现象。特别是在干燥过程的降速阶段，产品水分含量的减少使得富水区域减少，此时产品的微波吸收将受到所有上述影响因素的限制。

8.4 微波在干燥过程中的应用

8.4.1 微波应用概述

在干燥过程中，微波通常被用作单一热源或辅助热源，主要辅助应用在热风干燥（AD）、真空干燥（VD）和冷冻干燥（FD）过程中，以下小节将主要讨论这三个干燥过程。

大量文献对产品微波干燥时间进行了研究，并进一步报道了产品干燥前后的品质参数变化，如复水性、收缩率、成分保留率、保色率和硬度。然而，不同研究人员并没有使用统一的标准进行产品品质和干燥工艺参数研究，使得各研究结果无法直接进行比较。此外，微波能够以各种方式辅助应用于干燥过程中，如**连续应用、间歇式或脉冲式应用或温度控制应用**。

连续应用是指使用固定的微波功率，而不考虑除加工最终条件以外的任何参数，如时间、重量、温度；**间歇式或脉冲式应用**是指以周期性重复方式引入微波的过程，脉冲的频率可以是恒定的，也可以是变化的；**温度控制应用**则是根据产品表面温度调节施加微波功率，通常采用红外温度传感器来测量温度，从而控制产品温度保持恒定。

在大多数现有文献报道中，并没有对微波的应用方式进行详细描述，因此也就无法进一步讨论上述微波应用方式对产品干燥过程的影响。

8.4.2 微波辅助热风干燥

传统热风干燥（AD）是最常见的干燥工艺，其投资、操作成本低（Soysal、Ayhan、Estürk 和 Arkan，2009）、易于操作（Megías - Pérez、Gamboa - Santos、Soria、Villamiel 和 Montilla，2014），约占所有工业干燥工艺的 85%（Mujumdar 和 Beke，2003）。但其相对较长的干燥时间（约为 1~7h，取决于温度、水分含量和产品结构）和较高的气流温度（高达 180℃）会导致产品中高价值组分降解（Gamboa-Santos 等，2014；Kowalski、Szadzinska 和 Lechtanska，2013；Mclaughlin 和 Magee，1998）。此外，热风干燥还会导致产品结构发生显著变化，如产品体积保留率仅有 15%~30%（Aversa、Curcio、Calabrò 和 Iorio，2012；Bruijn 和 Bórquez，2014；Witrowa-Rajchert 和 Rzaca，2009），产品外部形成硬壳（表面硬化），味道和颜色发生改变（有害或有益取决于产品和消费者的感官）。

微波辅助热风干燥过程中，气流会带走产品的外部水分，微波的体积加热效应加速水分从产品内部向外部传输，这对于传统热风干燥过程中传热受限的降速阶段十分有利，可显著减少干燥时间。许多研究团队在不同食品的微波干燥研究中都观察到了干燥时间的缩短，如胡萝卜片（25%~90%）（Prabhanjan、Ramaswamy 和 Raghavan，1995）、猕猴桃（40%~89%）（Maskan，2001）、香蕉（64.3%）（Maskan，2000）、越橘（60%~82.5%）（Beaudry、Raghavan 和 Rennie，2003）、大蒜（高达 80%）（Sharma 和 Prasad，2006）、平菇（75%）（Bhattacharya、Srivastav 和 Mishra，2015）和羽衣甘蓝（高达 70%）（Alibas，2009）。复水率和保色率是研究最多的干燥产品质量参数，许多研究表明微波辅助热风干燥胡萝卜（Prabhanjan 等，1995）、猕猴桃（Maskan，2001）、香蕉（Maskan，2000）和大蒜（Sharma 和 Prasad，2006）可改善其复水性，对于香蕉（Maskan，2000）、大蒜（Sharma 和 Prasad，2006）和羽衣甘蓝（Alibas，2009）还改善了其保色性。在这些干燥过程中，可通过使用热空气（如 80℃）来防止产品表面冷却，也可使用冷空气（如 20℃）来防止产品表面过热。

8.4.3 微波真空干燥

真空干燥通常被认为是一种温和的食品干燥方法（Durance 和 Wang，2002），通过降低压力可使水分在较低温度下蒸发，干燥产品的化学、感官和营养性质变化较小（Drouzas 和 Schubert，1996）。Orikasa 等（2014）研究发现真空干燥的猕猴桃在抗坏血酸和颜色保留方面均优于热风干燥。真空干燥由于能量传输的限制，其干燥时间（长至 48h）是所有干燥方法中最长的。真空干燥无法使用热空气，因此热源通常为接触板、辐射热或微波。

微波具有体积加热的特点，是在真空干燥系统中传输能量的有效方式，特别在干燥降速阶段，可极大缩短干燥时间。

图 8.4 所示为 5000Pa 压力下胡萝卜片（250g、5mm 厚度）在三种不同微波功率下的微波真空干燥曲线。如 Rother、Steimle、Gaukel 和 Schuchmann（2011）研究所述，微波真空干

燥实验在带有旋转滚筒的模块化干燥处理器中进行，短时间内将产品加热到水蒸发沸点，随后将产品表面温度保持在 30～35℃，直到超过一半的水被除去（此压力下纯水沸点为 32.9℃）。当产品表面变干时，温度开始上升，直到干燥过程结束。

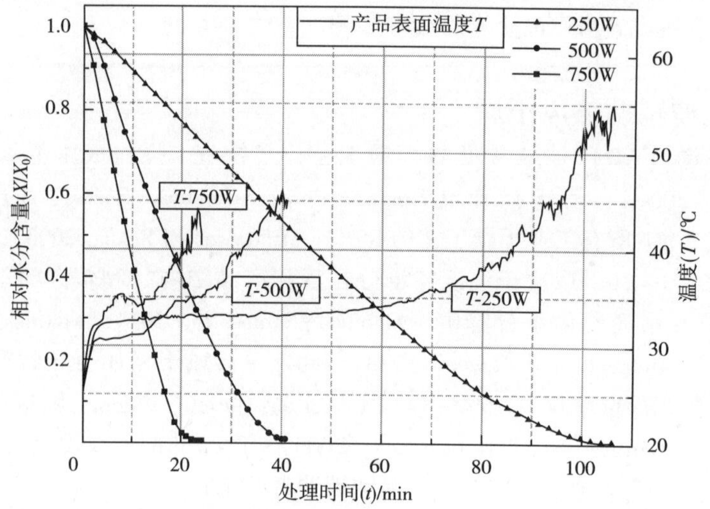

图 8.4 胡萝卜在 50mbar 和三个不同功率下的微波真空干燥（MVD）过程中的表面温度变化与干燥曲线

资料来源：Siebert，T.，Gall，V.，Schuchmann，H.P.，& Gaukel，V.（2016）. Determination of change－over points of serial combination drying processes：A measure to improve quality of dried carrot discs and process efficiency. In：*Proceedings of the 20th international drying symposium*（*IDS* 2016），*Gifu Japan*，*accepted*。

微波真空与热风干燥曲线的主要区别在于，微波真空干燥中产品干燥速率与各干燥阶段产品吸收的微波能量成正比。一些文献中（Rother 和 Schuchmann，2009）也提及了干燥速率与施加的微波功率成正比，前提是所有施加的微波功率均被产品吸收并且产品温度相对均匀，但实际上在整个干燥过程中情况并非总是如此，尤其是在干燥末期。

图 8.5 显示了图 8.4 中胡萝卜片的微波真空干燥速率曲线，其基本曲线形状与典型的热风干燥速率曲线相似［图 8.1（C）］，但其基本物理原理不同。从右到左观察曲线（随着干燥过程的进行），在初始阶段干燥速率有轻微的升高，因为此时产品需要吸收一些能量来达到水蒸发沸点，随后干燥速率持续缓慢下降。这表明即使在降速干燥阶段，只需增加微波功率，也可以加速干燥过程。只要产品中仍剩余足够的水，产品温度仅由真空压力水平和相应的沸点控制。如 8.3.1 所述，在水分含量较低的情况下，水分含量下降会导致 ε'' 显著下降，材料吸收微波能量减少，干燥速率降低。产品无法吸收的多余微波能量可能被干燥设备所吸收，或者反射回到水负载中，或者被产品的干燥部分吸收而导致其温度快速升高（图 8.4），又或者引起了 8.3.1 中描述的其他现象而耗散。尽管如此，由于产品的富水部分仍然是被选择性加热的，微波真空干燥速率仍然高于热风干燥过程。

如上所述，并非所有施加的微波能量都必然被产品吸收。图 8.6 显示了在上述干燥过程中产品吸收的微波能量与相对水分含量的关系。首先，有趣的是，即使在干燥过程刚开始时，也只有大约 70% 的微波能量被产品吸收。该吸收率很大程度上取决于产品（水）体积与腔体体积的关系，可以通过调整腔体达到接近 100% 的吸收率（参见第 1 章）。但在干燥

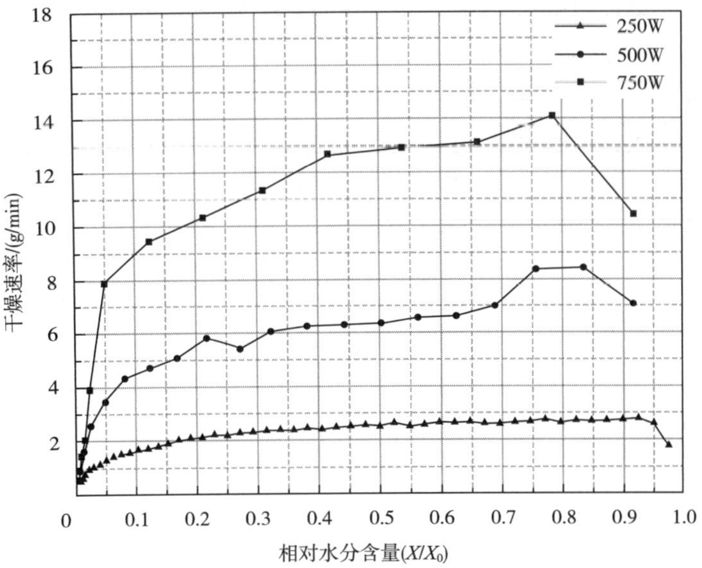

图 8.5 三种不同微波功率下胡萝卜微波真空干燥过程中干燥速率随相对水分含量的变化

过程中产品水分含量会发生变化，使得微波能量吸收率降低，此现象在较高的微波功率下尤其明显，在干燥过程末期只有 30% 的施加能量被产品吸收。为了减少能量损失，在干燥过程末期需降低微波功率或者自动调谐腔体。

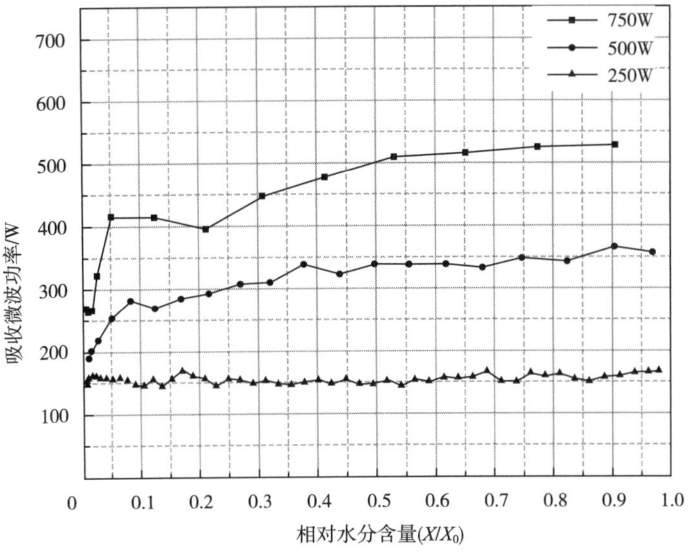

图 8.6 三种不同微波功率（指施加微波功率）下胡萝卜微波真空干燥过程中微波吸收能量随相对水分含量的变化

在相对较低温度下达到较高的干燥速率有助于更好地保留产品中的高价值组分，这一点在 Cui、Li、Song 和 Song（2008）对胡萝卜中抗坏血酸含量的研究和 Mayer-Miebach、Behsnilian、Regier 和 Schuchmann（2005）对类胡萝卜素含量的研究中已有体现，这两种成分在微波真空干燥中的保留率均≥89%，比热风干燥高出20%以上。

在草莓（Bruijn和Bórquez，2014）、胡萝卜（Cui等，2008；Rother等，2011）和苹果（Sham、Scaman和Durance，2001）的干燥研究中，真空干燥产品的体积保留率比热风干燥产品更好，其中一个主要原因是膨化效应。当产品内部水分的蒸发速率高于蒸汽向产品外部的传输速率时，产品内部产生超压，导致产品膨胀，使得最终产品具有更高的体积保留率。如图8.7所示，将微波真空干燥（膨化）的胡萝卜块与热风干燥和冷冻干燥的胡萝卜块进行比较，发现冷冻干燥可以使产品形成多孔结构但产品颜色较浅；微波真空干燥产品颜色更深，膨胀多孔，看起来更像枕头，有时产品内部只有一个较大气孔；热风干燥产品通常具有体积收缩的问题。冷冻干燥产品的复水速率最快，因为其具有表面多孔结构，借助毛细作用，可在数秒内吸收水分。微波真空膨化的产品虽具有较多孔洞，却因表面封闭而无法利用毛细作用快速吸水，但由于它们可在热水中迅速变软，所以其复水率仍然优于热风干燥产品（Rother等，2011）。

图8.7 冷冻干燥（FD）、微波真空干燥（MVD）和热风干燥（AD）后的胡萝卜块

此外，由于微波真空干燥中使用低压（低氧分压），产品中氧化反应减少，对产品颜色保留也极为有利，这在Yongsawatdigul和Gunasekaran（1996）对越橘的研究以及Cui等（2008）对胡萝卜的研究中已被证实。

一般来说，针对前面提到的产品品质属性，微波真空干燥产品品质有时可与冷冻干燥产品相当，但在大多数情况下介于冷冻干燥和热风干燥产品之间。微波真空干燥及其他微波干燥方法对产品香气保留的特殊影响将在8.5中讨论。

8.4.4 微波冷冻干燥

冷冻干燥（FD）是真空干燥的一种特殊形式。产品首先被冷冻，随后在真空室中使用低于水三相点的压力进行干燥，水能够直接从固态升华成气态。一般情况下，冷冻干燥的热源与真空干燥相同，通过接触加热板或辐射热或两者组合来传递热量，接触板板温一般为30~40℃，辐射热温度则高达150℃。整个冷冻干燥过程比较温和，产品温度较低，因此冷冻干燥产品的组分保留率较其他干燥产品更高，其在产品品质保留方面的特殊应用将在8.5中讨论。另外，产品中冻结部分的支撑特性有助于最大程度地保留产品体积。冷冻干燥产品具有多孔结构，产品颜色与新鲜产品相比较浅。当需要保存新鲜产品的现有性状时，冷冻干燥通常被认为是最佳的干燥方式。据报道，与新鲜产品相比，冷冻干燥胡萝卜中抗坏血酸和类胡萝卜素的保留率超过95%（Cui等，2008）。同样以胡萝卜为研究对象，一些研究发现冷冻干燥产品体积保留率在70%（Rother等，2011）到80%（Cui等，2008）之间。对于其他产品，如柑橘（Koc、Eren和Ertekin，2008）、南瓜（Nawirska、Figiel、Kucharska、Sokol-Letowska和Biesiada，2009），冷冻干燥产品中超过90%的有价值组分被保留。以上数据对于其他产品也基本适用。由于在整个干燥过程中需要连续的真空条件，并涉及诸多相变过程（冷冻、升华和冷凝/冷冻），且干燥时间较长（通常在12~48h），耗能较高，冷冻干燥主要应用于高价值果蔬食品（Huang、Zhang、Yan、Mujumdar和Sun，2009）和医药产品的干燥（Liapis和Bruttini，2015）。

冷冻干燥没有恒定速率的干燥阶段，导致传热速率有限，这是冷冻干燥的一个主要缺点。干燥过程中由于水处于冷冻状态而非液态，它不能通过毛细作用力而只能通过扩散被输送至表面。此外表面干燥后，产品外表面形成干燥多孔结构，这导致产品传热系数较低且不断减小。很明显，微波替代或辅助加热板作为热源是十分有效的。此方法在20世纪50年代末就已经出现了，并且发现与标准冷冻干燥方法相比，此方法可以加速干燥过程（Copson，1958）。遗憾的是，一些缺点阻碍了微波冷冻干燥替代传统冷冻干燥。除微波场的不均匀分布导致的加热不均匀外，微波冷冻干燥低压下等离子体的形成（参见8.3.3）也是一个主要问题，因为它可能导致产品局部解冻（Wray和Ramaswamy，2015）。当产品存在未冻结部分时，由于水和冰介电特性的差异较大，未冻结部分会被微波优先加热，这将导致产品的进一步融化和结构崩塌。

然而，在微波低能量水平下，微波辅助冷冻干燥比传统冷冻干燥要快得多。发酵剂培养物（*Lactobcillus paracaseii*，副干酪乳杆菌）的冷冻干燥实验表明，在100Pa和30℃接触加热板温度下，100g *L. paracaseii* 批料的最终水分含量需要840min才能达到4.5%，相比之下，微波辅助冷冻干燥使用200W（2W/g）的微波功率将产品加热到表面温度为30℃，批料达到与传统冷冻干燥相同的最终水分含量仅需要340min，干燥时间缩短超过一半。微波辅助冷冻干燥中细菌的存活率是传统冷冻干燥中细菌存活率的86%。这些成果来源于德国经济部资助的一个研究项目（AIF 17477），该项目也由Arbeitskreis industrieller Forschung AIF和Forschungskreis der Ernährungsindustrie e. V.（FEI）合作资助，使用的是Rother等（2011）在研究中描述的干燥处理设备。

最近提出的将产品放置于旋转滚筒干燥可解决冷冻干燥中加热不均匀的问题，但此方法不适用于硬度较低、不耐碰撞的产品（参见第17章）。

8.4.5 微波干燥技术联用

微波真空干燥可能只是整个干燥处理过程中的一步。如当结合渗透预处理时，即将果蔬放置在浓缩液中几小时，产品中大量的水分就会通过渗透作用移出（Zhang等，2006），同时，一些溶质如糖或钙离子，可能会渗透进入组织，这对终产品的质量是有益的。如Erle和Schubert（2001）研究发现，经过渗透预处理的苹果和草莓，在后续的微波真空干燥中，渗入组织的蔗糖和氯化钙会降低产品的收缩率。

此外，微波干燥工艺，特别是微波真空干燥，通常与热风干燥和冷冻干燥串联使用。微波真空干燥和热风干燥相结合也许是最明智的选择。因为热风干燥经济性相对较好，在干燥过程的第一阶段最好采用热风干燥。在恒定干燥速率阶段，热风干燥速率是相对较好并且由于蒸发的冷却效果，产品保持低温。当干燥降速阶段开始，热风干燥效率降低，此时可采用微波真空干燥来克服如上所述的传热和传质限制（Cui、Xu 和 Sun，2003；Figiel，2010）。这种组合方法是由 Battelle Ingenieurtechnik GmbH（Eschborn，Germany）开发的，并由 Zifru（Zittau，Germany）进行应用。在这种情况下，热风干燥可使物料颗粒的外部形成屏障，从而使物料在后续的微波真空干燥过程中产生膨化效果。

除了这种组合方法之外，最新研究也报道了微波真空干燥和冷冻干燥联合使用（Huang 等，2009；Kumar、Radhakrishna、Nagaraju 和 Rao，2001；Pei 等，2014；Rother 等，2011；Xu 等，2005）。如上所述，冷冻干燥是一个相当昂贵且耗时的过程。将其与其他干燥工艺（如热风干燥或微波真空干燥）联合使用，可以减少冷冻干燥处理前的产品水分含量，这可以减少成本和干燥时间。选择不同干燥技术联合使用的至关重要因素是在各个干燥过程中产品质量的提高，因为联合使用多种干燥技术只有在产品质量参数（如体积保持率、复水率、颜色和成分保留率）比单一干燥过程更好或者能耗更低时才有意义。

Rother 等（2011）发现，干燥技术联合使用的顺序非常重要。他们将冷冻干燥与热风干燥或微波真空干燥联合使用来干燥胡萝卜，冷冻干燥可作为预干燥或最终干燥的步骤。采用热风或微波真空干燥进行预干燥会导致产品显著收缩，并且在最终干燥步骤中无法弥补。此外，在预干燥中节省的时间远远低于最终干燥阶段需延长的时间，其主要原因是预干燥阶段产品表面外壳的形成阻碍了水分的扩散逸出。采用冷冻干燥作为预干燥步骤，产品体积保持率、复水率更好，所需干燥时间更短。在这种联合应用中，产品的结构在预干燥步骤中得以保留，且干燥多孔的外层允许水分更快地逸出，从而更快地完成产品干燥。进一步对过程之间的固定交叉点（干燥技术联用时改变干燥技术方式时产品的相对水分含量）进行了研究，发现就产品质量和干燥时间而言，交叉点是非常重要的。表 8.1 显示了冷冻干燥和热风干燥之间以及冷冻干燥和微波真空干燥之间的交叉点对胡萝卜丁的体积保持率、复水率和干燥时间的影响。实验步骤与 Rother 等（2011）研究中详细描述的相同。样品为 250g、9mm 长的胡萝卜丁，微波真空干燥在 5000Pa 和 515W 的微波功率下进行，热风干燥在 95℃ 的气流温度下进行，冷冻干燥在加热至 30℃ 的平板和 200Pa 压力下进行。体积保持率是干燥前后样品的体积（在量筒中测量）之比，复水率是在 80℃ 水中复水 10min 后的产品质量与干燥前新鲜产品质量的比值。所有实验的终点均为干燥速率小于 0.03g/min。冷冻干燥通常用作预干燥步骤，冷冻干燥后的百分比值给出了联用过程中改变干燥技术时的产品相对含水量，该值越高，预干燥冷冻干燥过程越短。

表 8.1 冷冻干燥/微波真空干燥与冷冻干燥/热风干燥交叉点（相对水分含量，%）对胡萝卜丁部分品质属性及干燥时间的影响

干燥方式	干燥时间 (t)/min	体积保持率 (V/V_0)/%	复水率 (复水 10min)
单一冷冻干燥	551	68.4	0.68
单一热风干燥	266	12.2	0.3
单一微波真空干燥	68	24.4	0.37
冷冻干燥 10%-热风干燥	493	57.2	0.5

续表

干燥方式	干燥时间（t）/min	体积保持率（V/V_0）/%	复水率（复水 10min）
冷冻干燥 27%-热风干燥	442	39.2	0.44
冷冻干燥 44%-热风干燥	376	34	0.38
冷冻干燥 61%-热风干燥	350	16.2	0.3
冷冻干燥 10%-微波真空干燥	441	67.5	0.46
冷冻干燥 27%-微波真空干燥	336	48.7	0.41
冷冻干燥 44%-微波真空干燥	269	31.7	0.38
冷冻干燥 61%-微波真空干燥	204	22.2	0.41

从干燥时间看，单一冷冻干燥比单一热风干燥花费的时间更长，而单一微波真空干燥所需时间最短。此外，可得出一般结论：随着干燥技术组合使用工艺中所应用的冷冻干燥越多，干燥过程所需的时间就越长。由于单一冷冻干燥产品在体积保持率和复水率方面的优势，应用冷冻干燥时间最长的组合工艺也可获得最佳产品质量。冷冻干燥 10%-微波真空干燥组合工艺处理的产品具有较高的体积保持率，而冷冻干燥 10%-热风干燥组合工艺处理的产品复水率最佳。结果还表明，在产品微波真空干燥前使用冷冻干燥，未观察到产品单一微波真空干燥处理时产生的膨化效果。这是因为冷冻干燥会使产品形成多孔微观结构，水分可以容易地从微观结构的内部迁移到表面，因此无法形成压力产生膨化效果。

此外，Kumar 等（2001）还研究了一种将冷冻干燥预干燥步骤与热风干燥相结合的方法，替代具有不同时间相关交叉点的微波真空干燥步骤，结果表明冷冻干燥预干燥步骤的增加使得胡萝卜和南瓜的体积保持率更高，复水率更高，复水时间更短。Xu 等（2005）发现相反顺序的组合干燥（先热风干燥，后冷冻干燥）的产品整体质量比单一热风干燥产品还要差。不过许多作者已经证明冷冻干燥和微波真空干燥的组合工艺在干燥时间（Huang、Zhang、Mujumdar 等，2009；Pei 等，2014；Rother 等，2011）、产品结构（Rother 等，2011）和成分保留（Pei 等，2014）方面均优于冷冻干燥和热风干燥的组合工艺。

总而言之，与单一热风干燥或微波真空干燥过程相比，干燥技术的联合应用有利于产品获得更优的质量参数。就能量消耗而言，联合干燥技术比单一冷冻干燥更高效（Huang、Zhang、Mujumdar 等，2009；Kumar 等，2001；Xu、Zhang、Mujumdar、Duan 和 Jin-Cai，2006；Xu 等，2005），但其干燥时间并不一定更短。

8.5 微波（辅助）干燥食品的品质特性

如果想要搞清楚干燥产品香味的保留情况，就有必要对两种基本情形加以区分。在大多数食品中，香味物质分子的含量很少，它们很可能溶解在水相中，在这种情况下，溶解在水相中的香味物质分子就必须具有挥发性。事实上，鉴于我们是用鼻子感觉到香味（而不是品尝味道），所以很显然香味物质分子通常是具有挥发性的，否则它们在被食用的时候会仍然保留在食物中而人们无法闻到它们的香味。换句话说，如果水相（如食物）和气相之间存在界面，香味物质分子倾向于存在气相中。在热风干燥中，香味物质分子可以逸出的界面主要是产品颗粒的外表面，这里同时也是水分蒸发的地方。因此，在干燥过程中已经在产品颗粒外表面的香味分子将逸散入气相中，更多的香味分子仅能随着毛细水流从内部到达表面，可见基于各自的起始含量不同，香气的损失不可能比水的蒸发更快。

图 8.8 中的曲线支持了上述理论，图中所示为热风干燥和微波真空干燥中苹果片的香气损失（己醇）与失水率的关系。对于热风干燥，干燥初期测量值在对角线上，表明香气损失与失水率成正比；随着产品进一步干燥，毛细水流动停止，其他作用（如香味物质与碳水化合物的结合）开始发挥作用，此时香气保留比例要高于剩余水的比例。

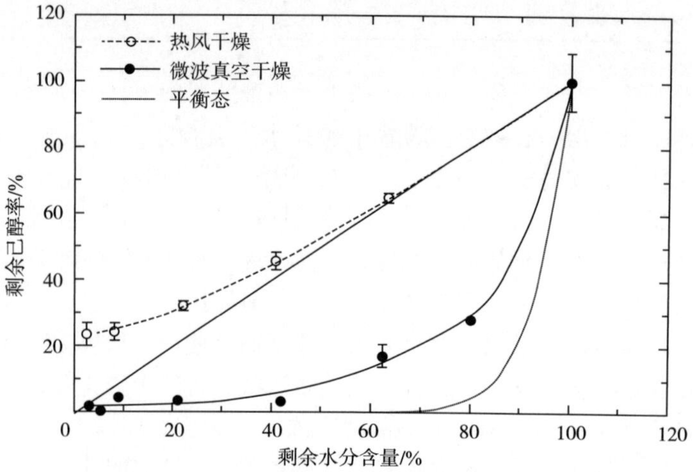

图 8.8 苹果片在微波真空干燥和热风干燥过程中己醇的损失，平衡曲线根据式（8.1）计算

在微波真空干燥中，情况有所不同。由于微波体积加热和低压的组合应用，物料内外均可达到水蒸发沸点。因此，整片苹果片都可达到沸点而产生蒸汽泡。如前所述，香味物质分子更倾向于在气相中积累，蒸发表面积越大，香气损失越高。如图 8.8 所示，微波真空干燥中己醇的损失比热风干燥中更为明显，仅在干燥过程结束时（图 8.8 左侧）一些香味物质才结合到几乎干燥的物料上。假设内表面无限大（代表热力学平衡最差的情况），代入式（8.1）可计算平衡曲线的近似值，表明高亨利常数值 $H_{香气}$（高挥发性）会导致香气大部分损失（Erle，2001）：

$$\frac{X_{香气}}{X_{香气,0}}=\left(\frac{X}{X_0}\right)^{\frac{H_{香气}}{P^*}-1} \tag{8.1}$$

式中 $\frac{X_{香气}}{X_{香气,0}}$——相对香气负荷，也称为“剩余香气”；

$\frac{X}{X_0}$——相对水负荷，也称为“剩余水”；

P^*——纯水蒸气压。

为了进行更精确的计算，还需要计算香气分子在内表面的含量和扩散系数。这些参数目前是未知的，但基于上述简单的平衡曲线可推断香气损失正确的趋势。

草药中含有较高比例的芳香化合物（被称为“精油”），因此其香气更加浓烈。这些芳香化合物的水溶性很差，假设其自己形成了一个相，且仅有很少量溶解在水相中。在此种情况下，并非芳香物质的挥发性（即从水相中逸出的趋势）而是其沸点决定了香气保留情况。由于精油的沸点大多比水高，因此可以在大量蒸发水的情况而保留大部分香气。图 8.9 中显示的不同微波功率下的微波干燥精油挥发结果支持上述观点。如图所示，在两个最高微波功率下精油几乎没有损失，说明为了减少香气损失最好施加较高的微波功率，使水分快速达到沸点而迅速蒸发。而在较低的微波功率下，精油会有更多的时间直接进入空气或通过水相逸出。

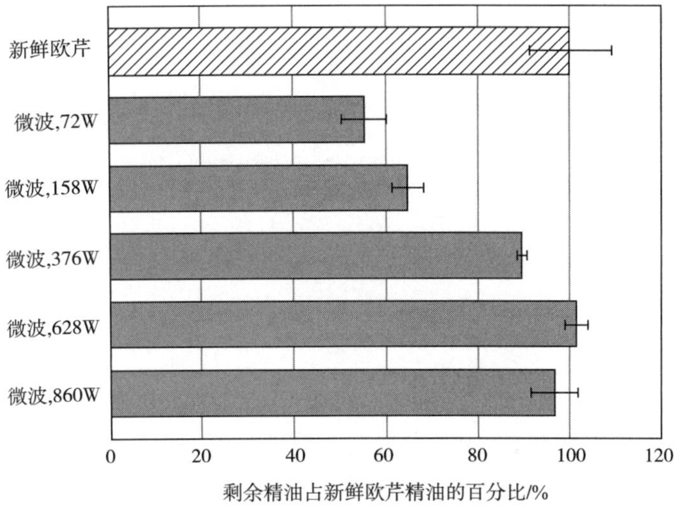

图 8.9　不同微波功率下草本植物微波真空干燥后的挥发精油损失

资料来源：Erle，U.（2001）. *Untersuchungen zur Mikrowellen-Vakuumtrocknung von Lebensmitteln.* Aachen：Shaker Verlag。

8.6 微波干燥在食品工业中的应用

微波干燥在食品工业中的应用并不普遍，造成其应用局限性的原因有很多，过去人们还没很好理解上述所描述的技术性问题，这导致了一些失败的应用案例，从而使一些潜在的用户望而却步。Schiffmann（2001）列出了许多以前成功应用微波干燥但现已废止的例子，包括马铃薯片的终端干燥、意大利面食干燥、零食干燥以及饼干和脆饼的终端干燥。显然在这些案例中，失败并不全是由于微波干燥工艺本身的问题，而是生产环境的变化使得其他竞争技术更加成功。

尽管存在这么多困难，目前仍有一些成功的应用案例。Schiffmann（2001）提到微波蒸煮和干燥谷物产量可达 1t/h；在意大利已经成功利用微波干燥意大利面食；微波真空干燥用于肉类提取物干燥已有数年时间，同时其也应用于浓缩橙汁粉末的生产（Attiyate，1979）。

在德国和波兰，热风干燥和微波真空膨化可联合应用于果蔬加工。由于食品工业并未披露所有的微波加工产品，我们也就无法列出其全部应用范围，但在第 17 章中将会讨论微波在其他工业实际方面的应用。

Hauri（1989）提供了 5 种不同干燥方法的投资和所需能量的具体数值（表 8.2）。在相同生产量的前提下，微波真空干燥所需的投资额相对较高，但其能源消耗比热风干燥要低。

表 8.2　不同干燥方法的具体能耗需求和投资成本

干燥工艺类型	比能耗/（J/kg 水）	比投资成本（相同产量）/%
热风干燥	6.84×10^6	100
喷雾干燥	5.76×10^6	120
真空接触式干燥	4.68×10^6	150
微波真空干燥	5.40×10^6	190
冷冻干燥	7.20×10^6	230

资料来源：Hauri, F.W.（1989）. Vakuumbandtrocknung in der Lebensmittelindustrie. *Die Ernährungsindustrie*, 10, 32-34。

8.7 微波干燥建模

什么是微波干燥建模？大多数研究者首先想到的是根据微波功率、气流温度、气体流速和真空压力等工艺参数预测干燥时间、温度和水分分布，这种“过程建模”也是目前微波干燥建模的研究焦点。但对于食品的干燥过程还需特别关注产品的质量参数，如复水率、颜色和组分保留率、体积保持率、感官特性，这些质量参数也由工艺参数决定，因此也需根据工艺参数开发可预测产品质量的模型（“产品建模”）。然而此类建模在文献中很少见，大多数研究还是仅限于产品质量参数的监测，定性表明它们如何受到工艺参数的影响，如“温度升高会导致颜色值降低”，很少有研究能把这些影响进行量化，也仅局限于采用经验公式进行量化。如 Karacabey 等（2015）采用响应面法构建了洋姜的复水率与微波功率的关系；Kumar 等（2014）则构建了微波热风干燥过程中微波功率和气流温度与秋葵颜色变化、复水率和硬度的关系，然而其相关系数从良好到一般不等。目前还没有研究尝试根据工艺参数模拟开发可预测产品质量的物理模型。在深入了解建模物理背景和“过程建模”相关研究后，我们就会理解为什么目前“产品建模”研究进展如此缓慢。

与基本的建模方法一样，微波干燥的过程建模可以通过两种不同的模型开发方法实现。有些经验模型仅是基于描述观察结果的相关方程，而有些模型则是基于物理原理。有时这两种模型也会结合使用，用基于物理原理的公式来描述已知关系，其他未知关系则基于经验方程。一种描述未知关系的常见方式是简化忽略它，简化模型不一定是负面的，可以构建匹配简化模型的实验进行验证，例如“薄层”干燥。此外，简化模型还有助于我们增强对基本干燥原理的理解，进而推动简化模型向更复杂的模型发展。并且近年来计算机计算能力的提高使得短时间内求解复杂隐式方程组成为可能，进一步推进了建模求解的进程。

Feng、Yin 和 Tang（2012）综述了近年来食品微波干燥模型的研究，概述了可建模处理的干燥过程，同时也讨论了微波加热的特殊性。综述第一部分是干燥模型的基本理论：

可通过简单的经验方程将干燥速率与水分含量、微波功率密度、微波频率、温度、气流速度和样品几何形状相关联（Feng 等，2012）。常用的方程有 page 模型（Page，1949）和其他指数方程，如 McMinn（2006）所述的乳糖干燥方程，Khraisheh 等（1995）、Tulasidas 等（1995）、Diaz 等（2003）、Bhattacharya 等（2015）也都应用了该方程。为了表明微波功率和真空压力对干燥常数的影响，Kiranoudis 等（1997）利用多元回归法对苹果、猕猴桃和梨的微波真空干燥进行了建模。但从科学的角度来看，这些脱离物理原理的经验模型应用非常有限，不过对于工业生产，利用经验模型控制已知过程是十分有用并且容易操作的。

另一种是扩散模型，即通过测定的干燥速率计算有效扩散系数（D_{eff}）并将干燥过程限制为传质问题。基于针对不同几何形状的 Fick（菲克）第二定律（Crank，1976）上述扩散模型是可行的，而 D_{eff} 的温度相关性可能取决于阿伦尼乌斯定律（Sharma 和 Prasad，2004）。基于上述原理已经进行了一些研究（Feng 等，2012），但对于微波辅助干燥来讲此种建模方法存在局限性，因为微波加热的目的一部分是希望克服扩散阻力（如通过在产品内部产生蒸汽），这就改变了 Fick 第二定律的物理原理，将扩散模型转变为了半经验模型。如 Erle（2001）的研究假设吸收的微波能量仅用于水的蒸发，即将物体视作传导蒸汽流，微波真空干燥的建模问题可以得到简化，这就省去了传质计算且模拟结果与苹果块实测干燥曲线具有很好的相关性。

微波干燥建模最基本的物理方法是应用传热传质平衡。基于不同的假设发展了很多不同的模型，如“不可逆热力学理论”（Luikov，1964）、“不饱和多孔介质理论”（Philip 和 de Vries，1957）、“体积平均理论”（多相模型）（Whitaker，1977）、“两区模型”（Peishi 和 Pei，1989）和“连续热流体力学模型”（Kowalski、Musielak 和 Banaszak，2009）。这些模型对于特殊几何形状有几种简化形式，如简化为切片或球形食品（Lu、Tang 和 Liang，1998；Lu、Tang 和 Ran，1999）、无限平板或圆柱体的一维模型（McMinn、Khraisheh 和 Magee，2003）或二维模型（Lian、Harris、Evans 和 Warboys，1997）。除了计算方法的原理以外，建模过程还需考虑其他条件，如假设自由水的传输由毛细作用或扩散控制，则需考虑结合水、蒸汽和/或气压差（在真空干燥中）（Feng 等，2012）。

微波辅助干燥建模存在的一个普遍挑战是能量计算。能量计算较为复杂，包括根据产品中均匀分配的微波功率数值或朗伯定律在产品中的变化进行经验计算，或根据麦克斯韦方程对空腔和样品进行全局电场分布分析（Feng 等，2012），再根据局部场强，利用介电特性来计算局部散热（参见第 2 章）。然而除了传热传质的局部传递系数和产品的局部传热传质特性外，介电常数也是局部水分含量、温度和产品结构的函数。因此，要进行精确的模拟就必须深入了解这些参数与其局部分布之间的相关性。此外，这些参数不仅相互影响，而且随时间变化。为了改进现有的模型，现已构建了几种以胡萝卜和马铃薯样品为例的水分含量或温度与材料特性或传递系数之间的经验公式（Jia、Islam 和 Mujumdar，2003）。许多文献也报道了不同食品温度、水分含量和孔隙率对介电性质的影响（Jha 等，2011；Knoerzer、Regier、Erle、Pardey 和 Schubert，2004；Ozturk、Kong、Trabelsi 和 Singh，2016；Piyasena、Dussault、Koutchma、Ramaswamy 和 Awuah，2003；Solyom 等，2013；Sosa-Morales、Valerio-Junco、López-Malo 和 García，2010；Venkatesh 和 Raghavan，2004）（参见第 2 章）。因此，即使只进行“过程建模”，基于物理原理的微波辅助干燥过程精准建模也极其复杂。

如果要进行“产品建模”，就需要将产品局部温度、压力和水分含量的模拟值转化为产品质量变化值，即结构（体积保持率、硬度和复水率）、组分（颜色和浓度）以及感官品质的变化。感官品质的变化通常是复杂的化学反应，目前尚未完全研究清楚。即使这些产品变化的物理、化学原理很明确（事实并非如此），但许多食品具有的异质多相结构（包括细胞结构、纤维、悬浮液或乳状液）使得迄今仍无法进行“产品建模”，仅得到了一些经验关联式（Bal、Kar、Satya 和 Naik，2011；Karacabey 等，2015；Kumar 等，2014；Qi、Zhang、Mujumdar、Meng 和 Chen，2014；Wang、Zhang、Mujumdar 和 Sun，2009）。

所有干燥模型和模拟的主要缺陷在于其验证。首要挑战就是正确测量被产品吸收的微波功率，该部分微波不会在空腔中损耗或反射回磁控管，因此空腔调谐和二极管测量返回的微波功率是必要的。最近的模型提供了大量微观尺度上的信息（如有限元/差分法），温度、水分含量和压力数据的验证对积分值要求很高，对 3D 求解测量的要求更高，所以需要利用光纤等设备对过程变量（温度和压力）进行测定，但测定结果会受光纤尺寸、成本和分辨率的限制（Feng 等，2012）（参见第 15 章）。核磁共振成像（MRI）为在线且无损地观察产品内部水分和温度分布提供了机会，这是验证包括热容、导热系数、扩散系数或水分分布等 3D 计算数值的一个有力手段。Knoerzer 等（2008）利用微波场仿真模拟和 3D-MRI 组分分析对模型食品和鸡翅进行了模拟和验证实验。

在最近的一项研究中，Gulati 等（2015）和 Zhu 等（2015）使用体积平均法建立了不同大小马铃薯球的干燥模型，进行传热传质、全微波场的计算（考虑毛细水流通量、空气和蒸气压），并进行了实验验证。他们根据经验公式计算了物料性能的变化，通过红外热成像仪、光纤温度探头以及置于内部的光纤压力探头对马铃薯球干燥过程中的表面、中间平面的空间温度分布变化进行了离线测定，通过在线天平进行了整体水分的测定。研究发现直径为 3cm 的马铃薯球的微波加热不均最明显，直径为 1.2cm 的小球加热最均匀，小尺寸球体都实现了非常均匀的加热。总而言之，关于微波吸收功率、温度和压力的模型预测结果和测定结果有很好的一致性。

微波“过程和产品建模”的另一种策略是使用人工神经网络（ANN）。基本思想是建立一个基于输入和输出参数之间经验相关性的自学习系统。Aghbashlo、Hosseinpour 和 Mujumdar（2015）对干燥建模中使用的这些技术进行了全面综述。作者在最后的结束语中指出，这些方法主要具有干燥过程建模、优化、监控和控制的潜力，甚至优于其他可用技术，但他们也建议人工神经网络优先用作补充而不是替代技术。从科学的角度来看，人工神经网络技术的主要缺点是，即使其可以很好地预测几个过程参数之间的相互关系，我们也无法从这种相互关系中学到任何物理原理知识，因为这种关系完全是经验性的且无法从神经网络中提取出来，这可能会限制人工神经网络在实际干燥技术中的应用（Aghbashlo 等，2015）。

从应用的角度来看，还没有哪一种基于物理或人工神经网络的建模方法在食品工业有较大的应用价值。到目前为止，基于以往实践基础上的试错法和使用与观察到的参数变化密切相关的简单经验计算，总是比搜集热物理特性、介电性质、干燥腔中场分布等所有必要信息再进行建模更容易。

参考文献

Aghbashlo, M., Hosseinpour, S., & Mujumdar, A. S. (2015). Application of artificial neural networks (ANNs) in drying technology. A comprehensive review. *Drying Technology*, *33*, 1397–1462.

Alibas, I. (2009). Microwave, vacuum, and air drying characteristics of collard leaves. *Drying Technology*, *27*, 1266–1273.

Attiyate, Y. (1979). Microwave vacuum drying: first industrial application. *Food Engineering International*, *51*, 30–31.

Aversa, M., Curcio, S., Calabrò, V., & Iorio, G. (2012). Experimental evaluation of quality parameters during drying of carrot samples. *Food and Bioprocess Technology*, *5*, 118–129.

Bal, L. M., Kar, A., Satya, S., & Naik, S. N. (2011). Kinetics of colour change of bamboo shoot slices during microwave drying. *International Journal of Food Science & Technology*, *46*, 827–833.

Barbosa–Cánovas, G. V., & Vega–Mercado, H. (1996). *Dehydration of foods*. New York: Chapman & Hall.

Beaudry, C., Raghavan, G. S. V., & Rennie, T. J. (2003). Microwave finish drying of osmotically dehydrated cranberries. *Drying Technology*, *21*, 1797–1810.

Bhattacharya, M., Srivastav, P. P., & Mishra, H. N. (2015). Thin–layer modeling of convective and microwave–convective drying of oyster mushroom (*Pleurotus ostreatus*). *Journal of Food Science and Technology*, *52*, 2013–2022.

Bruijn, J. de, & Bórquez, R. (2014). Quality retention in strawberries dried by emerging dehydration methods. *Food Research International*, *63*, 42–48.

Copson, D. (1958). Microwave sublimation of foods. *Food Technology*, *12*, 270–272.

Crank, J. (1976). *The mathematics of diffusion* (2nd ed.). Oxford: Clarendon Press.

Cui, Z. W., Li, C. Y., Song, C. F., & Song, Y. (2008). Combined microwave–vacuum and freeze drying of carrot and apple chips. *Drying Technology*, *26*, 1517–1523.

Cui, Z. W., Xu, S. Y., & Sun, D. W. (2003). Dehydration of garlic slices by combined microwave–vacuum and air drying. *Drying Technology*, *21*, 1173–1184.

Diaz, G. R., Martinez–Monzo, J., Fito, P., & Chiralt, A. (2003). Modelling of dehydration–rehydration of orange slices in combined microwave/air drying. *Innovative Food Science and Emerging Technologies*, *4*, 203–209.

Drouzas, A. E., & Schubert, H. (1996). Microwave application in vacuum drying of fruits. *Journal of Food Engineering*, *28*, 203–209.

Durance, T. D., & Wang, J. H. (2002). Energy consumption, density, and rehydration rate of vacuum microwave–and hot–air convection–dehydrated tomatoes. *Journal of Food Science*, *67*, 2212–2216.

Erle, U. (2001). *Untersuchungen zur Mikrowellen–Vakuumtrocknung von Lebensmitteln*. Aachen: Shaker Verlag.

Erle, U., & Schubert, H. (2001). Combined osmotic and microwave–vacuum dehydration of apples and strawberries. *Journal of Food Engineering*, *49*, 193–199.

Feng, H., Yin, Y., & Tang, J. (2012). Microwave drying of food and agricultural materials. Basics and heat and mass transfer modeling. *Food Engineering Reviews*, *4*, 89-106.

Figiel, A. (2010). Drying kinetics and quality of beetroots dehydrated by combination of convective and vacuum-microwave methods. *Journal of Food Engineering*, *98*, 461-470.

Gamboa-Santos, J., Megías-Pérez, R., Soria, A.C., Olano, A., Montilla, A., & Villamiel, M. (2014). Impact of processing conditions on the kinetic of vitamin C degradation and 2-furoylmethyl amino acid formation in dried strawberries. *Food Chemistry*, *153*, 164-170.

Gulati, T., Zhu, H., Datta, A.K., & Huang, K. (2015). Microwave drying of spheres. Coupled electromagnetics - multiphase transport modeling with experimentation. Part Ⅱ: Model validation and simulation results. *Food and Bioproducts Processing*, *96*, 326-337.

Hauri, F.W. (1989). Vakuumbandtrocknung in der Lebensmittelindustrie. *Die Ernährungsindustrie*, *10*, 32-34.

Huang, L.L., Zhang, M., Mujumdar, A.S., Sun, D.F., Tan, G.W., & Tang, S. (2009). Studies on decreasing energy consumption for a freeze-drying process of apple slices. *Drying Technology*, *27*, 938-946.

Huang, L.L., Zhang, M., Yan, W.Q., Mujumdar, A.S., & Sun, D.F. (2009). Effect of coating on post-drying of freeze-dried strawberry pieces. *Journal of Food Engineering*, *92*, 107-111.

Jangam, S.V., Law, C.L., & Mujumdar, A.S. (Eds.) (2010). *Drying of foods, vegetables and fruits* (Vol. 1).

Jha, S.N., Narsaiah, K., Basediya, A.L., Sharma, R., Jaiswal, P., Kumar, R., & Bhardwaj, R. (2011). Measurement techniques and application of electrical properties for nondestructive quality evaluation of foods-A review. *Journal of Food Science and Technology*, *48*, 387-411.

Jia, L.W., Islam, M.R., & Mujumdar, A.S. (2003). A simulation study on convection and microwave drying of different food products. *Drying Technology*, *21*, 1549-1574.

Karacabey, E., Baltacioglu, C., Cevik, M., & Kalkan, H. (2015). Optimization of microwave-assisted drying of Jerusalem artichokes (*Helianthus tuberosus* L.) by response surface methodology and genetic algorithm. *Italian Journal of Food Science*, *28*, 121-131.

Khraisheh, M.A.M., Cooper, T.J.R., & Magee, T.R.A. (1995). Investigation and modeling of combined microwave and air-drying. *Food and Bioproducts Processing*, *73*, 121-126.

Kiranoudis, C.T., Tsami, E., Maroulis, Z.B., & Marinos-Kouris, D. (1997). Drying kinetics of some fruits. *Drying Technology*, *15*, 1399-1418.

Knoerzer, K., Regier, M., Erle, U., Pardey, K.K., & Schubert, H. (2004). Development of a model food for microwave processing and the prediction of its physical properties. *Journal of Microwave Power and Electromagnetic Energy*, *39* (3+4), 67-78.

Knoerzer, K., Regier, M., & Schubert, H. (2008). A computational model for calculating temperature distributions in microwave food applications. *Innovative Food Science & Emerging Technologies*, *9*, 374-384.

Koc, B., Eren, I., & Ertekin, F.K. (2008). Modelling bulk density, porosity and shrinkage of quince during drying: The effect of drying method. *Journal of Food Engineering*, *85*, 340-349.

Kowalski, S.J., Musielak, G., & Banaszak, J. (2009). Heat and mass transfer during microwave - convective drying. *AIChE Journal*, *56*, 24-35.

Kowalski, S.J., Szadzinska, J., & Lechtanska, J. (2013). Non-stationary drying of carrot: Effect on product quality. *Journal of Food Engineering*, *118*, 393-399.

Kumar, D., Prasad, S., & Murthy, G. S. (2014). Optimization of microwave-assisted hot air drying conditions of okra using response surface methodology. *Journal of Food Science and Technology*, *51*, 221-232.

Kumar, H. S. P., Radhakrishna, K., Nagaraju, P. K., & Rao, D. V. (2001). Effect of combination drying on the physico-chemical characteristics of carrot and pumpkin. *Journal of Food Processing and Preservation*, *25*, 447-460.

Lian, G., Harris, C. S., Evans, R., & Warboys, M. (1997). Coupled heat and moisture transfer during microwave vacuum drying. *Journal of Microwave Power & Electromagnetic Energy*, *32*, 34-44.

Liapis, A. I., & Bruttini, R. (2015). Freeze drying. In A. S. Mujumdar (Ed.), *Handbook of industrial drying* (4th ed., pp. 259-282). Boca Raton: CRC Press.

Lu, L., Tang, J., & Liang, L. (1998). Moisture distribution in spherical foods in microwave drying. *Drying Technology*, *16*, 503-524.

Lu, L., Tang, J., & Ran, X. (1999). Temperature and moisture changes during microwave drying of sliced food. *Drying Technology*, *17*, 414-431.

Luikov, A. V. (1964). *Advances in heat transfer.* New York: Pergamon Press.

Maskan, M. (2000). Microwave/air and microwave finish drying of banana. *Journal of Food Engineering*, *44*, 71-78.

Maskan, M. (2001). Drying, shrinkage and rehydration characteristics of kiwifruits during hot air and microwave drying. *Journal of Food Engineering*, *48*, 177-182.

Mayer-Miebach, E., Behsnilian, D., Regier, M., & Schuchmann, H. P. (2005). Thermal processing of carrots: Lycopene stability and isomerisation with regard to antioxidant potential. *Food Research International*, *38*, 1103-1108.

Mclaughlin, C. P., & Magee, T. R. A. (1998). The effect of shrinkage during drying of potato spheres and the effect of drying temperature on vitamin C retention. *Food and Bioproducts Processing*, *76*, 138-142.

McMinn, W. A. M. (2006). Thin-layer modelling of the convective, microwave, microwave-convective and microwave-vacuum drying of lactose powder. *Journal of Food Engineering*, *72*, 113-123.

McMinn, W. A. M., Khraisheh, M. A. M., & Magee, T. R. A. (2003). Modelling the mass transfer during convective, microwave and combined microwave-convective drying of solid slabs and cylinders. *Food Research International*, *36*, 977-983.

Megías-Pérez, R., Gamboa-Santos, J., Soria, A. C., Villamiel, M., & Montilla, A. (2014). Survey of quality indicators in commercial dehydrated fruits. *Food Chemistry*, *150*, 41-48.

Metaxas, A. C., & Meredith, R. J. (1983). *Industrial microwave heating.* London: Peregrinus.

Mujumdar, A. S. (2015). *Principles, classification and selection of dryers. Handbook of industrial drying* (4th ed.). Boca Raton: CRC Press.

Mujumdar, A. S., & Beke, J. (2003). Grain drying: Basic principles. In A. Chakraverty, A. Mujumdar, G. Raghavan, & H. Ramaswamy (Eds.), *Handbook of postharvest technology: Cereals, fruits, vegetables, tea, and spices.* New York, USA: Marcel Dekker, Inc.

Nawirska, A., Figiel, A., Kucharska, A. Z., Sokol-Letowska, A., & Biesiada, A. (2009). Drying kinetics and quality parameters of pumpkin slices dehydrated using different methods. *Journal of Food Engineering*, *94*, 14-20.

Orikasa, T., Koide, S., Okamoto, S., Imaizumi, T., Muramatsu, Y., Takeda, J. I., ...Tagawa, A. (2014). Impacts of hot air and vacuum drying on the quality attributes of kiwifruit slices. *Journal of Food*

Engineering, *125*, 51-58.

Ozturk, S., Kong, F., Trabelsi, S., & Singh, R. K. (2016). Dielectric properties of dried vegetable powders and their temperature profile during radio frequency heating. *Journal of Food Engineering*, *169*, 91-100.

Page, G. E. (1949). *Factors influencing the maximum rates of air drying shelled corn in thin layers.* West Lafayette/US.

Pei, F., Yang, W. J., Shi, Y., Sun, Y., Mariga, A., Zhao, L. Y., & Hu, Q. H. (2014). Comparison of freeze-drying with three different combinations of drying methods and their influence on colour, texture, microstructure and nutrient retention of button mushroom (*Agaricus bisporus*) slices. *Food and Bioprocess Technology*, *7*, 702-710.

Peishi, C., & Pei, D. C. (1989). A mathematical model of drying processes. *International Journal of Heat and Mass Transfer*, *32*, 297-310.

Philip, J. R., & de Vries, D. A. (1957). Moisture movement in porous materials under temperature gradients. *Transactions*, *American Geophysical Union*, *38*, 222.

Piyasena, P., Dussault, C., Koutchma, T., Ramaswamy, H. S., & Awuah, G. B. (2003). Radio frequency heating of foods: Principles, applications and related properties-A review. *Critical Reviews in Food Science and Nutrition*, *43*, 587-606.

Prabhanjan, D. G., Ramaswamy, H. S., & Raghavan, G. (1995). Microwave-assisted convective air drying of thin layer carrots. *Journal of Food Engineering*, *25*, 283-293.

Qi, L.-L., Zhang, M., Mujumdar, A. S., Meng, X.-Y., & Chen, H.-Z. (2014). Comparison of drying characteristics and quality of shiitake mushrooms (*Lentinus edodes*) using different drying methods. *Drying Technology*, *32*, 1751-1761.

Rother, M., & Schuchmann, H. P. (2009). Mikrowellen-gestützte Erwärmungsprozesse-Erwärmung unter Konkurrenz. *CIT*, *81*, 1131.

Rother, M., Steimle, P., Gaukel, V., & Schuchmann, H. P. (2011). How to meet the freeze drying standard in combined drying processes: Pre and finish drying of carrot dice. *Drying Technology*, *29*, 266-277.

Schiffmann, R. F. (2001). Microwave processes in the food industry. In A. Datta & R. Anantheswaran (Eds.), *Handbook of microwave technology for food applications* (pp. 299-339). New York: Marcel Dekker.

Sham, P. W. Y., Scaman, C. H., & Durance, T. D. (2001). Texture of vacuum microwave dehydrated apple chips as affected by calcium pretreatment, vacuum level, and apple variety. *Journal of Food Science*, *66*, 1341-1347.

Sharma, G., & Prasad, S. (2004). Effective moisture diffusivity of garlic cloves undergoing microwave-convective drying. *Journal of Food Engineering*, *65*, 609-617.

Sharma, G. P., & Prasad, S. (2006). Optimization of process parameters for microwave drying of garlic cloves. *Journal of Food Engineering*, *75*, 441-446.

Siebert, T., Gall, V., Schuchmann, H. P., & Gaukel, V. (2016). Determination of change-over points of serial combination drying processes: A measure to improve quality of dried carrot discs and process efficiency. In: *Proceedings of the 20th international drying symposium* (*IDS 2016*), *Gifu Japan*, *accepted.*

Sokhansanj, S., & Jayas, D. S. (2015). *Drying of foodstuffs.* In *Handbook of industrial drying*, (4th ed.).

pp. 521–544). Boca Raton: CRC Press.

Solyom, K., Kraus, S., Mato, R. B., Gaukel, V., Schuchmann, H. P., & Cocero, M. J. (2013). Dielectric properties of grape marc: Effect of temperature, moisture content and sample preparation method. *Journal of Food Engineering*, *119*, 33–39.

Sosa-Morales, M. E., Valerio-Junco, L., López-Malo, A., & García, H. S. (2010). Dielectric properties of foods. Reported data in the 21st century and their potential applications. *LWT-Food Science and Technology*, *43*, 1169–1179.

Soysal, Y., Ayhan, Z., Estürk, O., & Arkan, M. F. (2009). Intermittent microwave-convective drying of red pepper: Drying kinetics, physical (colour and texture) and sensory quality. *Biosystems Engineering*, *103*, 455–463.

Tulasidas, T. N., Raghavan, G. S. V., & Mujumdar, A. S. (1995). Microwave drying of grapes in a single mode cavity at 2450 MHz-I: Drying kinetics. *Drying Technology*, *13*, 1949–1971.

Venkatesh, M. S., & Raghavan, G. (2004). An overview of microwave processing and dielectric properties of agri-food materials. *Biosystems Engineering*, *88*, 1–18.

Wang, R., Zhang, M., Mujumdar, A. S., & Sun, J. -C. (2009). Microwave freeze-drying characteristics and sensory quality of instant vegetable soup. *Drying Technology*, *27*, 962–968.

Whitaker, S. (1977). *Simultaneous heat, mass, and momentum transfer in porous media: A theory of drying*, . *Advances in heat transfer* (Vol. 13, pp. 119 – 203). New York, San Francisco, London: Academic Press.

Witrowa-Rajchert, D., & Rzaca, M. (2009). Effect of drying method on the microstructure and physical properties of dried apples. *Drying Technology*, *27*, 903–909.

Wray, D., & Ramaswamy, H. S. (2015). Novel concepts in microwave drying of foods. *Drying Technology*, *33*, 769–783.

Xu, Y. Y., Zhang, M., Mujumdar, A. S., Duan, X., & Jin-Cai, S. (2006). A two-stage vacuum freeze and convective air drying method for strawberries. *Drying Technology*, *24*, 1019–1023.

Xu, Y. Y., Zhang, M., Tu, D. Y., Sun, J. C., Zhou, L. Q., & Mujumdar, A. S. (2005). A two-stage convective air and vacuum freeze-drying technique for bamboo shoots. *International Journal of Food Science and Technology*, *40*, 589–595.

Yongsawatdigul, J., & Gunasekaran, S. (1996). Microwave-vacuum drying of cranberries. 1. Energy use and efficiency. *Journal of Food Processing and Preservation*, *20*, 121–143.

Zhang, M., Tang, J., Mujumdar, A. S., & Wang, S. (2006). Trends in microwave-related drying of fruits and vegetables. *Trends in Food Science & Technology*, *17*, 524–534.

Zhu, H., Gulati, T., Datta, A. K., & Huang, K. (2015). Microwave drying of spheres. Coupled electromagnetics-multiphase transport modeling with experimentation. Part I: Model development and experimental methodology. *Food and Bioproducts Processing*, *96*, 314–325.

9 微波辅助漂烫

L. Dorantes-Alvarez[1], *A. Ortiz-Moreno*[1], *R. Guzmán-Gerónimo*[2], *L. Parada-Dorantes*[3]
[1]Instituto Politécnico Nacional, Mexico City, Mexico;
[2]Universidad Veracruzana, Veracruz, Mexico;
[3]Universidad del Caribe, Cancún, Mexico

9.1 引言

漂烫是植物性原料的一种预处理工艺，主要通过灭酶来维持食品品质，同时排出植物组织细胞内滞留的空气以减少原料体积、降低微生物含量并消除异味（Binsi 等，2014）。漂烫灭活的目标酶主要有过氧化物酶、多酚氧化酶和果胶酶。传统漂烫技术采用蒸汽、热溶液或热水通过热对流和热传导作用使酶失活，这可能会导致维生素以及其他水溶性成分的流失（Chavez-Reyes、Dorantes-Alvarez、Arrieta-Baez、Osorio-Esquivel 和 Ortiz-Moreno，2013）。

与传统技术相比，微波辅助漂烫（MAB）技术通过体积加热对固态食品进行高温和短时处理，减少了酶失活所需时间和能量，这对保存原料中不耐热的营养素、维生素和其他生物活性化合物十分重要。Dorantes-Alvarez、Jaramillo-Flores、González、Martinez 和 Parada（2011）从各种文献报告中计算得出了不同产品微波漂烫所需的能量密度，发现其值从 0.15kJ/g（草莓）至 2.55kJ/g（马铃薯）不等。表 9.1 列出了近几年文献所报道的微波辅助漂烫技术应用优势。由于电磁辐射的极化效应，微波加热发生在如食品的介电材料中，所用微波频率在 0.3~300GHz。食品的介电特性决定了微波场和食品之间的相互作用，其取决于食品的组成、温度和微波频率（参见第 2 章）。因此原料的介电特性对耦合到原料中的电磁能效率、电磁场分布以及原料内电磁能与热能的转换有重要影响（Tang，2005），这也就要求加热基质必须包含偶极或离子组分才可产热。微波漂烫和传统漂烫可能会使原料的理化性质发生改变。如 Jiang、Liu、Li 和 Zhou（2015）比较了经微波和传统漂烫处理的双孢蘑菇（蘑菇）切片的介电特性和其他特性，发现微波处理的样品微观结构更均匀，介电损耗 ε'' 更高，介电常数 ε' 更低，这可能是因为微波处理使样品具有较高的离子电导率和较低的空气溶解量。Wang、Zhang、Mujumdar、Mothibe 和 Azam（2012）研究了漂烫方法对冻干生菜块的影响，发现微波漂烫样品的电导率是沸水漂烫样品的两倍，可能是因为微波处理过的样品有水分流失导致盐浓度差异。随后冷冻干燥实验表明，微波处理的样品与热水漂烫的样品相比，达到相同残留水分含量所需的时间更短，且可观察到更好的微观结构。蔬菜的质构与其细胞壁聚合物有关，漂烫后食品的亲水性、复水性和机械性能可能会发生变化。Latorre、De Escalada-Plá、Rojas 和 Gerschenson（2013）发现微波漂烫过的红色甜菜 *Beta vulgaris* 细胞壁组成与对照组相似，对比微观结构发现输出功率 350W 微波处理过的甜菜（36g）细胞壁中层结构没有变化，而以热水和输出功率超过 900W 微波处理过的甜菜细胞壁中层结构发生了明显变化。因此，有必要评估和优化微波功率对不同果蔬的影响。一些学者还评估了植物原料中常见的生物活性化合物和水溶性维生素的保留率及其抗氧化性。Trirattanapikul 和 Phoungchandang（2014）研究了微波漂烫和热泵干燥联合法对积雪草（*Centella asiatica*）的影响，发现微波漂烫样品保留了最高的总酚含量和抗氧化活性。Binsi 等（2014）联合使用微波漂烫和快速冷却方法，发现微波辅助漂烫可在动物组织中成功应用并改善了鲶鱼片的颜色和质构。微波辅助漂烫的最佳条件取决于蔬菜品种、微波输出功率以及原料处理量。大多数微波漂烫研究中使用 2450MHz 微波炉，功率范围为 350~900W，样品质量为 10~200g，微波处理时间为 0.25~6min，处理温度为 80~100℃。

表 9.1 果蔬微波漂烫与传统漂烫的比较

原料/参考文献	漂烫方法	研究参数	研究结论	微波漂烫工艺条件
双孢菇（*Agaricus bisporus*）切片 Jiang 等（2015）	微波真空漂烫	介电特性和微观结构	微波处理切片的微观结构更加均匀且处理时间更短	800W，100℃/1min，2450MHz 微波炉（Galaxy Inc.，中国顺德）
100g 泰国鲶（*Pangasianodon hypophthalmus*）Binsi 等（2014）	有/无微波漂烫、冷藏	颜色和质构	微波漂烫和快速冷藏联合使用可以提升样品的颜色和质构	18s，家用微波炉（Panasonic，2450MHz）
甜菜（*Beta vulgaris* L.）Latorre 等（2013）	热水漂烫/微波辅助漂烫	细胞壁聚合物的亲水性、微观结构和功能特性	350W 微波处理的样品具有更好的机械性能	350W，900W，微波系统（ETHOS Milestone SRI，2450MHz，Sonsole，Italy）
积雪草（*Centella asiática*）Tirattanapikul 和 Phoungchandang（2014）	微波辅助漂烫/热泵辅助漂烫	总酚、DPPH 抑制率和水分扩散率	微波辅助漂烫过的样品总酚含量和抑制率最高	800W，LG 微波炉（2450MHz，韩国）
冻干生菜块 Wang 等（2012）	热水漂烫/微波辅助漂烫	介电特性、电导率和微观结构	微波漂烫样品的电导率高于热水漂烫的样品，后续冷冻干燥所需时间更短	800W，100℃/1min，微波炉（NN-GF339M，Panasonic，光纤探头，2450MHz，中国）
马铃薯干 Krokida、Kiranoudis、Maroulis 和 Marinos-Kouris（2000）	渗透漂烫/微波漂烫/亚硫酸盐漂烫/热水漂烫/蒸汽漂烫	褐变程度（L^*、a^*、b^* 参数）	未经漂烫和微波处理的原料表现出大面积褐变，而渗透漂烫，亚硫酸盐漂烫，热水漂烫和蒸汽漂烫的热分解抑制了原料干燥期间的褐变	
草莓（已渗透处理）Moreno、Chiralt、Escriche 和 Serra（2000）	蒸汽漂烫/热水漂烫	多酚氧化酶活性和质构	两种漂烫方法处理原料中的多酚氧化酶有 80% 的残余活力，微波处理的样品细胞微观结构更好	400W，微波炉
冷冻胡萝卜 Kidmose 和 Martens（1999）	微波漂烫/蒸汽漂烫/热水漂烫	过氧化物酶活性	微波处理产品中干物质、矿物质、抗坏血酸、总糖和胡萝卜素的含量较高	微波炉（M25，4 个 1.25kW 磁控管，10kW，持续输出）

续表

原料/参考文献	漂烫方法	研究参数	研究结论	微波漂烫工艺条件
冷冻菊苣、菠菜叶 Ponne、Baysal 和 Yuksel（1994）	微波漂烫/微波与蒸汽、热水、红外线和射频联合漂烫	质构、颜色、干物质、维生素 C 含量、硝酸盐含量和感官特性	微波漂烫和微波蒸汽联合漂烫处理的样品具有更好的质构和感官特性	90s，隧道式微波设备（6kW，2450MHz）
香蕉切片 Cano、Marin 和 Fu'Ster（1990）	微波漂烫/热水漂烫	多酚氧化酶和过氧化物酶活性	漂烫方法的酶灭活效果很好，但从感官角度看会使产品质量变差	650W，2min

9.1.1 漂烫与酶失活

酶促褐变是水果中的主要劣变反应，它是由 *o*-醌的聚合衍生物浓度增加导致，这种衍生物来源于多酚氧化酶（PPO）在氧气存在条件下催化氧化反应生成的酚类酶作用物（Del Valle、Ara'nguiz 和 Leo'n，1998）。多酚氧化酶是一组酶的属名，其所产生的褐色素会导致异味的产生和营养成分的损失，它们是相对热不稳定的，即高于 50℃ 的温度和适当的处理时间可使其活性降低，温度高于 80℃ 则可以使其完全失活。

过氧化物酶存在于高等植物、动物和微生物体内，在无花果汁和辣根中含量很高。这类酶可控制组织中的过氧化物水平，在新鲜蔬菜产品中，它会催化褐变反应以及其他氧化反应导致产品变质。过氧化物酶的催化作用由四部分组成：过氧化、氧化、催化和羟基化作用。在常规体外分析试验条件下，以酚类物质作为酶的反应底物，只能观察到显著的过氧化反应（Whitaker，1994）。苯酚类化合物（如阿魏酸）在过氧化反应过程中会产生和聚合物链条相连接的交叉链环，这一过程影响了蔬菜细胞壁的机械特性，进而对蔬菜质地造成了影响。由于过氧化物酶对细胞壁在伸展和细胞黏附过程中的机械特性存在调节作用，已经引起了人们的更多关注（Tijskens 等，1997）。过氧化物酶的常用测定方法是以愈创木酚为底物与酶进行过氧化反应，利用具有连续记录功能的分光光度计进行数据采集，简单易行。过氧化物酶的完全失活表明其他所有的酶均被破坏，因此，过氧化物酶的失活程度通常用作蔬菜适度漂烫的评价指标。

脂肪氧合酶广泛存在于多种植物中，尤其是在豆类植物中。食品中的脂肪氧合酶至少具有三种有害作用：①破坏必需脂肪酸（亚油酸、亚麻酸和花生四烯酸）；②产生自由基，这些自由基会破坏包括维生素和蛋白质在内的其他化合物；③产生异味，如脂肪氧合酶会使大豆和豌豆具有枯草气味。在未漂烫的冷冻豌豆、大豆以及谷物中，脂肪氧合酶的存在是一个严重问题，因为其在很低的温度下仍能继续发挥作用（Whitaker，1994）。

果胶酶是一类催化剂，可以降解胶体物质，存在于高等植物和微生物中。果胶酶可用于果汁和饮料的处理，便于过滤和澄清，以提高果汁产量，便于生产低甲氧基果胶和半乳糖醛酸。果胶酶被认为是致腐酶，因为它们会导致许多果蔬过度软化，也会在番茄、柑橘汁等果蔬汁中形成浑浊团。果胶酶存在三种不同类型，它们分别对三种不同的反应具有催化作用。

果胶甲酯酶（PME）可以脱除羧甲基多聚糖链中的甲基，从而引起与质构、硬度相关指标的不同变化过程。这些过程可能包括与Ca^{2+}进行交联，增加脱甲基位点的水合作用，增强由生物聚合体细胞间质内的电荷所引起的屏蔽和排斥力，以及降低多聚半乳糖醛酸酶的活性敏感度（Tijskens、Rodis、Hertog、Proxenia 和 Van Dijk，1999）。这种酶已被证明经过低温长时间（LTLT）的漂烫处理后会被激活（Del Valle 等，1998），因此，为防止因果胶甲酯酶活性引起产品的质构变化，建议使用高温漂烫处理。其他两种类型的果胶酶分别是多聚半乳糖醛酸酶和果胶酸酶，它们可以水解果胶物质中的糖苷键，从而使水果制品的黏度降低。

9.1.1.1 *D* 值、*z* 值

通过在一定温度下对酶提取液或食品样本进行一系列热处理，再测试残余酶活力，即可获得酶的热失活曲线。当测试温度超出了酶的最佳温度范围时，由于酶的变性，可观察到其活力的急剧下降。一般情况下，酶的活力随温度呈指数型下降，表明酶的热失活符合一级反应动力学。根据酶的残余活力与时间的对数曲线图，可以计算出酶的 *D* 值，它是指酶在一定温度下失去总活力的 90% 所需要的加热时间（min）（Ramaswamy 和 Abbatemarco，1996）。

z 值是衡量温度敏感度的指标，可通过 *D* 值的对数与温度的变化关系图获得。*z* 值表示 *D* 值曲线横过一个对数周期时所变化的温度范围。Svensson（1977）报道了加热灭活马铃薯中酶的 *z* 值，发现过氧化物酶的耐热性最强（35℃），其次为多酚氧化酶（7.8℃），脂肪氧合酶（3.6℃）和脂解酸水解酶（3.1℃）。

9.1.1.2 热失活时间

当一种酶的残余活力无法被检测出时，就认定为这种酶失活，相应的加热时间则被作为该酶的热失活时间。产品漂烫时间是基于其最耐热酶的加热时间来计算的。另外，引起特定产品变质的酶也需加以考虑。

特定酶的热失活时间很大程度上取决于加工温度：温度越高，热失活时间越短。这同样适用于微生物的热致死时间。在相对较低的热处理温度下，温度对酶的破坏速度远比微生物要快，但随着温度的升高，微生物的破坏速度会比酶的破坏速度增加更快。这就是为什么某些酶的失活可以被用来验证热处理的效率，例如，果胶甲酯酶的活力可用来确定果汁的加热杀菌是否充分；碱性磷酸甲酯酶的活力用来证明乳品的杀菌效果。酶的热失活时间也受到漂烫媒介、蔬菜种类以及样品重量和尺寸的影响，一般来说，它受到影响食物中能量传递或酶稳定性的所有因素影响。

基于病原菌的酶和营养细胞可以在高温、短时热处理中失活，高温短时（HTST）加工技术得到了发展，其优点之一是它可以极大地保留食品营养成分（Lund，1977）。由于可以利用微波对固体食品进行 HTST 处理，食品的营养成分有望得到更好的保留。

9.1.2 微波辅助漂烫专利

大多数研究将微波辅助漂烫技术与传统漂烫技术进行了比较，同时对比了整个食品加工单元，如冷却、冷冻或干燥，以上研究成果所产生的部分专利在表 9.2 中列出。专利 US 2005/0037118A1 提出了一项组合漂烫技术（Panaioli、Rotunno 和 Simeone，2005），即在热空气处理之前先对蔬菜进行微波加热处理，该技术适用于冷冻蔬菜加工，如马铃薯、胡萝卜、菜花、西蓝花、辣椒、菠菜等蔬菜。初始阶段将原料暴露于微波场下加热可迅速升高植物原

料的温度，并有助于确保其中心被加热。微波处理后，再将蔬菜置于100~150℃热空气中完成漂烫过程，漂烫后的原料进行后续冷冻。这项发明专利已被注册为一种可以保留蔬菜的风味和营养成分的新型漂烫技术。Cammaroto等（2014）则发明了一种将微波和热水联合应用到食品连续加工过程的方法，可节省原料漂烫时间并确保在漂烫过程中原料中心被加热（专利EP2692245A2），因为在联合应用过程中系统的能量可以通过强制对流、传导和微波辐射的方式传递到食品上，显著提高了系统效率并减少了漂烫时间。此项专利中涉及可处理的食品包括鱼、水果、蔬菜、草药、香料和肉类，并建议将食品装在蒸汽袋中进行加工。Huijun、Chunli和Chunyu（2012）描述了使用海藻酸钠和氯化钙溶液漂烫叶类蔬菜的微波技术，漂烫完成后对该产品进行了真空包装（专利CN102499278A）。与传统漂烫技术相比，此项技术使过氧化物酶失活的时间更短，改善了产品质地和外观并更好地保留了维生素C。Deng（2012）在专利CN202184107U中公开报道了一种用于果蔬漂烫的微波设备，设备包括一个微波、光波汽化漂烫室、一个旋转排刀切片机、一个连轧机组和一个储料仓，随后其又在专利CN102150927B报道了一种微波漂烫多级连轧果蔬制浆机（Deng，2013），原果在微波、光波和蒸汽复合作用下实现快速漂烫，然后进入旋转排刀切片机中被切成薄片，薄片物料经两级梯形齿轧辊被压成浆。这项技术可节省原料在漂烫和制浆过程中的时间和能源，也可有效提高产品的营养价值。

9.2 微波辅助漂烫的优缺点

微波辅助漂烫（MAB）常见的优点有加热速度快、节能、过程控制精准以及启动和关闭时间更短（Kidmose和Martens，1999）。加工过程中，微波辅助漂烫不需要额外的水，因此可以减少原料中维生素和其他可溶性营养素的浸出，从而大大减少废水的产生。微波辅助漂烫的主要优点之一是可在相对较短的时间内达到果蔬和其他产品的酶失活温度，除节省能量外，还可防止或最小化酶在其最适温度范围内的作用，因为在温度缓慢升高的过程中，酶可能还保有活性而发挥作用。

如表9.2所示，两项专利（Deng，2012，2013）都描述了在同一微波室中用与微波兼容材料制成的刀具来减小果蔬尺寸的设备，这对浆料、果泥和果汁制备十分有效。此外，更好地维持了原料化学物质特性是微波辅助漂烫的另一主要优点。

表9.2 基于专利的部分食品微波漂烫应用概要

专利、作者和发布日期	微波漂烫条件	声明/结论/注释
WO 2005016012 A1 蔬菜漂烫过程 Panaioli等（2005）	微波持续加热蔬菜原料，后120℃热蒸汽漂烫3~6min，最后冷冻	在射流烤箱中以微波加热蔬菜原料，该方法减少了菠菜和豆类的水分流失并保留了其风味
EP 2692245 A2 食品制备方法 Cammaroto等（2014）	微波和热水联合处理，常压，98~99℃处理3min，后冷冻	与传统漂烫相比，此方法可使酶快速失活并保留了产品口味和外观

续表

专利、作者和发布日期	微波漂烫条件	声明/结论/注释
CN202184107U 微波漂烫多级连续果蔬制浆机 Deng（2012）	连续系统，包括微波漂烫室、旋转排刀切片装置压紧单元和储料仓	一种高效的漂烫和制浆方法，可节省时间和能量，适用于果蔬汁（浆）的生产
CN102150927B 微波漂烫多级连轧果蔬制浆机 Deng（2013）	在多级微波漂烫机中，水果在微波、光波和蒸汽复合作用下实现快速漂烫，然后被切成薄片并压榨成果汁。控制系统温度：97~103℃	通过高效的漂烫和制浆工艺实现节能减排，并得到优质的果蔬汁（浆）
CN102499278A 叶类蔬菜微波钝酶保鲜技术 Huijun 等（2012）	在海藻酸钠和氯化钙溶液中微波使酶失活，含叶类蔬菜的真空包装	实现叶绿素酶的灭活，使叶类蔬菜的颜色和质地得到更好保留

微波辅助漂烫的主要缺点是温度分布不均，一般与微波加热和冷点的出现有关。当增大原料处理量或处理尺寸更大的产品时，这一点会变得更加明显。由于漂烫的处理时间短，缓慢的热传导通常无法实现温度调节，因此，在某种程度上可以通过使用合适的设备来解决，如使用可旋转或移动产品的微波设备。传统漂烫技术往往会带来一些不良影响，如产品质量劣变（裂纹和膨胀）、环境污染和能量损失。采用水或蒸汽进行漂烫时，产品中的营养成分（如糖、矿物质和维生素）可能会发生浸出和降解。漂烫过程应确保酶失活，防止产品变色和其他感官品质的降低，同时应考虑到各个方面的相互依赖性，将负面影响降至最低（Arroqui、Rumsey、Lopez 和 Virseda，2002；Gaiser、Rathjen 和 Spiess，1996）。漂烫工艺的优化取决于食品的热容量特性和热传递。微波漂烫技术工业化应用的另一个制约因素是工业规模微波设备的相应成本。但是，我们认为在需要生产高附加值产品的情况下，如在制药或营养保健行业中，这些是可以接受的。

9.3 微波辅助漂烫的案例研究/应用实例

9.3.1 氧化还原酶的失活和抗氧化成分的保存

催化氧化还原反应的酶属于氧化还原酶类，以抗坏血酸、天然抗氧化剂或生物活性化合物为电子供体，这些氧化底物（如黄酮类化合物、花色素苷和其他酚类物质）普遍存在于水果和蔬菜中。因此，果蔬漂烫的主要目的之一是灭活可能引起产品颜色、风味和质地变化的酶。此类氧化还原酶包括过氧化物酶、多酚氧化酶、脂肪氧合酶和抗坏血酸氧化酶。漂烫的效率通常取决于耐热酶的失活，即过氧化物酶或多酚氧化酶的失活，它们的活性会使酚类化合物和其他抗氧化剂氧化而导致产品变色。以下是微波辅助漂烫果蔬的应用示例，其中待灭活的目标酶为氧化还原酶，比较了微波辅助漂烫与传统漂烫对产品感官特性及生物活性化合物和抗氧化成分（如抗坏血酸、类黄酮、类胡萝卜素和酚类化合物）保存方面的影响，如表 9.3 所示。

表 9.3 氧化还原酶的灭活和抗氧化成分的保存

食品	条件	评价指标	结论
墨西哥辣椒 Dorantes-Alvarez 等 （2011）	微波预处理： 10g/10s、15s、 20s、25s 和 30s	酚类抗氧化 活性	采用能量密度为 0.38kJ/g 的微波可灭活辣椒中的多酚氧化酶；酚类抗氧化活性从 29 增加至 42μmol/L Trolox/g 辣椒（以干重计）
马米果 （*Pouteria sapota*） Palma-Orozco 等 （2012）	微波（MT）处理： 937W/165s 传统漂烫： 92℃/300s	多酚氧化酶 灭活效果和 微观结构	传统漂烫灭活多酚氧化酶需要更高的温度（92℃/300s）；微波辅助漂烫对马米果肉微观结构的损害较小，而其他漂烫处理会对原料组织和形状产生巨大破坏
青豆 （*Phaseolus vulgaris* L.） Ruiz-Ojeda an Peñas （2013）	传统热水漂烫 微波漂烫	抗坏血酸酶活性： 过氧化物酶	在最佳工艺条件下，经热水漂烫和微波漂烫的豆荚在产品质量上没有显著差异，但微波漂烫处理时间更短，抗坏血酸保留率更高
胡萝卜片 Başkaya Sezer 和 Demirdöven （2015）	传统漂烫（CB）： 94℃/300s 微波漂烫（MB）： 360W/ （300s · 75mL 水）	过氧化物酶活性， 果胶和类胡萝卜素 含量	传统漂烫条件下（94℃/300s）过氧化物酶被 100% 灭活，PME 也被灭活；与传统漂烫样品相比，微波漂烫样品中果胶含量更高（24%）；两种处理方法中的类胡萝卜素含量均保持不变

Dorantes-Alvarez 等（2011）使用微波炉对墨西哥辣椒（Jalapeño type）进行漂烫，评估了辣椒中由微波辅助漂烫灭活多酚氧化酶所引起的酚类抗氧化活性变化。该研究将整个新鲜辣椒（水分含量为 85%）搅拌至糊状，取 10g 样品进行微波加热，发现应用能量密度为 0.38KJ/g 的微波进行加热即可完全灭活辣椒中的多酚氧化酶。随后使用高效液相色谱法（HPLC）进一步明确样品中酚类化合物含量的变化，并在漂烫样品中检测到其他具有增强抗氧化活性的酚类衍生物出现。因此，研究表明采用微波漂烫墨西哥辣椒可以诱导酚类衍生物的形成，从而增强其抗氧化活性。

马米果（*Pouteria sapota*）是一种热带水果，原产于墨西哥和中美洲。在工业生产中，该水果品质会在处理、储存和加工过程中迅速下降，极大限制了其作为食品工业新产品开发潜在替代产品的使用。因此，Palma-Orozco、Sampedro、Ortiz Moreno 和 Nájera（2012）研究了微波漂烫对马米果中多酚氧化酶灭活效果、颜色变化和微观结构损伤的影响，研究发现当温度达到 79℃ 并处理 165s 时，多酚氧化酶可被完全灭活；微波处理 300g 马米果浆料时，灭活多酚氧化酶的最佳能量密度为 0.51kJ/g；此外，研究还发现微波处理对马米果浆料微观结构的损伤可忽略不计。

Ruiz-Ojeda 和 Penas 等（2013）研究比较了传统热水漂烫和微波漂烫两种工艺对青豆（菜豆）品质的影响。生豆荚的批量处理与工业热水漂烫处理过程类似，仅是采用微波炉加热替代了漂烫过程。研究测定了微波处理时间和输出功率对豆荚的物理特性（收缩率、质量损失、质地和颜色）、酶活（愈创木酚过氧化物酶、L-抗坏血酸过氧化物酶和过氧化氢酶）和抗坏血酸含量的影响，并采用一级动力学进行建模。过氧化物酶（POD）的灭活是评价青豆微波漂烫效果的最佳指标。在最佳工艺条件下，热水漂烫和微波漂烫处理的青豆品质无明显差异，但微波漂烫的加工时间较短，青豆中抗坏血酸的保留率较高，因此，微波处理青豆可能是一种传统漂烫的合适替代方法。目前，青豆豆荚的微波漂烫已被证明是蔬菜罐头工业中传统加热工艺的可靠替代方法。在最佳条件下通过微波加热处理的产品整体质量与当前工业产品相当，而微波漂烫与传统漂烫相比，除可在更短的处理时间内有效地灭活酶外，还更好地保留了产品中的抗坏血酸。

Başkaya 和 Demirdöven（2015）研究了微波漂烫条件对胡萝卜片的影响。主要研究目标如下：①确定100%过氧化物酶（POD）失活的传统漂烫（CB）条件，并将这些灭活条件应用于微波辅助漂烫（MAB）灭活果胶甲基酯酶（PME）；②通过响应面方法优化微波辅助漂烫条件，确保几乎100%果胶甲酯酶失活；③比较在最佳工艺条件下经微波漂烫、传统漂烫和未漂烫处理的胡萝卜样品特性。使100%过氧化物酶失活的传统漂烫条件为94℃热水（150mL）处理胡萝卜切片（50g）300s；通过使用以下独立变量优化样品的微波辅助漂烫条件：微波功率（360~900W），漂烫时间（10~300s）和漂烫水量（0~150mL）。研究表明微波辅助漂烫灭活果胶甲酯酶存在三个最佳工艺条件，分别为：①900W，170s，75mL水；②630W，190s，75mL水；③360W，300s，75mL水，以上处理条件下果胶甲酯酶可实现几乎100%失活。因此，漂烫后胡萝卜切片中的果胶可被大量保留，类胡萝卜素含量和产品颜色也得到较好的保护。

9.3.2 微波辅助漂烫和色素提取

一般来说，果蔬汁的加工包括从基质中提取色素和其他可溶性化合物。在食品中尽可能少或不添加添加剂（包括色素），已成为消费者的主要需求之一，因此果汁加工中色素的提取十分重要，而且颜色是果汁最重要的品质属性之一，据报道如酚类、类胡萝卜素等植物色素还具有生物活性（Hasler 和 Blumberg，1999）。为了使果汁获得更长的保质期以及更稳定的颜色和风味，需对加工原料进行漂烫处理以灭活酶和减少微生物数量。部分研究表明微波处理的果汁中具有较高的多酚化合物含量（Gerard 和 Roberts，2004），因为微波加热速度快且均匀，可最大限度地减少果汁风味和颜色的变化，并提取出更多的多酚类化合物。番茄红素是一种具有抗癌活性的类胡萝卜素，Zelong 和 Zhang（2010）注册了一项关于快速提取番茄红素的专利，该方法将原料经初步处理后，使用超声波破碎水果基质并进行微波加热，相当于漂烫过程。微波辅助萃取利用微波能量可加速目标成分从样品基质中分离并进入溶剂。Jianli、Zhongqing 和 Liang（2015）则发明了一种海藻多酚的提取方法，该方法以水为溶剂，采用微波提取得到海藻多酚粗提物，然后通过大孔树脂分离得到海藻多酚，发明中涉及海藻粉和水的质量比为1∶2，微波功率为300W，温度控制范围为60~80℃，所得提取物富含多酚，表明此方法有潜力用作预处理步骤来维持或增加色素的生物利用度。Slavov 等（2013）将微波辅助漂烫和色素提取应用在甜菜汁的加工过程中，采用450W微波功率处理去皮红甜菜（640g）12min，样品温度达50~55℃。甜菜素（热不稳定物质）是甜菜汁的颜色来源，与对照样品相比，微波样品的色素降解率最低且具有更高含量的甜菜黄素和甜菜红素，但漂烫后甜菜红素的含量降低（Slavov、Karajozov、Denev、Kratchanova 和 Kratchanov，2013）。

其他研究（Guzmán-Gerónimo 等，未发表的结果）还探究了漂烫预处理黑莓果泥（250g）在其果汁制备中的作用效果，使用工作频率为2450MHz的微波炉（Panasonic NN-6468，Secaucus NJ，USA）进行加热，微波输出功率为453W，持续加热时间为10~60s，样品温度达 50~77℃。研究发现随着微波漂烫时间的增加，黑莓果汁中总花青素的含量和颜色密度均有增加（图 9.1）。

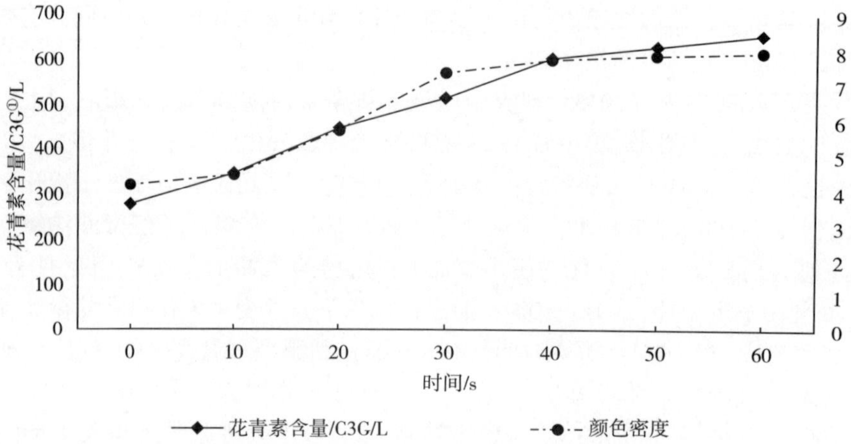

图 9.1 微波预处理黑莓果泥对黑莓汁中花青素含量和颜色密度的影响

颜色密度和花青素含量的增加可能是由于样品微观结构的变化引起了积累在水果细胞液泡中的色素释放。为了证明这一假设，研究使用扫描电子显微镜观察了微波加热引起的黑莓果泥微观结构变化。图 9.2（A）所示为未经处理的黑莓果泥样品，细胞的多面体形状清晰可见。如图 9.2（B）、（C）和（D）所示，微波加热后样品细胞表面孔隙大小增加，细胞结构发生了破坏。

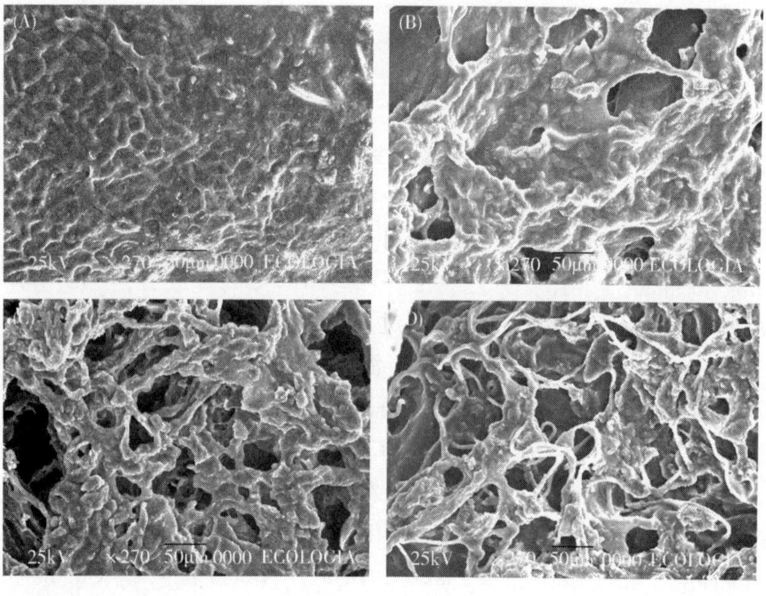

图 9.2 微波分别处理黑莓果泥 0s（A）、20s（B）、40s（C）和 60s（D）后的扫描电镜照片

① C3G 是花青素的一种。——译者注

以上研究结果表明在制备黑莓果汁之前可以先对果泥进行微波热处理，可获得更高的花青素提取率并改善果汁颜色。在使用微波漂烫预处理以获得更高色素含量的产品时，应考虑的参数包括微波功率、处理时间、原料种类、基质、尺寸、含水量和容器尺寸。

图 9.3 所示为一个微波辅助提取设备的实例，该设备可从食品原料和残渣中提取营养成分和植物化学物质，其可以等同于微波漂烫步骤。

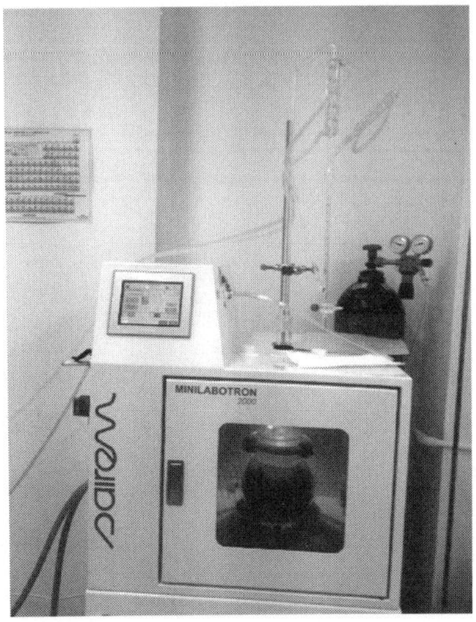

图 9.3 在 Minilabotron 2000 微波反应器中完成聚焦微波辅助萃取（FMAE）

资料来源：Sairem SAS France and Chemspeed SRL，Romania。

9.3.2.1 微波辅助漂烫和生物活性化合物的保存

目前，食品工业对应用有助于保持生物活性化合物水平的技术具有越来越浓厚的兴趣。然而，诸多文献报道表明在果蔬的传统漂烫过程中由于浸提导致产品的营养物质和生物活性化合物损失较大。因此，近期研究主要聚焦微波辅助漂烫作为预处理手段在各种工艺过程中的应用，以维持或增加产品（如果泥、果汁、零食等）中的生物活性化合物。微波辅助热烫和其他技术对生物活性化合物（如多酚和抗坏血酸）的提取率和保留率的影响，如表 9.4 所示。

表 9.4 微波辅助漂烫和生物活性物质的保存

产品	条件	生物活性物质	结论
绿茶（春、秋茶） Huang 等（2007）	微波加热： 6kW/2min 烘箱加热： 3kW/350℃	多酚、抗坏血酸、叶绿素	与烘箱加热相比（4.46g/kg 和 3.96g/kg），微波加热提高了抗坏血酸含量（4.74g/kg 和 5.51g/kg），且感官质量也有所提高；茶多酚和叶绿素含量均无明显差异
枇杷 （*Eriobotrya japonica*） Chavez-Reyes 等 （2013）	478W/210s	酚类物质、抗氧化活性、多酚氧化酶	微波处理后水/甲醇提取物中的总酚含量明显增加（295%）；经微波处理的枇杷果皮甲醇提取物的抗氧化活性（250%）高于新鲜果皮；微波样品中酚类物质比新鲜样品更多

续表

产品	条件	生物活性物质	结论
苹果泥 Oszmianskia 等 （2008）	微波漂烫： 80℃/2min 热水漂烫： 90℃/4min	原花青素、 表儿茶素、 绿原酸， 抗氧化活性	与热水漂烫样品相比，微波漂烫可保留较高的酚类物质含量，包括原花青素、（-）表儿茶素、绿原酸等物质
苹果泥 （*Fuji*、*McIntosh*） Gerard 和 Roberts （2004）	微波漂烫： 1500W/4~ 16.2min，40~79℃	酚类化合物	苹果汁中的酚类化合物含量从 5% 增加到 34%，具体增幅取决于苹果品种
葡萄 （*Barbera*、*Nebbiolo*） Segade 等 （2014）	1W/（g·60s）， 2W/（g·60s）	花青素	与未处理样品相比，经 1W/g 微波处理 60s 的样品中双取代花青素含量不变，锦葵色素衍生物含量增加；经 2W/g 微波处理 60s 的样品中三取代花青素的含量增加

已有研究表明采用微波对茶叶进行漂烫处理，可使茶叶中的酶失活从而改善茶叶品质。Huang、Sheng、Yang 和 Hu（2007）研究了微波和烘箱加热对不同加工季节（春、秋季）采收和储存的绿茶中生物活性化合物（如多酚和抗坏血酸）的保存效果。多酚和抗坏血酸是衡量绿茶品质的部分指标，它们对茶叶品质存在影响。结果表明，微波加热处理的春、秋茶中抗坏血酸的含量更高（分别为 4.74g/kg 和 5.51g/kg，以干重计），而烘箱加热处理的春、秋茶中抗坏血酸含量分别为 3.96g/kg 和 4.46g/kg；微波加热和烘箱加热处理的绿茶中茶多酚和总叶绿素的含量无明显差异。因此可得，与传统加热处理相比，微波处理的绿茶中含有更高的抗坏血酸含量，并且在存储过程中抗坏血酸含量下降速度更慢。此外，微波漂烫茶叶的感官品质也得到了改善。

枇杷（*Eriobotrya japonica* Lindl）主要生长在中国、日本、印度、以色列和地中海的亚热带地区，酶促褐变大大降低了其作为商业产品的潜力。Chavez-Reyes 等（2013）研究了应用微波技术来灭活枇杷果实中的多酚氧化酶，并评价了微波对酚类物质谱的影响。结果表明，微波处理后（478W/210s/225g 样品），8g 样品干物质中抗氧化物含量显著增加至 1230±0.36mg GAE/100g（以干重计），抗氧化活性也从 20μmol/L Trolox/g 干重（新鲜样品）增加到 82μmol/L Trolox/g 干重。进一步使用配备有二极管阵列检测器和质谱检测器的高效液相色谱系统（HPLC-DAD-MS）对微波处理样品进行检测，鉴定出了 5 种糖苷酚类化合物、3-咖啡酰奎尼酸、3-对香豆酰基奎宁酸、5-咖啡酰奎尼酸和槲皮素-3-*O*-山梨糖苷。由此可得，微波处理可以灭活枇杷中的多酚氧化酶并保留酚类化合物的完整性，且微波处理后酚类化合物更易提取。

Oszmianskia、Wolniak、Wojdyloa 和 Wawerb（2008）在 80℃ 下对 1kg 的 Idared 和 Shampion 苹果泥进行 2min 的微波漂烫处理。研究表明，与在 90℃ 热水中漂烫 4min 的样品相比，微波处理过的 Shampion 苹果泥保留了较高含量的酚类物质，包括原花青素、（-）表儿茶素和绿原酸，且抗氧化活性略高，除此之外在 Shampion 苹果泥的贮藏过程中原花青素聚合作用（DP）也有所下降。

对于其他苹果品种，如 Fuji 和 McIntosh，Gerard 和 Roberts（2004）采用 1500W 微波输出功率持续处理 3kg 苹果泥 4~16.2min，苹果泥温度达 40~70℃，研究表明微波漂烫样品由于品种的不同，苹果汁中酚类化合物的含量会从 5% 增加至 34%。

近年来，微波辅助漂烫技术已被应用于以 Barbera 和 Nebbiolo 葡萄为原料的酿酒工艺中，目的是在浸渍之前增加葡萄汁中的花青素含量。据报道，对于 Barbera 葡萄，当采用 1W/g 微波处理 60s 时，与未处理样品相比，微波处理样品中的花青素含量得以保留，且锦葵色素的比例增加；当采取 2W/g 微波持续作用 60s 时，发现样品中三取代花青素含量显著增加。而在 Nebbiolo 葡萄中，与未经处理样品相比，采取 1W/g 微波持续作用 30~60s 后的样品中花青素含量无显著变化（Segade 等，2014）。值得一提的是，为了保留果蔬加工中的生物活性物质，应确定每种产品的合适处理条件，这将有助于产品的健康声称撰写，确保产品的生物活性物质含量符合规定的每日推荐摄入量，例如花青素和多酚的推荐摄入量分别为 2.5mg/（kg·d）和 1g/d（Giusti 和 Wrolstad，2001）。尽管研究一直集中在建立有利于提高这些化合物含量的加工条件上，但是为了提高生物活性化合物的生物利用度，还应对微波辅助漂烫的效果进行新的研究。

9.4 结语和未来发展趋势

本章参考的文献报道以及我们对水果、蔬菜和鲶鱼片进行微波辅助漂烫的经验表明，与传统漂烫方法相比，微波辅助漂烫更具有优势。除了节省时间和能量之外，植物化学物质的保留率和提取率有所提高，且色素和生物活性化合物，例如抗氧化成分，也被更好地保留。目前，已有研究将微波与其他技术相结合，例如超声。尽管目前还没有可用于工业规模的连续微波辅助漂烫设备，但预计这将在不久的将来问世。

随着人们对植物化学物质及其特性（如抗癌、抗糖尿病、抗胆固醇和抗氧化剂活性）的认识不断提高，在加工过程中保存它们的需求将持续存在，因此，微波辅助漂烫的应用将继续成为一个有趣且活跃的研究热点。随着微波技术和组合技术研究的进一步发展，可以开发出新的方法确保通过微波辅助漂烫和后续技术操作（如冷冻和干燥）保留植物化学物质的生物活性。此外，扩大设备规模极具挑战性，但这也是使此类技术商业化的重要一步。

参考文献

Arroqui, C., Rumsey, T. R., Lopez, A., & Virseda, P. (2002). Losses by diffusion of ascorbic acid during recycled water blanching of potato tissue. *Journal of Food Engineering*, *52*, 25–30.

Başkaya, S. D., & Demirdöven, A. (2015). The effects of microwave blanching conditions on carrot slices: Optimization and comparison. *Journal of Food Processing and Preservation*, *39* (6), 2188–2196. Available from: http://dx.doi.org/10.1111/jfpp.12463.

Binsi, P. K., Ninan, G., Zynudheen, A. A., Neethu, R., Ronda, V., & Ravishankar, C. N. (2014).

Compositional and chill storage characteristics of microwave blanched sutchi catfish (*Pangasianodon hypophthalmus*) fillets. *International Journal of Food Science and Technology*, *49*, 364-372.

Cammaroto, A., Di Principe, A., Rotunno, C., Esti, M., Liburdi, K., & Benucci, I. (2014). *Food product preparation method.* Patent number EP2692245A2, Classification International A23B7/06; A23L1/01; A23L1/025; A23N12/00, applicant: CSI CIE Surgelati Italiana SPA.

Cano, P., Marin, M. A., & Fu' Ster, C. (1990). Freezing of banana slices. Influence of maturity level and thermal treatment prior to freezing. *Journal of Food Science*, *55* (4), 1070-1072.

Chavez-Reyes, Y., Dorantes-Alvarez, L., Arrieta-Baez, D., Osorio-Esquivel, O., & Ortiz-Moreno, A. (2013). Polyphenol oxidase inactivation by microwave oven and its effect on phenolic profile of loquat (*Eriobotrya japonica*) fruit. *Food and Nutrition Sciences*, *4* (9), 8.

Del Valle, J. M., Ara'nguiz, V., & Leo'n, H. (1998). Effects of blanching and calcium infiltration on PPO activity, texture, microstructure and kinetics of osmotic dehydration of apple tissue. *Food Research International*, *31* (8), 557-569.

Deng, H. (2012). *Microwave blanching multistage continuous pressing pulping machine for fruits and vegetables.* Patent number CN202184107. Classification International A23N1/ 021, applicant: Haibo Deng.

Deng, H. (2013). *Microwave blanching multi-stage tandem rolling fruit and vegetable pulping machine.* Patent number CN102150927B. Classification International A23N1/02, applicant: Haibo Deng.

Dorantes- Alvarez, L., Jaramillo - Flores, E., González, K., Martinez, R., & Parada, L. (2011). Blanching peppers using microwaves. *Procedia Food Science*, *1*, 178-183.

Gaiser, M., Rathjen, A., & Spiess, W. E. L. (1996). Nitrate extraction during blanching of spinach. *Lebensm-Wiss u -Technol*, *30* (4), 432-435.

Gerard, K. A., & Roberts, J. S. (2004). Microwave heating of apple mash to improve juice yield and quality. *Society of Food Science and Technology*, *37*, 551-557.

Giusti, M. M., & Wrolstad, R. E. (2001). Unit F1. 2. Anthocyanins. Characterization and measurement with UV - visible spectroscopy. In R. E. Wrolstad, T. E. Acree, E. A. Decker, M. H. Penner, D. S. Reid, S. J. Schwartz, C. H. F. Shoemaker, D. M. Smith, & P. Sporns (Eds.), *Current protocols in food analytical chemistry* (pp. 1-13). New York: Wiley & Sons.

Hasler, C. M., & Blumberg, J. B. (1999). Symposium on phytochemicals: Biochemistry and physiology. *Journal of Nutrition*, *129*, 756S-757S.

Huang, Y., Sheng, J., Yang, F., & Hu, Q. (2007). Effect of enzyme inactivation by microwave and oven heating on preservation quality of green tea. *Journal of Food Engineering*, *78*, 687-692.

Huijun, Z., Chunli, S., & Chunyu, G. (2012). *Fresh-keeping technology of microwave enzyme inactivation for leafy vegetables.* Patent number CN102499278A. Classification International: A23B7/00; A23B7/015; A23B7/154; A23B7/157, applicant: Univ Qiqihar.

Jiang, N., Liu, C., Li, D., & Zhou, Y. (2015). Effect of blanching on the dielectric properties and microwave vacuum drying behavior of *Agaricus bisporus slices. Innovative Food Science and Emerging Technologies.*

Jianli, S., Zhongqing, Y., & Liang, W. (2015), *Extraction method of seaweed polyphenols.* Patent number CN102935093, Classification international A61K36/02, applicant: Haiersoft Corporation, Qingdao Wenchuang Technology CO., LTD.

Kidmose, U., & Martens, H. J. (1999). Changes in texture, microstructure and nutritional quality of carrot slices during blanching and freezing. *Journal of the Science of Food and Agriculture*, *79*, 1747-1753.

Krokida, M. K., Kiranoudis, C. T., Maroulis, Z. B., & Marinos - Kouris, D. (2000). Effect of pretreatment on color of dehydrated products. *Drying Technology*, *18*, 1239-1250.

Latorre, M. E., De Escalada-Plá, M. F., Rojas, A. M., & Gerschenson, L. N. (2013). Blanching of red beet (*Beta vulgaris* L. var. conditiva) root. Effect of hot water or microwave radiation on cell wall characteristics. *LWT-Food Science and Technology*, *50*, 193-203.

Lund, D. B. (1977). Effects of commercial processing and storage on nutrients. In R. S. Harris, & E. Karnas (Eds.), *Nutritional evaluation of food processing* (pp. 203-240). Westport, CT: AVI.

Moreno, J., Chiralt, A., Escriche, I., & Serra, J. A. (2000). Effect of blanching/osmotic dehydration combined methods on quality and stability of minimally processed strawberries. *Food Research International*, *33*, 609-616.

Oszmianskia, J., Wolniak, B. M., Wojdyloa, A., & Wawerb, I. (2008). Influence of apple puree preparation and storage on polyphenol contents and antioxidant activity. *Food Chemistry*, *107*, 1473-1484.

Palma-Orozco, G., Sampedro, J. G., Ortiz-Moreno, A., & Nájera, H. (2012). In situ inactivation of polyphenol oxidase in mamey fruit (*Pouteria sapota*) by microwave treatment. *Journal of Food Science*, *77*, C359-C365.

Panaioli, S., Rotunno, C., & Simeone, V. (2005). *Blanching vegetables.* Patent number US20050037118A1, applicant: Unilever Bestfoods North America, Division Of Conopco, Inc.

Ponne, C. T., Baysal, T., & Yuksel, D. (1994). Bleaching leafy vegetables with electromagnetic energy. *Journal of Food Science*, *59* (5), 1037-1041.

Ramaswamy, H. S., & Abbatemarco, C. (1996). Thermal processing of fruitsIn H. S. Somogyi Ramaswamy, & Y. H. Hui (Eds.), *Biology, principles and applications, processing fruits science and technology* (Vol. 1, pp. 31-33). Lancaster, PA: Technomic Publishing.

Ruiz-Ojeda, L. M., & Peñas, F. J. (2013). Comparison study of conventional hot water and microwave blanching on quality of green beans. *Innovative Food Science and Emerging Technologies*, *20*, 191-197.

Segade, R. S., Torchio, F., Giacosa, S., Ricauda, A. D., Gay, P., Lambri, M., & Rolle, L. (2014). Impact of several pre-treatments on the extraction of phenolic compounds in winegrape varieties with different anthocyanin profiles and skin mechanical properties. *Journal of Agricultural and Food Chemistry*, *62*, 8427-8451.

Slavov, A., Karagyozov, V., Denev, P., Kratchanova, M., & Kratchanov, C. (2013). Antioxidant activity of red beet juices obtained after microwave and thermal pretreatments. *Czech Journal of Food Sciences*, *31* (2), 139-147.

Svensson, S. (1977). Inactivation of enzymes during thermal processing. In T. Hoyern, & O. Kvä le (Eds.), *Physical, chemical and biological changes in food caused by thermal processing* (pp. 202-217). Barking, UK: Applied Science Publishers.

Tang, J. (2005). Dielectric properties of foods. In H. Schubert, & M. Regier (Eds.), *The microwave processing of foods* (pp. 22-40). Cambridge: Woodhead Publishing limited.

Tijskens, L. M. M., Rodis, P. S., Hertog, M. L. A. T. M., Proxenia, N., & Van Dijk, C. (1999). Activity of pectin methyl esterase during blanching of peaches. *Journal of Food Engineering*, *39*, 167-177.

Tijskens, L. M. M., Rodis, P. S., Hertog, M. L. A. T. M., Waldron, K. W., Ingham, L., Proxenia, N., & Van Dijk, C. (1997). Activity of peroxidase during blanching of peaches, carrots and potatoes. *Journal of Food Engineering*, *34*, 355-370.

Tirattanapikul, W., & Phoungchandang, S. (2014). Microwave blanching and drying characteristics of

Centella asiatica（L.）urban leaves using tray and heat pump-assisted de humidified drying. *Journal Food Science Technology*, *51*（12）, 3623-3634. Available from: http://dx.doi.org/10.1007/s13197-012-0876-8.

Wang, Y., Zhang, M., Mujumdar, A.S., Mothibe, K.J., & Azam, S.M.R.（2012）. 'Effect of blanching on microwave freeze-drying of stem lettuce cubes in a circular conduit drying chamber'. *Journal of Food Engineering*, *113*, 177-185.

Whitaker, J.R.（1994）. *Principles of enzymology for the food sciences*（Vol. 425-433, pp. 565-573）. New York: Marcel Dekker.

Zelong, L., & Zhang, L.（2010）. *Method for fast extracting lycopene.* Patent number CN101121631B, Classification international C07C11/21, C07C7/10, C09B61/00, applicant: Jiangnan University.

10 微波辅助巴氏杀菌和灭菌——商业前景

R. A. Stanley[1], *K. Petersen*[2]

[1]University of Tasmania, Hobart, TAS, Australia; [2]915 Labs, Denver, CO, United States

10.1 引言

本章回顾了过去20年中食品的微波辅助连续式热巴氏杀菌和灭菌的工业化发展进程，并分析了这一过程商业化应用的影响因素。

食品行业中最早的工业灭菌过程是在金属和玻璃包装的罐装食品中完成的，这种罐装食品的出现取代了传统的烟熏、盐渍、腌制或干制食品。其中，工业灭菌的肉类、水果和蔬菜最早出现并在军事领域中广泛应用，直到19世纪后期才被大众熟知（Zanchi，2012）。如今，因为这些产品稳定且方便的特点，它们仍被普遍生产和使用。但是，冷冻食品的出现很大程度上取代了这类食品，特别是在20世纪下半叶后，配送、零售和家用电器的全面发展进一步推动了这一过程。尽管以冷冻食品为主的罐装食品的营养质量与新鲜食品相似（Rickman、Bruhn 和 Barrett，2007），但长时间的热处理会对食品品质产生负面影响（Ortega-Rivas，2009），并进而影响食用质量。因此，消费者对于高质量食品的需求促进了冷冻食品和快餐技术的兴起，它们不仅可以使冷冻食品的食用更加便利，还能为消费者提供更好的饮食体验。

新型食品稳定化技术必须满足消费者对食品质量、便利性和价格的要求。在过去30年中，种植、加工和分配效率的提高以及食品配方的优化均导致食品的相对价格下降。随着国内外食品供应链的发展，食品市场的全球化趋势愈发显著，这使得国内产品价格面临下行压力。同时，人们不在家做饭的比例也在不断增长（Gambrell，2013）。因此，消费者也更倾向于购买如即食食品在内的方便食品。

20世纪60年代至20世纪80年代，瑞典 Alfa-Laval 公司的科学家 Lennart Stenstrom 发明并制造了一个商业杀菌系统，在这个系统中，食物被密封在微波可穿透的包装中并通过微波能、加压热水以及蒸汽进行杀菌（Stenstrom，1974a，1974b）。这个过程被称之为多热加工（Brody，2012），其中，产品包装周围的热水被用来防止由于微波过度加热而造成的边角过热问题。杀菌结束后，产品被运输到独立的加压冷水室中冷却并防止进一步的热致变化。这些微波食品在瑞典生产和销售，20世纪80年代后它们逐渐淡出了大众视野并且这个商业杀菌系统也不再生产（Brody，2012；Yang，2012）。然而，包装食品的微波辅助连续式热巴氏杀菌和灭菌的潜力已经被证实。包装与加工技术的改善以及监管途径的发展是满足即食食品日益增长的市场需求的关键。

10.2 长保质期食品的市场应用前景

连续微波加工主要应用在预包装食品的生产过程中。2013年，全球消费者、食品服务和即食食品机构市场的年均增长量为3%，达536亿美元和81亿kg。欧洲占据了全球即食食品市场的最大份额，为42%，预计到2018年其市场规模将增长到514亿美元（MarketLine

Industry Profile Report，2014）。

根据供应链的特点和顾客的需求，不同的细分市场对新食品加工技术的需求也有所不同。然而，对于所有的市场类群来说，微波和包装技术的改善使得食品在质量、便利性和稳定性等方面的提升成为可能，并进而推动未来产品的发展，将食品稳定化技术的应用从预煮-冷藏、冷冻和杀菌罐装食品转向更高质量且保质期稳定的冷冻即食食品（Hunter，2011）。

10.2.1 冷藏快消食品

超市售卖的快消食品是一种成交量大，利润率普遍较低的小型消费品。超市是快消食品主要的分销渠道，占全球速食市场的77%（Marketline Industry Profile Report，2014）。快消品市场的竞争主要来自于产品的类别、质量、冷藏与冷冻成本以及保质期。冷藏快消品通常贮藏在敞开式冷藏柜中，与冷冻或常温存放的产品相比，它们的质量更高且价格也更加昂贵（MarketLine Industry Profile Report，2015a，2015b）。

许多快消食品都极易变质，如冷藏即热即食的肉类和/或蔬菜类菜肴、意大利面和砂锅菜等。如果不进行冷藏贮存和真空包装，微生物会快速生长并加速氧化酸败。因此，需要适当的技术便于产品流通并使其在商业储存条件下具有足够长的保质期，并保持食用质量。保质期必须将生产、配送、仓储、保质陈列和消费者食用所需的时间都考虑在内，并在此期限内保证食品的质量和安全（Chilled Foods Association，2010）。

冷藏食品的保质期通常在5~20d之间，具体的保质期要取决于工艺因素和各类防腐剂的使用。将密封包装的产品进行微波处理可使其保质期延长至30d，因为加热后产品不会暴露在大气和氧气等潜在污染源中（MicVac，2015；Pendrous，2011）。然而，较长的保质期通常需要更充分的加工，这可能会以牺牲食品的“新鲜”品质为代价。巴氏杀菌处理能够最大限度地减少产品质量损伤，有利于冷藏快消食品的生产（Gibbons，2012；Hunter，2011）。与传统加热过程相比，微波辅助巴氏杀菌技术具有很多优点，它能够提供更快速的加热并且在加热过程中能够最大限度地保持冷藏食品的“新鲜”特性（Ortega-Rivas，2007；Pasha、Saeed、Sultan、Khan和Rohi，2014）。

10.2.2 长保质期的快消食品

一般来说，长保质期的快消食品的保质期为12个月，并且在稳定温度下贮藏的快消食品在保质期内不会变质。与新鲜的冷藏食品相比，更长的保质期使分销商、零售商和消费者在贮藏产品方面可以更加灵活，以备日后销售或食用。此外，常温贮藏或冷冻食品的较长国际海运能力也为世界各地的生产商打开了市场竞争的大门。

传统上用金属容器包装的食品，如罐装肉类和汤，由于在加工过程中对食用属性的热损伤，通常被认为是质量较差的。这些食品的食用也不太方便，必须将它们从罐头中取出并在容器外进行复热。蒸煮袋杀菌技术以及在杀菌过程中食品物料的混合保证了灭菌过程中的热量均匀分配，可以大大减少热加工时间以及过程中的热损伤（Angalet，2003）。此外，包装食品的可微波处理技术也可以让消费者使用家用微波系统在同一个容器中加热食物，这提高了微波灭菌产品的便利性，但产品口感、质地等质量因素仍然是需要解决的重要问题。在加工和灭菌过程中，将所有影响食品安全的物质减少到消费者可接受的程度是至关重要的。

在过去的20余年里，随着科技的发展，保质期稳定的即食食品市场中微波方便食品的份额增长速度越来越快。这种趋势在欧洲最为明显，这是由于微波技术在那里受众更广，这可能与微波技术更容易获得监管部门批准有关（Tang，2015）。微波方便食品的质量似乎也在不断改善，许多新的微波快餐和多成分食品正在被开发。尽管微波辅助热巴氏杀菌和灭菌系统在可微波的快消食品生产中存在潜在的优势，但是这种系统尚未得到广泛应用。

10.2.3 机构和服务行业食品

机构和服务业预制食品是一个发展迅速的细分市场。随着餐饮服务被外包，面向餐厅、咖啡馆、学校、医院和老年护理机构的集中准备的食品服务餐或餐食组分和企业餐饮配送正逐步取代这些场所中厨房的使用。批量采购、集中质量控制和营养管理系统使食品和食品成分的制作更便宜且更高效，这些食品被分发到医院、老年护理机构和大型场馆的餐饮设施，在需要的时候可以进行复热，然后和新鲜的食物搭配食用。这种集中处理和分配的模式消除了大多数机构对较小厨房和准备区域的需求，在提升效率的同时也避免了这些机构不必要的开支。目前，大多数机构预制食物都是通过预煮-冷藏和预煮-冷冻系统制作的（IBISWorld，2015）。与机构和服务市场部门的预煮-冷藏或预煮-冷冻系统相比，快速的微波食品巴氏杀菌或微波食品灭菌系统生产的产品具有较长的保质期以及较好的质量。

10.2.4 军用、远征和应急食品

长保质期的军用食品、应急食品和远征食品，如在船上、石油钻塔和偏远矿井中的食用的食品，都是需要延长保质期食品的未来市场（IBISWorld，2015）。机构或酒店餐饮业务也需要为其餐饮生产系统不可预知的故障做好应急准备，在这些情况下，电力的需求或冷库电力的可靠性也可能是一个问题。因此，与冷藏或冷冻的食品相比，长保质期食品具有较大优势。尽管目前的罐装/杀菌和干制产品能够提供足够的保质期，但是这些产品的质量远远低于可接受的标准，难以供人们长时间正常食用。对于军事和远征而言，高质量的食物可以给予那些被监禁或隔离的人心理上的安慰。美国军方对高质量长保质期食品的需求推动了微波辅助热灭菌（MATS）技术的发展（Tang，2015）。因此，重要的军事行动和专业应用可以使微波稳定食品技术的开发、演示和改进成为可能，使其可以满足低成本、大规模、商业化的工业需求。

总之，成本、质量和便利性是新时代微波餐饮技术发展的驱动因素，过去20年中取得的进步如今已经推进了商业发展并实现了更广泛的应用。这些进步可能会对未来市场的食品加工过程产生非常重大的影响。

10.3 工业连续微波处理系统

工业食品加工技术必须生产安全、高质量的产品并使其满足当前市场的产量需求和成本要求。虽然微波系统在技术上能够实现这一点，但成功的商业应用的开发和监管认证一直进展缓慢。连续式热加工系统，如隧道式微波加工设备，必须根据食品在加工设备移动过程

中质量和介电特性的变化，提供均匀的能量输入和能量分配，使产品在所需时间内被均匀加热到所需温度（Tang 和 Liu，2015）。食品中任何冷点的存在需通过延长热加工时间进行补偿，目的是让食品有充足的时间进行传热并达到温度平衡，以确保食品中所有部分都达到最低限度的处理要求（Lee、Shin 和 Yam，2002）。大多数情况下，长时间的热处理所导致的温度分布不均问题使食品品质远低于消费者的预期要求。此外，在连续微波灭菌过程中，需要一种有效的方法来确定食品中冷点的位置和温度，以便能够验证食品的安全性。在美国，连续式微波设备迟迟无法获得相关监管部门的批准主要是由于难以确定冷点位置以及重现冷点处的升温过程。目前通过模型食品中的热变化进行可视化定位，并通过能量计算来确定冷点的相关方法已经被开发（Tang，2015）。

工业系统还必须能够可靠地运行，并且通常需要具有较高的自动化水平，以降低劳动力成本。机械、电气和控制系统的集成是隧道式商业微波设备成功运行的关键，而这需要大量的投资和时间才能达到。尽管如此，连续式巴氏杀菌和连续式灭菌系统已经被开发出来，而且技术也得到了改进，与目前传统的热巴氏杀菌以及其他杀菌系统相比，它的优势正变得越来越明显（Brody，2012；Gander，2011）。

10.3.1 微波辅助连续式巴氏杀菌

10.3.1.1 过程说明

与传统的外部热源相比，微波巴氏杀菌是一种快速微波热处理过程，它可以延长食品的保质期，同时最大限度地提升产品质量。传统的加热过程依赖于食物表面的热扩散系数，而微波加工过程则是通过食品组分吸收电磁能量而被直接加热，在空间上可能比传统的加热过程更均匀。因此，作用于食品内部的微波能量可以减少使食品达到处理要求所需要的总时间（Datta 和 Davidson，2000）。然而，巴氏杀菌的食品在耐热处理方面通常是有限的。这可能是由于食品中不稳定的成分会发生降解，如绿色蔬菜的质地特征或其中的叶绿素。与新鲜蒸煮食品相比，巴氏杀菌食品还需要更高的产品质量来满足市场需求，并且要比具有长保质期的食品更加优质。这需要将热处理温度降低至足以控制保质期内潜在致病菌的最低水平。实际需要的热处理强度取决于初始的微生物水平。对大多数食品来说，蒸煮前只有少量的细菌细胞，经常使用的65~90℃之间的处理温度能使细菌细胞减少6个数量级（Tang，2015）。对于真空包装弱酸性冷藏食品来说，为了使低温蛋白水解型肉毒梭状芽孢杆菌（*Clostridium botulinum*）活菌数降低6个数量级最少需要90℃加热10min（FDA Regulation Guidance，2016a，2016b；Food Standards Agency Guidance，2008）。在包装食品中，主要关注的是单核细胞增生李斯特菌（*Listeria monocytogenes*），为了使冷藏食品中细菌活菌数降低6个数量级需要72℃加热2min（Chilled Foods Association，2010）。

然而，只凭借巴氏杀菌的处理条件不足以确保消除所有微生物，特别是在弱酸性（pH>4.5）和高水分活度（A_w>0.85）食品中的耐热性芽孢，它们可能会导致食品腐败并存在安全风险。因此，这些产品的保质期十分有限，必须保存在冰箱中并且不超过10d（Food Standards Agency Guidance，2008）。延长保质期的产品——有时也被称为延长保质期的冷冻加工食品（REPFEDs），可以在加工过程中使用更多的控制步骤来增加储存时间和确保微生物安全。除了使用巴氏杀菌的恒温热处理外，还可以通过控制pH、水分活度、气调包装和防腐剂来延长产品的保质期（Daelman、Jacxsens、Devlieghere 和 Uyttendaele，2013；Food

Standards Agency Guidance，2008）。通过额外的保护措施可以达到的实际保质期由处理条件、产品参数和贮藏温度决定。在≤4℃的贮藏温度下，产品保质期通常在 10 至 30d。

连续微波巴氏杀菌处理对包括果汁、饮料、牛乳或汤等产品在内的液态食品同样适用，这可以通过可透过微波的物料管路实现。当流经巴氏杀菌设备时，微波可以作为控制液体温度的一种补充或替代能源。与使用外部热水或蒸汽作为能源的巴氏杀菌系统相比，这种方法的优势在于管路表面温度较低，因为热量不是通过与管路的热交换来进行传递的。在传统的杀菌过程中，热交换器表面与接触液体之间的高温差可能会导致温度敏感产品的黏附，如乳蛋白会导致管路表面结焦并且降低传热效率（Coronel、Simunovic、Sandeep、Cartwright 和 Kumar，2008；Saltiel 和 Datta，1999）。在微波系统中，热电偶的温度变化对能量输入的响应也比相应的蒸汽或热水能源更快，这使得微波系统可以精确地控制过程中的热处理。但连续流动式巴氏杀菌设备的缺点是需要对食品进行无菌包装。无菌包装技术始于 20 世纪 50 年代，Tetra Pak 技术方法（Tetra Laval，Pully，Switzerland）将平整的、未成形的包装材料通过 30% 的过氧化氢，70℃水浴加热 6s，然后去除包装材料中过氧化氢并无菌灌装产品和密封（TetraPak，Website）。

此外，可以对装在托盘或袋中的食物进行连续式巴氏杀菌处理，包括肉类、意大利面或蔬菜在内的含有块状固体的产品需要这种杀菌方式。在托盘中，食物也可以包含多种食品成分，或者由黏稠的固体组成，如马铃薯泥。在这种情况下，巴氏杀菌过程中不可能使食品流动或混合，并且处理必须在密封的托盘或袋中进行。为了确保全部食物组分都经过充分的巴氏杀菌，足够的能量输入和处理时间是必不可少的。这个过程的关键是使食物的所有部分均匀加热。在早期微波频率为 896MHz 的中试规模试验中，单模微波系统比多模微波系统在这方面表现得更好（Burfoot、Griffin 和 James，1988）。

微波巴氏杀菌是通过把密封的食品放在密封塑料托盘或袋里，然后通过传送带进入微波隧道进行处理。食品被微波加热到一定温度并保持一定时间，常压条件下的热处理温度通常是在 100℃左右，即沸点温度。为了使包装内的食品进行充分的巴氏杀菌，如蔬菜等酸性食品的温度必须要达到 74℃（Koskiniemi、Truong、Simunovic 和 McFeeters，2011）。沿着隧道的加热部分分布的开槽微波波导已经被用来更均匀地分配微波能量（Meredith，1989）。外部加热也可以用来补充微波能量和保持温度，以确保内部的食物在充足的时间内被均匀加热。最后，容器进入冷却区以阻止由热暴露引起的温度变化（图 10.1）。

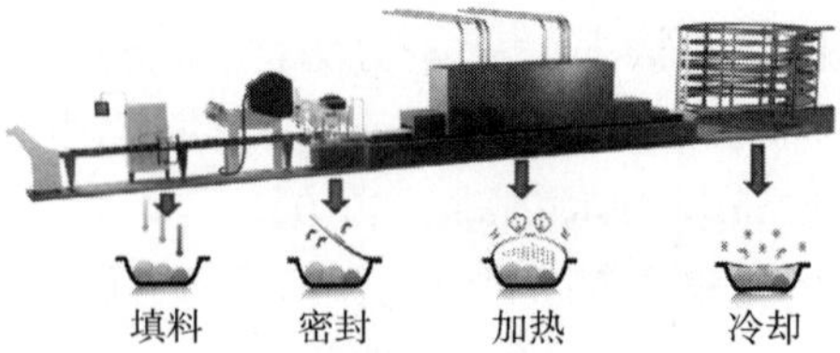

图 10.1 MicVac 连续式微波巴氏杀菌过程

资料来源：MicVac，Molndal，Sweden。

由于微波通道没有密封，在操作过程中微波腔体保持开放状态，可允许产品连续通过，但也需要采取措施抑制来自微波区域的辐射以及由此造成的热损伤或微波通信干扰。金属挡板可以被用来防止微波泄露（Kaufman、Schiffmann 和 Stein，1972）。在微波可穿透材料制成的线圈或槽中添加水等介电液体，可以用来吸收多余的微波能量（Jeppson，1968）。

10.3.1.2 工业案例

目前各种连续流微波系统正在开发中，如 UHT/HTST Microthermics model（Microthermics，Raleigh，NC，USA）。Microthermics 的中试规模单元可以处理流量在 48 至 180L/h 的液体食品。该系统使用一个聚焦式微波加热器在 2.45GHz 和 6kW 的条件下运行，产品温度范围为 60~150℃，能够完成灭菌和巴氏杀菌操作。加热、保持和冷却阶段的时间-温度和流量数据的整合提供了产品杀菌过程中的时间-温度历程。

其他商用和工业上使用的微波流体巴氏杀菌设备和灭菌设备包括 EnbioJet（Enbio Technology，Kosakowo-k-Gdyni，Poland），该系统能够将液体温度控制在 0.5℃ 范围内（Enbiojet Brochure，2016）。使用 EnbioJet 微波流体巴氏杀菌设备在 90~130℃ 范围内处理果汁，实验结果表明即使在 100℃ 加热相同批次的果汁时，花青素的含量没有迅速下降，同时达到了微生物的处理标准（Piasek、Kusznierewicz 等，2011）。

微波隧道的出现，如 Sairem Labotron 8000（Sairem，Neyron Cedex，France），使中试规模的微波处理非流动食品成为可能。该系统的工作频率为 2.45GHz，额定功率为 8kW，可用于开发连续的微波辅助加热过程（Sairem Company Website，2015）。

目前商业化的系统中，专门用于预包装的即食食品或食品配料巴氏杀菌的工业化连续处理系统数量有限。目前的工业发展主要集中在微波辅助加工预包装食品方面。早期使用微波技术处理意大利面食的商业应用来自于 Officine Meccaniche Attrezzature per Ceramichee（OMAC）。工程师 Giuseppe Ruozi 设计了多级盒装微波杀菌和灭菌系统，该系统基于 2.45GHz 的连续微波处理过程，并且在 1989—1998 年间设备被不断完善并申请了相关专利（Ruozi，1989，1991，1998，2000）。这些设备刚开始被用来加工满载的新鲜意大利面，每小时的处理量多达 2t。20 世纪 90 年代，由这个设备加工制得的意大利面产品在意大利随处可见，并且这项技术在欧洲、日本和南美部分地区也被应用于处理其他食品。在此期间，OMAC 在全球销售并安装了 200 多台微波热处理系统，但在 1995 年之后就不再生产新机器，并且在 2000 年 OMAC 被 Classica 集团［Classica Microwave Technologies（CMT），Sayreville，NJ，USA］收购，而系统的开发继续由 Ruozi 进行（Higgins，2003）。CMT 已于 2004 年停止运营。

工业连续盒装食品常压巴氏杀菌系统（图 10.2）是由 MicVac（Molndal，Sweden）销售的，该设备最初是由 Joel Haamer 开发的，用于加工贻贝并制成真空包装食品（Gander，2011）。食物包装的大小从 150g 到 1kg 不等。该系统的处理过程是利用一个单向蒸汽阀，当微波能量输入至足以产生蒸汽时，该阀会控制蒸汽排放在包装内产生一个轻微的超压温度。排气口除了排出氧气外，还会以蒸汽的形式释放多余的能量。当微波能量被移除时，产品会降到沸点以下，蒸汽阀无菌密封，杀菌完成的真空包装和保藏的食物托盘在螺旋冷却器中被冷却（Hunter，2011）。该阀门也可在复热托盘包装的食物中起作用。当达到沸点时，消费者听到蒸汽“汽笛”排气声，表示复热过程已经完成（Gilbert，2011；Luke，2011）。自 2006 年以来，该技术已在许多国家得到应用。如澳大利亚 Saizeriya（Melton，Victoria）的一家工厂使用这一技术制作真空密封包装的意大利面并配送给他们的连锁餐厅（Turner，2013）。尽管微生物测试表明≤4℃贮藏时的微生物稳定性至少为 6 周（MicVac，2015），该烹调和巴氏杀菌装置处理后的食品在 8℃ 下的保质期至少为 30 天（Gilbert，2011；Hunter，2011）。

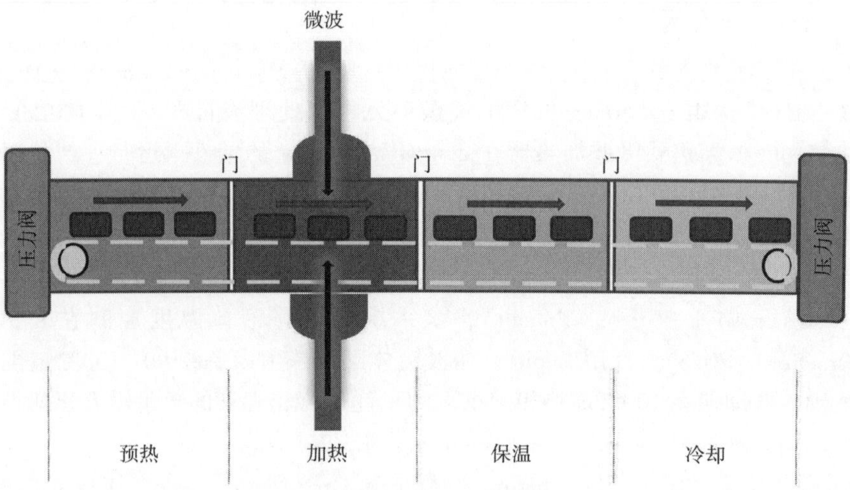

图 10.2　微波连续灭菌原理图

注：包装食品通过入口阀装载于传送带上，通过传送带系统传输，通过另一个压力阀移出系统。在 OMAC（Tops Foods）和 Gustosi 系统中，微波的频率是 2.45GHz，传热介质是空气。在 MATS 系统中，微波的频率为 915MHz，压力室使用水作为传热介质。

华盛顿州立大学（WSU）报道了另一种工业微波杀菌技术。Tang 和同事在华盛顿州立大学开发的微波辅助巴氏杀菌系统目前处于中试阶段，该系统可以半连续处理 8~20oz①（227~570g）预包装的冷藏食品，将产品加热 2~4min 至 90℃ 来将致病菌的数量降低 6 个数量级。Zearott（2014）已经证明了几种配方食品在冷藏温度下的保质期可超过一个月，包括斯特罗加诺夫牛肉、咖喱、墨西哥卷饼和开胃菜。915 Laboratories 正在开发一种每分钟能够处理 50 份产品的工业化微波设备（MAPS-50）（Manning，2015）。

10.3.2　微波辅助灭菌

灭菌所需的条件取决于食品的 pH。强酸性食品，如罐装果汁、水果和腌菜，其 pH 小于 4.5。强酸性食物中肉毒杆菌（*C. botulinum*）的营养细胞在 60℃ 条件下几分钟内可被杀死，并且在低 pH 条件下，肉毒杆菌（*C. botulinum*）芽孢的萌发被抑制。商业无菌要求在正常的非冷冻条件下，食品中没有能够生长的微生物。强酸性食品的商业无菌可以通过在 65~70℃ 处理很长一段时间来实现，从食品中完全去除腐败嗜温菌是有必要的，如多黏芽孢杆菌（*Bacillus polymyxa*）和浸麻芽孢杆菌（*Bacillus macerans*）（Hersom 和 Hulland，1980）。强酸性食品商业无菌工业化的实现通常是在 90℃ 加热 10min（FDA Regulation Guidance，2016a，2016b）。为了保证产品食用质量，轻度加工的酸性食品还必须使用其他策略，如降低水分活度来防止微生物生长（FDA Regulation Guidance，2016a，2016b）。由于强酸性食品的商业灭菌不需要超过 100℃ 的温度，因此无需压力容器即可实现。

弱酸性产品在可行的工艺时间内的灭菌需要使用 100℃ 以上的温度来实现。比如普通的

① 1oz = 28.35g。——译者注

意大利面、米饭、肉类或蔬菜，其中任何一种成分的 pH 都大于 4.5，灭菌只能在高压灭菌釜或超高温（UHT）快速热交换器中实现。通常在 116~121℃的饱和蒸汽维持食品在所需时间-温度条件下灭活微生物细胞和孢子，使细菌和孢子减少 12 个数量级。商业无菌的常规测定方法是基于一级反应动力学（一次模型），并在微生物等温热失活的情况下，使用恒温条件下的对数线性存活率与处理时间的外推进行测定。温度依赖关系通常用阿伦尼乌斯方程（Arrhenius equation）（二次模型）来描述。Peleg（2006）已经证明这两种模型在描述微生物失活期间的生存曲线方面并不准确。微生物等温和非等温失活的先进模型，比如在 Peleg（2006）书中提到的威布尔分布（Weibull distribution），将被应用于确保微波巴氏杀菌和灭菌应用的食品安全准确预测过程中，其目的是最大限度地降低热处理强度以保持产品质量。

为了保证产品质量，最大限度减少热处理时间已成为大多数杀菌系统的主要发展目标。震动杀菌技术（Shaking retorts）如 Allpak SHAKA（Covington，LA，USA）可以通过运动来加速循环时间，以减少加热冷点，但要求被处理的产品必须具有足够的流动性以便充分混合（Angalet，2003），这就限制了其只能在汤和酱类食物中应用。传统的静态工业杀菌过程通常是分批处理，由于加热和冷却循环，处理过程需要消耗很高的能量。微波能量的穿透性提供了一种实现包装食品内部加热的方法，可以更快速、更有效地对包装内的食品进行杀菌，这个过程不需要混合，并且不会对食品成分的形状和质构造成相应的潜在危害。

10.3.2.1 过程说明

北卡罗来纳州立大学（North Carolina State University）的 USDA-ARS South Atlantic Area Food Science 研究单位对微波辅助连续流灭菌技术进行了研究并开发了工业微波系统。这项技术使用了 60kW、915MHz 的连续微波系统，将产品加热至灭菌温度（>121℃），然后无菌包装到柔性容器中，以获得保质期稳定的产品。微波处理可泵送的紫皮甜薯泥会使其总酚含量增加（5.9%），总单体花青素含量减少（14.5%），然而对其他的食品成分具有较高的保留率（Steed 等，2008）。120℃连续微波（CM）加热 10s 的草莓原浆与 90℃常规热处理（CTP）15min 的草莓原浆相比，CTP 导致了更多营养成分的降解：多酚约 7%，花青素约 20%，维生素 C 约 48%（Marszalek、Mitek 和 Skapska，2015）。

1974 年，美国陆军申请了袋装食品连续微波加压灭菌的专利（Kenyon、Berkowitz 和 Ayoub，1976）。微波辅助的包装食品灭菌技术，如 defense Meals-Ready-To-Eat（MRE），是建立在使用可透过微波的柔性塑料容器包装进行超高压杀菌过程之上的创新技术。在工艺循环过程中，气体压力作用于高压釜使得压力始终保持在沸点以上，这使得柔性密封塑料容器可以在无菌条件下进行处理，同时内部蒸气压力不会破坏密封的完整性（Darecchio，1983）。

10.3.2.2 工业案例

与连续巴氏杀菌系统一样，已知的商用连续式袋装食品灭菌系统数量有限。根据对设备运行参数的设计，大多数连续灭菌系统也可以在较低的温度下运行，从而实现巴氏杀菌。

Tops Foods（Olen，Belgium）（Tops Foods Company，2014）从 1993 年开始，利用 OMAC 食品灭菌/巴氏杀菌工艺，为欧洲私有品牌零售市场加工高端、稳定且保质期长的冷藏即食食品。这个系统的频率是 2.45GHz，可为包装内的食物提供连续的微波灭菌处理，并在 1989—1998 年期间获得多项专利（Ruozi，1989，1991，1998）。在这个设备中，微波被用来加热食品托盘直到内部气体的压力达到 2.5bar（250kPa）。该系统由四个线性连接的金属隧道组成，每个部分之间通过一道门来进行隔热（图 10.2）。在前两个金属隧道部分中，多个 2.45GHz 磁控管被用于产生微波。第三部分采用热空气保持温度恒定，第四部分采用冷空气对产品进行加压冷却（Ruozi，1991；Tang，2015）。

Gustosi（Bondone，Italy）是一家意大利私有品牌制造商，它也使用 2.45GHz 的连续微波灭菌系统，系统在一定压力下运行，生产多种速食食品且保质期为 12 个月。包括意大利面和肉类在内的多种意大利食品被加工成可微波复热的即食食品（Gustosi Company Website）。包装食品被放在微波隧道的多条轨道内进行灭菌（Tang，2015）。

1997 年，由美国陆军纳蒂克士兵中心（US Army Natick Soldier Center）和卡夫食品（Kraft Foods）公司资助的微波食品加工发展项目在华盛顿州立大学启动。这项工作从 2001 年起继续进行并获得了美国国防部双重用途科学技术（the US Department of Defense Dual Use Science and Technology，DUST）项目和一个由 7 家食品加工、包装和设备公司和美国陆军纳蒂克士兵中心（US Army Natick Soldier Center）组成的微波联盟的资助（Tang，2015）。对 915MHz 条件下包装食品微波灭菌的研究造就了微波辅助热灭菌（MATS）技术，现由 915 Laboratories 许可生产（Press Release 915 Labs，2015a，2015b；Tang，2015）。

MATS 技术于 2006 年获得专利，使用 915MHz 单模微波腔和水浸法加热食品（Tang、Liu、Pathak 和 Eugene，2006）。915MHz 的微波波长对于单模谐振腔来说足够长，并且能够容纳单个食物包装，当使用水浸时能够为其提供更均匀的加热效果。此外，915MHz 的波长足以使微波进一步传递到食品中，为提高加热均匀性提供了辅助手段（Tang，2015）。

WSU 中试规模的系统有四个处理区域：预热、微波加热、保温和冷却。每个区域都有自己的水循环和恒定温度，通过将压缩空气产生超高压注入水循环系统的缓冲罐中来完成循环过程。微波加热在四个 915MHz 单模微波腔中进行。前两腔均有较高的微波功率，各为 5kW，后两腔分别为 3kW 和 2kW，可对最终产品温度进行个性化的过程控制。预包装食品在能够透过微波的传送带上移动，食品排成一列通过四个微波腔，然后进入保温区和冷却区。相邻区域之间的转换门分隔了循环水，同时允许食品包装在移动的传送带上运输（图 10.2）（Tang 等，2006）。

915 Laboratories（Denver，CO，USA）生产的工业中试设备和已注册商标的 MATS-B 已经安装在了 Wornick Foods（Cincinnati，OH，USA）和 AmeriQual（Evansville，IN，USA）公司，并且积极与潜在用户合作，进行试验性测试，研究 MATS 技术的产品应用。该系统占地约为 30ft①×15ft（9.1m×4.6m），每小时最多可处理 150 份产品（Anderton，2015；Lingle，2015）。Wornick Foods 公司的 MATS 工厂于 2011 年开始运作，该工厂是 WSU 工业联盟的一个分批加工式工厂（Wornick Foods，2011）。2015 年，它被改造成为半连续加工工厂（Wornick Foods，2015）。AmeriQual 研发中心也开始成为 MATS 的一个开发中心，为 WSU 食品制造商联盟和 Department of Defense Combat Feeding Directorate 服务。MATS 正被用于扩展特供即食口粮（ration MREs）和群食加热即食的特供主食（Group Feeding Heat and Serve ration entrees）中优质成分的种类（Foran，2012）。由 Wornick Foods 公司和 AmeriQual 公司操作的 MATS 中试工艺使用了一种托盘系统，在 10.5oz（297g）的托盘中传送食物并使用微

① 1ft＝30.48cm。——译者注

波处理，容器的深度被限制约为2in[①]（5.1cm）。3~3.5in（7.6~8.9cm）的包装容器以及高达6.5lb（2.95kg）的配套蒸汽托盘还在开发过程中（Lingle，2015）。

915 Laboratories已经将该技术全部公开，名称为MATS-150的设备在2017年被首次订购安装。该系统的占地面积为150ft×15ft（45.7m×4.6m），随着辅助配件的添加可能会增大这一面积。MATS系统还可以通过设定较低的温度和压力条件进行连续的巴氏杀菌处理（Lingle，2015；图10.3）。

图10.3 MATS-B设备

资料来源：915 Labs，Denver，CO，USA。

10.4 微波辅助连续热加工的问题与优点

10.4.1 传统杀菌法和微波辅助灭菌法的产品质量比较

微波巴氏杀菌或灭菌的速度越快，产品质量就越好（Datta和Davidson，2000）。连续工业系统使用的加热、恒温和冷却工序通常被分隔开，为了达到更精确的过程控制并最大限度减小热损伤，应将热量控制在刚好处于巴氏杀菌或灭菌要求的范围内。智能系统的发展使复杂的加热和功率参数的相互作用可以在连续加工中被考虑，这也使最终的食品质量有了大幅提升（Datta和Rakesh，2013）（参见第16章）。然而，微波杀菌的主要的优点是克服了从固体食物外部到内部的热传递限制。将蒸汽灭菌设备中使用的蒸汽温度提高到121℃以上来提高食品中心部位的灭菌效果会导致食品营养和质地的损伤。因此，微波能量的穿透效果利于食品加工，通过使用高温短时（HTST）处理可提高食品整体质量。例如，与在120℃蒸煮45min的罐装杀菌相比，Tang（2015）采用的HTST微波工艺可以改善胡萝卜的最终品质，这种微波工艺的杀菌条件为控制产品温度在128℃并处理3min（Lenz和Lund，1977；Ohlsson，1987，1989）。

① 1in=2.54cm。——译者注

鲜有研究直接进行微波和蒸汽杀菌产品在相同的杀菌水平下的比较。微波杀菌的潜在优势可以通过食物在传统和微波加热下达到设定温度的累积分数来计算。微波的空间加热效应使温度均匀化的速度更快，从而减少了处理时间（Datta 和 Davidson，2000）。此外，与罐头的静态杀菌处理相比，SHAKA 过程的优势体现在通过混合罐头中的成分提高杀菌效果，而非延长处理时间。121℃下，30cm×41cm 金属罐中汤和酱的分批处理总杀菌时间需超过123min，袋装产品处理需要 54min，这些过程可以通过使用 130℃ 的 SHAKA 工艺减少到10min 以下（Angalet，2003）。杀菌动力学数据也可以在第 11 章中找到并对比。

10.4.2 吞吐量、处理成本和能源考量

在评估用于工业应用的新食品保藏工艺的适用性和优点时，需要考虑许多参数，对资金和运营成本，以及目标市场的生产能力、可靠性和产品质量都需要进行评估。连续式微波巴氏杀菌和灭菌技术仍在完善中，有关成本的商业信息尚未发表，但可以预估的是设备的费用将随着技术的改善而降低，并且新系统的获得也可补偿开发的成本，技术和包装的改进也将降低工艺成本。此外，新技术提供了具有新功能和感官特性的即食食品，并且将随着技术的愈发成熟而使产品获得新的市场与价值。

此外，目前鲜有比较微波辅助处理与蒸汽杀菌过程的能源效率的相关信息。在这两种加工过程中，用于加热食物的微波或蒸汽所占能量的比例都很小，大约是所使用的总热能和电能的 5%~10%。大部分的能量从水和设备耗散至周围环境中，并且还要考虑到用于产品冷却的能量。工业规模运营的连续式 MATS 的总体能源效率（用于加热产品的能量/过程中使用的总能量）预计为 30%，而商业化分批蒸煮杀菌过程则约为 13%~29%（Peterson，2016）。

10.4.3 产品包装

微波能量的传递特性决定了金属或金属箔的食品包装不能够应用于这一过程。微波食品的发展推动了对新型微波透明型包装材料的研发需求（Ohlsson 和 Bengtsson，2001）。现有许多包装种类可供不超过 100℃的巴氏杀菌等加工操作使用，如高阻隔性的塑料袋、托盘和盖子等。相比之下，灭菌过程通常在不断变化的压力和高达 130℃的温度下进行，给包装技术带来了很大挑战。由于缺乏适用于微波加热过程的耐热型聚合物，需要开发改进包装系统来确保包装密封的完整性和薄膜的阻隔性能。乙烯/乙烯醇聚合物（EVOH）是托盘的标准阻隔性聚合物，与蒸煮杀菌处理相比，在连续微波处理中更能抵抗压力冲击（Lingle，2015）。微波技术可以缩短最多 10~15min 的杀菌处理时间。蒸煮杀菌时间越长，EVOH 层的增塑率越高，从而导致膜的氧阻隔性能下降（Dhawan 等，2014；Mokwena、Tang、Dunne、Yang 和 Chow，2009）。

10.4.4 微波处理的食品尺寸和控制限制

频率更高的 2.45GHz 微波穿透食物的能力比 915MHz 更弱（Ohlsson 和 Bengtsson，2001；Tang，2015）（参见第 2 章）。因此，使用 915MHz 的 MATS 系统能够更均匀地加热并且也能适用于更大规格的包装食品灭菌。目前用于 MATS 的常规包装的深度可达 5cm，但据报道用于食品行业的蒸汽托盘深度能够达到 8.9cm（Lingle，2015）。MATS 系统在食物包装上下都有微波馈口，因此能量被更均匀地应用并且增大了能量穿透深度。

在应用可靠的手段来监测产品温度以进行连续微波处理方面也存在一些问题（见第15章和第17章）。与分批式的蒸煮杀菌相比，确保每一个包装都经过均匀的热处理是连续加工的关键问题。为了保证均一的处理水平，需要通过直接的温度读数或间接的能量吸收来进行能量监测。

10.4.5 新型巴氏杀菌和灭菌的法规批准

新型热处理工艺必须经过研究证明其安全性。工业规模的微波辅助巴氏杀菌和灭菌过程在欧洲的发展比在美国更快。其中一个因素是，美国联邦监管机构需要时间来验证连续微波过程的安全性（Higgins，2003）。为了保证微波热处理的重复性和有效性，需要建立新的技术和规程。其中就包括能够预测和确定食物中的“冷点”位置，因为冷点是到达临界温度最慢的点。安全验证包括在食品包装的冷点处放置已知水平的风险微生物，从而证明热处理过程对微生物污染严重的食品是有效的。

从2009年开始，位于华盛顿州立大学（WSU）的MATS微波项目组就在寻求并获得了美国食品和药物管理局（US Food and Drug Administration，FDA）对马铃薯泥加工安全性的认可，然后是三文鱼和阿尔弗雷德酱，最后是鸡肉和饺子。马铃薯泥、海鲜和肉类等食品很难在不影响食品质量的情况下进行热处理（Orr，2012）。然而，从实际的工业应用角度来看，通过技术的发展来协助食品加工的常规工业验证仍然是一个正在研究中的问题。

10.5 结语：食品微波连续加工的影响和前景

高质量即食食品形式的便利性将继续成为食品微波连续热加工发展的市场驱动因素。未来10年，随着更多高品质的保藏食品取代目前的罐装或冷冻食品，目前正在进行的开发将对产品的形式和营销渠道产生重大影响。此外，餐饮服务部门和机构服务部门将集中处理和分销食物或食物组分以达到高效率和质量控制。技术和产品质量的进一步改进将通过对过程控制和食物配方的改善来实现。

拓展资料

1. US Food and Drug Administration Kinetics of Microbial Inactivation for Alternative Food Processing Technologies http://www.fda.gov/Food/Food Science Research/ Safe Practices for Food Processes/ucm 100158.htm.
2. Washington State University http://microwaveheating.wsu.edu/.

参考文献

Anderton, J. （2015）. *New microwave system could revolutionize food production.* www.engineering.

com. Retrieved 26. 02. 16, from http://www. engineering. com/AdvancedManufacturing/ArticleID/10277/New-Microwave-System-Could-Revolutionize-Food-Production. aspx.

Angalet, S. (2003). SHAKA: *A new and novel processing technology to produce commercailly sterile canned foods.* Master of Science. Kansas State University.

Brody, A. L. (2012). The coming wave of microwave sterilization and pasteurization. *Food Technology*, *66* (3), 78-80.

Burfoot, D., Griffin, W. J., & James, S. J. (1988). Microwave pasteurisation of prepared meals. *Journal of Food Engineering*, *8* (3), 145-156.

Chilled Foods Association. (2010). *Shelf life of ready to eat food in relation to L. monocytogenes-Guidance for food business operators.* Retrieved 28. 02. 16, from http://www. chilledfood. org/wp - content/uploads/2015/08/Shelf-life - of - RTE - foods - in - relation - to - LmFINAL - v1. 1. 1 - 23 - 3 - 10 - with - worked - examples. pdf.

Coronel, P., Simunovic, J., Sandeep, K. P., Cartwright, G. D., & Kumar, P. (2008). Sterilization solutions for aseptic processing using a continuous flow microwave system. *Journal of Food Engineering*, *85*, 528-536.

Daelman, J., Jacxsens, L., Devlieghere, F., & Uyttendaele, M. (2013). Microbial safety and quality of various types of cooked chilled foods. *Food Control*, *30*, 510-517.

Darecchio, A. (1983). *Apparatus for providing overriding pressure in heat processing sealed containers.* Patent. US4397814.

Datta, A. K., & Davidson, P. M. (2000). Microwave and radio frequency processing. *Journal of Food Science*, *65*, 32.

Datta, A. K., & Rakesh, V. (2013). Principles of microwave combination heating. *Comprehensive Reviews in Food Science & Food Safety*, *12* (1), 24.

Dhawan, S., Varney, C., Barbosa-Cánovas, G. V., Tang, J., Selim, F., & Sablani, S. S. (2014). The impact of microwave-assisted thermal sterilization on the morphology, free volume, and gas barrier properties of multilayer polymeric films. *Journal of Applied Polymer Science*, *131* (12), 40376.

Enbiojet Brochure. (2016). *EnbioJet compact flow pasteurizer.* Retrieved 18. 02. 16, from http://www. enbiotechnology. com/en/pliki/EnbioJet_en. pdf.

FDA Regulation Guidance. (2016a) *Chapter 16: Pathogenic bacteria survival through cooking or pasteurization.* Retrieved 26. 02. 16, from http://www. fda. gov/downloads/Food/Guidance Regulation/UCM 252435. pdf.

FDA Regulation Guidance. (2016b). *Chapter 17: Pathogenic bacteria survival through processes designed to retain raw product characteristics.* Retrieved 22. 02. 16, from http://www. fda. gov/downloads/Food/GuidanceRegulation/UCM252437. pdf.

Food Standards Agency Guidance. (2008). *Food Standards Agency guidance on the safety and shelf-life of vacuum and modified atmosphere packed chilled foods with respect to non-proteolytic Clostridium botulinum.* Retrieved 22. 02. 16, from http://www. food. gov. uk/sites/default/files/multimedia/pdfs/publication/vacpacguide. pdf.

Foran, A. (2012). *MATS-B microwave installed at AmeriQual assists CFD at Natick.* ARNews. Retrieved 22. 02. 16, from http://www. army. mil/article/87943/MATS_B_ microwave_installed_at_AmeriQual_assists_CFD_at_Natick.

Gambrell, D. (2013). *Food prices: America's Shrinking Grocery Bill.* Bloomberg Business Week Bloomberg

Business Week 2013 February 28.

Gander, P. (2011). Micro-wave or macro-trend? *Food Manufacture*, *86* (7), 46.

Gibbons, L. (2012). Chilled foods join shelf-life revolution: Sustainable Shelf-Life Extension (SUSSLE) project. *Food Manufacture*, *87* (12), 4-5.

Gilbert, H. (2011). Whistling curries: A step change in ready meals. *Grocer*, *234* (8004), 11.

Gustosi Company Website. *Italian ready meals*. Retrieved 28. 02. 16, from http://www. gusto-si. it/.

Hersom, A. C., & Hulland, E. D. (1980). Chapter 13: Microbiology of sound canned foods- 'Commercial sterility'. In: *Canned foods: Thermal processing and microbiology* (7th ed.). Churchill Livingstone, Edinburgh.

Higgins, K. T. (2003). Microwave muscles into processing mainstream. *Food Engineering*, *75* (11), 71-72.

Hunter, J. (2011) *Insight-Ready meals: The convenience factor*. Packaging Today June/July 17-18.

IBISWorld. (2015). *Corporate catering services in Australia*. Report OD5504: 1-27.

Jeppson, M. R. (1968). *Apparatus and process for microwave treatment*. Patent US3365562.

Kaufman, H. B., Schiffmann, R. F., & Stein, E. W. (1972). *End trap for microwave oven*. Patent. US3665141.

Kenyon, E. M., Berkowitz, D., & Ayoub, J. A. (1976). *Apparatus for continuous microwave sterilization of food in pouches*. Patent. US3961569.

Koskiniemi, C. B., Truong, V. -D., Simunovic, J., & McFeeters, R. F. (2011). Improvement of heating uniformity in packaged acidified vegetables pasteurized with a 915MHz continuous microwave system. *Journal of Food Engineering*, *105*, 149-160.

Lee, D. S., Shin, D. -H., & Yam, K. L. (2002). Improvement of temperature uniformity in microwave-reheated rice by optimizing heat/hold cycle. *Food Service Technology*, *2* (2), 87-93.

Lenz, D., & Lund, D. (1977). The lethal-Fourier number methods: Experimental verification of a model for calculating average quality factor retention in conductive heating canned foods. *Journal of Food Science*, *42* (4), 997-1001.

Lingle, R. (2015). *Food packaging identified for new MATS processing*. Packaging Digest. Retrieved 28. 02. 16, from http://www. packagingdigest. com/food-packaging/food-packaging-id-4-new-mats-process-1506.

Luke, S. (2011). *Meal that whistles when it's cooked*. Daily Mail, Solo Syndication Ltd.: 1.

Manning, L. (2015). *4 Questions with 915 Labs' CEO after $3m seed round for sterilization and food processing technology*. AgFunder News. Retrieved 20. 02. 16, from https://agfundernews. com/5-questions-with-915-labs-ceo-after-3m-seed-round-for-sterilizationand-food-processing-technology 5110. html.

MarketLine Industry Profile Report. (2014). *Global ready meals*. Ready Meals Industry Profile, 1-41. Progressive Digital Media Ltd.

MarketLine Industry Profile. (2015a). *Ready meals in Asia-Pacific*. Ready Meals Industry Profile, 1-37. Progressive Digital Media Ltd.

MarketLine Industry Profile Report. (2015b). *Ready meals in the United States*. Ready Meals Industry Profile, 1-42. Progressive Digital Media Ltd.

Marszalek, K., Mitek, M., & Skapska, S. (2015). Effect of continuous flow microwave and conventional heating on the bioactive compounds, colour, enzymes activity, microbial and sensory quality of strawberry puree. *Food and Bioprocess Technology*, *8* (9), 1864-1876.

Meredith, R. J. (1989). *Apparatus for heating discrete packages of products using microwaves.* Patent US 4889966 A.

MicVac. (2015). *Quality without compromising on safety.* Retrieved 19. 02. 16, from http://www.micvac.com/customers-partners/success-stories/quality-without-compromising-onsafety.

Mokwena, K. K., Tang, J., Dunne, C. P., Yang, T. C. S., & Chow, E. (2009). Oxygen transmission of multilayer EVOH films after microwave sterilization. *Journal of Food Engineering*, *92*, 291-296.

Ohlsson, T. (1987). Sterilization of foods by microwaves. Presented at *International Seminar on New Trends in Aseptic Processing and Packaging of Foodstuffs.* Munich, Oct. 22-23.

Ohlsson, T. (1989). Dielectric properties and microwave processing. In A. G. Medina & R. P. Single (Eds.), *Food properties and computer-aided engineering of food processing systems.* Dordrecht, The Netherlands: Kluwer Academic Publishers.

Ohlsson, T., & Bengtsson, N. (2001). Microwave technology and foods. *Advances in Food and Nutrition Research*, *43*, 65-140.

Orr, S. (2012). *AmeriQual involved in "game-changer" food processing research.* Retrieved 22. 02. 16, from http://www.courierpress.com/business/ameriqual-involved-in-gamechanger-food-processing-research-ep-444039898-324557971.html.

Ortega-Rivas, E. (2007). Processing effects for safety and quality in some non-predominant food technologies. *Critical Reviews in Food Science and Nutrition*, *47* (2), 161-173.

Ortega-Rivas, E. (2009). Processing effects on safety and quality of foods. In E. Ortega-Rivas (Ed.), *Food Preservation Technologies* (pp. 3-9). Boca Raton: CRC Press.

Pasha, I., Saeed, F., Sultan, M. T., Khan, M. R., & Rohi, M. (2014). Recent developments in minimal processing: A tool to retain nutritional quality of food. *Critical Reviews in Food Science & Nutrition*, *54* (3), 340.

Peleg, M. (2006). *Advanced quantitative microbiology for foods and biosystems: Models for predicting growth and inactivation.* Boca Raton: CRC Press.

Pendrous, R. (2011). Microwave in-pack pasteurisation gives chilled meals 30-day shelf-life. *Food Manufacture*, *86* (5), 19.

Peterson, K. (2016). Personal communication 3rd March, 2016 of results from BPA Technology Innovation Project TIP 261.

Piasek, A., Kusznierewicz, B., Grzybowska, I., Malinowska-Panczyk, E., Piekarska, A., Azqueta, A., et al. (2011). The influence of sterilization with EnbioJet (R) Microwave Flow Pasteurizer on composition and bioactivity of aronia and blue-berried honeysuckle juices. *Journal of Food Composition and Analysis*, *24* (6), 880-888.

Press Release 915 Labs. (2015a). *915 Labs leads the food processing revolution fueled by $3 million in funding.* Retrieved 26. 02. 16, from http://www.enhancedonlinenews.com/news/eon/20151104005478/en.

Press Release 915 Labs. (2015b). *915 Labs introduces breakthrough in food processing, paving the way for healthier eating and clean food labels.* 915 - LABS - Processing, PR Newswire US. Retrieved 26. 02. 16, from http://www.prnewswire.com/news-releases/915-labs-introduces-breakthrough-in-food-processing-paving-the-way-for-healthier-eating-and-clean-food-labels-300096868.html.

Rickman, J. C., Bruhn, C. M., & Barrett, D. M. (2007). Nutritional comparison of fresh, frozen, and canned fruits and vegetables II. Vitamin A and carotenoids, vitamin E, minerals and fiber. *Journal of the Science of Food and Agriculture*, *87* (7), 1185-1196.

Ruozi, G. (1989). *A method of pasteurizing or sterilizing foodstuffs utilizing microwaves, and an oven for the implementation of such a method.* Patent. EP 0347623 A1.

Ruozi, G. (1991). *Method of pasteurizing or sterilizing foodstuffs utilizing microwaves.* Patent. US5066503.

Ruozi, G. (1998). *Plant for pasteurizing or sterilising solid or liquid food products using microwaves.* Patent. US5750966 A.

Ruozi, G. (2000). *Method and apparatus for sanitizing minced meat.* Patent. US6039991 A.

Sairem Company Website. (2015). *SAIREM SAS.* Retrieved 18. 02. 16, from http://www.sairem.com/the-tunnels-53.html.

Saltiel, C., & Datta, A. K. (1999). Heat and mass transfer in microwave processing. *Advances in Heat Transfer*, *33*, 1-94.

Steed, L. E., Truong, V. D., Simunovic, J., Sandeep, K. P., Kumar, P., Cartwright, G. D., et al. (2008). Continuous flow microwave-assisted processing and aseptic packaging of purple-fleshed sweetpotato purees. *Journal of Food Science*, *73* (9), E455-E462.

Stenstrom, L. (1974a). *Heating of products in electro-magnetic field.* Patent. US3809845.

Stenstrom, L. (1974b). *Method and apparatus for treating heat - sensitive products.* Patent. US3809844.

Tang, J. (2015). Unlocking potentials of microwaves for food safety and quality. *Journal of Food Science*, *80* (8), E1776-E1793.

Tang, J., & Liu, F. (2015). *Microwave sterilization or pasteurization.* Patent WO2015171763A1.

Tang, J., Liu, F., Pathak, S. K., & Eugene, E. E. I. I. (2006). *Apparatus and method for heating objects with microwaves.* Patent. US7119313.

TetraPak Website. *Aseptic solutions keeping food safe and fresh.* Retrieved 22. 02. 16, from http://www.tetrapak.com/packaging/aseptic-solutions.

Tops Foods Company. (2014). *Revolutionizing the airline market with ovenable high-end quality ambient ready meals.* Belgium: Tops Foods Brochure. Retrieved 22. 02. 16, from http://www.food.be/public/uploads/company-files/790/brochure.pdf.

Turner, S. (2013). *Saizeriya Australia ready meal line.* Video Retrieved 28. 02. 16, from https://www.youtube.com/watch? =v=HN_PoEeO4S8.

Wornick Foods. (2011). *Wornick Foods launches microwave sterilization initiative.* Retrieved 26. 02. 16, from http://www.prnewswire.com/news-releases/wornick-foodslaunchesmicrowave-sterilization-initiative-117641743. html.

Wornick Foods. (2015). *Wornick Foods expands MATS Center capacity for product development projects.* Retrieved 26. 02. 16, from http://wornick. com/blog/2015/07/22/.

Yang, T. C. S. (2012). Thermal prcoessing of rations. In A. H. Barrett & V. Cardello (Eds.), *Military food engineering and ration technology* (pp. 41 – 68). Lancaster, PA: DEStech Publications Inc.

Zanchi, J. (2012). In A. H. Barrett & A. V. Cardello (Eds.), *An overview of US military field feeding and combat rations. Military food engineering and ration technology* (p. 489). Lancaster, PA: DEStech Publications Inc.

Zearott, S. (2014). *Microwave pasteurization improves food safety, flavor.* Retrieved 28. 02. 16, from https://news. wsu. edu/2014/02/10/microwave – pasteurization – improves – food – safety – flavor.

11 微波灭活微生物——效率与灭活动力学

H. Bozkurt-Cekmer, P. M. Davidson
University of Tennessee, Knoxville, TN, United States

11.1 微波灭活的原理

食品中微波能量的吸收涉及两个主要机制：离子相互作用和偶极旋转（Rosen，1972）。当电场作用于含有离子的食品溶液时，会发生离子极化；离子因其固有的电荷而加速运动并与其他离子碰撞，碰撞过程导致离子运动的动能转换为热能。食品中的水是引起偶极旋转的主要成分，由于其偶极性质，当水分子在微波频率下振荡时，会具有跟随电磁辐射下电场方向转动的趋势（Datta 和 Davidson，2000）。被吸收的微波能可使食品温度升高到足以灭活微生物的程度。尽管大量研究已经证明微波的热效应是灭活微生物的重要因素，但一些研究人员仍试图解释微波的非热效应对微生物的灭活作用。

11.2 微波灭活微生物的关键影响因素

11.2.1 食品本身的性质

与食品相关的能够影响微波能量吸收的因素包括介电特性、尺寸、形状、食品相对于腔体的方向，食品中水的物理状态、肉类产品中的骨骼以及水分含量等（Berek 和 Wickersheim，1988）。以下将对微波灭活微生物过程中被广泛研究的主要因素进行简要说明。

11.2.2 介电特性

食品的介电特性是决定介电加热过程中电磁能耦合和分布的主要参数（Tang，2015）。食品的介电特性通常与温度有关（Nelson，1991），因此必须了解产品加工过程中所经历的完整温度范围，以便于预测介电加热效果（Wang、Wig、Tang 和 Hallberg，2003）。有关食品材料介电特性、测量技术和应用的更多信息，请参考 Chandrasekaran、Ramanathan 和 Basak（2013）的研究、第 2 章和第 3 章。

11.2.3 水分含量

水分含量会显著影响食品的介电特性，从而影响微波的穿透深度（Hill，1994）。由于在高水分食品中微波的穿透深度较低，可观察到不均匀的加热效果，而低水分食品由于具有更强的微波穿透而使得各区域的加热速率更加均匀（Mudgett，1989）。此外，在高水分食品中，水分蒸发会导致产品表面冷却而使热量损耗（Berek 和 Wickersheim，1988）。

Vela 和 Wu（1979）探究了水的存在对于土壤中微生物灭活的影响，将细菌、放线菌、真菌和噬菌体等微生物放入具有最佳含水量的土壤（250g）中，并将其暴露于微波（2450MHz，1500W，250g）中。结果表明，微生物的灭活只会发生在有水的条件下，而干燥或冻干的微生物即使长时间暴露在微波中也不会受到影响。他们的结论是微生物的灭活由热效应引起，而且很有可能不存在非热效应。

11.2.4 尺寸和形状

食品的尺寸会影响微波的穿透深度，并影响加热速率和均匀性（Heddleson 和 Doores，1994）。为了提高加热的均匀性，应避免食品和容器上出现尖角和薄边。对于形状不规则的产品，其厚度差异会导致加热不均匀（Mudgett，1989）。对于直径为 20~60mm 的球形或圆柱形食品，其中心温度由于浓度效应会比表面高得多，如肉丸的加热（Hill，1994）。与其他复杂的立方体几何形状不同，对于可以忽略深度的矩形或方形产品，平板的几何形状将决定产品整体的加热速率（Decareau 和 Mudgett，1985）。

11.2.5 包装材料

据报道，高密度聚丙烯（HDPP）是一种适合微波加工的包装材料，为同等耐热材料中价格较低的材料。为达到阻隔细菌的目的，可以使用玻璃、聚对苯二甲酸乙二酯（PET）、高密度聚丙烯（HDPP）和各种聚酯材料生产的托盘和包装袋（Ahmed 和 Ramaswamy，2007）。读者可参考第 13 章和 Tang（2015）的研究，详细了解适用于微波加工的包装材料。

11.2.6 工艺和设备

11.2.6.1 频率

国际电信联盟（ITU）分配给工业、科学和医疗设备（ISM）应用的微波频带数量有限，ISM 分配到的微波频率是 2450MHz（全球）、896MHz（英国）和 915MHz（美国；仅应用于大型工业食品加工系统）。有关 ISM 频段的详细讨论可以在本书的其他章节中找到。

频率较低的 896MHz 或 915MHz 微波在空气中的波长约为 33cm，适用于工业化应用，而频率较高的 2450MHz 微波在空气中的波长约为 12cm，是世界上常用的家用微波炉频率（Hill，1994）。波长大小具有重要意义，因为能量和物质之间的大部分相互作用都发生在特定的波长区域，并由于分子摩擦而产生瞬时热。除了水分、脂质和灰分外，其他食品成分在规定的微波频率下相对呈现出惰性。此外，频率（或波长）决定了包括磁控管、波导管等在内的设备组件，并会在一定程度上影响加热体积。

在当前的文献报道中，微波灭活研究中最常使用的频率是 2450MHz，部分研究也有使用 905MHz（Vrhovac、Hrascan 和 Franekic，2010）、915MHz（Heddleson、Doores 和 Anantheswaran，1994；Song 和 Kang，2016）、41600 ~ 41800MHz（Grundler、Keilmann、Putterlik 和 Strube，1982）或 99GHz（Cohen、Cahan、Shani、Cohen 和 Abramovich，2010）。据文献报道，915MHz 频率下的微波穿透能力更强，所以该条件下的应用能使温度分布更加均匀（Tong、Lentz 和 Rossen，1994）。

11.2.6.2 功率水平

功率水平（和时间）是决定微波加热中微生物灭活效率的关键因素之一，目前已有一些关于功率水平对微生物灭活效果的研究。在最近的研究中，Rougier、Prorot、Chazal、Leveque 和 Leprat（2014）研究了恒定频率（2450MHz）下不同功率水平（200~2000W）对大肠杆菌

(*Escherichia coli*)（5mL）膜稳定性的影响，研究证明功率水平提高带来了更快的加热速率并缩短了达到指定温度所需要的时间，从而增大了对膜完整性的损伤。Benlloch-Tinoco、Pina-Perez、Martinez-Navarrete 和 Rodrigo（2014）则评估了功率水平（600、900 和 1000W）对微波加热过程中单核细胞增生李斯特菌（*Listeria*）灭活动力学的影响，并得出结论：功率水平越高，灭活越快。其他几位研究人员在李斯特菌属（*Listeria* spp.）（Benlloch-Tinoco 等，2014；Farber，D'aoust、Diotte、Sewell 和 Daley，1998）、沙门菌属（*Salmonella* spp.）（De La Vega Miranda、Santiesteban-Lopez、Lopez-Malo 和 Sosa-Morales，2012；Song 和 Kang，2016）、埃希菌属（*Escherichia* spp.）（Canumir、Celis、De Bruijn 和 Vidal，2002；Kindle、Busse、Kampa、Meyerkonig 和 Daschner，1996；Rougier 等，2014；Yaghmaee 和 Durance，2005）、芽孢杆菌属（*Bacillus* spp.）（Wang 等，2003）、普通嗜热放线菌（*Thermoactinomyces vulgaris*）和白色链霉菌（*Streptomyces albus*）（Vela 和 Wu，1979）以及寄生虫（Ortega 和 Liao，2006）的研究中也报道了相似的发现。

11.2.6.3 其他

微波炉的设计（尺寸、几何形状和其他因素）会显著影响产品对微波吸收的程度和空间变化。此外，是否使用提高均匀性的设备（如模式搅拌器和转盘）是影响温度分布的主要因素。有关微波应用过程中关键影响因素的详细信息参见 11.3（另参见第 15、16、17 和 18 章）。

11.3 微波在灭活食品中微生物方面的应用

已经有人研究了微波对食品中微生物灭活的有效性，研究食品主要包括：乳制品（牛乳和脱脂牛乳）、水果产品（猕猴桃原浆、苹果汁、苹果原浆、苹果酒和菠萝汁）、蔬菜产品（番茄汁、马铃薯、墨西哥胡椒、芦笋和玉米）、肉类和海鲜产品（法兰克福香肠、鸡肉、火鸡、牛肉块/碎牛肉、鲷鱼片和牡蛎）、花生酱和香菜（表 11.1 和表 11.3）。研究中检测的微生物包括：致病菌｛阪崎克罗诺杆菌（*Cronobacter sakazaii*）、大肠杆菌（*E. coli*）、单增李斯特菌（*L. monocytogenes*）［包括无害李斯特菌（*Listeria innocua*）］、沙门菌（*Salmonella serovars*）和金黄色葡萄球菌（*Staphylococcus aureus*）｝、形成内生孢子的细菌［芽孢杆菌属（*Bacillus* spp.）和梭菌属（*Clostridium* spp.）］、腐败菌［脂环酸芽孢杆菌属（*Alicyclobacillus* spp.）、片球菌属（*Pediococcus* spp.）、乳杆菌属（*Lactobacillus* spp.）、肠球菌属（*Enterococcus* spp.）、棒状杆菌属（*Corynebacterium* spp.）、假单胞菌属（*Pseudomonas* spp.）、醋酸钙不动杆菌（*Acinetobacter calcoaceticus*）和普通变形杆菌（*Proteus vulgaris*）］、寄生虫［隐孢子虫（*Cryptosporidium parvum*）和圆孢子虫（*Cyclospora cayetanensis*）］、真菌［卡斯特酒香酵母（*Brettanomyces custersii*）和白假丝酵母（*Candida albicans*）］和噬菌体（表 11.1～表 11.3）。目前没有证据表明存在对微波加热具有独特抵抗力的病原菌。

表 11.1 通过使用 2450MHz 在 50~93℃（巴氏杀菌）下进行微波加热来灭活各种食品或微生物培养基中的微生物

目标微生物		食品	功率/W	温度/℃	时间	减少数量级/（CFU/mL）或 g	参考文献
革兰阳性菌	单增李斯特菌（*Listeria monocytogenes*）	法兰克福香肠	550	65	2~19min	0.41/min	Huang 和 Sites（2007）
				75		0.65/min	
				85		0.94/min	
			1100	NR	75s	3.7	Rodriguez-Marval 等（2009）
	土壤分枝杆菌（*Mycobacterium terrae*）	牛乳	600	82~93	85~100s	5	Kindle 等（1996）
	金黄色葡萄球菌（*Staphylococcus aureus*）	牛乳	600	82~93	85~100s	5	Kindle 等（1996）
	脂环酸芽孢杆菌属（*Alicyclobacillus* spp.）	芦笋	900	50	3~7min	5	Giuliani、Bevilacqua、Corbo 和 Severini（2010）
			300~900	<50	0~30min	1.11~1.74	Wang、Zhao、Liao 和 Hu（2010）
	植物乳杆菌（*Lactobacillus plantarum*）	MRS 肉汤培养基	650	50	30min	2~5	Shin 和 Pyun（1997）
革兰阴性菌	阪崎克罗诺杆菌（*Cronobacter sakazaii*）	牛乳	600	82~93	85~100s	5	Kindle 等（1996）
			—	—	40~50s	4~5	Al-Holy、Lin、Abu-Ghoush、Al-Qadiri 和 Rasco（2009）
			900	78.8~88.1	0~120s	5	Pina-Perez 等（2014）
	大肠杆菌（*Escherichia coli*）	缓冲物	100~500	60~90	0~4min	4~6	Fujikawa 等（1992）
		牛乳	270~900	82~93	85~100s	5	Kindle 等（1996）
		苹果汁	600	83	30s	2~4	Canumir 等（2002）

续表

目标微生物		食品	功率/W	温度/℃	时间	减少数量级/（CFU/mL）或 g	参考文献
革兰阴性菌	大肠杆菌（*Escherichia coli*）	蛋白胨溶液	510~711	53~64	0~300s	5~6	Yaghmaee 和 Durance（2005）
		鮰鱼片	1250	80~90	2min	4~5	Sheen、Huang 和 Sommers（2012）
	沙门菌（*Salmonella* sv.）	玉米-大豆乳	60000	56.7~82.2	3.9~10min	3	Bookwalter、Shukla 和 Kwolek（1982）
		牛乳①	700	60	30~45s	6	Heddleson 等（1994）
		鮰鱼片	1250	80~90	2min	4~5	Sheen 等（2012）
		墨西哥胡椒	950	63	25s	4~5	De La Vega-Miranda 等（2012）
		香菜			10s		
		马铃薯煎蛋卷	300~800	70	40~80s	4	Valero、Cejudo 和 Garcia-Gimeno（2014）
		花生酱①	2000~4000		5min	3.24~4.26	Song 和 Kang（2016）
	克雷白肺炎杆菌（*Klebsiella pneumoniae*）	牛乳	600	82~93	85~100s	5	Kindle 等（1996）
	绿脓杆菌（*Pseudomonas aeruginosa*）	牛乳	600	82~93	85~100s	5	Kindle 等（1996）
酵母	白色念珠菌（*Candida albicans*）	牛乳	600	82~93	85~100s	5	Kindle 等（1996）

NR 表示未报道。

注：①915MHz。

表 11.2 通过使用 2450MHz 在 90~140℃（灭菌）下进行微波加热来灭活微生物培养基中的产芽孢厌氧菌

目标微生物	加热溶剂	功率/W	温度/℃	时间/min	减少数量级/（CFU/mL）或 g	参考文献
枯草芽孢杆菌（*Bacillus subtilis*）	装在细颈瓶中的去离子水		140	2.7	6	Lohman 和 Manique（1986）

续表

目标微生物	加热溶剂	功率/W	温度/℃	时间/min	减少数量级/(CFU/mL)或 g	参考文献
枯草芽孢杆菌(*Bacillus subtilis*)	装在细颈瓶中的去离子水	6000	117	45	5	Jeng、Kaczmarek、Woodworth 和 Balasky(1987)
			130		5	
			137		5	
嗜热脂肪地芽孢杆菌(*Geobacillus Bacillus stearothermophilus*)	磷酸缓冲液	—	130	6.05	1	Perng、Yang 和 Fu(1994)
			140	0.85	1	
生孢梭菌(*Clostridium sporogenes*)	磷酸缓冲液	900	90	0~30	<1	Welt 等(1994)
			100		<1	
			110		2~3	

表 11.3 模拟蒸煮条件下微波加热(2450MHz)灭活各种食品介质中的微生物

目标微生物			食品	功率/W	温度/℃	时间/min	减少数量级/(CFU/mL)或 g	参考文献
细菌	嗜温菌		牛肉馅	650	57.6~72.6	7~11	4	Hollywood 等(1991)
	耐冷菌						4	
	大肠杆菌群						2	
	革兰阳性菌	李斯特菌(*Listeria* spp.)	鸡肉	700	65.6	NR	0.82	Harrison 和 Carpenter(1989)
					71.1		1.95	
					73.9		2.5	
					76.7		3.77	
					82.2		3.26	
				650	70	15	2~3	Lund 等(1989)
				500~800	52.1~93.9	0~10	NR	Farber 等(1998)

续表

目标微生物			食品	功率/W	温度/℃	时间/min	减少数量级/(CFU/mL)或g	参考文献
细菌	革兰阳性菌	金黄色葡萄球菌(*Staphylococcus aureus*)	牛肉馅	650	57.6~72.6	7~11	<1	Hollywood 等(1991)
		乳酸杆菌属(*Lactobacillus* spp.)			57.6~72.6	7~11	3~4	
		肠球菌属(*Enterococcus* spp.)			57.6~72.6	7~11	1	
		热杀索丝菌(*Brochothrix thermosphacta*)			57.6~72.6	7~11	3~4	
	革兰阴性菌	大肠杆菌(*Escherichia coli*)	鸡肉块	650	69.8~73.7	5~35	2~6	Apostolou 等(2005)
			整鸡		60.2~92	22	NR	
		沙门菌(*Salmonella* sv.)	肉糕	780	—	4	5	Levre 和 Valentini(1998)
			玉米	700	130	2	6	Anaya、Aguirrezabal、Ventura、Comellas 和 Agut(2008)
			鸡肉	480~800	70~90	95~140s	5~6.4	Pucciarelli 和 Benassi(2005)
芽孢菌		假单胞菌属(*Pseudomonas* spp.)	牛肉馅	650	57.6~72.6	7~11	3~4	Hollywood 等(1991)
		厌氧产芽孢菌株(*Anaerobic sporeformers*)	牛肉馅	650	57.6~72.6	7~11	<1	Hollywood 等(1991)
		芽孢杆菌属(*Bacillus* spp.)			57.6~72.6	7~11	<1	
		枯草芽孢杆菌(*Bacillus subtilis*)	鸡胸肉/鸡肝/鸡胗	900	NR	3	抑菌环	Javadi(2011)
霉菌和酵母菌			牛肉馅		57.6~72.6	7~11	2~3	Hollywood 等(1991)

注：NR 表示未报道。

11.4 微波灭活微生物的机制

半个多世纪以来，人们对微波加热灭活微生物的机制已经进行了广泛的研究和争论（表 11.4~表 11.6）。目前普遍认为，通过微波使微生物灭活的主要原理是高温加热。研究人员讨论了微波场灭活的主要机制，即所谓的“非热”效应。

表 11.4　2450MHz 微波灭活细菌的机制

目标微生物		功率/W	原理	参考文献
嗜温菌		650	仅有热	Hollywood 等（1991）
耐冷菌				
革兰阳性菌	乳杆菌属（*Lactobacillus* spp.）	650	仅有热	Hollywood 等（1991）
		650	不可逆转地破坏细胞膜，增加细胞成分的通透性	Shin 和 Pyun（1997）
	金黄色葡萄球菌（*Staphylococcus aureus*）	1500	仅有热	Vela 和 Wu（1979）
		NR	增加代谢活动	Dreyfuss 和 Chipley（1980）
		650	仅有热	Hollywood 等（1991）
		750	仅有热	Shekarforoush 和 Firozi（2003）
		130	仅有热	Benjamin 等（2007）
		650	仅有热	Mima 等（2008）
		800	仅有热	Tahir 等（2009）
		16	灭活＜45℃	Shamis 等（2009）
	单增李斯特菌（*Listeria monocytogenes*）	650	仅有热	Hollywood 等（1991）
		750	仅有热	Shekarforoush 和 Firozi（2003）
	无害李斯特菌（*Listeria innocua*）	7000	仅有热	Kozempel 等（1998）
	热杀索丝菌（*Brochothrix thermosphacta*）	650	仅有热	Hollywood 等（1991）
	肠球菌属（*Enterococcus* spp.）	650	仅有热	Hollywood 等（1991）
		7000	仅有热	Kozempel 等（1998）
		130	仅有热	Benjamin 等（2007）
	片球菌属（*Pediococcus* spp.）	7000	选择性加热、电穿孔、细胞膜破裂和磁场耦合	Kozempel 等（1998）
		7000	仅有热	Kozempel 等（2000）

续表

目标微生物		功率/W	原理	参考文献
革兰阴性菌	埃希菌属（*Escherichia* spp.）	1500	仅有热	Vela 和 Wu（1979）
		900	DNA 和蛋白释放量增加，细胞密度无明显下降	Woo 等（2000）
		7000	仅有热	Kozempel 等（1998）
		750	仅有热	Shekarforoush 和 Firozi（2003）
		130	仅有热	Benjamin 等（2007）
		800	仅有热	Tahir 等（2009）
		16	灭活<45℃	Shamis 等（2009）
		NR	增殖增加，但代谢活动不增加	Cohen 等（2010）①
		NR	细胞膜裂孔	Shamis 等（2011）
		200~2000	细胞完整性丧失>400W	Rougier 等（2014）
	沙门菌（*Salmonella* sv.）	1500	仅有热	Vela 和 Wu（1979）
		700	仅有热	Heddleson 等（1994）
		750	仅有热	Shekarforoush 和 Firozi（2003）
		700	增强灭活	Anaya 等（2008）
	醋酸钙不动杆菌（*Acinetobacter calcoaceticus*）	700	细胞壁解体	Zhou 等（2010）
	大肠菌群（*Coliforms*）	650	仅有热	Hollywood 等（1991）
	假单胞菌属（*Pseudomonas* spp.）	1500	仅有热	Vela 和 Wu（1979）
		750	仅有热	Shekarforoush 和 Firozi（2003）
		650	仅有热	Mima 等（2008）
		700	细胞壁解体	Zhou 等（2010）
	棒状杆菌（*Corynebacterium*）	800	仅有热	Tahir 等（2009）
	普通变形杆菌（*Proteus vulgaris*）	800		
	阪崎克罗诺杆菌（*Cronobacter sakazaii*）	800~900	灭活和细胞损伤	Pina-Perez 等（2014）

注：NR 表示未报道。

①915MHz。

表 11.5 2450MHz 微波灭活细菌芽孢的机制

目标微生物	功率/W	结果	参考文献
枯草芽孢杆菌（*Bacillus subtilis*）	750	仅有热	Shekarforoush 和 Firozi（2003）
	100	与传统加热相比，DPA 释放量低，表面结构受损	Celandroni 等（2004）
	2000	胞质蛋白的聚集	Kim 等（2008）
	650	灭活	Mima 等（2008）
	700	细胞壁解体	Zhou 等（2010）
地衣芽孢杆菌（*Bacillus licheniformis*）	2000	皮质水解	Kim 等（2009）
蜡样芽孢杆菌（*Bacillus cereus*）	1500	仅有热	Vela 和 Wu（1979）
	650	仅有热	Hollywood 等（1991）
	800	仅有热	Tahir 等（2009）
生孢梭菌（*Clostridium sporogenes*）	900	仅有热	Welt 等（1994）
产气荚膜杆菌（*Clostridium perfringens*）	750	仅有热	Shekarforoush 和 Firozi（2003）
白色链霉菌（*Streptomyces albus*）	1500	仅有热	Vela 和 Wu（1979）
普通嗜热放线菌（*Thermoactinomyces vulgaris*）	1500	仅有热	Vela 和 Wu（1979）

表 11.6 细菌以外的微生物和寄生虫在 2450MHz 微波下的灭活机制

目标微生物		频率	功率/W	影响	参考文献
霉菌	短密青霉菌（*Penicillium brevicompactum*）	2450MHz	1500W	仅有热	Vela 和 Wu（1979）
酵母菌	酿酒酵母（*Saccharomyces cerevisiae*）	41.6~41.8GHz	—	仅有热	Grundler 等（1982）
		905MHz	—	仅有热	Vrhovac 等（2010）
	白色念珠菌（*Candida albicans*）	2450MHz	650W	仅有热	Mima 等（2008）
	卡斯特酒香酵母（*Brettanomyces custersii*）	2450MHz	0~2.2W/g	仅有热	Zeng、Huang 和 Zhao（2014）

续表

目标微生物		频率	功率/W	影响	参考文献
寄生虫	隐孢子虫（*Cryptosporidium parvum*）	915MHz	2100W	仅有热	Collins 等（2005）
		2450MHz	650~1100W	仅有热	Ortega 和 Liao（2006）
	圆孢子虫（*Cyclospora cayetanensis*）	2450MHz	650~1100W	仅有热	Ortega 和 Liao（2006）
噬菌体	干酪乳杆菌噬菌体 PL-1（*Lactobacillus caseii bacteriophage* PL-1）	2450MHz	—	仅有热	Kakita 等（1995）
	大肠杆菌 K12-噬菌体（*Escherichia coli K 12-bacteriophage*）	2450MHz	1500W	仅有热	Vela 和 Wu（1979）
	大肠杆菌噬菌体 T4（*E. coli-bacteriophage* T4）	2450MHz	1000W	仅有热	Bryant、Rahmanian、Tam 和 Zabetian（2007）

Kozempel、Annous、Cook、Scullen 和 Whiting（1998）开发了一种评估微波非热效应的系统。该系统（5~5.4kW）在流速 0.96~1.26kg/min，单程停留时间 1.1~1.5min 下使用多通道微波发生器，通过微波发生器中的冷却管以保持温度低于 40℃。他们在 40℃ 下使用微波系统研究了微波对脱脂牛乳、水、10% 葡萄糖溶液、苹果汁、菠萝汁、番茄汁、苹果酒和啤酒中片球菌属（*Pediococcus* spp.）的灭活作用，发现除脱脂牛乳外的所有液体中，片球菌属（*Pediococcus* spp.）显著减少。为了解释微波灭活微生物的非热效应，他们提出了四个假设：选择性加热、电穿孔、细胞膜破裂和磁场耦合。他们发现，在不同的液体中，片球菌属（*Pediococcus* spp.）灭活的差异与苹果酒、番茄汁和菠萝汁中的不溶性固形物的保护作用有关，而与水、葡萄糖溶液或苹果汁中不溶性固形物的保护作用无关。但是，在后来的研究中，Kozempel、Cook、Scullen 和 Annous（2000）报告说，微波能对水、鸡蛋、苹果汁、苹果酒、番茄汁等各种液体中的产气肠杆菌（*Enterobacter aerogenes*）、大肠杆菌（*E. coli*）、无害李斯特菌（*L. innocua*）或酵母（Yeast）的灭活没有非热作用，以上研究是他们对先前的设计改进后再完成的，改进的系统使用了一个套管，可以输入微波能量，并用水冷却。他们声称先前设计的系统在微波室内实现湍流是不切实际的，因为停留时间不均匀并且温度分布不确定。此外，他们报道了在没有加热的情况下微波对微生物没有致死作用，同时还发现了微波可能会增强热灭活作用。在一项类似的研究中，使用微波加热（2450MHz、130W）和传统加热至 55℃ 或 65℃ 并保持 15min 来灭活粪肠球菌（*Enterococcus faecalis*）、金黄色葡萄球菌（*S. aureus*）和大肠杆菌（*E. coli*）（将 10mL 储备培养物放入 100mL 蒸馏去离子水中）（Benjamin、Reznik、Benjamin 和 Williams，2007），在传统加热和微波加热之间观察到良好的相关性（0.84~0.99），研究表明除热效应以外并没有其他作用在微生物灭活中起作用。

通过比较传统加热和微波加热，研究人员对微波非热效应进行进一步的研究。Hollywood、Varabioff 和 Mitchell（1991）研究了微波和传统加热对切碎牛肉中微生物灭活的影响，研究微生物包括革兰阳性菌、革兰阴性菌、细菌芽孢、酵母菌和霉菌。他们发现并报道了微生物灭活仅是由加热引起的。其他研究人员（Heddleson 等，1994；Mima 等，2008；Tahir、Mateen、Univerdi、Karagoban 和 Zengin，2009）也报告了类似的发现。

然而，微生物损伤可能在常规加热和微波加热的灭活差异中起作用。Shin 和 Pyun（1997）分别采用微波和传统加热（在 50℃下加热 30min）处理 MRS 肉汤中的植物乳杆菌（*Lactobacillus plantarum*）细胞，发现微波辐射处理过的细胞受到的损伤更严重。Khalil 和 Villota（1988）则比较了微波和传统加热（在 50℃下加热 30min）对磷酸盐缓冲液中 *S. aureus* FRI-100 的灭活和损伤的影响，发现与水浴处理过的细菌细胞相比，微波处理过的细菌细胞受到更严重的损伤，滞后时间更长，紫外线吸收材料的泄漏更严重以及肠毒素产生时间更长。他们猜想可能是微波处理过程中热能瞬间分布到热敏感的细胞成分上，因而导致更高的微生物致死率。此外，他们还发现厌氧条件可增加微波处理过的金黄色葡萄球菌（*S. aureus*）的杀灭率，并提出微波可能催化膜脂质中的某些氧化反应，产生的副产物在微波加热期间会对细胞产生不利影响。Yaghmaee 和 Durance（2005）的研究还报道了微波处理时的温度对 *E. coli* 的破坏作用与传统方式存在差异，并表明除热以外的其他因素存在也可导致微生物死亡。

Celandroni 等（2004）开发了一种微波波导辐射器，可产生均匀且可测量的微波电场振幅分布，并以此研究了微波对枯草芽孢杆菌（*B. subtilis*）芽孢的灭活作用。通过将微波加热与传统 100℃加热进行比较发现，芽孢在微波和传统加热条件下的存活动力学相似，但经过传统加热的芽孢皮层比未处理的芽孢明显厚，而经微波处理的芽孢皮层没有变化。他们还发现芽孢在传统加热处理时会释放二吡啶甲酸（DPA），而在微波处理的芽孢上清液中则完全检测不到胞外 DPA，表明微波加热可以促进 DPA 与其他芽孢成分（如钙离子）之间形成稳定的络合物，因此在微波处理的芽孢上清液中无法检测到 DPA 的释放（Celandroni 等，2004）。地衣芽孢杆菌（*B. licheniformis*）芽孢（2mL）经微波（2450MHz，2kW，1min）处理后发现芽孢出现了皮层水解、溶胀、破裂以及内膜破裂的现象（Kim 等，2009）。在相同条件下（2450MHz，2kW，1min）处理枯草芽孢杆菌（*B. subtilis*）营养细胞（2mL）观察到了细胞壁破裂和细胞质蛋白聚集的现象（Kim、Jo、Kim、Bai 和 Park，2008）。综上，研究者认为微波对芽孢的作用由非热效应引起，因为芽孢和营养细胞在相同温度下经传统加热处理不会引起类似的变化。

Shamis 等（2009）使用微波加热（18GHz，16W，在 45℃下持续 1min）对含致病菌［大肠杆菌（*E. coli*）和金黄色葡萄球菌（*S. aureus*），2mL］的移植生物材料进行灭菌，且不损害其组织功能和耐用性。他们报道了生物材料中的两种致病菌约有 4 个数量级 CFU/mL 失活，并认为这种效应本质上是由非热引起的，因为微波处理温度保持在约 45℃，根据先前报道的数据，低于 45℃时的温度对 *E. coli* 是非致死性的（Heddleson 和 Doores，1994）。在后续研究中，Shamis 等（2011）还研究了温度低于 40℃的微波处理（18GHz，1500kW/m^3 持续 1min）对大肠杆菌（*E. coli*，2mL）的电磁效应，发现与处理停止 10min 后观察到的细胞相比，细胞在暴露于微波后立即表现出不同的形态（细胞出现萎缩和脱水），此时的细胞形态类似于对照组（热加热细胞）。激光扫描共聚焦显微镜结果显示微波处理后的细胞可以吸收异硫氰酸荧光素（FITC）标记的葡聚糖分子，这表明细胞膜内已形成暂时性孔隙，暂时性孔隙的形成说明微波-细胞的相互作用在本质上是电动力学的作用结果。

Zhou、Shin、Hwang、Ahn 和 Hwang（2010）研究了微波对城市二沉污泥中革兰阳性细胞［蜡样芽孢杆菌（*Bacillus cereus*）］和革兰阴性细胞［醋酸钙不动杆菌（*A. calcoaceticus* 和绿脓杆菌 *P. aeruginosa*）］解体的效果。他们发现与未经处理的对照组相比，微波加热显著增加了细胞悬液中的可溶性化学需氧量（1.8~4.0 倍）、可溶性蛋白浓度（1.1~1.8 倍）和可溶性碳水化合物浓度（3.2~14.1 倍），对于革兰阴性菌的增加作用更明显，除此之外他们还使用扫描电子显微镜观察了醋酸钙不动杆菌（*A. calcoaceticus*）和绿脓杆菌（*P. aeruginosa*）中细胞膜的分解。与以上研究结果一致，其他研究人员在 *C. sakazaii*（Rougier 等，2014）和大肠杆菌（*E. coli*）（Pina-Perez、Benlloch-Tinoco、Rodrigo 和 Martinez，2014）的细胞膜中也观察到了类似变化。

除了微波对微生物细胞结构的潜在非热效应外，Cohen 等还对细菌的代谢活性变化进行了研究（Cohen 等，2010；Dreyfuss 和 Chipley，1980）。Dreyfuss 和 Chipley（1980）报道了与传统加热处理的细胞相比，微波处理后的金黄色葡萄球菌（*S. aureus*）细胞的代谢失衡更严重。相反地，Cohen 等（2010）研究发现大肠杆菌（*E. coli*，1.5mL）经微波（99GHz，$2W/m^2$）持续 19h 处理后，与对照组相比其代谢活性并没有变化，细菌的增殖略有增加。由于所施加的频率会影响微波穿透深度，因此这些研究之间的差异可能与所施加的微波频率有关。Woo、Rhee 和 Park（2000）分别在 40℃、60℃和 80℃下对大肠杆菌（*E. coli*）和枯草芽孢杆菌（*B. subtilis*）（500mL）进行微波加热 25s、50s 和 80s（2450MHz，600W），观察到大肠杆菌（*E. coli*）和枯草芽孢杆菌（*B. subtilis*）中的细胞质蛋白聚集和细胞壁膨胀，由于传统加热处理（40℃、60℃和 80℃的循环水浴）并不会引起类似变化，因此他们认为这些变化是受其他因素影响的。

总而言之，虽然已经证明了微波加热会导致暴露细胞的潜在结构变化、代谢变化和损伤，但这些变化并不能解释微波加热所显示的杀菌作用。因此，在研究描述微波加热灭活动力学的方法时，强烈建议方法模型中只包括热效应（FDA，2000）。

11.5 微波在食品加工中的应用

微波在食品中的主要应用包括：预包装食品的巴氏杀菌和灭菌、肉制品的加工、冷冻肉制品和禽类制品的加热、食品的干燥、面包的烘焙、冷冻制品的解冻以及蔬菜的预处理等（Ahmed 和 Ramaswamy，2007）。

11.5.1 巴氏杀菌

巴氏杀菌是一种相对温和的热处理过程，主要目的是杀灭食品中的病原体、腐败菌以及灭活酶类，确保食品食用安全并延长食品的保质期。微波巴氏杀菌系统通常需要 1.5~2min 的时间将产品的温度提升到 70℃，此过程足以控制单增李斯特菌（*L. monocytogenes*）的生长（减少的数量级≥6），使食品在冷藏条件下可以达到 7d 的保质期。若要达到约 9 周的保质期，微波杀菌处理时产品需要被加热到 90℃，并且保证产品冷点位置至少被加热 10min，以控制非蛋白质分解型肉毒梭菌（*C. botulinum*）的生长（Tang，2015）。

许多研究已经对多种食品进行了微波巴氏杀菌的测试，证明微波巴氏杀菌能够有效地灭活多种微生物（表 11.1）。对于液体食品来说，微波巴氏杀菌很容易实现均匀性加热；然而在固体食品的微波巴氏杀菌过程中可能会存在冷热点导致加热不均匀现象（Hamoud-Agha、Curet、Simonin 和 Boillereaux，2013）。加热过程中冷点的存在可能会导致微生物杀灭不彻底，这可能是限制微波巴氏杀菌工业化广泛发展的主要障碍，尤其是在固体食品中的应用（Vadivambal 和 Jayas，2010）。

11.5.2　灭菌

食品加热灭菌的目的是达到商业无菌，也就是获得在非冷藏条件下能够稳定保藏的产品。食品加热灭菌处理的温度与食品的 pH 有关。对于弱酸性食品（pH>4.6），产神经毒素的肉毒梭菌（*C. botulinum*）生长不受抑制，所以此类食品灭菌需要加热到足够高的温度来抑制肉毒梭菌（*C. botulinum*）及芽孢的生长来实现商业无菌（Ahmed 和 Ramaswamy，2007）。表 11.2 展示了几种可产生芽孢的细菌对微波加热的抵抗能力，包括肉毒梭菌（*C. botulinum*）和生孢梭菌（*Clostridium sporogenes*）。

微波灭菌的商业化面临着许多问题，如多模微波腔的电场分布不均匀以及不可预测性、非吸波包装材料的缺乏、温度监测不准确等（Tang，2015），此外 2450MHz 的微波穿透性较低也是一个重要的限制因素。Tang（2015）的一篇综述中介绍了一种 915MHz 的单模微波辅助灭菌技术（MATS），此灭菌技术已经得到监管部门的许可。

11.5.3　烹调

应用微波加热对肉类和禽类制品进行微生物灭活的研究较为广泛（表 11.3）。在这些研究中，部分研究者报道了微波烹调过程中微生物灭活不彻底的问题（Apostolou、Papadopoulou、Levidiotou 和 Ioannides，2005；Farber 等，1998；Harrison 和 Carpenter，1989；Hollywood 等，1991；Javadi，2011；Levre 和 Valentini，1998；Lindsay、Krissinger 和 Fields，1986；Lund、Knox 和 Cole，1989）。微生物的灭活不完全可能与微波加热食品内部的温度分布不均匀有关。如 Pucciarelli 和 Benassi（2005）的研究表明在微波加热鸡肉的过程中，鸡肉存在着 3~11℃不等的内外温度梯度，被加热产品的整体不均匀温度分布会导致被污染食品中病原微生物的存活。同样地，Levre 和 Valentini（1998）研究了在 2450MHz、78W 和 3.5~4min 的加热条件下 60 块肉饼（约 600g）中沙门菌（*Salmonella*）的灭活情况，结果表明微波烹调 3.5min，43.3% 的样品 *Salmonella* 呈阳性，而要完全灭活沙门菌（*Salmonella*）（5log CFU/g）需要微波加热 4min。Apostolou（2005）等报道了微波加热整鸡时大肠杆菌 O157：H7（*E. coli* O157：H7）杀灭不完全的情况，研究者认为这主要由微波加热不均匀导致（温度波动范围为 60.2~92.0℃）。以上研究结果强调了需使用推荐的方法来确定食品微波烹调终点，如使用温度计和使用适当的静置时间来实现温度平衡，并将微生物在高温下暴露足够长的时间。

11.6 微生物灭活动力学

文献中已经报道了很多用于优化传统加热过程的热灭活动力学计算方程。但是当涉及微波加热时，由于微波辐射过程中的特殊加热形式，使得微生物灭活动力学方程的建立存在很大困难（Banik、Bandyopadhyay 和 Ganguly，2003）。传统加热过程中预期会存在一个恒温阶段，而微波加热过程完全是一个非等温过程（Matsui、Gut、Oliveira 和 Tadini，2008）。此外，微波加热通常难以确定影响加热过程的参数，如加热速率、样品暴露的温度范围或恰当的样品均匀性。目前，针对微生物灭活与微波辐射之间的动力学关系的研究还很少。

微波加热对微生物灭活的动力学研究相对于传统加热研究相对较少（表 11.7）。根据已发表的研究结果，微波灭活微生物过程可以用一级动力学方程来拟合。基于此项研究，微波灭活沙门菌属（*Salmonella* spp.）、枯草芽孢杆菌（*B. subtilis*）、嗜热芽孢杆菌（*B. stearothermophilus*）、生孢梭菌（*C. sporogenes*）、植物乳杆菌（*L. plantarum*）、酿酒酵母（*S. cerevisiae*）、大肠杆菌（*E. coli*）、单增李斯特菌（*L. monocytogenes*）和阪崎克罗诺杆菌（*C. sakazaii*）等微生物的动力学方程已经被建立（表 11.7），但目前还没有应用非线性模型来确定微生物微波灭活行为的研究。

表 11.7 微波和常规加热条件下微生物 *D* 和 *z* 的实验值

微生物	液态食品等体系	传统加热			微波加热				参考文献
		T/℃	*D*/min	*z*/℃	功率/W	*T*/℃	*D*/min	*z*/℃	
嗜热脂肪地芽孢杆菌（*G. stearothermo-philus*）	磷酸盐缓冲液	—	—	—	—	130	6.05s	11.73	Perng 等（1994）
						140	0.85s		
枯草芽孢杆菌（*Bacillus subtilus*）	牛乳	100	5.5	—	—	100	0.65	—	Wu（1996）
	0.1% NaCl 溶液	100	2.5		750	100	2.5	—	Celandroni 等（2004）
生孢梭菌（*Clostridium sporogenes*）	磷酸盐缓冲液	90	370.17	13	900	90	370.17	13	Welt 等（1994）
		100	62.98			100	62.98		
		110	10.71			110	10.71		

续表

微生物	液态食品等体系	传统加热 T/℃	传统加热 D/min	传统加热 z/℃	微波加热 功率/W	微波加热 T/℃	微波加热 D/min	微波加热 z/℃	参考文献
阪崎克罗诺杆菌（*Cronobacter sakazaii*）	牛乳	—	—	—	400	58	1.90		Pina-Perez 等（2014）
					500	58	0.72		
					600	72	0.50		
					700	78	0.38		
					800	79	0.24		
					900	88	0.23		
大肠杆菌（*Escherichia coli*）	苹果汁	55	173s	5.15	700	55	12.98s	8.18	Ramaswamy、Koutchma 和 Tajchakavit（2000）
		60	18s			60	6.31s		
		65	1.99s			65	0.78s		
	去离子水 水浴	55	170s	5.18	700 MW1	55	20s	10	Koutchma 等（2001）
		60	18s			60	8.3s		
		65	2s			65	2s		
	去离子水 蒸汽	55	73s	7.21	MW2	55	13s	8.18	
		60	18s			60	6.3s		
		65	2s			65	0.78s		
		56	351.60	5	100	60	76.77	22.79	Fujikawa 等（1992）
						70	15.35		
		58	135.47			90	3.29		
					200	60	46.06	24.64	
		60	49.00			70	11.52		
						90	2.56		
		62	22.80		300	60	32.90	—	
						70	10.01		
		64	8.56			90	—		

续表

微生物	液态食品等体系	传统加热			微波加热				参考文献
		T/℃	D/min	z/℃	功率/W	T/℃	D/min	z/℃	
大肠杆菌（*Escherichia coli*）	苹果汁	83	—	—	270	38.3	3.88	—	Canumir 等（2002）
					450	58.5	0.99		
					720	76.2	0.48		
					900	70.3	0.42		
	苹果醋	—	—	—	2000	80	0.755	—	Gentry 和 Roberts（2005）
	蛋白胨溶液	50.4	5.10	9.1	711	49.2	13	5.9	Yaghmaee 和 Durance（2005）
						51.7	6.9		
		53.1	4.10			51.8	4.1		
						55.2	0.7		
		54.7	2.60			56.5	0.6		
						57.1	0.8		
		55	1.30			57.3	0.5		
						58.4	0.5		
		57.6	0.60			61.1	0.1		
					510	48.9	28	6.2	
		58.6	0.70			52.8	9.8		
						53.3	3.8		
		60.0	0.50			54.2	2.2		
						55.6	0.5		
		60.1	0.24			56.3	0.4		
						58.1	0.4		
		63.5	0.19			58.2	0.7		
						60.3	0.5		
		65.7	0.18			60.5	0.3		
						60.6	0.1		
单增李斯特菌（*Listeria monocytogenes*）	猕猴桃汁	50	3.40	13.59	600	60	0.71	—	Benlloch-Tinoco 等（2014）
		55	1.18		900		0.29		
		60	0.62		1000		0.28		

续表

微生物	液态食品等体系	传统加热			微波加热				参考文献
		T/℃	D/min	z/℃	功率/W	T/℃	D/min	z/℃	
植物乳杆菌（*Lactobacillus plantarum*）	苹果汁	60	26s	—	700	60	3.7s	—	Tajchakavit 等（1998）
片球菌属（*Pediococcus* spp.）	水	—	—	—	7000	35	4.2	—	Kozempel 等（1998）
	10%葡萄糖					35	1.5		
	苹果汁					39	0.33		
	菠萝汁					38	10.8		
	番茄汁					39	1.78		
	苹果醋					39.2	6.15		
	啤酒					39	6.05		
沙门菌（*Salmonella* sv.）	牛乳	—	—	—	700	60	0.69	—	Heddleson 等（1994）
酿酒酵母（*Saccharomyces cerevisiae*）	苹果汁	60	10s	—	700	60	0.41	—	Tajchakavit 等（1998）
酵母（Yeast）	啤酒	—	—	—		35.7	1.62	—	Kozempel 等（1998）

应用一级动力学模型描述微生物残余数量随时间变化的常规方程如下：

$$\ln N(t)=\ln N_0-kt \tag{11.1}$$

式中 $N(t)$——在处理一段时间 t 后微生物的存活数量，CFU/mL；

N_0——初始微生物数量，CFU/mL；

k——一级速率常数，1/s。

式（11.1）可以变化成：

$$\lg\frac{N(t)}{N_0}=-\frac{t}{D} \tag{11.2}$$

D 值是10倍致死时间（等温条件下杀灭90%原有残存活菌数所需要的时间）（Bigelow，1921）。随后确定 z 值，z 值是使 D 值降低（或升高）90%所需升高（或降低）的温度，表明：

$$z=\frac{T_1-T_2}{\lg D_2-\lg D_1} \tag{11.3}$$

以上是描述微生物灭活动力学的常规方法，但 Peleg（2006）已经证明了这些模型在很大程度上难以描述微生物灭活期间的存活曲线。Peleg（2006）描述了微生物等温和非等温灭活的高级模型，如威布尔分布（Weibull distribution），这些模型可被用来准确预测食品微波巴氏杀菌和微波灭菌的安全性，并最大限度缩短热处理时间以实现保持食品质量的目标。

了解特定微生物的热灭活参数（D 值和 z 值）对设计有效的加热灭菌过程非常重要。基于微生物灭活动力学的可用数据，比较微波和传统加热方法对微生物存活的影响，结果表明微波加热的 D 值明显低于传统加热（Benlloch－Tinoco 等，2014；Koutchma、Bail 和 Ramaswamy，2001；Ramaswamy 等，2000；Tajchakavit、Ramaswamya 和 Fustierb，1998；Wu，1996；Yaghmaee 和 Durance，2005）。对于牛乳中枯草芽孢杆菌（*B. subtilis*）的灭活过程，微波加热的 $D_{100℃}$ 是 0.65min，传统加热的 $D_{100℃}$ 为 5.5min。微波加热对苹果汁中植物乳杆菌（*L. plantarum*）和酿酒酵母菌（*Saccharomyces cerevisiae*）的破坏速度分别是常规加热的 6 倍和 25 倍。在苹果汁（Canumir 等，2002；Ramaswamy 等，2000）、去离子水（Koutchma 等，2001）、蛋白胨溶液（Yaghmaee 和 Durance，2005）中的大肠杆菌（*E. coli*）灭活过程以及猕猴桃中单增李斯特菌（*L. monocytogenes*）的灭活过程（Benlloch－Tinoco 等，2014）中也观察到了相似的结果。在连续微波流体灭菌过程中，去离子水中大肠杆菌（*E. coli*）的 D 值在 55℃时为 13s，在 65℃时为 0.78s，明显低于连续蒸汽加热（55℃时为 73s，65℃时为 3s）和间歇加热（55℃为 173s，65℃为 2s）。Ramaswamy 等（2010）在灭活苹果汁中的大肠杆菌（*E. coli*）时也得到了相似的 D 值。Canumir 等（2002）也对灭活苹果汁中大肠杆菌（*E. coli*）的 D 值进行了研究，900W 微波功率下 $D_{70.3℃}=0.42$min，270W 下 $D_{38.3℃}=3.88$min。Yaghmaee 和 Durance（2005）则报道了在 510W 下微波灭活蛋白胨溶液中 *E. coli* 的 D 值（$D_{55.6℃}=0.5$min，$D_{60.5℃}=0.3$min）。

传统热处理李斯特菌属（*Listeria* spp.）的微生物灭活动力学已被广泛研究，但是微波处理下李斯特菌属（*Listeria* spp.）的存活率的研究信息有限。Benlloch Tinoco 等（2014）对微波热处理下单增李斯特菌（*L. monocytogenes*）的灭活动力学进行了研究，发现除了微波 600W 条件下 $D_{60℃}$ 为 0.71min，900W 和 1000W 下的 $D_{60℃}$ 均比传统加热过程的 $D_{60℃}$（0.62min）更低，分别为 0.29min 和 0.28min。结果表明即便处理温度相同，当微波处理功率不同时 D 值也不同。基于以上研究，Fujikawa、Ushioda 和 Kudo（1992）也发现了在相同样品中，微波加热功率在 300W 时的 *E. coli* 灭活速率要比 100W 时快得多。

只有少数研究证明，微波加热微生物灭活动力学与传统加热灭活动力学基本相同（Fujikawa 等，1992；Welt、Tong、Rossen 和 Lund，1994），如 Fujikawa 等（1992）报道了微波和传统加热微生物灭活动力学的类似。然而，分析微生物灭活的可用数据发现，与他们关于微波和传统加热具有相同 z 值的结论不同，微波加热的 z 值明显高于传统加热的 z 值（表 11.7）。同样地，Welt 等（1994）报道了相似的生孢梭菌（*C. sporogenes*）孢子灭活动力学。然而，Welt 等（1994）忽略了微波的非等温特性，利用传统的 z 值概念计算了微波作用下 121℃的 D 值。尽管这些文献对以后的研究做出了巨大的贡献，但是这些方法仍然存在一些问题。因此，在较高温度下的 D 值仍需要进一步的验证。

已知微生物的耐热性，当样品进行非等温加热时，可以通过时间－温度的积分来计算热处理的总致死率（F，也称为热致死时间）：

$$F = \int 10^{(T-T_{\text{ref}})/z} dt \quad (11.4)$$

Gentry 和 Roberts（2005）利用微波巴氏杀菌对苹果酒中的大肠杆菌（*E. coli*）进行灭活处理，根据杀菌过程中大肠杆菌（*E. coli*）的时间-温度曲线和灭活动力学数据，计算得出大肠杆菌（*E. coli*）的热致死时间（$F_{80℃}$）为 3.9min，并且将大肠杆菌数量降低了 5.13log CFU/mL。Koutchma 等（2001）使用相同的方法发现去离子水中微生物的热致死时间（$F_{65℃}$）为 12.83min，并将微生物数量降低了 5.77log CFU/mL。牛乳中的阪崎克罗诺杆菌（*C. sakazaii*）的致死率是除大肠杆菌（*E. coli*）外唯一被文献报道的微生物（Pina-Perez 等，2014）。计算不同功率水平下（600、800 和 900W），阪崎克罗诺杆菌（*C. sakazaii*）在 120s 内的减少量，分别为 2.7log CFU/mL（600W）和 8log CFU/mL（800W/900W），同时也计算得出在 600、800 和 900W 下阪崎克罗诺杆菌（*C. sakazaii*）的热致死时间，分别为 1.35min（$F_{72℃}$）、1.92min（$F_{79℃}$）和 1.84min（$F_{88℃}$）。

总之，由于现有文献中所采用的技术不够精确以及对实验方法和材料的描述缺乏细节，特别是在温度监测方面，因此很难从文献中找到准确评估微波加热的有效性以及非热效应的可能性的方法。缺少温度测量，难以监测微波场分布不均匀导致的不均匀加热，以及在加工过程中无法控制微波处理样品的温度，这都是难以解决微波热效应与非热效应争议的原因（Koutchma 等，2001）。另一方面，还需要考虑微生物灭活动力学对微波系统进行精确设计，并且建立微波与传统加热方法之间的准确比较也至关重要（Latorre、Bonelli、Rojas 和 Gerschenson，2012）。微波与传统加热的准确比较是许多微波加工研究的基础。然而，由于微波加热的非等温特性，在动力学数据分析之前的时间处理不当会干扰不同研究之间的比较，并导致微波加热与常规加热之间更大的差异。

11.7 微生物安全性验证

在食品的开发过程中，为了确保食品安全，研究食品中的热传递以及准确的测量目标位置的温度是十分必要的。热穿透模式可用于评估食品加热的均匀性以及确定食品中升温最缓慢的区域。温度曲线记录了食品温度随加工时间的变化，为目标食品病原体的减少量预测以及食品发生热降解的可能性提供数据支持（Holdsworth，1985）。美国食品安全法规定，要根据食品包装中升温最慢区域的温度变化制定相应的加热工艺以解决部分位置升温速率慢的问题（FDA，1997）。与传统加热一样，微波加热过程中食品冷点的时间-温度变化也决定了食品的微生物安全性（Datta 和 Davidson，2000）。一旦确定了加热模式和冷点位置，温度传感器可以直接置于冷点的位置，以记录冷点的温度曲线，用于改进加热过程，并通过式（11.4）评估食品的安全性（Luan 等，2013）。

11.7.1 验证过程中微生物或者替代物/指示剂的变化

微波加热系统安全性验证主要有两个关键点：①选择与实际致病菌 D 值相近或者具有更高 D 值的微生物代替物；②确定食品的热传递特性，即温度曲线（Awuah、Ramaswamy 和

Economides，2007）。在温度曲线和微生物替代物确定之后，就可以进行常规的接种验证步骤。

11.7.1.1 微生物替代物

由于微波杀菌是一种热处理过程，所以微生物验证试验设计应采用与热处理过程一致的程序进行。目前还没有任何一种微生物被报道出对微波具有独特抗性，所以传统的微生物替代物（营养细胞或者芽孢）都适用于微波加热的测定和验证。

对于弱酸性食品（pH>4.6），腐败厌氧菌生孢梭菌 PA 3679（*C. sporogenes* PA 3679）被用作蛋白水解型肉毒梭状芽孢杆菌（*Clostridium botulinum*）的非毒性替代物，应用于传统加热过程的微生物验证试验当中。并且它也可以用于微波灭菌系统的热处理过程中产品生产的安全性评估（Guan、Cheng、Wang 和 Tang，2004；Tang，2015；Welt 等，1994）。研究发现，生孢梭菌 PA 3679（*C. sporogenes* PA 3679）在 121℃下的 *D* 值为 0.6min，大于肉毒梭状芽孢杆菌（*Clostridium botulinum*）的 *D* 值 0.24min，并且两者的 *z* 值都接近 10℃。因此，在验证试验中能够使用 PA 3679 代替肉毒梭状芽孢杆菌（*Clostridium botulinum*）（Brown、Tran-Dinh 和 Chapman，2012）。

由于单增李斯特菌（*L. monocytogenes*）比大肠杆菌（*E. coli*）、肠炎沙门菌（*S. enteritidis*）或鼠伤寒沙门菌（*S. typhimurium*）具有更强的耐热性（Gabriel 和 Nakano，2009；Guerrero-Beltran 和 Barbosa-Canovas，2005），所以常被用作微波巴氏杀菌过程中的目标病原体（Tang，2015）。非致病的无害李斯特菌（*L. innocua*）与单增李斯特菌（*L. monocytogenes*）具有相似的耐热性，所以常被用做单增李斯特菌（*L. monocytogenes*）的代替物。然而在最近的一项研究中，Bozkurt、D'souza 和 Davidson（2014）发现甲型肝炎病毒（HAV）（$D_{72℃}$=0.88~0.91min，*z* 值=12.51~13.92℃）的耐热性要强于单增李斯特菌（*L. monocytogenes*），因此需要对微波巴氏杀菌中的目标病原体和替代物进行重新评估。

11.7.1.2 化学指示剂

食品安全法法规要求要根据食品包装中冷点区域的温度变化来制定相应的热处理工艺（Food & Drug Administration，1977）。因此，需要一种快速且可靠的方法来监测和预测微波加热过程中食品的升温曲线。为了设计一种有效的加热工艺来确保长保质期食品的充分无菌，准确测定包装食品中的冷点和热点位置至关重要（Pandit、Tang、Mikhaylenko 和 Liu，2006）。

微波加热与传统加热存在很大的区别，微波加热模式依赖于微波能量与食品之间的直接相互作用，难以预测。因此，监测微波灭菌过程中包装食品内部的温度分布是必不可少的，但它不能通过单点温度测量或多点温度测量来确定（Decareau 和 Mudgett，1985）。

微波加热过程中的温度-时间曲线可以使用光纤测得，而金属温度探针由于会和微波电场相互作用，不能用来测量微波电场中食品的温度。虽然光纤价格昂贵、不稳定并且易碎，但是目前只有其适合测量微波加热过程中温度的变化（Tang 等，2008）。

由于直接测定温度比较困难，通过化学标记物进行温度测定也是的一个很好的选择。美国陆军纳蒂克士兵中心发明的化学标记物［M-1：2,3-3,5-二羟基-6 甲基-4（H）-4 吡喃；M-2：4-羟基-5-甲基-3（2H）-呋喃酮；M-3：2,3-3,5-二羟基-6-甲基-4（H）-4 吡喃］常被用于测定食品的加热情况。这些指示剂可用来估计不同热处理过程中的时间-温度曲线（Kim 和 Taub，1993；Kim、Taub、Choi 和 Prakash，1996；Prakash、Kim 和 Taub，1997）。在研究过程中，一般在天然食物中添加指示剂的前体物来生成指示剂。根据相关文献报道，M-2 适用于微波短时间灭菌下温度的测定（Lau 等，2003；Wang、Lau、Tang 和 Mao，2004）。Lau 等（2003）报道了乳清蛋白凝胶（由 20% 乳清蛋白和 1% D-核糖组成）中 M-2 的产量变化，发现在 116~131℃的范围内，化学标记物 M-2 的产量在 10min 加热时间内随时间而急剧增加。M-2 的形成符合一级动力学，与食源性微生物病原体的热灭活动力学相似（Lau 等，2003）。Pandit 等（2006）则报道了以脱水马铃薯粉为原料制作的马铃薯泥中 M-2 的一级反应动力学，并在此基础上开发了带有 M-2 前体的标准乳清蛋白凝胶和马铃薯泥，涵盖了与不同类型食品相似的介电和热特性范围。他们还发现这些模型食品在热处理前呈浅白色，而微波加热后局部呈现出棕色，其中颜色的强度取决于加热强度（Pandit 等，2006）。

Pandit、Tang、Liu 和 Mikhaylenko（2007）报道了微波灭菌过程中微生物的局部热致死率 F_0 值（与 121℃下热致死率等效，z 值 = 10℃）与 M-2 形成的颜色强度呈正相关。在后续研究中，他们还开发了一种计算机辅助视觉观测方法，用于微波灭菌后快速的确定加热效果（Pandit、Tang、Liu 和 Pitts，2007）。为了测定不同位置的 M-2 产量，使用计算机视觉方法只需要几分钟，而使用 HPLC 则需要更长的时间（Pandit、Tang、Liu 和 Pitts，2007）。该方法可以用于测定多种产品中的冷点，是开发微波杀菌工艺的关键步骤。此外，该视觉方法也被用于验证计算机仿真模拟的结果（Luan、Tang、Pedrow、Liu 和 Tang，2015；Resurreccion 等，2013）。微波灭菌过程中乳清蛋白凝胶的棕色强度被转换成红、绿和蓝三色标度，有利于加热模式的可视化。计算机模拟和化学指示剂的实验结果都证明了食品中没有边缘加热（Pandit、Tang、Liu 和 Pitts，2007）。Tang（2015）概括了化学指示剂在微波处理中的应用，并报道称 M-2 指示剂特别适合短时间的微波杀菌过程研究。

微波加热后的产品温度可以使用热电偶、热成像、核磁共振等手段测量。热电偶是测量食品中温度分布最常用的手段，常被用来验证计算机仿真模拟的结果（Wang、Tang、Rasco、Kong 和 Wang，2008）。热成像是测量微波处理食品温度最常用的方法之一，通常将食品切成不同的层，来测量食品内部的温度分布（Sakai、Mao、Koshima 和 Watanabe，2005）。由于水分子在弛豫时间、扩散系数、化学位移等性质上对温度十分敏感，因此核磁共振技术也已经被广泛应用在食品加工的研究中，微波处理后的食品温度分布也可以采用核磁共振技术进行测量，具体的测量方法参见第 15 章。

11.8 结语和未来发展趋势

微波加热灭活微生物的评估表明，在微生物灭活动力学、热穿透性质、灭活机制等方面的研究仍然存在着很多挑战，这也是微波灭菌达到商业无菌效果以及推进微波杀菌工业化最大的阻碍。而好消息是目前还没有研究发现任何的致病微生物对微波加热有独特抗性。因此，在微波加工技术工艺设计和应用的过程中，可以使用传统的食源性病原体或腐败菌的热灭活动力学。但是，仍然需要进一步的研究来推进实验室成果的工业化。

参考文献

Ahmed, J., & Ramaswamy, H. S. (2007). Microwave pasteurization and sterilization of foods. In M. S. Rahman (Ed.), *Handbook of food preservation*. Boca Raton, FL: CRC Press.

Al-Holy, M. A., Lin, M., Abu-Ghoush, M. M., Al-Qadiri, H. M., & Rasco, B. A. (2009). Thermal resistance, survival and inactivation of enterobacter sakazakii (*Cronobacter* spp.) in powdered and reconstituted infant formula. *Journal of Food Safety*, *29*, 287-301.

Anaya, I., Aguirrezabal, A., Ventura, M., Comellas, L., & Agut, M. (2008). Survivability of Salmonella cells in popcorn after microwave oven and conventional cooking. *Microbiological Research*, *163*, 73-79.

Apostolou, I., Papadopoulou, C., Levidiotou, S., & Ioannides, K. (2005). The effect of short-time microwave exposures on *Escherichia coli* O157 : H7 inoculated onto chicken meat portions and whole chickens. *International Journal of Food Microbiology*, *101*, 105-110.

Awuah, G. B., Ramaswamy, S., & Economides, A. (2007). Thermal processing and quality: Principles and overview. *Chemical Engineering Process*, *46*, 584-602.

Banik, S., Bandyopadhyay, S., & Ganguly, S. (2003). Bioeffects of microwave - A brief review. *Bioresource Technology*, *87*, 155-159.

Benjamin, E., Reznik, A., Benjamin, E., & Williams, A. L. (2007). Mathematical model of manganese ion catalyzed microwave deactivation of *Enterococcus faecalis*, *Staphylococcus aureus and Escherichia coli*. *Cellular and Molecular Biology*, *53*, 49-54.

Benlloch-Tinoco, M., Pina-Perez, M. C., Martinez-Navarrete, N., & Rodrigo, D. (2014). Listeria *monocytogenes* inactivation kinetics under microwave and conventional thermal processing in a kiwifruit puree. *Innovative Food Science & Emerging Technologies*, *22*, 131-136.

Berek, H. E., & Wickersheim, K. A. (1988). Measuring temperatures in microwavable packages. *Journal of Packaging Technology*, *2*, 164-168.

Bigelow, W. D. (1921). The logarithmic nature of thermal death time curves. *Journal of Infectious Diseases*, *29*, 528.

Bookwalter, G. N., Shukla, T. P., & Kwolek, W. F. (1982). Microwave processing to destroy Salmonellae in corn-soy-milk blends and effect on product quality. *Journal of Food Science*, *47*, 1683-1686.

Bozkurt, H., D'souza, D. H., & Davidson, P. M. (2014). A comparison of the thermal inactivation kinetics of human norovirus surrogates and hepatitis A virus in buffered cell culture medium. *Food Microbiology*, *42*, 212-217.

Brown, J. L., Tran-Dinh-, L., & Chapman, B. (2012). *Clostridium sporogenes* PA 3679 and its uses in the derivation of thermal processing schedules for low-acid shelf-stable foods and as a research model for proteolytic *Clostridium botulinum*. *Journal of Food Protection*, *75*, 779-792.

Bryant, S., Rahmanian, R., Tam, H., & Zabetian, S. (2007). Effects of microwave irradiation and heat on T4 bacteriophage inactivation. *Journal of Experimental Microbiology and Immunology*, *11*, 66-72.

Canumir, J. A., Celis, J. E., De Bruijn, J., & Vidal, L. V. (2002). Pasteurisation of apple juice by using microwaves. *Lebensmittel - Wissenschaft Und - Technologie - Food Science and Technology*, *35*,

389–392.

Celandroni, F., Longo, I., Tosoratti, N., Giannessi, F., Ghelardi, E., Salvetti, S., et al. (2004). Effect of microwave radiation on Bacillus subtilis spores. *Journal of Applied Microbiology*, *97*, 1220–1227.

Chandrasekaran, S., Ramanathan, S., & Basak, T. (2013). Microwave food processing–A review. *Food Research International*, *52*, 243–261.

Cohen, I., Cahan, R., Shani, G., Cohen, E., & Abramovich, A. (2010). Effect of 99 GHz continuous millimeter wave electro–magnetic radiation on *E. coli* viability and metabolic activity. *International Journal of Radiation Biology*, *86*, 390–399.

Collins, M. V., Flick, G. J., Smith, S. A., Fayer, R., Rubendall, E., & Lindsay, D. S. (2005). The effects of E–beam irradiation and microwave energy on Eastern Oysters (*Crassostrea virginica*) experimentally infected with *Cryptosporidium parvum*. *Journal of Eukaryotic Microbiology*, *52*, 484–488.

Datta, A. K., & Davidson, P. M. (2000). Microwave and radio frequency processing. *Journal of Food Science*, *65*, 32–41.

Decareau, R., & Mudgett, R. E. (1985). *Microwaves in the food processing industry*. Orlando, FL: Academic Press.

De La Vega–Miranda, B., Santiesteban–Lopez, N. A., Lopez–Malo, A., & Sosa–Morales, M. E. (2012). Inactivation of *Salmonella typhimurium* in fresh vegetables using water–assisted microwave heating. *Food Control*, *26*, 19–22.

Dreyfuss, M. S., & Chipley, J. R. (1980). Comparison of effects of sublethal microwave–radiation and conventional heating on the metabolic–activity of *Staphylococcus aureus*. *Applied and Environmental Microbiology*, *39*, 13–16.

Farber, J. M., D'aoust, J. Y., Diotte, M., Sewell, A., & Daley, E. (1998). Survival of *Listeria* spp. on raw whole chickens cooked in microwave ovens. *Journal of Food Protection*, *61*, 1465–1469.

Food and Drug Administration (FDA). (1977). *Code of regulations–Title 21*. Washington, DC: Food and Drug Administration, Government Services Administration.

Food and Drug Administration (FDA) (2000). *Kinetics of microbial inactivation for alternative food processing technologies–microwave and radio frequency processing*. Washington, DC: Food and Drug Administration, Government Services Administration.

Fujikawa, H., Ushioda, H., & Kudo, Y. (1992). Kinetics of *Escherichia coli* destruction by microwave irradiation. *Applied and Environmental Microbiology*, *58*, 920–924.

Gabriel, A. Z., & Nakano, H. (2009). Inactivation of Salmonella, *E. coli and Listeria monocytogenes* in phosphate–buffered saline and apple juice by ultraviolet and heat treatments. *Food Control*, *20*, 443–446.

Gentry, T. S., & Roberts, J. S. (2005). Design and evaluation of a continuous flow microwave pasteurization system for apple cider. *LWT–Food Science and Technology*, *38*, 227–238.

Giuliani, R., Bevilacqua, A., Corbo, M. R., & Severini, C. (2010). Use of microwave processing to reduce the initial contamination by *Alicyclobacillus acidoterrestris* in a cream of asparagus and effect of the treatment on the lipid fraction. *Innovative Food Science & Emerging Technologies*, *11*, 328–334.

Grundler, W., Keilmann, F., Putterlik, V., & Strube, D. (1982). Resonant–like dependence of yeast growth rate on microwave frequencies. *British Journal of Cancer. Supplement*, *5*, 206–208.

Guan, D., Cheng, M., Wang, Y., & Tang, J. (2004). Dielectric properties of mashed potatoes relevant to microwave and radio-frequency pasteurization and sterilization processes. *Journal of Food Science*, *69*, E30-E37.

Guerrero-Beltrán, J. A., & Barbosa-Cánovas, G. V. (2005). Reduction of *Saccharomyces cerevisiae*, *Escherichia coli* and *Listeria innocua* in apple juice by ultraviolet light. *Journal of Food Process Engineering*, *28*, 437-452.

Hamoud-Agha, M. M., Curet, S., Simonin, H., & Boillereaux, L. (2013). Microwave inactivation of *Escherichia coli* K12 CIP 54.117 in a gel medium: Experimental and numerical study. *Journal of Food Engineering*, *116*, 315-323.

Harrison, M. A., & Carpenter, S. L. (1989). Survival of *Listeria monocytogenes* on microwave cooked poultry. *Food Microbiology*, *6*, 153-157.

Heddleson, R. A., & Doores, S. (1994). Factors affecting microwave heating of foods and microwave induced destruction of food borne pathogens-A review. *Journal of Food Protection*, *11*, 952-1037.

Heddleson, R. A., Doores, S., & Anantheswaran, R. C. (1994). Parameters affecting destruction of *Salmonella* spp. by microwave-heating. *Journal of Food Science*, *59*, 447-451.

Hill, M. A. (1994). Vitamin retention in microwave cooking and cook-chill foods. *Food Chemistry*, *49*, 131-136.

Holdsworth, S. D. (1985). Optimization of thermal processing. *Journal of Food Engineering*, *4*, 89-116.

Hollywood, N. W., Varabioff, Y., & Mitchell, G. E. (1991). The effect of microwave and conventional cooking on the temperature profiles and microbial-flora of minced beef. *International Journal of Food Microbiology*, *14*, 67-75.

Huang, L. H., & Sites, J. (2007). Automatic control of a microwave heating process for in-package pasteurization of beef frankfurters. *Journal of Food Engineering*, *80*, 226-233.

Javadi, A. (2011). Effect of roasting, boiling and microwaving cooking method on doxycline residues in edible tissues of poultry by microbial method. *African Journal of Pharmacy and Pharmacology*, *5*, 1034-1037.

Jeng, D. K. H., Kaczmarek, K. A., Woodworth, A. G., & Balasky, G. (1987). Mechanism of microwave sterilization in the dry state. *Applied and Environmental Microbiology*, *53*, 2133-2137.

Kakita, Y., Kashige, N., Murata, K., Kuroiwa, A., Funatsu, M., & Watanabe, K. (1995). Inactivation of *Lactobacillus bacteriophage* PL-1 by microwave irradiation. *Microbiology and Immunology*, *39*, 571-576.

Khalil, H., & Villota, R. (1988). Comparative study on injury and recovery of *Staphylococcus aureus* using microwave and conventional heating. *Journal of Food Protection*, 51.

Kim, H. J., & Taub, I. A. (1993). Intrinsic chemical markers for aseptic processing of particulate foods. *Food Technology*, *47*, 91-97.

Kim, H. J., Taub, I. A., Choi, Y. M., & Prakash, A. (1996). Principles and applications of chemical markers of sterility in high temperature short-time processing of particulate foods. *Chemical Markers for Processed and Stored Foods*, *631*, 54-69.

Kim, S. Y., Jo, E. K., Kim, H. J., Bai, K., & Park, J. K. (2008). The effects of high-power microwaves on the ultrastructure of *Bacillus subtilis*. *Letters in Applied Microbiology*, *47*, 35-40.

Kim, S. Y., Shin, S. J., Song, C. H., Jo, E. K., Kim, H. J., & Park, J. K. (2009). Destruction of *Bacillus licheniformis* spores by microwave irradiation. *Journal of Applied Microbiology*, *106*, 877-885.

Kindle, G., Busse, A., Kampa, D., Meyerkonig, U., & Daschner, F. D. (1996). Killing activity of microwaves in milk. *Journal of Hospital Infection*, *33*, 273-278.

Koutchma, T., Bail, A. L., & Ramaswamy, H. S. (2001). Comparative experimental evaluation of microbial destruction in continuous-flow microwave and conventional heating systems. *Canadian Biosystem Engineering*, *43*, 1-8.

Kozempel, M., Cook, R. D., Scullen, O. J., & Annous, B. A. (2000). Development of a process for detecting nonthermal effects of microwave energy on microorganisms at low temperature. *Journal of Food Processing and Preservation*, *24*, 287-301.

Kozempel, M. F., Annous, B. A., Cook, R. D., Scullen, O. J., & Whiting, R. C. (1998). Inactivation of microorganisms with microwaves at reduced temperatures. *Journal of Food Protection*, *61*, 582-585.

Latorre, M. E., Bonelli, P. B., Rojas, A. M., & Gerschenson, L. N. (2012). Microwave inactivation of red beet (*Beta vulgaris* L. var. conditiva) peroxidase and polyphenoloxidase and the effect of radiation on vegetable tissue quality. *Journal of Food Engineering*, *109*, 676-684.

Lau, M. H., Tang, J., Taub, I. A., Yang, T. C. S., Edwards, C. G., & Mao, R. (2003). Kinetics of chemical marker formation in whey protein gels for studying high temperature short time microwave sterilization. *Journal of Food Engineering*, *60*, 397-405.

Levre, E., & Valentini, P. (1998). Inactivation of Salmonella during microwave cooking. *Zentralblatt Fur Hygiene Und Umweltmedizin*, *201*, 431-436.

Lindsay, R. E., Krissinger, W. A., & Fields, B. F. (1986). Microwave vs conventional oven cooking of chicken-relationship of internal temperature to surface contamination by Salmonella typhimurium. *Journal of the American Dietetic Association*, *86*, 373-374.

Lohman, S., & Manique, F. (1986). Microwave sterilization of vials. *Journal of Parenteral Science and Technology*, *40*, 25-30.

Luan, D., Tang, J., Pedrow, P. D., Liu, F., & Tang, Z. (2013). Using mobile metallic temperature sensors in continuous microwave assisted sterilization (MATS) systems. *Journal of Food Engineering*, *119*, 552-560.

Luan, D. L., Tang, J. M., Pedrow, P. D., Liu, F., & Tang, Z. W. (2015). Performance of mobile metallic temperature sensors in high power microwave heating systems. *Journal of Food Engineering*, *149*, 114-122.

Lund, B. M., Knox, M. R., & Cole, M. B. (1989). Destruction of *Listeria monocytogenes* during microwave cooking. *Lancet*, *1*, 218.

Matsui, K. N., Gut, J. A. W., Oliveira, P. V., & Tadini, C. C. (2008). Inactivation kinetics of polyphenol oxidase and peroxidase in green coconut water by microwave processing. *Journal of Food Engineering*, *882*, 169-176.

Mima, E. G., Pavarina, A. C., Neppelenbroek, K. H., Vergani, C. E., Spolidorio, D. M., & Machado, A. L. (2008). Effect of different exposure times on microwave irradiation on the disinfection of a hard chairside reline resin. *Journal of Prosthodontics*, *17*, 312-317.

Mudgett, R. E. (1989). Microwave food processing. *Food Technology*, *43*, 117.

Nelson, S. O. (1991). Dielectric properties of agricultural product. *IEEE Transaction on Electrical Insulation*, *26*, 845-869.

Ortega, Y. R., & Liao, J. Y. (2006). Microwave inactivation of *Cyclospora cayetanensis* sporulation and viability of *Cryptosporidium parvum oocysts*. *Journal of Food Protection*, *69*, 1957-1960.

Pandit, R. B., Tang, J., Mikhaylenko, G., & Liu, F. (2006). Kinetics of chemical marker M-2 formation in mashed potato-A tool to locate cold spots under microwave sterilization. *Journal of Food*

Engineering, *76*, 353-361.

Pandit, R. B., Tang, J., Liu, F., & Mikhaylenko, G. (2007). A computer vision method to locate cold spots in foods in microwave sterilization processes. *Pattern Recognition*, *40*, 3667-3676.

Pandit, R. B., Tang, J., Liu, F., & Pitts, M. (2007). Development of a novel approach to determine heating pattern using computer vision and chemical marker (M-2) yield. *Journal of Food Engineering*, *78*, 522-528.

Peleg, M. (2006). Advanced Quantitative Microbiology for Foods and Biosystems: Models for Predicting Growth and Inactivation, Boca Raton, CRC Press.

Perng, R. S., Yang, K. P., & Fu, M. H. (1994). Heat resistance of *Bacillus stearothermophilus* spores at ultra high temperature. *Food Science*, *21*, 267-274.

Pina-Perez, M. C., Benlloch-Tinoco, M., Rodrigo, D., & Martinez, A. (2014). *Cronobacter sakazakii* inactivation by microwave processing. *Food and Bioprocess Technology*, *7*, 821-828.

Prakash, A., Kim, H. J., & Taub, I. A. (1997). Assessment of microwave sterilization of foods using intrinsic chemical markers. *Journal of Microwave Power and Electromagnetic Energy*, *32*, 50-57.

Pucciarelli, A. B., & Benassi, F. O. (2005). Inactivation of *Salmonella enteritidis* on raw poultry using microwave heating. *Brazilian Archives of Biology and Technology*, *48*, 939-946.

Ramaswamy, H. S., Koutchma, T., & Tajchakavit, S. (2000). Enhanced thermal effects under microwave heating conditions. In: *International conference of engineering and food (ICEF 8), 2000 Puebla, Mexico.*

Resurreccion, F. P., Tang, J., Pedrow, P., Cavalieri, R., Liu, F., & Tang, Z. (2013). Development of a computer simulation model for processing food in a microwave assisted thermal sterilization (MATS) system. *Journal of Food Engineering*, *118*, 406-416.

Rodriguez-Marval, M., Geornaras, I., Kendall, P. A., Scanga, J. A., Belk, K. E., & Sofos, J. N. (2009). Microwave oven heating for inactivation of *Listeria monocytogenes* on frankfurters before consumption. *Journal of Food Science*, *74*, M453-M460.

Rosen, C. G. (1972). Effects of microwaves on food and related materials. *Food Technology*, *26*, 36-37.

Rougier, C., Prorot, A., Chazal, P., Leveque, P., & Leprat, P. (2014). Thermal and nonthermal effects of discontinuous microwave exposure (2.45 gigahertz) on the cell membrane of *Escherichia coli*. *Applied and Environmental Microbiology*, *80*, 4832-4841.

Sakai, N., Mao, W. J., Koshima, Y., & Watanabe, M. (2005). A method for developing model food system in microwave heating studies. *Journal of Food Engineering*, *66*, 525-531.

Shamis, Y., Patel, S., Taube, A., Morsi, Y., Sbarski, I., Shramkov, Y., et al. (2009). A New sterilization technique of bovine pericardial biomaterial using microwave radiation. *Tissue Engineering Part C-Methods*, *15*, 445-454.

Shamis, Y., Taube, A., Mitik-Dineva, N., Croft, R., Crawford, R. J., & Ivanova, E. P. (2011). Specific electromagnetic effects of microwave radiation on *Escherichia coli*. *Applied and Environmental Microbiology*, *77*, 3017-3022.

Sheen, S., Huang, L. H., & Sommers, C. (2012). Survival of *Listeria monocytogenes*, *Escherichia coli* O157: H7, and *Salmonella* spp. on catfish fillets exposed to microwave heating in a continuous mode. *Journal of Food Science*, *77*, E209-E214.

Shekarforoush, S. S., & Firozi, R. (2003). The effect of sodium chloride, pH and acid type on destruction of *Listeria monocytogenes* by microwave heating. *Journal of Faculty of Veterinary Medicine*, *58*, 395-400.

Shin, J. K., & Pyun, Y. R. (1997). Inactivation of *Lactobacillus plantarum* by pulsed - microwave irradiation. *Journal of Food Science*, *62*, 163-166.

Song, W. J., & Kang, D. H. (2016). Inactivation of *Salmonella senftenberg*, *Salmonella typhimurium* and *Salmonella tennessee* in peanut butter by 915 MHz microwave heating. *Food Microbiology*, *53*, 48-52.

Tahir, A., Mateen, B., Univerdi, S., Karagoban, O., & Zengin, M. (2009). Simple method to study the mechanism of thermal and non thermal bactericidal action of microwave radiations on different bacterial species. *Journal of Bacteriology Research*, *1*, 58-63.

Tajchakavit, S., Ramaswamya, H. S., & Fusticrb, P. (1998). Enhanced destruction of spoilage microorganisms in apple juice during continuous flow microwave heating. *Food Research International*, *31*, 713-722.

Tang, J. (2015). Unlocking potentials of microwaves for food safety and quality. *Journal of Food Science*, *80*, E1776-E1793.

Tong, C. H., Lentz, R. R., & Rossen, J. L. (1994). Dielectric-properties of pea puree at 915 Mhz and 2450 Mhz as a function of temperature. *Journal of Food Science*, *59*, 121-122.

Tang, Z. W., Mikhaylenko, G., Liu, F., Mah, J. H., Pandit, R., Younce, F., et al. (2008). Microwave sterilization of sliced beef in gravy in 7-oz trays. *Journal of Food Engineering*, *89*, 375-383.

Vadivambal, R., & Jayas, D. S. (2010). Non-uniform temperature distribution during microwave heating of food materials-A review. *Food and Bioprocess Technology*, *3*, 161-171.

Valero, A., Cejudo, M., & Garcia-Gimeno, R. M. (2014). Inactivation kinetics for *Salmonella enteritidis* in potato omelet using microwave heating treatments. *Food Control*, *43*, 175-182.

Vela, G. R., & Wu, J. F. (1979). Mechanism of lethal action of 2, 450-Mhz radiation on microorganisms. *Applied and Environmental Microbiology*, *37*, 550-553.

Vrhovac, I., Hrascan, R., & Franekic, J. (2010). Effect of 905 MHz microwave radiation on colony growth of the yeast *Saccharomyces cerevisiae* strains FF18733, FF1481 and D7. *Radiology and Oncology*, *44*, 131-134.

Wang, J., Zhao, G. H., Liao, X. J., & Hu, X. S. (2010). Effects of microwave and ultrasonic wave treatment on inactivation of Alicyclobacillus. *International Journal of Food Science and Technology*, *45*, 459-465.

Wang, Y., Lau, M. H., Tang, J., & Mao, R. (2004). Kinetics of chemical marker M-1 formation in whey protein gels for developing sterilization processes based on dielectric heating. *Journal of Food Engineering*, *64*, 111-118.

Wang, Y., Tang, J., Rasco, B., Kong, F. B., & Wang, S. J. (2008). Dielectric properties of salmon fillets as a function of temperature and composition. *Journal of Food Engineering*, *87*, 236-246.

Wang, Y. F., Wig, T. D., Tang, J., & Hallberg, L. M. (2003). Dielectric properties of foods relevant to RF and microwave pasteurization and sterilization. *Journal of Food Engineering*, *57*, 257-268.

Welt, B. A., Tong, C. H., Rossen, J. L., & Lund, D. B. (1994). Effect of microwave - radiation on inactivation of *Clostridium sporogenes* (Pa-3679) spores. *Applied and Environmental Microbiology*, *60*, 482-488.

Woo, I. S., Rhee, I. K., & Park, H. D. (2000). Differential damage in bacterial cells by microwave radiation on the basis of cell wall structure. *Applied and Environmental Microbiology*, *66*, 2243-2247.

Wu, Q. (1996). Effect of high-power microwave on indicator bacteria for sterilization. *Ieee Transactions on Biomedical Engineering*, *43*, 752-754.

Yaghmaee, P., & Durance, T. D. (2005). Destruction and injury of *Escherichia coli* during microwave heating under vacuum. *Journal of Applied Microbiology*, *98*, 498-506.

Zeng, S. W., Huang, Q. L., & Zhao, S. M. (2014). Effects of microwave irradiation dose and time on Yeast ZSM-001 growth and cell membrane permeability. *Food Control*, *46*, 360-367.

Zhou, B. W., Shin, S. G., Hwang, K., Ahn, J. H., & Hwang, S. (2010). Effect of microwave irradiation on cellular disintegration of Gram positive and negative cells. *Applied Microbiology and Biotechnology*, *87*, 765-770.

12 微波辅助解冻和回温

S. J. James, C. James, G. Purnell
Food Refrigeration and Process Engineering Research Centre, Grimsby, United Kingdom

12.1 引言

相比于其他大多数食品加工操作步骤而言，解冻和回温的相关研究较少。在商业化生产中，相较于发展成熟的冷藏和冷冻系统，可控解冻系统的应用相对较少。

冷冻的肉类、鱼类、蔬菜、水果、黄油和浓缩果汁是许多食品加工操作常用的原料。食品工业中使用的冷冻肉类大部分都是去骨后装在约15cm厚、重20~40kg的箱子里，但是其尺寸和形状各异，大到牛完整的后腿部分，小到小块的羊胸肉或家禽肉。冷冻鱼肉通常放置在冷冻板上，冷冻果蔬大都装在盒子、袋子或桶里，冷冻果汁盛放在大桶中。几乎没有任何加工是对这些冷冻的食材直接进行处理的，通常都需要在下一步加工前对其进行解冻或者回温（Anon，2008；James 和 Crow，1986）。

通常当冷冻食品内部温度均达到0℃且没有浮冰时，就认为解冻已完成。这也是肉类可以去骨和其他产品可以手工分割的最低温度。机械切割也可以处理较低的温度（如-5~-2℃）的产品，但产品温度回复到这个较低温度的过程仅是“回温”而非解冻过程（Anon，2008）。回温和解冻这两个过程不可以混淆，因为回温只是一个完整解冻过程的初始阶段。

解冻往往被简单地看作是冷冻加工的逆过程。但解冻过程中存在的一个主要问题在冷冻过程中并不会存在，即解冻食品表面可能存在可导致食品变质或食物中毒的大部分细菌。在冷冻过程中，食品表面温度迅速降低，细菌繁殖被强烈抑制，当温度低于-10℃时，细菌完全处于休眠状态。在解冻过程中，食品表面同样是温度最先升高的区域，此时细菌重新开始繁殖。体积较大的冷冻食材需要经受长时间不可控的解冻周期，其表面可能在中心区域完全解冻之前就已经腐败了（Anon，2008；Baush、Caren、Stephen 和 Tuemy，1980）。

传统解冻和回温系统只能给食材表面提供热量，然后依靠传导将热量传递到产品内部。而少数包括微波在内的方法，是利用电磁辐射在食物内部产生热量进行解冻。在选择工业用解冻和回温系统时，须充分考虑解冻时间、产品外观和产品微生物控制以及诸如污水处理、系统成本和运营成本等问题间的平衡关系。在这些因素中，解冻时间是选择体系的主要标准。如果产品是在解冻状态下出售，那么产品外观、微生物控制和解冻质量损失问题就非常重要，但如果解冻是为了产品后续加工，则这些因素就不那么重要了（Anon，2008）。

现有许多关于肉类（James 和 James，2002；Merts，1999）和鱼类（Archer，Edmonds，George，2008；Haugland，2002；Jason，1974a，1974b）解冻的综述。冷冻解冻肉的主要问题是在最后切割时会有大量蛋白质汁液（滴水）损失，而解冻速率对滴水损失的影响尚不清楚。滴水是在冷藏及冷藏贮藏期间，特别是在解冻和随后的贮藏期间，从食品中流出的游离液体（在肉类和鱼类中尤其明显），它通常被表示为占食品初始质量的百分比。James 和 James（2002）的研究表明解冻速率对牛肉和猪肉的滴水损失量没有显著影响。部分作者得出快速解冻会导致滴水损失增加的结论，而其他人的结论则相反。Hergenreder 等（2011）发现缓慢解冻会导致牛肉损失更多的汁液，这与初始冻结速率无关，而滴水损失的差异并不影响熟牛排的最终食用质量。类似地，Linares、Saavedra、Serrano、Les 和 Sosa（2005）等对猪肉浸泡解冻（<2h）和空气解冻（24h）的比较中发现，浸泡解冻导致猪肉滴水损失较低，浸泡解冻和空气解冻在慢速冷冻时滴水损失分别为5.2%和10.3%，在快速冷冻时分别为7.8%和10.8%。James、Nair和Bailey（1984）的研究表明，从-7℃解冻到0℃时，解冻时间少于1min或大于2000min都会导致滴水损失量增加。因此这些研究结论是相互矛盾的，并不能为解冻系统的优化设计提供有价值的数据。冷冻和冷冻贮藏过程中冰晶的形成（Ostwald熟化现象）会破坏鱼类和果蔬的细胞结构，故在解冻时会有汁液流失。

Fik和Macura（2001）的研究表明，与50℃鼓风解冻的面包相比，微波解冻的面包质量更好。Riihonen和Linko（1990）研究了解冻条件对机械剔骨牛肉（MDB）和机械剔骨猪肉（MDP）品质的影响，所有样品在解冻后立即进行化学和微生物分析，结果表明微波解冻获得了比在4℃或21℃解冻质量更好的产品（$P<0.05$）。Xin、Rui和Jin-Hong（2015）对2cm×2cm×2cm方块大小的哈密瓜使用不同方法解冻（空气、浸泡、微波和高压），发现当微波功率为700W时，产品滴水损失、质构损伤和变色程度最低。Holzwarth、Korhummel和Carle（2012）的研究表明微波炉解冻草莓可以最大限度地保留抗坏血酸含量。

虽然没有达成关于不同解冻速率对解冻产品质量影响的共识，但微波解冻某些食品的确具有一定优势。

12.2 传统和新兴的解冻与回温方法

基于热传导的解冻方法热源主要包括空气、水和真空冷凝蒸汽。

12.2.1 气流辅助解冻

气流解冻系统通过产品表面的静态空气层将热量传导给冷冻产品。传热速率是产品与气流之间的温差、空气流速、相对湿度（RH）以及产品的形状和解冻表面积的函数。气流系统有很强的适应性，可以用来解冻任何尺寸大小的产品，大到可以解冻整个牛肉胴体，小到可以解冻单个草莓。

12.2.1.1 静止空气解冻-自然对流

薄块（<10cm）的肉、鱼或果蔬片可以在室温下过夜解冻，并且产品表面不会太干燥，解冻产品品质令人满意。用于解冻的空气温度不可高于15℃。

不建议采用自然对流方式对较厚的原料进行解冻，因为解冻时间会延长至几天，而非几小时，而且产品表面可能会在中心没有完全解冻之前就开始腐败。然而工业中静置空气解冻只能用于小规模生产，因为这种方法需要相当大的空间，整个过程无法控制，并且需要很长的时间来适应加工周期。这种方法唯一的优点是几乎不需要设备。

12.2.1.2 流动空气解冻-强制对流

大多数商业解冻系统使用流动空气作为解冻介质，这不仅是因为流动空气促进表面传热（h值）导致解冻速率更快，也因为流动空气比静止空气更易控制。对于未包装的产品来说，控制流动空气的相对湿度非常重要，因为可以避免产品表面干燥、提高产品的传热速率。适于肉类解冻的流动空气相对湿度为85%~95%（Bailey、James Kitchell和Hudson,

1974）。

Zagrodzki、Niedzielski 和 Kulogawska（1977）以250g厚肉片为研究对象，发现解冻重量损失是温度、气流流速和相对湿度的函数。在所有实验中，当相对湿度为85%~88%时，增加气流温度或降低气流流速都会导致质量损失百分率降低，当相对湿度为95%~98%时，重量反而增加。由5℃、5m/s和85%~88%相对湿度的气流解冻时的样品质量损失2.5%，而由25℃、1m/s和95%~98%相对湿度的气流解冻时样品增重0.51%。对于相对较薄的产品（2cm厚），更推荐采用对流空气解冻，比静止空气解冻快4倍（Anderson 和 Singh，2006）。

12.2.1.3 两段式气流解冻

两段式气流解冻常被认为是缩短解冻时间的一种方法（James 和 James，2002；Pham，2014）。在第一阶段，保持高温气流直到产品表面达到预设的温度，从而确保能量在初始阶段能够迅速输入。在第二阶段，迅速降低气流温度到10℃以下，直到解冻过程结束。热量从较热的表面区域传递到冷冻食品的中心，使其表面温度降至周围空气温度。由于最终温度低于10℃，且整体解冻时间较短，所以细菌总数增长较少。

Danish Meat Research Institute 开发了一种两阶段解冻系统：首先使用35~60℃饱和空气解冻，当产品的表面温度达到30~35℃时控制气流温度降至5~10℃（Anon，1974）。他们表明这种方法解冻大块肉第一阶段通常需要1~1.5h，第二阶段需要15~20h，与需要2~3d或更多的时间的单阶段静止空气解冻系统相比，这种两阶段解冻系统所需时间更短，而且质量损失低且滴水损失少。

12.2.2 水辅助解冻

水中的传热机制与空气中类似，但由于水的传热系数较大，所以会显著降低小块产品的解冻时间（Akhtar、Khan 和 Faiz，2013；Archer 等，2008；Bailey 等，1974）。然而一些实际问题限制了水辅助解冻系统的应用：箱装或盒装的产品（除非是用收缩膜包装或真空包装）必须在水解冻之前将其从包装容器中取出；剔骨碎肉的重组块和重组鱼肉块可能在水解冻箱中被破坏；而且很难处理像整个胴体这样的大块产品。此外对于大块产品，传热阻力取决于产品内部的缓慢热传导。

12.2.3 真空-热辅助解冻

真空热解冻系统是通过在真空下将冷凝蒸汽的热量传递到冷冻产品中来运行的（Archer 等，2008；Bailey 等，1974；James 和 Bailey，1980）。从理论上说，在不凝气体含量很低的情况下，冷凝蒸汽解冻具有比水解冻更高的表面热传递系数。原理是当蒸汽在真空条件下产生时，其蒸汽温度与相应的蒸气压有关，例如，如果蒸气压保持在1106N/m^2，则产生蒸汽温度为15℃。上述蒸汽会在任何更冷物体的表面冷凝，比如冷冻的产品。这种在真空下潜热传递方式的优点是产品不会像在常压下解冻发生温度过高的问题。

较薄产品的解冻周期非常短，可以实现很高的日产量。随着产品厚度的增加，高传热系数的优势变得不那么突出，对于1/4牛胴体或质量25kg的大肉块，每天只能完成一个解冻周期。在此情况下，该系统的经济性和可用的最大容量单元（10~12t）严重限制了其应用。

真空滚筒解冻是近年来发展起来的一种新型解冻方式，即冷冻产品在真空条件下不断翻滚，真空蒸汽冷凝在产品表面，以达到解冻的目的。据称此方法可以使小体积单体冷冻产品迅速解冻，然而像鱼片这样的易破碎的产品不适宜采用这种方法解冻。

12.2.4 声压辅助解冻

利用声能解冻冷冻食品的研究始于20世纪50年代（Brody和Antenevich，1959）。然而20世纪80年代的研究表明，当使用在食品中冰晶弛豫频率范围内的声频时，冷冻食品可以吸收更多的声能（Kissam、Nelson、Ngao和Hunter，1981）。他们的实验表明，当60W、1500Hz的声能应用于91mm厚、12.7kg重的鳕鱼块时，其解冻时间比仅用水浸泡解冻缩短了71%。Miles、Morley和Randell（1999）的研究进一步表明约500kHz频率的高功率超声波可以用来解冻肉类和鱼类，此频率符合冰晶的弛豫频率。使用约500kHz频率、0.5W/cm^{2}强度的超声波可最小化加热产品表面，进而解冻产品内部，样品在2.5h内能被解冻到7.6cm的深度。因此对于商业化开发而言，声压辅助解冻是一个很有前景的技术。

12.2.5 空气辅助回温

所有大规模工业化回温都是在空气中完成的，Brown和James（2006）的研究阐述了空气回温的问题。当空气温度为3℃，流速为5m/s时，150mm厚的肉块中心温度升至-3℃需要22.5h。在这种情况下，肉的表层长时间处于已解冻状态，这对汁液保留和后续加工都会产生不良影响。使用较低的空气温度可以避免表面解冻，同时为后续加工提供最佳的温差，然而相应的回温时间就会大幅延长。如使用-1℃、5m/s的空气回温50%瘦肉含量的肉达到-3℃的时间是37.5h，而100%瘦肉含量的肉需44.5h。一般来说回温是将冷冻产品放置在温控室里的货盘上，直到产品温度达到所需要的温度为止（表12.1）。在许多情况下，环境温度会随着后续加工过程调整。回温时间往往很长，有时会长达12d之久。只有当后续加工可以在产品很低的温度下进行时，回温时间才可能少于1d。

表12.1 工业中盒装冷冻肉（约27kg，15cm厚）回温的配置、初始及最终产品温度、环境温度、回温时间

工厂	配置	温度/℃			回温时间/d
		初始温度	最终温度	环境温度	
A	托盘	-14~-12	-3	-8然后-3~-1	5然后7
	托盘	-10	-3	-8然后-3~-1	1然后6
	托盘	-15	-2.5	-8然后-3~-1	3.5然后6
	托盘	-18	-3	-8然后-3~-1	6然后5
B	托盘	-18	-15~-6	0	0.9
	支架	-18	-4.5	14然后0	0.2然后0.7
C	托盘	-20~-18	-10~-5	0	1.0
D	托盘	-20	-6	-5~-3	6~7
E	托盘	-27~-23	-8~-5.5	-3~-1	0.9
	支架	-27~-23	-5~-4	-3~-1	0.9

续表

工厂	配置	温度/℃			回温时间/d
		初始温度	最终温度	环境温度	
F	托盘	-18	-8~-3.5	-4	1.0
	台车	-18	-5~-3.5	-4	0.8

资料来源： James, S. J. (1986). Microwave thawing and tempering of frozen meat. In *ENCE heating and processing 1-3000MHz*, *Cambridge*, *7.4*。

在少数情况下会在回温开始时将产品和货盘分离，分离后的冷冻产品被放在货架或手推车上，这缩短了热传导的路径并大大加速了回温过程。然而将产品和货盘分离需要大量的人力和更大的作业空间。

12.3 电磁辅助解冻和回温方法

在上述所有方法中，解冻速率与热量从解冻媒介传递到产品表面的速度和将热量从表面传导到产品的速度相关（James 和 James，2010）。从理论上讲，电磁解冻过程热量是在产品内部产生，可以规避热传导的局限性。在电磁解冻过程中，分子所获得的动能来源于交变电磁场的耗散能量，获得动能的分子与其周围分子发生非弹性碰撞从而释放出热能，所以电磁辐射可以用来加热食品。

电磁波谱中有三个频段可用于电磁加热：50Hz 的阻抗频段；3~300MHz 的射频段和 900~3000MHz 的微波段（James 等，1983；James 和 James，2002）。

12.3.1 阻抗辅助解冻和回温

将冷冻食品材料放在两个电极之间，在正常的电源频率上采用低压，当电流通过食品材料时，材料就会被加热，这个过程被称为欧姆加热（Knirsch、Dos Santos、De Oliveira Soares 和 Penna，2010）。这种方法要求材料必须具有导电性且结构均匀，否则电流会流向低阻抗处从而导致温度不均甚至热失控（Roberts、Balaban、Zimmerman 和 Luzuriaga，1998）。低温冷冻食品不容易导电，但升温后其电阻下降，产品内电流相应增加并产生更多的热量（Roberts 等，1998）。

Bozkurt 和 Içier（2010）声称目前还没有商业化的肉制品欧姆解冻系统。他们在不同的电压梯度下，对小块（2.5cm×2.5cm×5cm~5cm×5cm×5cm）瘦牛肉样品进行了实验室规模的阻抗解冻研究，发现阻抗解冻样品的解冻时间（中心从-18~10℃）为 580~650s，而 25℃空气解冻的时间高达 4000s。

12.3.2 高压电场辅助解冻

Ohtsuki（1991）申请了一项专利，该专利利用高压静电场产生的电子来快速解冻食品。对小块（2cm×4cm×4cm）冻猪里脊的电场解冻实验结果表明解冻过程中细菌数（CFU/g）

减少了 0.5～1 个数量级（He、Liu、Nirasawa、Zheng 和 Liu，2013）。解冻温度为 20℃ 时，当施加电压超过 6kV 时，解冻时间（产品温度-20～0℃）缩短，当施加 10kV 时，解冻时间由 64min 缩短为 40min。很难解释电场加热效应的实际原理，但应与 Chen 和 Barthakur（1991）所描述的电流体动力学原理相似，即强电场中的空气离子增强了传热。进一步研究表明高压电场（HVEF）解冻系统的能耗明显小于水解冻或微波解冻（He、Liu、Tatsumi、Nirasawa 和 Liu，2014）。然而在这项研究中，用于解冻肉的主要热量来源来自周围的空气，而在工业生产中如果使用这种热量可能会产生不良后果。

Hsieh、Ch、Wj、Huang 和 Ko（2010）的研究表明 HVEF 的应用将小块（190g，2.8cm 厚）去骨鸡腿样品从-16℃ 回温到-5℃ 的时间从 60min 缩短到 40min。与使用相同解冻温度的传统方法相比，使用 HVEF 可将冷冻牛肉和鸡蛋的解冻时间缩短至 25%～30%（Orlowska 等，2014）。先前研究表明 HVEF 可以将猪肉和鸡肉的解冻时间缩短至在静止空气中解冻时间的 2/3（He 等，2013；Hsieh 等，2010）。在 HVER 系统中，增加电压和缩短电极距离可以缩短冷冻猪里脊肉的解冻时间（He 等，2014）。Mousakhani-Ganjeh、Hamdami 和 Soltanizadeh（2015）的研究表明，HVEF 解冻显著提高了冻鱼块的解冻速率和总挥发性结合氮含量，其最高解冻速率为对照样品的 1.78 倍。然而 HVEF 处理后，冻鱼样品的颜色、质地和蛋白质溶解度下降。与对照组相比，增加电压会降低蛋白质的溶解度，进而影响了冻鱼样品的硬度、黏性、内聚性和咀嚼性。Mousakhani-Ganjeh、Hamdami 和 Soltanizadeh 等（2016）获得了和 He 等（2014）相似的研究结果，即 HVEF 解冻可以节约能耗。

12.3.3 射频辅助解冻和回温

在射频解冻过程中，由于介电损耗处于交变电场中的冷冻食品内部会产生热量。射频加热食品的理想状态是将一块温度均匀分布的规则板块食品放置在两个平行的电极之间，且食品与周围环境没有热量交换。当交变电动势（emf）作用在两个电极上时，食品中就形成了均匀分布的场，因此能量和由此产生的温升在食品中也是均匀的（Sanders，1966）。

但实际上上述情况几乎不存在，因为食品通常不是完全规则的均相平行六面体，如冻肉至少包括两种成分，即肥肉和瘦肉。且在射频解冻过程中，冷冻肉类从周围环境中吸收热量，导致表面温度上升，因此不具备均匀解冻所需的温度均匀分布的条件。

可以通过传送带装置保持产品通过电极和/或在水中传输，用于射频解冻多脂鱼和白鱼块的商业化系统已经被生产出来了（Jason 和 Sanders，1962）。也已有成功射频解冻 13cm 厚的肉和 14cm 厚的内脏的相关报道（Sanders，1966），但是在解冻结束（44min）时，产品温度范围分别为-2～19℃ 和-2～4℃，此时产品可能没有完全解冻。

Satchell 和 Doty（1951）的研究称，为了防止冷冻猪肚片解冻热失控，他们在电极上涂上猪油，把猪肚分别放在油、水和盐水中或者将猪肚裹在用盐水浸泡过的纱布中进行射频解冻。然而只有最后一种处理方式可成功解冻，但此种处理方式并不可以应用于实际生产。

20 世纪 80 年代末，出现了解冻去骨畜禽冻块的工业化系统（Anon，1992），该设备连续运转的生产能力为 450kg/h，配有 4 台 12.5kW 的射频发生器，在 27.12MHz 频率下运行并提供热量。据称这一设备将解冻时间从 3～4d 减少到 2h 以内，并将产品质量损失从 7% 减少到 0.5%。

Pizza、Pedrielli、Busetto、Bocchi 和 Spinelli（1997）研究了猪肉肌肉（35cm×10cm×

11cm）的射频解冻，使用标称功率为4kW，频率为27.5MHz的射频进行加热，并测量产品三个位置的温度。虽然产品中心点的平均温度为4℃，但近表面温度平均约为13℃。Farag、Lyng、Morgan和Cronin（2011）发现解冻4kg的瘦肉块的最佳射频条件是在400W间歇式加热35min（开启20min，关闭10min，然后开启15min），产品最终平均温度为0.2℃（SD 1.8）。相比之下，常规解冻时间为50h 20min，两种方法的解冻时间相差85倍，但两种方法都能达到产品温度均匀分布的需求。对于50∶50的瘦肉/肥肉块或100%肥肉块，射频无法实现-1℃~5℃的解冻。

据报道商业射频解冻系统能够在40min内将各种冷冻产品回温至-8~0℃（表12.2）。

表12.2 商业射频解冻系统的回温时间

产品	包装	温度/℃		时间/min
		初始温度	最终温度	
牛碎肉（7%脂肪）	20kg块状	-18	-3~0	25
牛碎肉（15%脂肪）	20kg块状	-18	-4~0	25
猪肩肉	20kg块状	-12	-4~-1	18
猪肉（20%脂肪）	16kg真空包装	-12	-4~0	18
牛肉	25kg块状	-20	-8~-6	20
牛肉	25kg块状	-20	-4~-2	35
整鸡	10kg、纸箱包装	-18	-2~0	30
3mm机械去骨鸡肉	12.5kg块状、塑料包装	-18	-2~-1	10
鸡碎肉	10kg块状	-18	-3~0	40
无骨猪肩肉	27kg块状	-18	-4~-1	40

资料来源：Anon（2013）. Pork, beef, poultry rapid defrosting with radio frequency. *Engineering Review*, *4*（June Stalam）。

12.3.4 微波辅助解冻

微波解冻利用电磁波通过波导直接作用于产品，而不需要利用导体或电极。虽然微波加热冷冻食品是一种潜在的快速解冻方法，但其应用受到热不稳定性的限制。在最坏的情况下食物可能部分被熟化，而其余部分仍处于冷冻状态。这是因为在微波频率范围内，冷冻食品对电磁辐射的吸收随着温度的升高而增加，这种相关性在-5℃左右是相当大的，且持续升高直至接近冰点温度。如果在辐射过程中由于某种原因导致食品的某个区域温度稍高于周围温度，那么按比例该区域将吸收更多的能量，且其与邻近区域的初始热焓差距将进一步拉大。随着焓的增加，能量吸收也进一步增加，则加热的不均匀性以陡增的速度变得更加明显。在冰点温度以下，温度升高受到热惯性的控制，因为对于给定的能量输入，温度升高与热容成反比。如果在热点达到初始冰点温度后继续微波处理，温度会以很高的速率上升。低微波功率密度可以使热传导均匀而使热焓均匀分布，这样可以减少热失控的发生。大量对于微波解冻维持热稳定性所需处理时间的计算结果表明，标准产品的解冻时间需要超过8h（Jason，1974a，1974b；Ohlsson，1984）。

由于微波解冻的热不稳定性主要发生在食品表面，人们尝试在解冻过程中使用气流或液氮来冷却表面（Bialod、Jolion 和 Legoff，1978；Les Micro-Ondes Industrielles，undated）。虽然此种方法在实验上取得了成功，但在经济性方面并不可行。

20 世纪 80 年代，科学家们开发了一种微波/真空混合解冻系统，利用真空下水的低温沸腾来冷却产品表面（James，1984）。该系统由一个直径约为 1m、长度为 1m 的圆柱形真空室组成（图 12.1），真空室可以通过与旋转泵串联的水环泵将腔室抽空至低至 1000Pa 的绝对压力，频率 915MHz 的微波通过设置在设备前上方和后面的两个波导进入真空室。微波由 25kW 的微波发生器产生，真空室内功率被限制在 2.5kW 以内，以避免产生电弧问题。真空室内设有一个转动的大圆盘，产品在解冻过程中可获得更均匀的微波场。

图 12.1 微波/真空混合解冻系统

实验原料冷鲜肉（瘦肉率 85%）取自商业屠宰场，将其制成 61cm×40cm×15cm 的整块或 30cm×40cm×15cm 的半块，块体用聚乙烯薄膜包裹，分别装入实心纤维板箱中在-20℃冷冻保存。用上述的微波/真空混合解冻系统解冻产品，用红外测温仪测定解冻后产品的表面最高温度，用单点皮下注射探针来确定肉块内的最低温度，并将产品称重，放置在一个隔热的盒子 2h 以确定解冻后的平均温度。

解冻后平均肉温为 9.4℃（样品内温度范围为-1~23.3℃），每块肉测得的最高表面温度为 28.4℃（表 12.2）。产品平均质量损失率为 7.6%，在商业解冻系统规定的 2%~10%。应用该系统工厂的整体能源效率为 49%，其中 24% 的能源被真空室利用。

Virtanen、Goedeken 和 Tong（1997）将微波能量和不同温度的冷空气相结合，以缩短微波辅助解冻过程中解冻时间并避免热失控问题。以两种温度控制方案循环开闭微波能量，以维持基于冷点和热点间的预设温度梯度。在适当的条件下，此方法微波解冻时间比环境温度下的对流解冻要缩短 1/7（表 12.3）。

表 12.3 肉的初始质量、质量损失百分比、解冻时间、微波功率以及解冻后的最高、最低和平均温度

序号	质量		解冻时间/h	功率/kW	温度/℃		
	初始质量/kg	质量损失/%			最低温度	最高温度	平均温度
1	25.6	9.0	2.0	2.5	3.0	24.3	8.0
2	25.5	7.9	2.0	2.5	2.6	24.0	8.1
3	25.6	7.3	2.0	2.5	-2.0	12.7	4.0
4	24.5	10.3	2.0	2.5	21.2	26.7	23.3
5	33.2	5.9	2.0	2.5	-2.0	22.0	4.8
6	27.9	7.1	2.0	2.5	-0.2	25.0	6.2
7	11.9	6.5	1.0	2.5	4.6	14.9	12.2
8	11.9	6.2	1.0	2.5	7.0	17.5	13.0
9	12.3	7.0	1.0	2.5	-4.2	3.2	-1.0
10	11.5	9.4	1.0	2.5	15.5	28.4	20.5
11	11.9	7.5	1.0	2.5	-2.4	15.2	4.3

类似地，Yagi 和 Shibata（2002）也申请了一项微波真空解冻食品的专利，利用真空下产品表面水的升华和相对较低的微波能，产品在加工过程中温度均匀且质量损失减少。整个解冻过程持续 24.5~34.25min，产品温度非常均匀，范围为-2.0~-1.1℃（表 12.4），很接近产品预设的最终解冻温度。

表 12.4 专利中的解冻处理结果

产品	初始温度/℃	微波功率/kW	最终温度/℃		解冻时间/min	质量损失/%
			中心温度	表面温度		
3×10kg 猪肉块	-40	1.8	-1.9	-1.9	34.25	0.6
4×2kg 金枪鱼块	-55	0.7	-1.5	-1.8	27.8	0.8
3×2kg 牛肉块	-40	0.6	-2.0	-1.1	24.5	

资料来源：Yagi, S., & Shibata, K. (2002). *Microwave defrosting under reduced pressure.* US Patent Application 20020195447。

Fathi、Lauf 和 Mcmillan（2003）采用了一种先进的方法来解冻果汁和其他在解冻状态下呈现流动状态的食物。据其专利描述：设备包含一个微波源、一个微波辐射腔（可将微波能量从微波源传递到要解冻的食品上）以及一个可屏蔽微波源的屏蔽区域。所述屏蔽区域与所述辐射腔体物理连接，已解冻的食品能够从所述腔体流入所述屏蔽区域以避免过度加热。尽管对于微波解冻技术人们普遍信心十足，可事实恰恰相反，目前微波解冻系统还没有取得商业化的成功，但微波回温系统已经小规模地成功应用于肉类和乳制品行业。

12.3.5 微波辅助回温

尽管肉品回温在工业中有着广泛的应用，但有关肉品回温的加工设计数据却少有发表，

而商业用微波加工单元却是个例外。

James 和 Crow（1986）利用商业微波系统回温肉块，该商业系统微波单元由 Raytheon 公司制造，每批次可容纳放置在货盘上的五个肉箱同时解冻，货盘借助滚轮由人工推入微波室内。微波能量由一个在 896MHz 下运行的 30kW 的磁控管（可降至 20kW）提供，微波通过位于顶部和底部的波导进入腔室。为了提供更均匀的微波场，在产品上下方各设置了一个可旋转金属盘来分散微波，同时产品载物盘在回温过程中做行程为 90mm 的横向往复循环运动。

从表 12.5 中可见，冷冻肉块可在间歇式微波回温单元中直接回温至平均温度约-3℃（范围为-5～0℃），且产品没有局部热点。1 类和 2 类肉块的解冻时间变化范围为 3.5～5.0min，并且至少有两种微波功率和处理时间的组合产品品质是在可接受范围内的。含有较高脂肪比例的冷冻腰窝肉块在微波回温过程中产生了更多热失控问题，需要更低的微波功率（20kW）回温 6.5min 产品才能达到预期的效果。

表 12.5　不同类型、重量和初始温度的冷冻肉块在间歇式微波单元中回温后的最终温度及状态

肉块类型/kg	初始温度/℃	微波功率/kW	处理时间/min	最终温度/℃（肉的状态）
1 类 20～30	-15	28	3.5	-7～-2
			4.0	-4～-2（边角软化）
			4.5	-4～-1（表面软化）
			4.5	-3～-2（局部+2）
			4.75	-4～-2（表面+2）
		25	5.0	-3～-2（表面 0）
			5.0	-4～0
	深处-8，表面-2	30	3.0	-5～-2
		25	5.5	-3～-2（边角+3）
2 类 27～37	-15	30	5.0	-5～+2
			4.0	-5～-4（有软化处）
			4.5	-4～-3（有软化处）
		28	5.0	-4～-2（表面<2）
	深处-8，表面-1	30	6.0	-4～+27（变化大）
			6.0	-6～+25（变化大）
			5.0	-5～+6（局部点+54）
3 类 25～27	-15	30	4.0	深处-6，表面-1
			5.0	深处-5，表面 0
			6.0	深处-5，部分熟化
			6.0	深处-6，部分熟化

续表

肉块类型/kg	初始温度/℃	微波功率/kW	处理时间/min	最终温度/℃（肉的状态）
		20	6.5	-4~-2，均匀
	深处-8，表面-1	20	7.0	深处-5，有过热点
			5.0	-5，均匀
		30	5.0	深处-5，有过热点

资料来源：James，S.J.，& Crow，N.（1986）. Thawing and tempering：Industrial practice. *Meat Thawing/ Tempering and Product Quality*，*IFR-BL*：*Subject Day*。

通常肉块的微波回温是肉块在工厂室温条件下升温 8h 后进行的，但回温产品效果并不理想。因为肉块的表面温度，特别是边角处的温度在回温期间会上升到不可接受的水平，且解冻产品表面有太多汁液流失。

上述结果表明对于所有类型的“27kg 标准肉块”，想要进行均衡的微波功率和时间组合处理很困难。为了获得最佳的回温效果，每种肉块都需要通过实验来确定其合理的功率和时间参数。对于批量冷冻的同类肉块，要在预设的条件下将其从冷冻状态直接进行微波回温处理。

与工业气流回温需要的 1~14d 相比，微波系统可以在几分钟内成功回温产品。含一个 60kW 磁控管或两个 40kW 磁控管的连续传送式微波回温系统可根据产品脂肪含量的不同每小时回温产品 2~2.5t。

在大规模工业生产中，连续式微波回温系统有很强的适应性，能够在数分钟内调整参数以适应不同的原材料以及回温后处理所需温度，而气流回温系统需要 1~8d 的时间来适应同样的变化。

许多微波回温系统的广告声称，由于在回温过程中产品蒸发量和滴水损失较低，可获得更高的产量。因为大多数传统的回温系统（即便不是所有）都以包装的形式回温产品，其蒸发损失不显著，但产品表面组织在内部彻底解冻前需要在 0℃ 以上的环境温度保持相当长的时间，这时滴水损失就尤为显著。

12.3.6 微波辅助解冻和回温的建模

利用有限差分法可以准确地预测传统解冻系统中各种食品的解冻时间。现已开发并验证了各种条件下肉块、1/4 牛胴体和猪腿的解冻模型（James 和 James，2002）。

然而准确地建立微波解冻模型要困难得多。Ayappa（1997）在其微波加热综述中指出，早期的微波加热模型使用 Lambert 定律来描述微波能的吸收。20 世纪 90 年代建立了基于麦克斯韦方程的微波能传递过程模型，这一模型揭示了一些有趣的结果。Basak 和 Ayappa（1997）建立了“侵填体”板（一种肉的模式体系）的解冻模型，发现共振现象发生时（产品微波能吸收很高），2cm 厚的材料板比 1cm 厚的材料板解冻更快。Basak（2003）建立了冰层解冻的模型，发现冰层只有一面暴露在微波下时，无论面对还是不面对微波的冰层面都开始融化；而冰层两个面都暴露在微波下时，冰层中间也开始解冻。

Taher 和 Farid（2001）预测称可在控制表面温度不超过 10℃ 的条件下微波解冻肉品，且所需微波解冻时间将少于传统解冻时间的五分之一。上述预测在实验中得到了证实，实验利用了一个当样品表面温度达到 10℃时即自动关闭的磁控管进行微波解冻，如此往复控制磁控管的开和关以保持表面温度始终在约 10℃。

Chamchong 和 Datta（1999）建立了微波炉解冻食物的模型，他们预测循环开闭的微波与低于循环开闭微波平均值的连续微波具有几乎相同的效果。随着微波功率的增加，表面解冻效果也相应提高。然而在高功率下，产品外部的解冻速度相对更快，因为微波穿透深度降低"屏蔽"了产品内部的解冻。因此，高功率解冻所需时间大大缩短，但由于表面加热的速度比内部加热的速度快，所以解冻时最初温度升高是不均匀的。

Campañone 和 Zaritsky（2010）建立了冷冻肉解冻的三维模型，且模型的预测结果与实验结果数据相差在 10% 以内。因此他们用该模型来预测不同解冻条件下肉制品的温度和水分含量，并模拟肉块表面的脂肪层对解冻后温度分布的影响。该模型还可用于预测在微波解冻过程中使用冷却空气降低肉类表面的温度对改善产品温度分布均匀性的影响。

12.3.7 现有商用微波辅助解冻和回温系统

自 20 世纪 70 年代以来，已开发了一系列间歇式和连续式的商用微波解冻和回温系统。早期大多数产品为解冻设备，即将冷冻食品加热到产品中没有冰存在的温度。然而大多数系统能且只能成功地回温食物，而目前销售的系统都是微波回温系统。

20 世纪 80 年代后期，据悉大约安装了 200 台工业微波回温系统（Decareau 和 Peterson，1986），而微波干燥和烹饪设备安装数量分别只有 30 台和 16 台，因此，微波回温是到当时为止微波在食品加工中最成功的应用。这些微波回温系统被用来回温肉类、鱼类、黄油和浆果。当时英国有 17 个全面运行的用于肉类的微波回温系统，其中 12 个是间歇式设备，其余是连续式回温系统（James，1986）。许多间歇式设备充当了微波/传导组合回温系统的一个阶段，或作为快速回温小批量的急需原料以扩大传导回温系统生产的方式。然而在过去的 25 年里并没有关于微波用于解冻和回温的商业数据。

表 12.6 列出了过去或目前制造商用微波回温系统的公司名。工业化微波回温系统分为批量间歇处理式和连续式，规格小到在餐饮业中每次仅处理重 25kg 食品的间歇式设备，大到每小时处理 8t 的大型连续隧道式微波回温系统。

表 12.6 目前或曾经生产商用微波回温系统的公司

公司	国家	分批（B）或连续（C）	频率/MHz	功率/kW	联系邮件
AMT(Advanced Manufacturing Technologies)	澳大利亚	C	915 ±10	10~75	davidm@ AMTmicrowave. com
ANSA Technology	马来西亚	C			enquiry@ ansatechno. com
APV	英国	B，C	896		
DanTech UK Ltd	英国	B，C	896 或 915	75~300	sales@ dantechuk. com
Industrial Microwave Systems	英国	B，C	915	0~30	sales@ imwaves. com
Hermann Berstorff GmbH	德国	C			
Cober Electronics Inc.	美国	B，C	915	0~100	sales@ cober. com

续表

公司	国家	批量间歇（B）或连续（C）	频率/MHz	功率/kW	联系邮件
Ferrite Inc.	美国	B，C	896 或 915	0~75	www. ferriteinc. com
LMI(Les Micro-ondes Industrielles)	法国	C	2450	30~90	
Max Ibustrial Microwave	中国	C	915 或 2450	0~40	info@ maxindustrialmicrowave. com
Microdry Inc.	美国	C		0~150	engineer@ microdry. com
Raytheon	美国	B，C			
Selo	荷兰	C			info@ selo. com
Thermex-Thermatron Inc.	美国	B，C	915	0~200	sales@ thermex-thermatron. com
Sairem	法国	B，C	915	10~60	commerical@ sairem. com

典型的小型设备是 MIP 4（Ferrite，Inc.，New Hampshire，USA），其底座大小为 0.9m×1.3m，由功率为 40kW、频率为 915MHz 的磁控管提供微波能。制造商称该系统可将 680kg 的冷冻原材料在一小时内回温到-2~-1℃，将一个 25kg 重的冷冻肉块在 65s 内完成回温。大规模回温系统的代表是同一家公司生产的 MIP 12，这个系统有多达四个 75kW 的微波发生器，每个发生器耦合在一个 2.5m 长的产品隧道上，据称每小时可回温多达 7700kg 的冷冻产品，然而产量很大程度上取决于产品的组成和回温后所要求的最终温度（表 12.7）。Industrial Microwave Systems Ltd（Buckinghamshire，UK）有着类似的系统，此系统可在 6min 内将 25kg、最高 100mm 厚的牛肉块、鸡肉块、猪里脊块、鱼肉块、水果或黄油块从-18℃回温至-3℃。据称一个 30kW 的回温系统每小时可处理 8000kg 产品。

表 12.7　回温最终温度不同的情况下，配有 100kW 发生器的 MIP 12 每小时回温-18℃冻牛肉的量

最终温度/℃	每小时回温能力/（kg·h）	
	90%瘦肉	50%瘦肉
-7	6690	7940
-6	5670	7090
-4	4820	6180
-3	3640	5045

资料来源：Ferrite Incorporated。

制造商会特别对其微波解冻/回温系统做出一些承诺。如 Thermex-Thermatron 公司声称他们能够根据商业需求提供各种形状和尺寸的微波系统。每个模块都可以应用（915±15）MHz 频率下的高达 75kW 的微波对产品进行加热，且可在同一个传输器上安装两个或多个模

块，整个系统是由适于食品加工的不锈钢制作而成。在微波腔中产品分布均匀的情况下，一个多模辐射器可以在整个腔内形成均匀的温度分布。可根据被加热产品的特性来选择传输带的材料和结构，传输带的每一端都设有特殊通道以阻止微波能泄露到环境中。为了确保热量在各种不同产品中分布均匀，每个模块都配有一个波导功分器、双微波馈口和模式搅拌器。

APV Baker 安装了可能是欧洲最大的黄油回温微波装置（Anon，1992）。该设备有三条微波隧道，每条隧道均装有 2 个在频率 896MHz 下运行的 60kW 微波发生器，每小时可回温 7t 黄油。应用该系统，每块黄油可在 6min 内回温，一批 225t 的黄油平均回温时间可由 3~4d 减少到 1d。

12.4 结语和未来发展趋势

由于热失控的问题，目前任何商用微波系统都无法实现可控的工业化解冻过程。可控的解冻过程是指在解冻结束时，整个产品的温度在 0~7℃，此时产品适于进一步的手工加工或销售，且病原体水平没有显著增加。如果产品在解冻后要继续进行其他热处理，则上述温度要求可不必如此严格，那么此时微波解冻是很实用的。

微波回温系统自 20 世纪 80 年代已广泛应用于工业。实践证明，其在很多方面均优于传统的回温系统，特别是在解冻时间、占地空间以及适应性方面。但是由于微波回温系统成本高、人力和能源需求大，限制了其发展和推广。

计算建模和过程控制的技术发展可能会帮助人们设计出更多能够真正可控解冻产品的通用微波解冻系统。

参考文献

Akhtar，S.，Khan，M.S.，& Faiz，F.（2013）. Effect of thawing on frozen meat quality：A comprehensive review. *Pakistan Journal of Food Science*，*23*（4），198-211.

Anderson，B.A.，& Singh，R.P.（2006）. Modeling the thawing of frozen foods using air impingement technology. *International Journal of Refrigeration*，*29*，284-304.

Anon.（1974）. *A method of thawing deep-frozen meat products.* UK Patent Specification 1,355,164（A）-1974-06-05.

Anon.（1992）. Thawing frozen poultry. In：*Dielectric heating for industrial processes*，*UIE Tour Atlantique*，*Cedex 06*，*Paris*（pp. 110-113）.

Anon.（2008）. *Thawing and tempering.* WFLO Commodity Storage Manual.

Anon（2013）. Pork，beef，poultry rapid defrosting with radio frequency. *Engineering Review*，*4*（June Stalam）.

Archer，M.，Edmonds，M.，& George，M.（2008）. *Seafood thawing.* Technical report，Seafish Authority.

Ayappa，K.G.（1997）. Modelling transport processes during microwave heating：A review. *Reviews in Chemical Engineering*，*13*（2），1-69.

Bailey, C., James, S. J., Kitchell, A. G., & Hudson, W. R. (1974). Air-, water-and vacuum-thawing of frozen pork legs. *Journal of the Science of Food and Agriculture*, *25*, 81-97.

Basak, T. (2003). Analysis of resonances during microwave thawing of slabs. *International Journal of Heat and Mass Transfer*, *46* (22), 4279-4301.

Basak, T., & Ayappa, K. G. (1997). Analysis of microwave thawing of slabs with effective heat capacity method. *AIChE Journal*, *43* (7), 1662-1674.

Baush, E. R., Caren, P. L., Stephen, R. L., & Tuemy, J. M. (1980). *Meat tempering practices and analysis of meat tempering systems at army installations.* Technical Report Natick/TR-80/030.

Bialod, D., Jolion, M., & Legoff, R. (1978). Microwave thawing of food products using associated surface cooling. *Journal of Microwave Power*, *13* (3), 269-274.

Bozkurt, H., & Içier, F. (2010). Ohmic thawing of frozen beef cuts. *Journal of Food Process Engineering*, *35*, 16-36.

Brody, A. L., & Antenevich, J. N. (1959). Ultrasonic defrosting of frozen foods. *Food Technology*, *13*, 109-110.

Brown, T., & James, S. J. (2006). The effect of air temperature, velocity and visual lean (VL) composition on the tempering times of frozen boneless beef blocks. *Meat Science*, *73*, 545-552.

Campañone, L. A., & Zaritsky, N. E. (2010). Mathematical modeling and simulation of microwave thawing of large solid foods under different operating conditions. *Food Bioprocess Technology*, *3*, 813-825.

Chamchong, M., & Datta, A. K. (1999). Thawing of foods in a microwave oven: I. Effect of power levels and power cycling. *Journal of Microwave Power and Electromagnetic Energy*, *34* (1), 9-21.

Chen, Y. H., & Barthakur, N. N. (1991). Potato slab dehydration by air ions from corona discharge. *International Journal of Biometeorology*, *35*, 67-70.

Decareau, R. V., & Peterson, R. A. (1986). *Current state of microwave processing. Microwave-processing and engineering* (pp. 22-23). Chichester, UK: Ellis Horwood.

Farag, K. W., Lyng, J. G., Morgan, D. J., & Cronin, D. A. (2011). A comparison of conventional and radio frequency thawing of beef meats: Effects on product temperature distribution. *Food Bioprocess Technology*, *4*, 1128-1136.

Fathi, Z., Lauf, R. J., & Mcmillan, A. D. (2003). *Microwave thawing apparatus and method.* US Patent application 20030192884.

Fik, M., & Macura, R. (2001). Quality changes during frozen storage and thawing of mixed bread. *Nahrung Food*, *45* (2), 138-142.

Haugland, A. (2002). *Industrial thawing of fish-to improve quality, yield and capacity. Ph. D. thesis.* Trondheim: Norwegian University of Science and Technology.

He, X., Liu, R., Nirasawa, S., Zheng, D., & Liu, H. (2013). Effect of high voltage electrostatic field treatment on thawing characteristics and post-thawing quality of frozen pork tenderloin meat. *Journal of Food Engeering*, *115* (2), 245-250.

He, X., Liu, R., Tatsumi, E., Nirasawa, S., & Liu, H. (2014). Factors affecting the thawing characteristics and energy consumption of frozen pork tenderloin meat using high-voltage electrostatic field. *Innovative Food Science and Emerging Technologies*, *22*, 110-115.

Hergenreder, J., Hosch, J. J., Varnold, K. A., Haack, A. L., Senaratne, L. S., Pokharel, S., ...Calkins, C. R. (2011). The effects of freezing and thawing rates on tenderness and sensory quality of beef subprimals. *Journal of Animal Science*, *91*, 483-490.

Holzwarth, M., Korhummel, S., & Carle, R. (2012). Evaluation of the effects of differing freezing and thawing methods on color, polyphenol and ascorbic acid retention in strawberries (Fragaria x ananassa Dutch). *Food Research International*, *48* (1), 241-248.

Hsieh, C. W., Ch, L. A. I., Wj, H. O., Huang, S. C., & Ko, W. C. (2010). Effect of thawing and cold storage on frozen chicken thigh meat quality by high-voltage electrostatic field. *Journal of Food Science*, *75* (4), M193-M197.

James, S. J. (1984). Thawing meat blocks using microwaves under vacuum. In: *Proceedings of the 30th european meeting of meat research workers*, *Bristol*, *Paper 2*: *6* (pp. 61-62).

James, S. J. (1986). Microwave thawing and tempering of frozen meat. In: *ENCE heating and processing 1-3000 MHz*, *Cambridge*, *7. 4.*

James, S. J., & Bailey, C. (1980). Air and vacuum thawing of unwrapped boneless meat blocks. In: *The proceedings of the institute of refrigeration 76*, *session 1979-1980* (pp. 44-51).

James, S. J., & Bailey, C. (1983). The theory and practice of food thawing. In P. Zeuthen, et al. (Eds.), *Thermal processing and the quality of foods* (1st ed., pp. 566-578). London & New York: Elsevier Applied Science Publishers.

James, S. J., & Crow, N. (1986). Thawing and tempering: Industrial practice. *Meat Thawing! Tempering and Product Quality*, *IFR-BL*: *Subject Day.*

James, S. J., & James, C. (2002). *Thawing and tempering. Meat refrigeration* (pp. 159-190). Cambridge: Woodhead Publishing.

James, S. J., & James, C. (2010). Freezing/thawing. Chpt 5, 105-124. In F. Toldrá (Ed.), *Handbook of meat processing.* Wiley-Blackwell.

James, S. J., Nair, C., & Bailey, C. (1984). The effects of freezing and thawing rates on the drip loss from frozen beef. In P. Zeuthen, et al. (Eds.), *Proc. COST '91 Seminar*, *Athens. In Thermal Processing and the Quality of Foods* (1st ed., pp. 807-813). London and New York: Elsevier Applied Science Publishers.

Jason, A. C. (1974a). *Thawing frozen fish*, *torry advisory note.* Ministry of Agriculture, Fisheries and Food, Torry Research Station.

Jason, A. C. (1974b). Microwave thawing-Some basic considerations. In: *Meat freezing*; *why and how ?Meat research institute symposium no. 3*, *43. 31.*

Jason, A. C., & Sanders, H. R. (1962). Dielectric thawing of fish. *Food Technology*, *16*, 101-107.

Kissam, A. D., Nelson, R. W., Ngao, R., & Hunter, P. (1981). Water thawing of fish using low frequency acoustics. *Journal of Food Science*, *47* (1), 71-75.

Knirsch, M. C., Dos Santos, C. A., De Oliveira Soares, A. A. M., & Penna, T. C. V. (2010). Ohmic heating-A review. *Trends in Food Science & Technology*, *21* (9), 436-441.

Les Micro-Ondes Industrielles. (undated). *L. M. I. Gigatrons in the fish industry.* L. M. I. Epone, France.

Linares, C. P., Saavedra, F. F., Serrano, A. B., Les, P. A. Z., & Sosa, A. R. T. (2005). Effects of freezing temperature and defrosting method on pork quality characteristics. *Journal of Animal and Veterinary Advances*, *4* (12), 976-979.

Merts, I. (1999). *A review of methods for thawing meat.* Meat Industry Research Institute of New Zealand (MIRINZ).

Miles, C. A., Morley, M. J., & Randell, M. (1999). High power ultrasonic thawing of frozen foods. *Journal of Food Engineering*, *39* (2), 151-159.

Mousakhani-Ganjeh, A., Hamdami, N., & Soltanizadeh, N. (2015). Impact of high voltage electric field thawing on the quality of frozen tuna fish (*Thunnus albacares*). *Journal of Food Engineering*, *156*, 39-44.

Mousakhani-Ganjeh, A., Hamdami, N., & Soltanizadeh, N. (2016). Thawing of frozen tuna fish (*Thunnus albacares*) using still air method combined with a high voltage electrostatic field. *Journal of Food Engineering*, *169*, 149-154.

Ohlsson, T. (1984). Low power microwave thawing of animal foods. In P. Zeuthen, et al. (Eds.), *Proc. COST '91 Seminar, Athens. In Thermal Processing and the Quality of Foods* (1st ed., pp. 579-584). London and New York: Elsevier Applied Science Publishers.

Ohtsuki, T. (1991). Process for thawing foodstuffs. United States Patent, Patent Number: 5034236.

Orlowska, M., Lebail, A., & Havet, M. (2014). Electrofreezing. In Ramaswamy, et al. (Eds.), *Ohmic Heating in Food Processing* (pp. 423-440). Boca Raton London New York: CRC press.

Pham, Q. T. (2014). *Thawing. Encyclopedia of Meat Sciences* (3nd edn). Elsevier.

Pizza, A., Pedrielli, R., Busetto, M., Bocchi, M., & Spinelli, R. (1997). Use of radiofrequencies in the meat processing industry. Effects on the quality characteristics of meat and cooked meat products. *Industria Conserve*, *72*, 122-133.

Riihonen, L., & Linko, P. (1990). Effect of thawing on the quality of frozen mechanically deboned meat. *Journal of Agricultural Science in Finland*, *62* (5), 407-415.

Roberts, J. S., Balaban, M. O., Zimmerman, R., & Luzuriaga, D. (1998). Design and testing of a prototype ohmic thawing unit. *Computers and Electronics in Agriculture*, *19* (2), 211-222.

Sanders, H. R. (1966). Dielectric thawing of meat and meat products. *Journal of Food Technology*, *1* (3), 183-192.

Satchell, F. E., & Doty, D. M. (1951). High-frequency dielectric heating for defrosting frozen pork bellies. *Bulletin of the American Meat Institute Foundation*, *12*, 95.

Taher, B. J., & Farid, M. M. (2001). Cyclic microwave thawing of frozen meat: Experimental and theoretical investigation. *Chemical Engineering and Processing*, *40* (4), 379-389.

Virtanen, A. J., Goedeken, D. L., & Tong, C. H. (1997). Microwave assisted thawing of model frozen foods using feed-back temperature control and surface cooling. *Journal of Food Science*, *62* (1), 150-154.

Xin, W., Rui, H., & Jin-Hong, Z. (2015). Evaluation of the effects of different thawing methods on the texture, colour and ascorbic acid retention of frozen hami melon. *Journal of Food Science and Technology*, *50* (2), 116-1122.

Yagi, S., & Shibata, K. (2002). *Microwave defrosting under reduced pressure.* US Patent Application 20020195447.

Zagrodzki, S., Niedzielski, Z., & Kulogawska, A. (1977). Meat thawing under controlled conditions. *Acta Alimentaria Polonica*, *3* (21), 1, 11.

13 微波食品包装

R. Schiffmann
R. F. Schiffmann Associates, Inc, New York, NY, United States

13.1 引言

微波加热的特性深受消费者的青睐：加热速度快及冷炉操作（即食物加热时，炉内空气仍保持较低温度）。但微波食品的开发可能是食品技术人员面临的一个最具挑战性的任务，原因是微波炉中产品非常规的温度分布，这主要与食品的介电性质有关，同时也受到食品和包装容器尺寸和形状的影响。因此，对于微波食品而言，选择适宜的包装，比对其他多数产品对包装系统的要求更高。微波食品的包装控制着食品是否能够快速和均匀地加热，有时包装可以促进产品表面加热，增强表面褐变和组织松脆度，或产生及维持高温蒸汽以便于产品持水及快速加热。

微波包装容器广义上可以划分为两类：惰性和活性容器。惰性容器的功能就是盛装食品，而对产品没有任何的加热作用，就像一只咖啡杯。相反，活性容器可与微波相互作用成为一个热源，例如用于脆化微波比萨饼坯部的衬底托盘。因此，对于产品开发者来说，首先须明确包装对加热效果是否有作用，即其是惰性还是活性。惰性容器只适用于像蔬菜或主食这类无需额外褐变或脆化的简单食品的复热。活性容器可能通过表面供热或引导微波能到食品的指定部位而影响加热效果，通常由交互式材料制成，如用于脆化比萨饼坯的衬底托盘、用于防止食品过热的铝箔罩或引导微波能到指定的区域以辅助温度分布的装置。沿用上述广义定义，本章将分析合理选择微波包装设计所遵循的技术原则。

13.2 影响微波食品中温度分布的因素

在说明设计各种包装容器的具体要求之前，了解微波食品中影响温度分布的因素是十分重要的（Schiffmann 和 Sacharow，1992）。它们包括：

- 微波能吸收速度。
- 食品的形状、厚度和密度。
- 食品的重量。
- 食品的热特性，包括比热容和热导率。
- 食品的介电性质。
- 食品的初始温度，处于冷藏、室温或冷冻状态。
- 食品的本质属性，单一或复合食品。
- 产品是否密封、搅拌以及输送，是否在加热期间或加热后有间歇期。

上述的许多因素与包装容器都有直接的关系。如在食品不搅拌的情况下采用微波加热，食品温度分布往往比传统加热方法差，然而若采用恰当的包装容器，通常是一个罩或盖，微波加热即可获得和传统加热一样的效果（冷冻食品除外）。对于冷冻食品而言，微波加热食品的温度分布显著差于传统加热食品，这是由于冷冻和非冷冻组分的介电损耗差异巨大，非冷冻组分的介电损耗常常是冷冻组分的几千倍，即可比冷冻组分吸收更高的能量（表13.1）。

表13.1 不同食品材料的典型介电特性（介电常数、介电损耗及穿透深度）

食品	介电常数	介电损耗	穿透深度/cm
水（25℃）①	78.2	12.0	1.4
冰（-12℃）②	3.2	0.003	1158
牛肉（熟的，30℃）③	27.2	9.6	1.1
火腿（预煮的，20℃）④	42.9	22.8	0.6
马铃薯泥（30℃）⑤	72.5	24.0	0.7

注：①Von Hipple（1954），在3.0GHz下测量；
②Buffler（1993），在2.45GHz下测量；
③Kent（1987），在2.45GHz下测量；
④Kent（1987），在2.8GHz下测量；
⑤Kent（1987），在2.2GHz下测量。

微波加热的另一个特性是食品温度分布非常不均匀，如微波加热小罐装婴儿食品，其内部中心已经过热时，其表面温度仍较低。此外，微波炉中较低的环境温度可能会引发产品其他特殊的温度分布现象，其典型情况为食品表面温度过低抑制了表面的褐变和脆化。微波加热食品的表面永远是非最热区域，除非利用像热风或衬底托盘这样的辅助加热方式。

13.3 惰性包装容器

直到20世纪70年代后期，除铝或玻璃的其他食品包装材料才用于微波食品包装。如今，微波产品的包装材料主要为塑料和纸板，也有部分容器由玻璃制成，但铝制容器已很少应用。惰性包装容器的基本特点是它们由和微波不产生相互作用的材料制作而成，即容器不被微波加热。因此，它们被认为可透射微波。惰性包装容器的作用是在食品贮藏、运输和加热过程中盛装食品。它们也可能有可移去或自通气的盖子。

如Schiffmann（1990）所述，选择包装容器材料类型需要考虑的事项为：

- 必须与微波兼容——不能过热，或阻止微波对食品的有效加热。
- 必须与高温食品兼容——不能被高温食品融化、破坏或受到高温食品的影响。
- 能够耐受传统加热设备的温度——为“双炉通用”包装容器。
- 与食品及其效用具有相符的保质期属性。
- 在正常使用中，不可燃烧、放电和冒烟。
- 不能影响食品的色泽和风味。
- 不能被食品脱色。
- 不容许任何材料掺杂到食品中。
- 应该安全且易加工。
- 应该耐油脂。

- 必要时应该具有阻隔水分和氧气的功能。
- 易密封。
- 成本低。

产品开发商还应该考虑以下问题：

- 加热时食品达到的最高温度以及这一温度对包装容器的影响。
- 包装容器的基本形状和尺寸。
- 产品质量及产品成分配比对包装容器的影响。
- 组成材料。
- 包装以及其他操作问题。

13.3.1 温度

微波在食品内的穿透深度主要决定了微波加热食品的内部温度分布，穿透深度可以通过介电损耗和微波能的波长以如下简单的方程定义：

$$D_p = \frac{\lambda_0 \sqrt{\varepsilon'}}{2\pi\varepsilon''} \tag{13.1}$$

式中 D_p——穿透深度，约63%总微波能达到的深度，即剩余约37%的微波能；

λ_0——微波在自由空间的波长；频率2.45GHz时，$\lambda_0 = 12.2\text{cm}$；

ε'——介电常数；

ε''——介电损耗。

对大多数食品而言，微波只能短距离穿透食品内部，因此，产品内部热量也可能是以特殊方式分布的。不同食材的典型穿透深度如表13.1所示。水和冰穿透深度上的巨大差异通常会导致微波冷冻食品中温度分布的巨大变化，这可以通过选择合适的包装容器来改善或缓解，具体讨论如下。

影响包装容器选择的几个关键温度：

- 与容器接触的食品温度。
- 容器自身的温度。
- 容器温度对食品温度的影响。
- 微波炉环境温度的影响。

上述所有四个方面都以复杂的方式相互作用。

13.3.1.1 食品接触面温度

大多数情况下，因为食品与容器接触表面或附近是微波能量的入口点，食品微波过程中最高温度通常出现在此处，但这会经常变化且受到包装容器形状和材料的影响。如果包装容器对微波有适度的穿透性，包装容器壁的温度将会是食品温度和空气及微波炉底板的冷却效应共同作用的结果。由于大多数微波食品的温度由水控制，食品与容器接触面的温度一般不会超过100℃。但是，也有例外的情况。含有大量脂肪的食品（例如，汤的表面或酱或肉汁），或糖含量很高的果酱和糖浆和坚实的固体，在微波加热过程中温度可能会很高——150~200℃，甚至有时局部温度还会更高。如汤中的脂肪会迁移到容器表面，由于表面张力而聚集在此，并在微波加热作用下，在此产生局部高温，甚至导致容器融化或烧焦。

另一种情况是，食品泼溅到容器侧壁上，微波加热时脱水和碳化，达到足以使大部分热塑性材料融化的温度。这种脱水现象也会在贮藏了 1d 或几天的半填充状态的食品包装容器的微波加热过程中发生。这个问题的解决方法是，将容器壁设计一个拔模角度，使泼溅出来的液体自回流至食品中去。很重要的一点是，其效果必须在使用中验证。

13.3.1.2 容器的微波加热

有时容器自身会被加热，尽管这常常是我们所不希望的。一种情况发生在容器材料的介电损耗高到足以与微波能耦合时，如热固性聚酯和钠钙玻璃材料，这两者的介电损耗都很高。钠钙玻璃不可用作微波容器材料，因为它不仅会被加热，而且机械强度较差。另一种情况发生于热塑性塑料，如聚丙烯材料。当这种材料加热到变形温度或软化温度时，它们会忽然由低介电损耗状态（微波穿透）变为高介电损耗状态（微波吸收），进而可能会出现热失控现象，即其介电损耗随温度升高而增加，其加热速度会与食品同样快甚至比食品还要快。在上述提及的例子中，当微波加热含脂肪的汤时，聚丙烯材料容器壁与食品接触面的温度可达到使器壁材料软化的 115℃左右，在此温度下，聚丙烯材料能够吸收微波能。此时，微波将以极快的近乎失控的速度加热容器，并将容器融化出孔洞。上述现象比人们想象得更加常见。

另一种情况是，当容器具备双重用途时，即微波炉和传统加热设备通用，其必须具有很高的热稳定性。传统烤箱等加热设备加热温度需要达到 175℃或更高，因此容器需能耐受更高的温度。

13.3.2 形状和尺寸

容器形状和尺寸以及其材料结构的选择，是设计者所要做出的最重要的选择。

13.3.2.1 形状

有些包装容器的形状很适合微波加工，而有的则不适合。需遵循的一般规则是：

（1）设计简单 形状需尽可能规则，如圆形或椭圆形。微波加热过程中，过分狭小或紧凑的圆柱体会导致其内容物从中喷出甚至爆炸。“龙虾形”的容器可能看上去是甲壳类产品微波容器的最好推销形式，但这种宽窄不一的特殊形状会带来严重的温度分布不匀问题。

（2）容器几何形状 大多数非微波加工中使用的托盘是长方形的，但这并非最好的微波用托盘。微波处理长方形托盘食品的温度分布通常是，边角温度最高，中心温度最低，而侧壁附近温度略低于边角处。当食品的初始温度为环境温度，即约 25℃，或冷藏温度，即小于 7℃时，微波炉加热长方形托盘食品的最高和最低温差范围与在传统烤箱中相近，但对于冷冻食品，其边角和中心的温差可能会超过 50℃（图 13.1 和图 13.2；Schiffmann 和 Sacharow，1992）。如果无法避免边角的话，容器应该尽可能设计成圆角过渡形式，器壁也要有一个适当的拔模角度，但角度不能太浅，避免周围的食品层太薄而被过分加热。容器底面直径需足够大，底面中心需有轻微弓形或凸起，这使得其上面的食品层变薄易于加热，因为此处通常也是加热最慢的地方，同时这种形状也降低了容器底部与微波炉底面接触造成的热量损失。

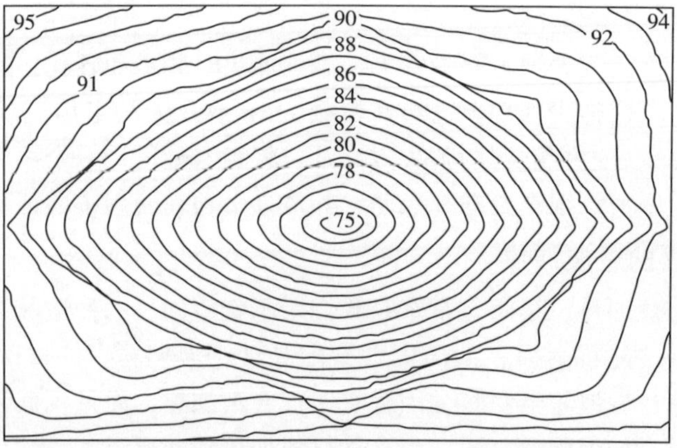

图 13.1 微波加热长方形包装容器（14.0cm×17.8cm）食品的典型温度分布，最高温度（℃）在边角处而最低温度在中心

资料来源：Ministry of Agriculture, Fisheries and Food: UK [Schiffmann, R.F., & Sacharow, S. (1992). *Microwave packaging*. Leatherhead, UK: Pira International]。

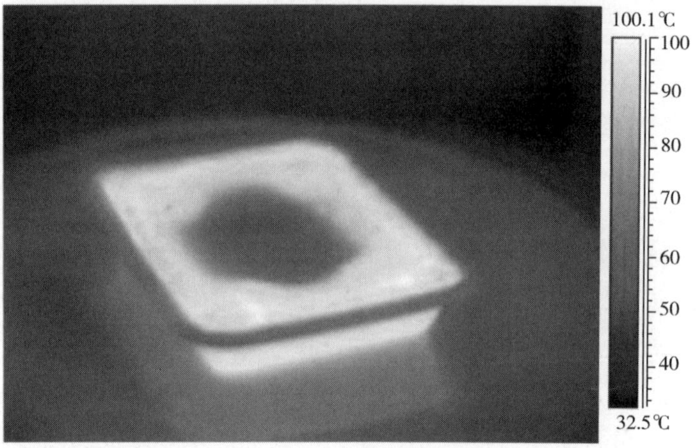

图 13.2 一盘马铃薯泥在 750W 的转盘微波炉中加热 5min 后的热成像图

资料来源：Budd、Hill 和 Hooper，1993。

应避免使用小型的圆柱形容器，如婴儿食品罐，因为其微波加热后内部温度可能很高，当食用时可能会烫伤或由于其内部高压发生喷发而造成伤害。可以使用像玻璃罐那样的大型圆柱形容器但应避免有瓶颈的玻璃罐。有瓶颈的玻璃罐瓶颈处直径比主体部分显著变窄，这也可能会导致其内部压力过高而喷发，且其内部也可能会有很大的温差。

如图 13.3 所示专用于盛装室温产品的桶形容器，圆形结构、具有倾斜侧壁，配上可排气的盖子，从而大大避免了喷发的危害。相当大的内径也减少了内部的局部加热点。

13.3.2.2 尺寸

容器的尺寸由被加热食品的体积决定，并要确保产品在没有过热点的前提下能够被完全加热。基于此，大多微波加热食品的净重范围在 250~300g。也有部分重量更大的微波加热食品，但需采取其他方法来改善其微波加热温度均匀性（参见后文详述）。大多数实用的

图 13.3 耐贮藏的专用包装桶，盖上有 4 个通气孔

容器尺寸为 15cm×20cm，深度通常为 2.5~5cm。

13.3.3 复合食品包装容器

含有蛋白质（肉类、禽类或鱼类）、淀粉和蔬菜的复合成分餐食在美国和澳大利亚市场通常以冷冻的形式销售，而在英国或欧洲大陆则主要以冷藏的形式出售。由于冷冻复合食品各组分的微波加热特性差异较大，因而冷冻食品微波加热面临更大的挑战。配方设计师必须尽可能地平衡好各组分的质量（因为各组分损耗不同，即微波吸收和机械强度不同）及介电特性，那样其微波加热后最终温度才会比较接近。通常这类食品的包装材料是塑料和纸板，容器形状通常是圆形或椭圆形，也有可以是长方形。将容器物理分隔为 2~3 个部分，可保证各组分在运输过程中分隔开。在此情况下，微波会将各部分视为各自独立的托盘，而不会把其当做整个托盘的一部分来看待。这样会更容易实现微波均匀加热，因为可以分别控制每种组分的形状、质量、比热容以及介电损耗。如可将各种食品组分安排在周围，而将一种组分放在中间，如加热速率比其他组分更快的火腿，其他放在周围的食品组分可充当火腿的微波屏障，从而微波加热效果更好。也有很多利用箔片的屏蔽作用取得类似效果的应用，这将在后文进行介绍。

13.3.3.1 遮蔽物

遮蔽式托盘是取得更加均匀的微波加热效果的有效方法。近年来，出现了大量的托盘/遮蔽包装系统，它们融合了各种自通气技术，包括气阀以及可以释放微波加工中所产生的蒸汽压力的其他方法。蒸汽本身提高了加热的均匀性，也缩短了加热时间，并保持了产品的水分含量。生鲜或预处理的食品材料可以用这种容器进行微波烹饪。

这种蒸汽排放（自通气）包装应用了两类主要技术：

（1）气阀　这里通常指所谓的“单向阀”，容许蒸汽通过包装盒盖或包装膜上的气阀排出。如瑞士制造的“Wipf”单向阀，允许产品在贮藏当中产生的气体以及烹饪过程中产生的蒸汽释放出来。发明制造并以“Dream Steam”和“Steamy Wonder”商标销售这种气阀的瑞士集团 CNF 称，这种气阀能够准确控制和释放蒸气压，因此在这种气阀控制下的微波烹任效果显著优于没有其控制的效果（Keller，1999）。

（2）无气阀系统

①孔：可以是微孔、大孔或细缝，通常用阻挡膜、粘贴带或胶粘标签封闭。可以由消费者揭掉，或可在蒸汽通过时由蒸汽冲开，或自身可以收缩，从而开通气孔。

②黏性封闭及封闭破开系统：这些系统有各种不同的通蒸汽方法，如在托盘或密封盖上设置脆弱点，或者选择某种与微波相互作用的材料或装置便于在某处“溶化”出孔洞，从而使蒸汽释出。几种包括 Vacsys（Global Sealing Technologies，Ltd）在内的系统都是以黏合剂为基础。Vacsys 技术有三个要素：特种可吸收微波的油墨、黏合叠片层之间的缝隙和膜上由密封剂密封的细缝。油墨有密封和辅助控制通气的功能，缝隙提供了蒸汽从容器内部到特种油墨层的通道，膜上开设的细缝容许蒸汽进入叠片层，并通过叠片层间隙到达特种油墨层而最终释出（Hagino，1998）。

13.3.4 封盖

在微波加工中，密封食品可提高其微波加工性能（Schiffmann 和 Sacharow，1992），密封可以提高产品温度分布均匀性，保持水分，并缩短加工时间。前面已经详细介绍了包括自通阀在内的最新包装形式，以及具有部分封盖功能的其他结构，事实上，这类通气系统在微波包装容器内形成了一个类似于压力锅的装置。它们在欧洲和日本得到广泛应用，而且拥有约 200 项专利。采用带封盖的密封容器是为了在产品运输和贮存过程中保护产品。而在微波加热时，通气是必要的，如果不能通气，有时容器就会在炉中崩裂甚至会伤害到消费者。因此，建议消费者在微波加热密封产品之前，在封盖上开个细缝，穿个孔或者干脆部分或全部拿掉盖子。而若是自通气盖，消费者则无需额外操作，可保障消费者的安全，而且对产品也有益。而关于托盘封盖所用的材料，前文已有介绍。

另一种通气盖的设计用于微波塑料桶装产品。这种多层阻隔式圆筒容器用于盛装干酪通心粉、意大利卤汁宽面条以及红辣椒产品，因为这类黏稠的酱和肉汁中含有大颗粒，在微波加热过程中有从包装容器中喷出的倾向，为了防止其喷出，可采用上面开有大通气孔的柔性聚丙烯盖密封在包装桶上（图 13.2），移动密封铝片可关闭通气孔。

13.4 包装材料

当选择微波食品包装容器的材料时，应该遵循上文所述的准则（Schiffmann 和 Sacharow，1992）。

下文分别讨论目前市场使用的各种具体包装材料是如何满足上述准则的。

13.4.1 玻璃

绝不可以用钠钙玻璃制作微波食品容器，因为其具有介电损耗，微波加热过程中会变热并可能破裂。硼硅酸盐玻璃罐可透过微波，但也要慎重用作微波食品容器，因为其具有很多缺点：成本高、易碎、重量大、不便于运输以及易吸收内容物的热量而被加热等。而将其应用于微波食品中时，则有另外一些缺点：

- 微波加热过程中，常规的圆柱形玻璃容器会发生内部加热集中的现象。大玻璃罐，如用于盛装意大利面酱的容器，玻璃周边会形成一个集中加热的环，中心区域的温度明显偏低，而上部的温度也很高。而像用于盛装婴儿食品的小玻璃罐，微波加热过程中会在中心区域存在一些温度在100℃左右的局部过热点，而食品和玻璃罐的界面温度较低，这可能会带来严重的危害（Schiffmann，1988）。基于此种原因，盛装婴儿食品或其他食品的小玻璃罐，最好不要在微波炉中加热。如果一定要微波加热，必须充分搅拌，并在食用前要试探温度。传统的加热指南建议在加热所有玻璃罐食品或者微波加热任何食物时进行搅拌。
- 在某些情况下，玻璃罐可能会在微波加热过程中破裂。如果容器在运输或操作过程中表面出现裂痕，那么更易发生上述情况。如果微波炉内环境温度较低，而导致玻璃罐表面低温而内部高温，那么在热膨胀过程中，这种温差足可以导致玻璃破裂。
- 常规的圆柱体玻璃容器，其瓶颈处的收缩很可能会导致内容物“暴沸”和喷发，特别是当食品中有大颗粒存在时。

13.4.2 蒸煮袋和站立袋

柔性包装袋已经使用多年，特别是对冷冻蔬菜和配菜而言。柔性包装袋最初可用于浸泡在沸水中加热，也可适于微波炉使用，但也存在一些问题。因为袋子的熔化温度必须要高于沸水温度，它们常常由共挤压加工成型的复合塑料薄膜或由中密度聚丙烯（MDPE）叠片层制造而成，密封性很强。因此这些柔性袋在微波炉中使用时需要通气，否则会爆裂。而且，操作已加热的柔性袋也比较困难，消费者可以轻松将袋子切开或刺破，但袋中内容物会溢出，因此柔性袋应该放置在可微波的盘子上。

目前，全球已有很多自通气袋可供选择和使用，这类包装所用技术和前文提及的蒸汽排出包装的技术是一致的。

13.4.2.1 站立袋

蒸煮袋在微波炉中通常是水平放置的，而站立袋则是垂直放置加热的。站立袋所有图案都在袋子的表面上，而蒸煮袋的图案和加热说明通常都在其外包装硬纸盒上。站立袋由具有结构支撑和阻隔性能的多层热塑性塑料和其他材料构成。由于金属铝不能作为阻隔材料用于微波包装袋上，所以必须采用其他阻隔材料。美国加利福尼亚的 Fall River Mills 采用二氧化硅作为阻隔材料制造了一种用于野生稻产品的独特包装袋（Lingle，2003），其结构是，48-ga PET/48-ga PET 共聚物，氧化硅/60-ga 涂层双向涂布于尼龙/2.4-密耳（1 密耳 = 25.4μm）厚的聚丙烯上。外层 PET 的反面用八种颜色凹版印刷，可以耐受蒸煮。

当微波加热高脂肪含量的食品，如汤或含肉酱汁时，可能经常会出现一些意想不到的问题。如果脂肪分离并漂浮到食品表面，会在表面张力的作用下吸附在包装袋的内壁上。当微波加热时，内壁上的脂肪温度会额外高甚至会融化包装袋。因此，在这些产品中，对产品配方设计的基本要求是要避免脂肪分离。此外还有重要的一点是站立袋需能适当排气以防压力过高而喷瀑。虽然现在已有几种市售自通气袋，但仍有许多需要在微波炉加热前手工剪开封口的包装袋。

13.4.3 纸和纸板

在美国，大量不同类型的纸板容器（折叠的或压模的）被用于微波食品。根据应用于各种食品的不同要求，在纸板上涂覆不同类型的聚合材料，纸板具有结构刚性，而聚合材料具有耐化学性和密封性。涂覆材料以及相应包装容器的选择，主要取决于食品在微波加热中所达到的最高温度，其他需考虑的因素包括：耐油脂性、对氧和水分的阻隔能力、密封性、双炉通用性和成本。

按照聚合材料的涂覆方式不同，有三种不同类型的纸板容器。涂覆方式包括：熔融聚合树脂挤压涂覆、预先制备的聚合物薄膜黏附或挤压涂覆和聚合物溶液滚涂。

（1）低密度聚乙烯（LDPE） 由于熔点较低，其只能用于轻度微波处理，如微波处理冷冻蔬菜，食品温度不能超过沸水温度。LDPE 耐油脂性也很差，且其不适合于传统烤箱使用，即其非两炉通用。

（2）高密度聚乙烯（HDPE） 具有更好的耐热性和耐油脂性，但其成本高和难以密封的缺点限制了其在食品包装上的应用。

（3）聚丙烯（PP） 比聚乙烯熔点高且更耐油脂，但其也不适合于两炉通用。

（4）聚对苯二甲酸乙二酯（PET） 使用温度可高达 205℃，因此涂覆这种材料的托盘是理想的两炉通用包装容器，因为微波加工也会出现如此高的温度，特别是在食品和托盘的界面上。其也具有耐油脂性和适中的阻气性。PET 涂覆托盘可压缩和折叠，已经成为美国许多微波食品包装的选择。

（5）封盖 不管是聚合物涂覆纸板还是聚合物膜都需热封在托盘上。通常使用可热封的 PP 和 PET 拉伸膜，其性能列于表 13.2（Bohrer 和 Brown，2001）。这种封盖也可以通过前文所述方法使其通蒸汽。

表 13.2 微波纸板托盘性能

包装类型	材料	最高使用温度/℃	阻氧性	阻湿性	耐油脂性	稳定性	是否两炉通用	注释
托盘								
托盘	PET 涂覆纸板	205	差	一般	高	一般	是	可压缩或折叠托盘
托盘	PP 涂覆纸板	125~135	差	一般	高	高	否	可压缩或折叠托盘
托盘、衬套、支撑物、外包装	LDPE 涂覆纸或纸板	95	差	一般	高	一般	是	仅适用于轻度加热
外包装								
外包装	热封 PET 拉伸膜	220	差	高	高	高	否	复热需通气，涂层可提高阻隔性
外包装	热封 PP 拉伸膜	110	一般	一般	高	高	否	复热需通气，涂层可提高阻隔性

资料来源：Bohrer, T. H., & Brown, R. K. (2001). Packaging techniques for microwavable foods. In A. K. Datta & R. C. Anantheswaran (Eds.), *Handbook of microwave technology for food applications* (p. 402). New York: Marcel Dekker。

13.4.4 聚合物托盘

聚合物托盘的初次使用是在20世纪80年代早期。当时热固性聚酯托盘广泛应用于各种冷冻食品，许多消费者购买此类托盘产品，并将托盘保留重复使用，但很快发现其拥有的托盘已超过所需，于是就停止购买这种产品。此外此类托盘产品太贵也导致他们不再购买此种产品，取而代之的是购买上述提到的PP和PET托盘产品。因为LDPE在约75℃时会变性，当无纸板为其提供刚性支撑时，这种材料不能用于制作微波托盘。

13.4.5 聚丙烯

这种托盘只能用于温度不超过100℃的高水分含量的产品，这就意味着它们不能用于诸如汤、酱和肉汁等脂肪含量高的产品，以及诸如糖浆和有糖衣的高糖产品。但是，这种聚丙烯托盘成本低且光学透明，因此它们被用于多种微波产品。

13.4.6 聚苯乙烯

泡沫聚苯乙烯（PS）以其良好的绝热性能而受到欢迎，常用于制作外卖咖啡杯和食品托盘。但其热稳定性很低（熔点低于100℃），不适合用作微波加工食品的托盘材料。

13.4.7 结晶聚对苯二甲酸乙二醇酯

无定形PET温度超过63℃就会变软，而由结晶聚对苯二甲酸乙二醇酯（CPET）制造的托盘在230℃高温下仍处于稳定状态，因此可双炉通用（Robertson，1993）。CPET材料是将挤压加工的PET片添加形成晶核后，通过热成形加工制得的。托盘加工过程中，热成形加工在热模中完成，托盘在热模中停留到晶体结构完全形成，然后被转移到第二个模具中冷却（Proffit，1991）。这种材料是非光学透明的，因此制备的托盘通常是有色的，大多数产品为黑色。其特性概述于表13.3（Bohrer和Brown，2001）。

表13.3 微波聚合物托盘性能

包装类型	材料	最高使用温度/℃	阻氧性	阻湿性	耐油脂性	稳定性	是否两炉通用	注释
热成形托盘	CPET	220	好	一般	高	一般	是	通常为白色或黑色
热成形托盘	PP	110	差	高	高	高	否	在冷冻温度下有脆化问题
热成形托盘，翻盖包装	PS和泡沫PS	80	好	一般	高	差	否	仅适用于轻度加热
热成形托盘	LDPE	75	差	高	一般	高	否	仅适用于轻度加热

资料来源：Bohrer，T. H.，& Brown，R. K.（2001）. Packaging techniques for microwavable foods. In A. K. Datta & R. C. Anantheswaran（Eds.），*Handbook of microwave technology for food applications*（p. 402）. New York：Marcel Dekker。

13.4.8 多层 PP 和 PET

包装容器通常由三层或多层材料加工而成，具有不同形状和规格，能保证足够的强度和阻湿、阻氧性能。它们可在 70~120℃下热烫或蒸煮，在室温下有 24 个月的保质期。首选的阻隔材料是乙烯/乙烯醇共聚物（EVOH）或尼龙（Nylon）。图案印刷可采用贴标、套印、丝网印刷或其他更多方法。在某些情况下，可利用发泡结构的内套来提供必要的绝热性，如前文介绍的桶形产品。

13.4.9 铝

这种材料能否用在微波炉中一直是有争议的。但是，它也有一些显著的优点，因此多年来人们一直都在考虑将其用作微波食品的包材。其优点包括：费用低、适于制造多种形状和规格的产品、优良的传热性能（即使是在冷冻状态下）、货架寿命长并可以回收。然而，它也给消费者和多数食品制造者以不适合微波炉使用的印象，人们主要担心两点——有损坏磁控管的潜在可能，以及产生电弧。大量研究表明，人们大部分的担心是没有必要的。镀膜铝托盘微波食品在市场上已经销售了相当长的时间，托盘上的涂层阻隔了铝，形成了部分电磁屏障从而控制了电弧产生。但是，这无法克服消费者的错觉，及解决他们在使用铝箔包装时所遇到的问题。因为铝箔具有反射性，微波仅能从开口的一端进入，这导致了其加热特性与可透微波托盘迥异。因为微波无法从侧面和他端进入，铝箔托盘必须相当浅，以适应微波在食品中的穿透深度，不可以超过 2.5cm 深。铝箔托盘还可能出现其他两种现象：

（1）特殊温度分布，特别是长方形容器　铝箔托盘往往比其他微波可透托盘存在更多的过热或过冷点，这是由于其共振结构和托盘内产生的驻波导致的。将容器形状改为圆形或椭圆形可以缓解，但不能从根本上解决这个问题。

（2）铝箔/食品界面附近温度较低　铝箔抑制电场靠近其表面，因此除了热传导，几乎很少有热量在此区域生成，这尤其会给冷冻食品微波加热带来一定问题。

13.5 活性包装容器

如果微波炉中没有其他的辅助加热方法，除非采用特殊的包装技术，否则微波加工一般不可能生产出表面松脆或褐色的食品。在电源电压为 240V 的欧洲，组合式（“combi”）微波炉是非常普遍的；但在美国，这种组合式微波炉每年只能售出 5%，因为普通家庭厨房中所提供的电源电压仅为 120V，电流为 15A，如此低的电压几乎不可能同时运行磁控管外加一个辅助加热设备。普通微波炉的环境温度为室温或稍高于室温，这远低于使食品表面松脆或褐变所需要的温度。为了达到这一需求，现已成功开发了各种各样的活性包装技术。

13.5.1 褐变和脆化

褐变和脆化二者都需要高温，但具体原理不同。

13.5.1.1 褐变

这是由于复杂的美拉德反应而导致的食品表面颜色变化，诸如面包和酥油点心褐色的表面就与此相关。美拉德反应取决于以下四个因素。

(1) 美拉德反应物的存在　氨基酸（如甘氨酸）和还原糖（如果糖）。

(2) 表面温度100℃或更高　低于这一温度，美拉德反应即使能够发生，反应进程也很慢。

(3) 水分活度大约0.8　高于此值反应物太稀，低于此值反应物太浓，反应需要水辅助进行。

(4) 适中或弱碱性的pH，大约为7或稍高点。

因为微波炉中的空气是凉的，所以很难使产品表面达到褐变所要求的温度。低温还可能会导致食品内部溢出的水蒸气在表面冷凝，再加上在加热过程中微波炉内不断上升的湿度，使食品表面水分活度上升接近1.0。因此，利用普通方法至少在温度及水分活度两方面很难达到美拉德反应的要求。可以采用褐色涂层（液态或粉末状的）来制造一种假性的褐变效果，也可以微波衬底托盘来达到褐变的效果。

13.5.1.2 脆化

脆化甚至需要更高温（190℃或更高），以使食品表面脱水，从而达到所要求的水分活度（约0.1）。因为微波可以使食品内部加热，因此其内部蒸气压就会不断增加，出现所谓的“水泵”现象，迫使水蒸气向外逸出，冷凝在表面，达到饱和状态，从而导致在不借助其他方法的情况下无法使产品脆化。

13.5.2 活性包装容器的特性

活性包装容器被定义为，在微波加热过程中不只是单纯容纳和盛装食品，而是含有能够与微波场相互作用的组分，从而创造一定的加工条件的包装容器。活性包装容器有三种基本类型：

(1) 屏蔽罩　可以阻止微波达到整个或部分食品。

(2) 衬底　可以被微波加热并主要通过热传导将热量传递到食品表面。

(3) 场调节器和模式转化器　可以改善或集中微波能的分布。

通气包装容器（参见本章前文所述）也可被视作活性包装容器，因为容器内的蒸气压也可改善微波的烹饪特性。

13.5.2.1 屏蔽罩

屏蔽效应可以通过使用含有部分铝箔材料（一般0.02~0.03mm厚）的包装容器实现。例如，对于盛装在多隔室托盘中的冷冻餐，冰淇淋可以放置在一个完全屏蔽微波的四周被铝箔隔离的托盘隔室内，当其他食品被微波加热时，冰淇淋仍保持冷冻状态。同样也可以将铝箔放置在托盘的某些特定区域，以防止食品边、角过热。

最初使用屏蔽罩是通过在托盘表面粘贴铝箔来完成的。荷兰的一家公司Shieltronics, B.V.开发了一种专利程序，直接将铝箔嵌入聚乙烯或其他塑料托盘中。采用这种方式，可优化施加到一种或多种食物成分上的微波能量，以提供该成分的最佳温度。如可将一种蛋白质（如鱼）、一种蔬菜（如马铃薯）和一份沙拉同时微波加热，将沙拉包裹在铝箔中，这样它就能在微波过程中保持低温，而微波则加热其他成分。

13.5.2.2 衬底

在各类托盘中安装衬底的目的是提供食品褐变和脆化所需要的表面高温。自 1975 年，衬底就已经开始了商业化应用，除了用于微波爆米花包装袋外，它们都用于获得食品局部的褐变和松脆效果。已经开发了三种类型的衬底：色素/黏合剂涂膜衬底、化学衬底和金属传导镀膜衬底，只有最后一种在微波包装中被广泛使用。虽然溅射镀膜不锈钢衬底已在商业上有所应用，但一般真空镀铝衬底是金属镀膜衬底中最普遍的，它包含的四个基本层如下（图 13.4）：

（1）聚合物膜层　通常为 0.012mm 厚的热成形双向拉伸 PET 膜，作为加热表面和其他材料的载体。

（2）厚度以埃为单位的超薄金属层　通常为单位面积 50~250Ω 的真空镀铝。

（3）用于黏合膜的黏合剂。

（4）底物层　通常为纸或纸板，提供稳定的材料结构。

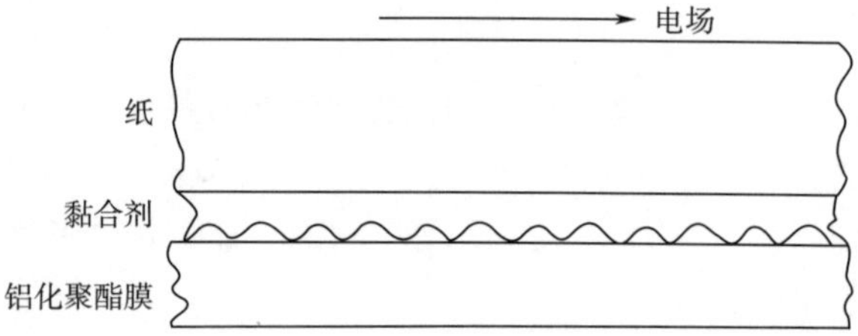

图 13.4　典型微波衬底的结构

资料来源：Schiffmann，R. F.，& Sacharow，S.（1992）. *Microwave packaging*（p. 123）. Leatherhead，UK: Pira International。

真空金属喷涂产生了由微小距离分离开来的微小铝点。当施加微波场时，产品电流通过这些微小铝点，其间的微小间隙对电流产生了一定的阻抗，从而导致对衬底膜层的电阻加热（I^2R）。为确保有效，金属层厚度必须在 3~6nm 之间，且表面电阻率约为 0.01Ω。图 13.5 表明微波能的吸收是表面电阻率的函数（Andreasen，1986）。关于其结构的全面理论介绍发表在 *Microwave World* 上（Habeger，1997）。

食品通常直接和衬底加热面接触，此表面可能会有分离涂层。衬底的金属面通过 PET 膜与食品分隔，这也可以避免金属发生物理及化学破坏。尽管衬底上薄金属传导涂层的质量和食品相比十分小，但其介电损耗却比任何食品都大得多。因此，尽管其与食品密切接触，却可以很好地吸收微波，从而产生很高的表面温度。然而，当温度达到 190℃左右时，拉伸 PET 膜即会破裂而变得非连续，导致介电损耗不可逆地迅速下降，衬底温度也相应降低。这一机制提供了一个安全温度极限，对于那些无食品接触，热量无法散失的区域而言尤其重要，否则高温衬底会导致包装纸板燃烧。这种膜是一次性的。

为有效利用衬底，衬底必须和食品表面密切接触，否则衬底和食品表面之间会存在显著的温差。大多数衬底在设计上会充分考虑接触问题，甚至可以折叠以便和诸如蛋卷这类的产品很好接触。有一种特殊的衬底套专配套于 Hot Pockets 牌夹馅三明治（Chef America），此

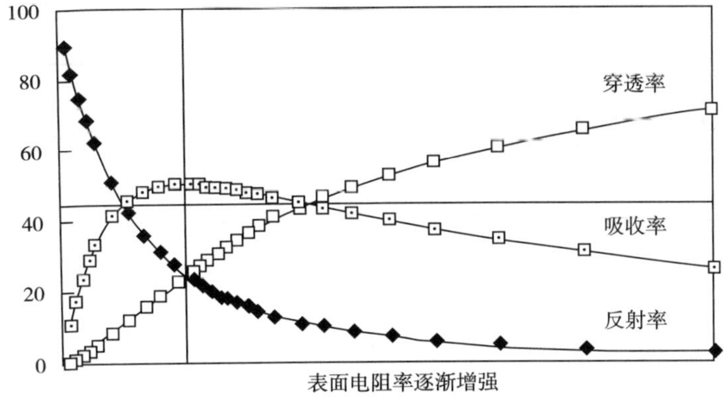

图 13.5 微波能吸收、反射和透射百分比随表面电阻率的变化

资料来源：Andreasen，M.（1986）. *New technologies to improve susceptor efficiencies.* Santa Rosa，CA：Microwave Packages，Optical Coating Laboratory，Inc。

衬底套上也设有两个大的通气孔，允许水蒸气从此释出，从而避免了水蒸气影响衬底对酥皮表面的加热效率（Pawlowski 和 Brown，1988；图 13.6）。

图 13.6 专用于 Hot Pockets 夹馅三明治的衬底套，大的排湿孔可有效促进产品表面脆化

衬底可能存在的另一个问题是加热均匀性。因为此类产品通常表面积很大，微波加热过程中可能出现冷、热点，这主要是由微波炉的特性和铝的非均匀喷涂造成的。这就是为什么不能将衬底尺寸设计过大的原因之一，直径 20cm 为实际应用极限。

衬底对其所处微波炉垂直面上的位置也相当敏感，将其升离微波炉底板，可以降低传输至底板的热量损失而提高其加热性能。然而，一旦抬高衬底位置，其微小的高度变化都会对微波能量在衬底上的分布效率造成显著影响。

避免衬底与食品非充分接触导致区域过热的方法是应用美国专利介绍的模块化的或装有保险丝的衬底（Walters 等，1996）。在这项技术中，设置了一个无加热功能的规则的 Xs

型模块，当其安装于衬底膜时，会产生集中于通道上的电流。这一模式促使电流集中在 Xs 校直点之间，并在热传导较差的区域产生一系列断电点（Bohrer 和 Brown，2001）。促进微波加热的栅格模块也具有相似的功能，这两者均已在商业中应用。

将衬底活性加热区域与食品形状充分吻合，并根据产品不同区域的加热要求调整加热速度，比单独使用一个完整的衬底会取得更好的褐变和脆化效果。模式化的衬底有助于产品获得更好的温度分布效果。Graphic Packaging International，Inc.（Golden，CO，USA）开发了一种新技术 Quilt Wave，当“quilts”暴露于微波辐射时，即会膨胀成充满空气的衬底，促进其与产品的表面更好接触，使产品表面均匀加热，同时提供隔热层以防止热量散失到环境中，从而使食品表面的热量最大化。此种衬底已经被设计成可以在传统的填充-灌装-密封设备上生产，并且符合美国食品与药物管理局（FDA），加拿大食品检验局（CFIA）和欧盟（EU）的要求，可以用于微波炉和传统烤箱复热的冷冻和冷藏食品的包装中。

衬底的另一个问题是其热质量较低。如果食品产生大量的水蒸气，这将会限制衬底的加热及使用效率。基于此，以纸板而非纸做刚性支撑的衬底往往可以取得更好的褐变及脆化效果。

13.5.2.3 爆米花袋

在美国，最大体积的金属衬底用于年产 10 亿只爆米花袋的生产。衬底的应用与产品褐变和脆化没有任何关系，衬底膜直接黏合于爆米花袋底侧的三分之一处，其作用是迅速融化与玉米粒混合的氢化大豆油（否则其将很难与微波能耦合）。大豆油一旦融化，微波与油的耦合得到改善，从而提高玉米粒的膨爆性能，这可以通过测试爆米花粒的体积以及剩余的未膨爆玉米粒的数量来确定。爆米花袋内衬底的应用，已经成为该行业的标准。也有个别不用于爆米花的衬底袋的成功应用案例。其中一个案例在美国，采用衬底袋微波加热和膨化表面喷涂调味料的猪肉皮，获得了体积极度膨大、松脆和发泡结构的可食用产品。

13.5.2.4 其他类型衬底

衬底通常和瓦楞纸板的一面接合在一起，当它与瓦楞纸板的凹槽面接合时，食品只能和衬底的顶端接触，但衬底和食品之间的通道可方便水蒸气的释放。当衬底与纸板平面接合时，类似比萨这样的食品就放置在平面表面上，而不与衬底接触的纸板褶皱面就起到绝热作用，从而避免热量向微波炉底板散失（图 13.7）。

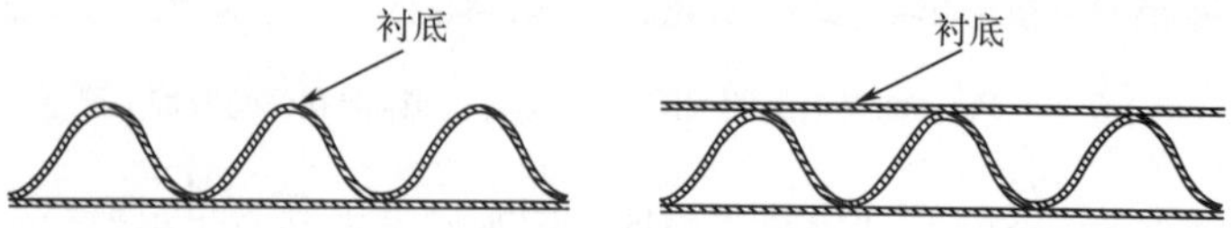

图 13.7 两种瓦楞纸板衬底

注：左边瓦楞面附有金属衬底并提供了水蒸气释放通道；右边金属衬底附于平顶表面，瓦楞将衬底和微波炉底板隔绝。

13.5.2.5 场调节

微波食品的场调节包装，可预测并改变微波场的能量分布，进而优化食品微波加热性能，克服了微波加热中关于加热速度的两个主要缺点：一是微波食品边角过热而中心过凉；

二是多成分食品的不同成分加热速度不同。

最早开展这项工作的是加拿大的 Aluminum Company，他们获得了技术专利和被称作 Microwave Match 的一系列托盘及盖子包装（Keefer，1987，1989）。设计的盖子可影响包装容器内部微波能的分布，以便获得更加均匀的加热效果或者获得产品表面褐变。盖子并不和食品直接接触，而是与食品有一段距离。盖子在结构上有大量与之黏合在一起的箔片，箔片的几何形状各异，有圆角方形、不同长度的弧形等等，其形状和排列空隙均根据具体食品来确定。塑料圆顶盖最初设计为与铝制托盘相匹配，后来还可和塑料或纸板托盘配套。上述设计概念仅取得了有限的成功，现在已不再使用。从那以后，也已开展了大量的研究和开发工作，申请了大量专利并获得了一些商业化的成功应用。

有三种主要的场调节器：屏蔽罩（前文已述）、场分布器和场增强器。它们可以单独或联合使用，以获得理想的效果。它们也可以与衬底联合使用，场调节器可将微波能导向至需要加热的衬底区域。

13.5.2.6 场调节的理论基础

足够粗的电导体（如铝）能够阻止微波能的传播，从而起到反射屏蔽的作用。但如果将其设计成适宜的条带或其他几何形状，铝导体就可充当场增强器，而局部增强微波能；或充当场分布器，将微波能传输到食品中能量吸收不足的区域。这种具有场调节器的包装容器的用途分述如下：

（1）大尺寸食品 传统的比萨饼是相当大的，直径达 30cm 甚至更大；而微波比萨，即使是在使用衬底的情况下，可能只有 20cm 甚至更小。其原因是比萨具有“自屏蔽”效应，即它自身阻止了微波能达到其中心区域。在微波炉中，能量从各方向射向食品，但能量的分布并非一致，边和角从侧面及上、下表面受热，而像比萨饼这样的大尺寸食品，其中心区域受热只来自于上表面。虽然能量可以被微波炉底板反射，但比萨的外表面吸收了大量的微波能，从而有效地阻止了微波能到达食品中心区域的底部，即“自屏蔽”。对于具有相当厚度的食品而言，情况更加糟糕（图 13.8）。可以通过将比萨或其他大尺寸食品抬高到距底板或转盘 2.54cm 或更高点的方法，来改善这种情形。而另一种解决方法是在比萨底部放置一个场调节器，使更多的微波能到达食品中心底端。图 13.9 所示为一种场分布器，它是由一个场分布器和一个由 Graphic Packaging International，Inc 制造的衬底组成的一个联合装置，称之为 MicroRite，场分布器与衬底共同作用，提供了使表壳脆化的热量。

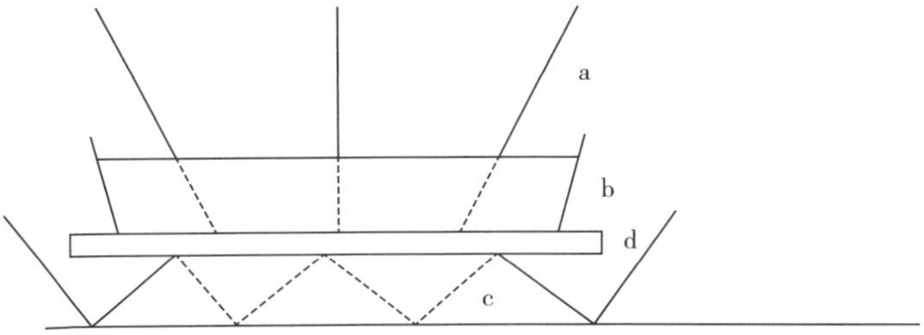

图 13.8 自屏蔽减少或阻止微波能（a）到达大尺寸食品（b）底部中心。当能量通过食品时被吸收和部分削弱，而减少或消除了由微波炉底板（c）反射的能量

注：d—转盘。

图 13.9　用于微波加热比萨饼的 MicroPite 场分布器和衬底

资料来源： Graphic Packaging International。

（2）食品载荷过大会带来另一个问题　以微波加热 1kg 意大利卤汁宽面条为例，如果这么重的面条在普通惰性包装容器中加热，其温度分布是非常不均匀的。这么大质量的意大利卤汁宽面条需要特别长的时间才能完全被加热（特别是如果意大利卤汁宽面条是冷冻的），当面条中心区域尚处于相对低温时，边角不仅可能过热，甚至可能被烧焦和烘干。通过屏蔽外壁，该区域的能量及温度升高显著降低。在托盘底部设置一个共振回路结构可提高其与微波能量的耦合性（场增强器）及能量自托盘底部的传输，可以缩短总加热时间。图 13.10 所示为在采用及不采用该技术时，意大利卤汁宽面条内的能量分布情况，该图由制造这种包装容器的制造商 Graphic Packaging International 提供。

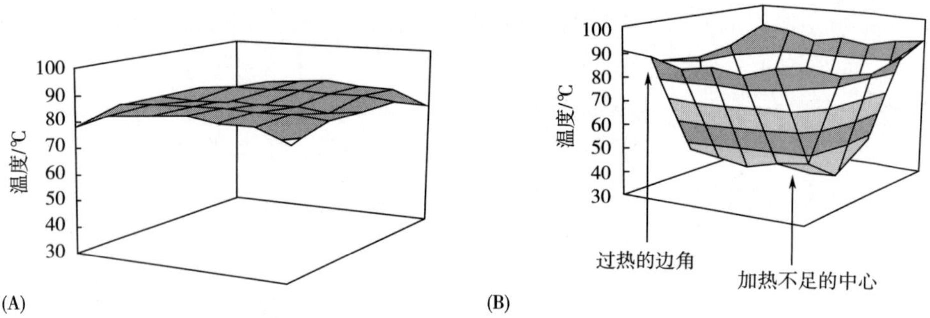

图 13.10　使用（A）和不使用（B）场调节器对微波意大利卤汁宽面条温度分布的影响

资料来源： Graphic Packaging International，Inc。

（3）这种场调节器所解决的第三个问题是改善复合成分食品的加热　由于每种食品成分都有不同的介电性质、比热容、质量和形状，所以在微波加热过程中很难达到温度分布均匀。图 13.11 所示为一个蔬菜已被加热及肉加热不足的典型例子。通过托盘的侧边屏蔽及在肉底部设置的共振环（图 13.12），该情况得到了极大的改善。

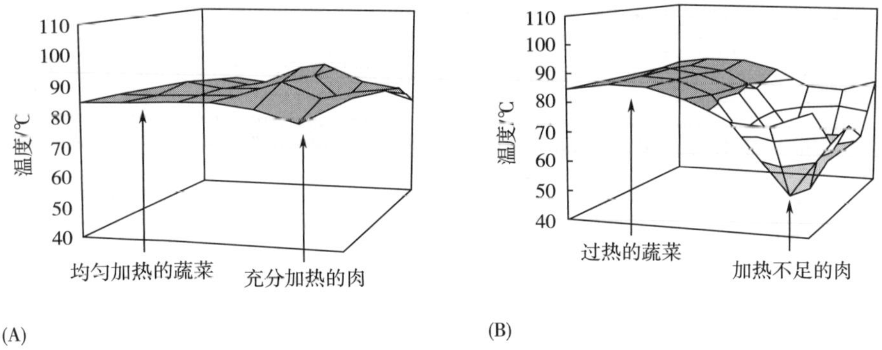

图 13.11 使用（A）和不使用（B）场调节器对多成分食品温度分布的影响

资料来源：Graphic Packaging International，Inc。

图 13.12 提供更均匀产品温度分布（图 13.11）的 MicroRite 容器示例

资料来源：Graphic Packaging International，Inc。

所有的场调节器的设计和放置都必须根据具体食品的成分、形状、尺寸规格以及贮藏温度条件等量身定做。通常利用化学蚀刻的脱金属技术来制造场调节器，将铝片直接黏合到纤维基板上即可制造简单的场调节器，还可利用旋转冲切的办法来制造。在所有类型场调节器中，导电金属都是铝，厚度通常为普通箔片的厚度 6~7μm，这一厚度无论在尺寸上还是在导电性上都比较稳定。

场调节器有时可能和金属衬底联合使用，场调节器可提高衬底对产品（如水果派和菜肉馅饼）的加热性能。

• **蒸汽辅助包装**。在食品微波加热过程中，其中一个明显的现象是微波炉内的环境温度等于或仅略高于室温，并且相对湿度较低。这会导致食品表面比内部温度更低，也会导致未覆盖食品比覆盖食品加热更不均匀。此外，在加热过程中，食品中的水分主动被“泵送”到表面，并由于表面温度低而在表面凝结，使得食品表面脆化变得困难，甚至在大多数情况下不可能脆化。由于周围的空气湿度较低，这种被“泵送”的水蒸气和其他挥发物会从食品中逸出，导致食品变韧、风味丧失并产生其他有害影响。用微波透明材料盖子或覆膜覆盖食品可以改善上述状况，但要求盖子或覆膜可以排气，以便在取下盖子或覆膜时，不会因水蒸气喷发或蒸汽灼伤而对消费者造成伤害。在微波炉加热过程中，无排气口的密闭容器也可能爆裂，导致内容物被喷到微波炉腔和炉门上。

因此已开发了许多密封的蒸汽包装，适用于包装新鲜或部分煮熟的蔬菜、肉类、家禽和鱼类产品。在微波加热过程中，蒸汽可以通过装在包装内的气阀（通常是盖中的气阀）以受控的方式排出，这使得在没有上述危险的情况下，在食品周围形成明显的蒸汽气氛。蒸汽具有很高的能量，因此具有很强的加热能力，为食品表面提供了大量的热量以及水分。这种蒸汽包装加微波的组合使得微波可以烹饪或加热食品内部，而蒸汽则可以加热食品表面，使得加热或烹饪更加均匀，并显著减少了水分损失，更快地加热或烹调也会使产品保留更好的风味、颜色、质地和营养。蒸汽包装的性能如何在很大程度上取决于阀门系统的性能。阀门类型有许多种，包括简单的凹口或孔。目前大约有 200~300 项自排气包装和相关材料的专利，大部分来自日本。

13.6 即食食品的微波巴氏杀菌

由于超市冷藏区的食品比冷冻区的食品更新鲜，即食食品（即微波冷藏食品）在全球范围内越来越受欢迎。冷藏食品主要在可通过短途运输线路快速运送到超市的国家（如英国）销售，但通过独特的微波巴氏杀菌技术，在不添加防腐剂的情况下，可将这些产品在8℃冷藏条件下的保质期延长至 30d 或更长时间。延长保质期可延长分销渠道，使到达超市后的产品仍具有良好的冷藏保质期。MicVac 加工技术（Micvac AB，Moelndal，Sweden）是获得上述结果的成功商业手段（Reynolds，2011）。该技术包括在热成型托盘中填充生的食品原料，如肉类、家禽、洋葱、芹菜等，以及部分预煮的食物，如马铃薯或大米，将柔性薄膜盖热封到位，安装上特殊的 MicVac 气阀。然后将已装满食品和覆盖的托盘通过同样由 MicVac 提供的微波隧道运输，在此期间，根据巴氏杀菌的要求，将托盘微波加热 4~10min，在加热过程中，MicVac 气阀打开以释放内部蒸汽压力。在巴氏杀菌过程完成后，托盘被运送至螺旋冷却器，MicVac 气阀关闭，从而在冷却期间使容器内部产生部分真空。这样完成的煮熟的巴氏杀菌即食食品具有上述延长的保质期。

在美国，915 实验室正将微波巴氏杀菌（MAPS：微波辅助巴氏杀菌系统）和灭菌（MATS：微波辅助热灭菌）系统商业化，这些系统最初由华盛顿州立大学开发并被授权专利。在此系统中，密封包装食品被浸泡在水中，被输送通过微波腔室［在 MATS 的情况下是加压的（Lingle，2016）］，在微波腔室中同时接受 915MHz 的微波处理。利用该系统生产的一些产品已获得美国食品和药物管理局（USFDA）的批准（Lingle，2003；参见第 10 章）。

13.7 未来发展趋势

协助设计和开发新包装系统的最伟大的创新技术也许是计算机辅助设计和 3D 打印技术。计算机中 CAD/CAM 系统的引入，开始对包装的设计和制造产生重大影响。从 20 世纪 70 年代末至 20 世纪 80 年代初，包装设计团队创建数字化的设计蓝图，并将其直接发送到能够切割制造这些包装的设备上，原本这些工作可能花费数周甚至数月，而现在可以在几天内完成上述工作。3D 打印技术的引入对包装设计而言是进一步的创新突破。现在，包装设计师在电脑上画出一个新包装的创意设计，并将该设计直接发送到 3D 打印机，在短短的几分钟到几小时内，打印机就能完美地呈现出这个创意。在此之前，设计师通常不得不将新的包装创意设计发送给内部或外部小组，以创建所需容器的模型，此过程需花费大量时间。新包装设计创意呈现速度的飞速提高和成本的降低，使得在短时间内测试多种新设计并确定较为成功的设计成为可能。

上述两项技术都已为并将持续为新包装形式的设计和开发做出贡献，使得测试和引进新包装材料成为可能。考虑到引进计算机设计技术和 3D 打印技术才短短几年时间，包装设计领域已发生翻天覆地的变化，可以期待在未来的时间内可能会发生目前尚未想到的重大创新。

人们对环保包装越来越感兴趣，因为这种包装既可循环利用，又能减少温室气体排放。例如，目前正在调研寻找模制托盘材料的替代材料，例如甘蔗渣，这是一种甘蔗纤维，其具有非常好的耐油性，可用于制作模制托盘容器，但需要聚合物覆膜以阻隔水分。另一个例子是泰国的木浆，该木浆目前是废弃物，一般焚烧销毁或用作牲畜饲料，可对其二次利用，用于制作模制容器，这样几乎很少或没有温室气体排放。

无论开发商设计出什么样的包装容器，都不能替代好的食品工艺和配方设计。永远都不会是先确定好了包装容器，然后再开发适合这种包装容器的产品；也不该是一味地开发产品而无视包装，直到产品开发出来后再去选择合适的包装容器。最好也是最成功的方法是，一旦产品的基本形式和特性确定，就要尽早地把包装技术和产品开发结合起来，这样合适的包装容器可适应并进一步优化产品，从而取得最令消费者满意的效果。

参考文献

Andreasen，M. （1986）. *New technologies to improve susceptor efficiencies.* Santa Rosa，CA：Microwave Packages，Optical Coating Laboratory，Inc.

Bohrer，T. H.，& Brown，R. K. （2001）. Packaging Techniques for Microwavable Foods. In A. K. Datta，& R. C. Anantheswaran （Eds.），*Handbook of microwave technology for food applications* （pp. 402–416）. New York：Marcel Dekker.

Budd，C. J.，Hill，A. D. C.，& Hooper，G.，（1993）. Modeling microwave cooking：Theory and experiment. http://people. bath. ac. uk/mascjb/new2d. pdf.

Buffler，C. R. （1993）. *Microwave cooking and processing.* New York，NY：Van Nostrand Rheinhold.

Habeger，C. C. （1997）. Microwave interactive thin films. *Microwave World*，*18* （2），8–22.

Hagino，J. （1998）. *Wrapping device.* US Patent No. 5,839,832.

Keefer，R. M. （1987）. *Microwave heating package and method.* US Patent No. 4,656,325.

Keefer，R. M. （1989）. *Container for microwave heating including means for modifying microwave heating distribution and method of using same.* US Patent No. 4,818,568.

Keller，K. （1999）. *Ventable microwave – safe food package.* European Patent No. PCT/CH98/00546 （US Patent No. 6,607,764,2003）.

Kent，M. （1987）. *Electrical and dielectric properties of food materials.* UK：Sience and Teechnology

Publishers.

Lingle, R. (2003). Pouches stand up to retorting. *Packaging World*, 51–52, July.

Lingle, R. (2016). Food packaging identified for new MATS processing. *Packaging Digest*.

Pawlowski, T. D., & Brown, R. K. (1988). *Sleeve for crisping and browning of foods in a microwave oven and package and method utilizing same*. US Patent No. 4,775,771.

Proffit, P. J. G. (1991). Packaging of heat preserved foods in plastic containers. In J. A. G. Rees & J. Bettison (Eds.), *Processing and packaging of heat preserved foods*. Glaskow and London: Blackie and Son, Chapter 7.

Reynolds, P. (2011). Microwave pasteurization puts ready meals where consumers want them. *Packaging World*.

Robertson, G. (1993). *Food packaging* (p. 121). New York: Marcel Dekker.

Schiffmann, R. F. (1988). Hazards of microwave heating. *Microwave foods*, *88*, The Packaging Group.

Schiffmann, R. F. (1990). Microwave foods: Basic design considerations. *TAPP1 Journal*, *73* (3), 209–212.

Schiffmann, R. F., & Sacharow, S. (1992). *Microwave packaging*. Leatherhead, UK: Pira International, pp. 104, 106, 111, 118, 123.

Von Hippel, A. (1954). *Dielectric materials and properties*. Cambridge, MA: The MIT Press.

Walters, G. et al. (1996). *Multilayer fused microwave conductive structure*. US Patent No. 5,530,231.

拓展阅读

Lorence, M. W., & Pesheck, P. S. (2009). *Development of packaging and products for use in microwave ovens*. Cambridge, UK: Woodhead Publishing.

Han, J. (2014). *Innovations in food packaging* (2nd ed.). Acacemic Press.

14 家用微波炉的加热性能

S. J. James, C. James, G. Purnell
Food Refrigeration and Process Engineering Research Centre, Grimsby, United Kingdom

14.1 引言

自20世纪80年代以来，冷藏和冷冻食品的市场发展迅速，特别是一些复热方便食品，其发展态势更胜于在家里或公共饮食场所完全烹调的食品。这些产品大都设计为在家用或商用微波炉里可迅速复热。在加工过程中，这些产品的制造商们力求将产品烹饪到能够确保将致病菌减少到安全水平的温度。然而，这个要求在加工过程中可能没有达到，或是产品在配送过程中抑或是在家里受到污染。因此，微波复热必须确保产品被加热到适合产品的安全温度。

虽然很多食物在复热后都能保持良好的品质，但有些食物不是，尤其是复热的熟肉，它们往往有一种特殊的异味，通常被称为“过熟味”（WOF）（Tims 和 Watts，1958）。因此，近年来食品制造商一直试图生产非即食（Not-Ready-To-Eat，NRTE）或开袋即煮（Ready-To-Cook，RTC）产品，这些产品只经过简单加工，并且需要消费者简单烹调后才能食用（Schiffmann，2014）。这再次引起了人们对微波炉性能和微波烹饪均匀性的关注。

冷藏食品在零售或家庭贮存温度下单增李斯特菌（*Listeria monocytogenes*）的生长受到了着重关注（James 和 Evans，1989）。Walker、Bows、Richardson 和 Banks（1991）研究表明，单增李斯特菌在微波加热处理后仍然存活。欧洲推荐的复热温度是基于单增李斯特菌的耐热性来制定的，建议复热最低温度达到70℃并维持至少2min或者是达到同等效果的其他的温度和时间条件，如75℃维持30s，65℃维持10min等（European Chilled Food Federation，1996）。在美国，美国农业部要求肉类和家禽类产品加热后其内部最低温度达到71~77℃，鱼类和海鲜产品内部最低温度达到63℃（Schiffmann，2014）。有趣的是，对生鸡肉的微波烹饪研究（Farber、D'aoust、Diotte、Sewell 和 Daley，1998）表明单增李斯特菌在微波加热温度达到87℃以上仍可存活。

微波加热时间的细微变化会对沙门菌（*Salmonella* spp.）的存活产生很大的影响。Levre 和 Valentini（1998）发现，接种在肉馅饼里的沙门菌经过3.5min的加热以及2min的保温后仍然存活，但是当加热时间增加到4min时，沙门菌全部死亡。Tassinari 和 Landgraf（1997）发现，鼠伤寒沙门菌（*Salmonella typhimurium*）在微波加热的婴儿食品、马铃薯泥和沙拉酱肉中仍然存活。

据报道有许多与微波加热相关的食品中毒事件发生。有一案例中毒来源是微波复热熟猪肉片（Gessner 和 Beller，1994）；第二个案例是5个人在食用了含肠炎沙门菌（*Salmonella enteritidis*）噬菌体4号（PT4）的微波加热米饭后食物中毒（Evans、Parry 和 Ribiero，1995）；而第三个案例中毒来源是微波煮鸡蛋里含有的沙门菌（Bates 和 Spencer，1995）。最严重的一次与微波加热有关的食物中毒事件导致了401人沙门菌感染，起因是食用了未经充分烹煮的冷冻非即食馅饼（Anon，2008）。调查发现食用这些馅饼的患者中有77%是用微波炉烹煮馅饼的。消费者对微波加热指导说明和微波功率可变性的困惑被认为是未能正确烹调产品的一个可能原因。

在微波加热过程中，在确保微生物符合安全标准的同时，还有重要的一点是食品不能过热，否则口感无法接受，这使得微波参数更加难以确定，因为其与时间、温度和被加热的食品密切相关。但是有一些明显的限制性标准，如食品不能在100℃以上进行长时间微波加热。如果食品升温且长时间保持或超过100℃，食品会变干甚至最终会燃烧。在此情况发生之前，对于某些食品来说，其食用质量（即味道、质地和气味）已很难被人们接受。但如果时间/温度强度太弱，食品则未完全烹调熟。自20世纪80年代后期以来的研究揭示了不同型式和型号的家用微波炉复热冷藏方便食品的性能有很大差异，而且其在加热过程中重复性很差。现已确定了可变性和非重复性的部分原因，而其他原因尚不明确。需综合考虑各种因素（包括目前尚不明确的因素以及已被量化的因素）来制定微波复热方便食品指南。

14.2 影响食品加热的因素：微波输出功率

食品中某点升温速率取决于该点接收的能量（能量输入速率）和热特性。微波炉不同于传统的烤箱，因为食品的存在与否及其介电特性变化会改变微波能量的传递。

1990年后，大多数微波炉生产商采用了统一标准来测量微波炉能量输出。现行标准（IEC，2010）是使用1kg水负载在常温条件下进行冷炉实验：先在一个标准硼硅酸盐玻璃盘中放置1kg，10℃的水，然后把盘子放在微波炉底中心，测定将水加热到20℃所需时间。由于水温升高10℃所需要的热量已知，所以可以计算出由微波炉提供给负载的平均功率（W）。

虽然微波炉制造商应使用IEC标准来确定其微波炉功率，但有研究表明制造商广告宣传中的微波功率可能与IEC标准测量的功率不同。Schiffmann（2014）最近的一项研究表明，所评估的8台微波炉IEC功率都显著低于制造商所宣称的。广告宣称的微波功率范围为1100~1200W，但实际测量的IEC功率范围为842~966W，为制造商宣称功率的70.9%~87.8%。根据笔者自身经验，市面上售卖的微波炉所宣称的微波功率很少与实际测量的IEC功率一致，这表明在任何使用微波炉的试验/研究中测量IEC功率的重要性。

James等（1994）用5种不同性能（表14.1，包括是否具备组合方式操作设施，即微波热风组合应用）的微波炉来观察负载尺寸、重复使用和电源电压对功率输出的影响。

表14.1 选用的微波炉性能

微波炉编码	谐振腔尺寸/m^3	转盘类型	推荐食品的放置位置	联合
A	0.037	金属	金属架	是
B	0.028	玻璃	中心	否
C	0.041	玻璃	盘的偏心位置	否
D	0.017	玻璃	塑料架	否
E	0.033	无	偏移	否

资料来源：James, S. J., Foster, A. M., Phillips, I. C., Wilkins, T. J., Swain, M. J., & Burfoot, D. (1994). *Effects on microwave power output of size of load, continuous (intermittent) use, position of load, and variations in mains supply voltage.* Microwave science series No. 11. London: MAFF Publications。

14.2.1 微波炉中的负载尺寸

通常方便食品质量为0.2~0.4kg，因此测量了微波率中传递至0.42kg和0.25kg水负载的能量，并与1kg标准水负载进行了比较。

图14.1显示了不同尺寸的水负载输出功率和5次重复实验的标准差。在所有的微波炉中，随着水负载尺寸减小，输出功率也随之降低。五个微波炉中有三个微波炉负载从1.0kg减小至0.42kg，输出功率变化小于20W，而另两个功率减少非常大。当负载从1.0kg减小至0.25kg时，输出功率损失很大（损失范围64~263W）。以百分率计算，当负载从1.0kg减小至0.42kg时，输出功率减小范围为0.1%~9.7%；而负载从1.0kg减小至0.25kg时，输出功率减小范围为11.1%~30.8%。

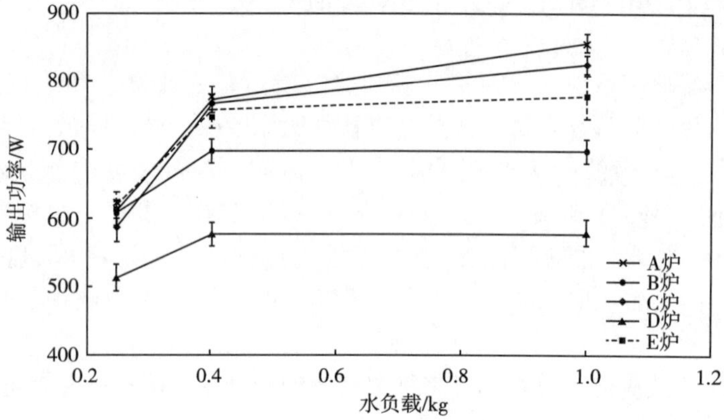

图14.1 不同尺寸水负载的微波炉输出功率

注：误差线±1kg为标准差。

资料来源：James, S. J., Foster, A. M., Phillips, I. C., Wilkins, T. J., Swain, M. J., & Burfoot, D.（1994）. *Effects on microwave power output of size of load, continuous (intermittent) use, position of load, and variations in mains supply voltage*. Microwave science series No. 11. London: MAFF Publications。

Persch和Schubert（1995）用两个不同的微波炉进行了实验，结果表明随着水负载体积的减少，两个微波炉输出功率也有类似的减少趋势。小负载吸收的微波能少，随体积增加，负载吸波增加，直至超过负载体积达到1L，吸收微波达到最大值。Rother（2010）最近研究发现命中概率模型能够解释上述趋势。

14.2.2 微波炉的重复使用

IEC标准规定输出功率测定在冷微波炉中进行，即微波炉至少在6h内未被使用。而在家用和商用条件下，时常会发生在微波炉连续使用且炉腔及组件被加热的情况。因此，需进一步考察微波炉的重复使用对其输出功率的影响。

研究表明在连续或重复使用期间，微波炉的输出功率会缓慢下降（Swain、Ferron、Coelho和Swain，2006；Cullen，2010），这一降幅可能高达20%。Cullen（2010）发现8个微波炉在预热 10min 后输出功率平均值下降了 8%～22%。为了测量热效应对微波传递给水负载能量的影响，James 等（1994）从冷炉状态开始操作微波炉，在 0.5～1.5h 时间间隔内反复测试水负载吸收能量（水负载分别为 1.0kg、0.42kg 和 0.25kg，每个实验重复 5 次）。

5 个微波炉传递给水负载的能量随着微波炉升温而降低，使用 0.5h 内的减小幅度从 35W 至 167W，百分率从 6% 至 20% [图 14.2（A）]。然而，上述测量值低估了微波能的减少量，因为被加热负载的部分热量是通过常规热传递获得的（热量通过炉腔壁的传导、辐射及热空气对流传递给水负载）。不接通微波电源的对比实验表明常规热传递占了热功率的 67～118W。因此，由于炉腔加热而引起微波炉输出功率的减少占冷炉功率的 20%～35% [图 14.2（B）]。

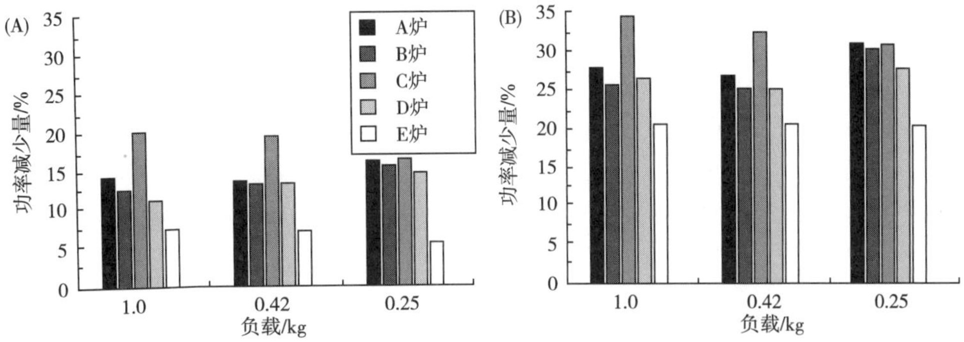

图 14.2 使用 0.5h 后微波炉输出功率减少百分率（A）和实际减少量（B）

资料来源：James，S. J.，Foster，A. M.，Phillips，I. C.，Wilkins，T. J.，Swain，M. J.，& Burfoot，D. (1994). *Effects on microwave power output of size of load，continuous（intermittent）use，position of load，and variations in mains supply voltage.* Microwave science series No. 11. London： MAFF Publications。

并不是所有的研究都表明预热对测量的 IEC 功率有显著影响。Schiffmann（2014）研究了 8 个微波炉预热输出功率，其中 3 个微波炉的功率只下降了 4.8%～0.1%，而另外 5 个微波炉的功率上升了 1.0%～3.4%。其预热步骤包括：在微波炉中以最大的功率加热置于可微波容器中的 1L 水 10min，然后取出水，打开炉门使其至少冷却 15min 或直到转盘的温度不超过 27℃。

14.2.3 电源电压的变化

微波炉需要在一定的电源电压下进行工作。直到 1995 年，英国供电公司才承诺为消费者提供 240V 电压，其值偏差不超过±6%。James 等（1994）发现，在上述规定的电压偏差范围内，随着微波炉输入电压的降低，传递给 1kg 水负载的能量显著降低（图 14.3），不同的微波炉之间的变化也存在相当大的差异。在 5 个微波炉中，有 4 个微波炉在 240V 电压偏差范围内的输出功率变化小于±8%。第 5 个微波炉在±6% 的电压变化范围内，输出功率变化几乎达到了 36%。

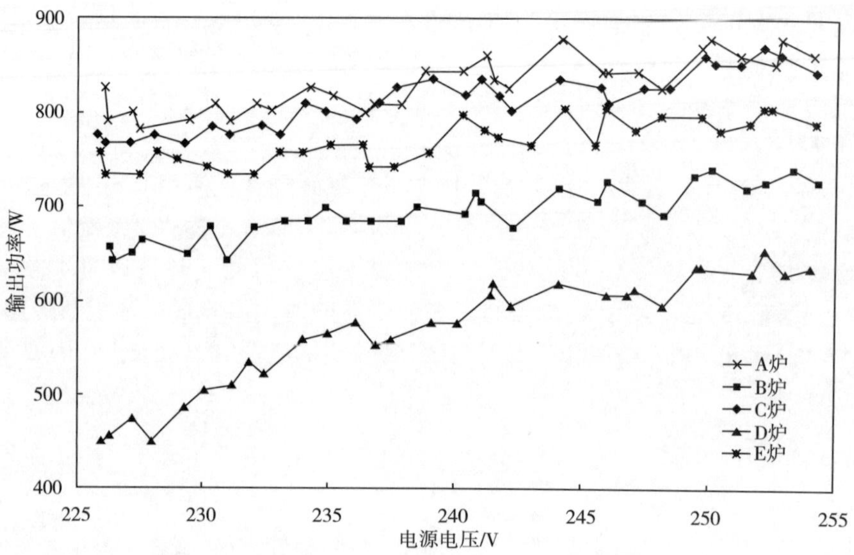

图 14.3 1kg 水负载在不同电压下的微波吸收量

资料来源：James, S. J., Foster, A. M., Phillips, I. C., Wilkins, T. J., Swain, M. J., & Burfoot, D. (1994). *Effects on microwave power output of size of load, continuous (intermittent) use, position of load, and variations in mains supply voltage*. Microwave science series No. 11. London: MAFF Publications。

14.3 影响食品加热的因素：复热性能

Burfoot 等（1990）使用了 70 种不同型号的 102 个微波炉进行研究，以观察不同型号微波炉间和同种型号微波炉间的差异，以及微波炉的特性对复热性能的影响。而 Swain、Foster 和 James（1994，1995）则研究了产品初始温度、微波炉的持续使用以及市售餐点的差异对复热性能的影响。

在 Burfoot 的研究中，一标准托盘的 420g、5℃的马铃薯泥被放在微波炉腔转盘的几何中心或是炉板上（没有转盘的炉腔）。每个微波炉以约 650W 的功率运转，并确定好加热时间，使得在规定功率下产品吸收的功率和加热时间的积均为 240kJ。加热后，将托盘放入聚苯乙烯模具中，并将一个“hedgehog 测温仪”插入马铃薯泥中，该测温仪由 9 个直径 2mm 木棒制成的探针组成，每个木棒上带有 4 条细线形的（直径 0.076mm）镍铬-镍基热电偶。探针放到马铃薯泥中后，每隔 4s 监测一次马铃薯泥的温度，共检测 2min，记录分析每个位置的最高温度数据。

马铃薯泥的平均温度为 92.8~98.9℃。然而，36 个测温点中的 32 个位置靠近托盘边缘位置，因而偏离了马铃薯泥的平均温度。在 1080 个测试数据中，每个微波炉中马铃薯泥的最高温度都是在（100±1.1）℃范围内，表明所有的炉中样品都存在局部沸腾现象。而在这些数据中，每个微波炉中马铃薯泥的最低温度范围为 44.4~95.6℃。

14.3.1 复热的均匀性

不同的微波炉的复热均匀性有很大的差异。图 14.4（A）和图 14.4（B）展示了微波炉加热马铃薯泥内不同位置的传感器测试温度的不均匀性。在大部分（并非全部）微波炉中，最低温度位于马铃薯泥几何中心。

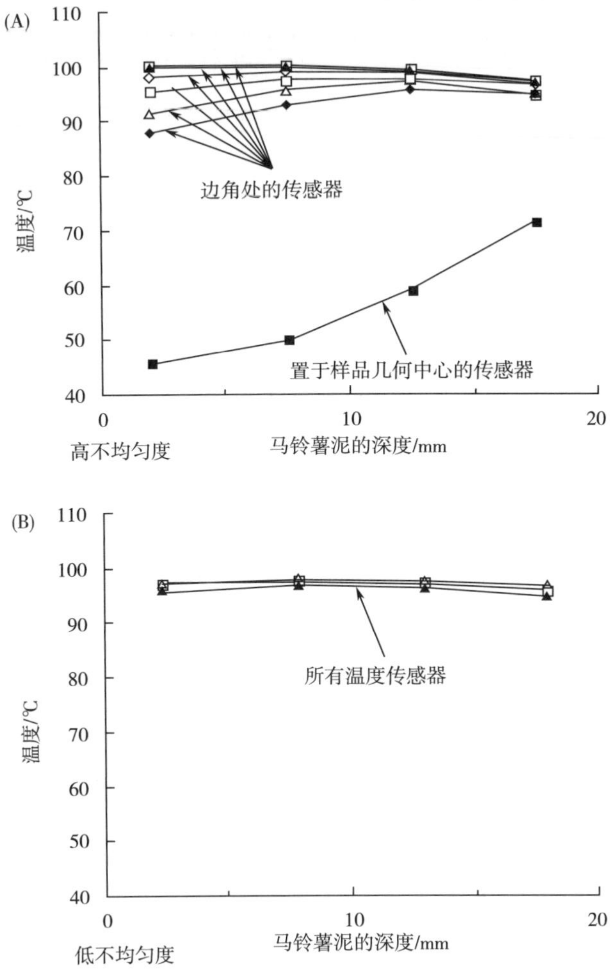

图 14.4 微波炉加热马铃薯泥中不同深度处的温度分布均匀度：高不均匀度（A）和低不均匀度（B）

资料来源：Burfoot, D., James, S. J., Foster, A. M., Self, K. P., Wilkins, T. J., & Phillips, I. (1990). Uniformity of reheating in domestic microwave ovens. In R. W. Field & J. A. Howell (Eds.), *Process engineering in the food industry: 2 Convenience foods and quality assurance* (p. 33–44). Elsevier Science。

经过严格的温度非均匀性测试，发现每个微波炉中最高和最低温度间的差异范围约 5~57℃（图 14.5）。在 102 个微波炉的测试中，温差小于 10℃的有 39 个微波炉，小于 20℃的有 49 个微波炉，小于 30℃的有 67 个微波炉。在 70 个微波炉型号中，对应上述各温差范围的型号数量分别为 22、30 和 43 个。然而，由于最高温度总是在（100±1.1）℃范围内，所以可将最低温度作为衡量加热非均匀性的指标，因此下文分析比较了各个微波炉 5 次测试中所获得最低温度的平均值。

14.3.2 微波炉的重复性

在 Burfoot 的研究中（Burfoot 等，1990），在每一个微波炉里重复 5 次马铃薯泥的加热，

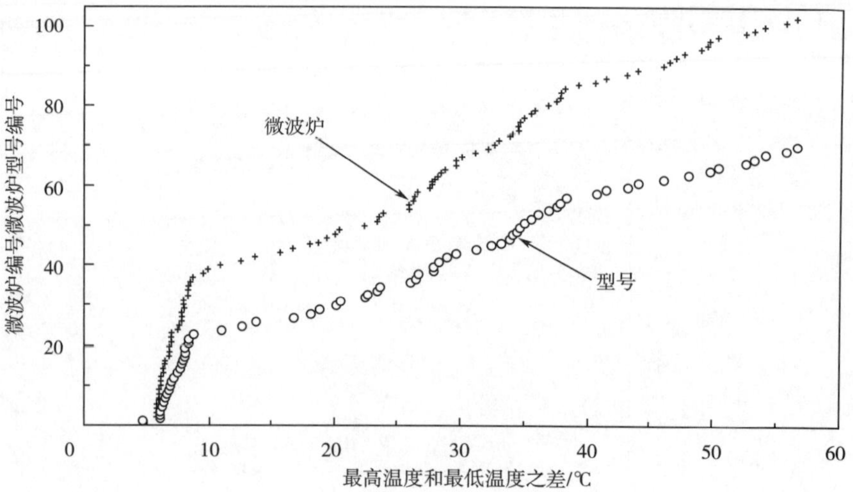

图 14.5 微波炉中测试温度的最大差异

资料来源：Burfoot，D.，James，S. J.，Foster，A. M.，Self，K. P.，Wilkins，T. J.，Phillips，I.（1990）. Uniformity of reheating in domestic microwave ovens. In R. W. Field & J. A. Howell（Eds.），*Process engineering in the food industry：2 Convenience foods and quality assurance*（pp. 33-44）. Elsevier Science。

5 次测试所获最低温度平均值的标准差变化范围为 0.6~8.0℃。102 个微波炉（分属 70 个不同的型号）中 63 个微波炉的复热具有高可重复性，标准差仅约 2℃或更小。9 个微波炉的标准偏差超过 4℃，其中有 4 个微波炉的标准偏差超过 6℃。70 个不同型号中对应上述标准偏差温度的微波炉数量是 44 个不高于 2℃，5 个高于 4℃和 1 个高于 6℃。最低温度不低于 90℃的 41 个微波炉中有 40 个微波炉的标准偏差小于 2℃。最高温度的标准偏差较小，因为马铃薯泥中的水在约 100℃时沸腾，使得加热过程中存在一个天然的温度极限 100℃。最低温度的偏差差异和温度数值之间没有其他显著关系。

Pitchai、Birla、Jones 和 Subbiah（2012）在对 19 个微波炉的评估中发现，微波炉的整体加热性能，如平均加热速率和加热均匀性，在间隔 4h 进行的两次重复试验间没有显著差异。然而，在两次重复试验中，容器中不同位置的加热速率存在显著差异。作者认为，这对微波传热模型的开发和验证来说尤其具有挑战性，因为很难得到一致的微波加热实验结果进行模型验证。

14.3.3 同型号微波炉的重复性

Burfoot 等（1990）的研究表明，在最低温度高于 90℃的 4 个微波炉型号中，每个型号的 5 个微波炉的重复试验的最低平均温差不超过 2℃（图 14.6 中模型 A~D），并且同一型号内部微波炉的重复试验间没有明显区别。在其他 4 个模型中，同型号的微波炉重复检测的最低温度均值间有很大差异（4~8℃）。然而，因为这些微波炉的复热性能差异很大，所以仅模型 E、F 和 G 的最高和最低均值统计结果是显著的。最大均值温差（8℃）代表大约有 10%的温度变化。

14.3.4 微波炉的特性

Burfoot 等（1990）的研究表明微波炉最大额定功率或实验中所使用的实际功率与最低

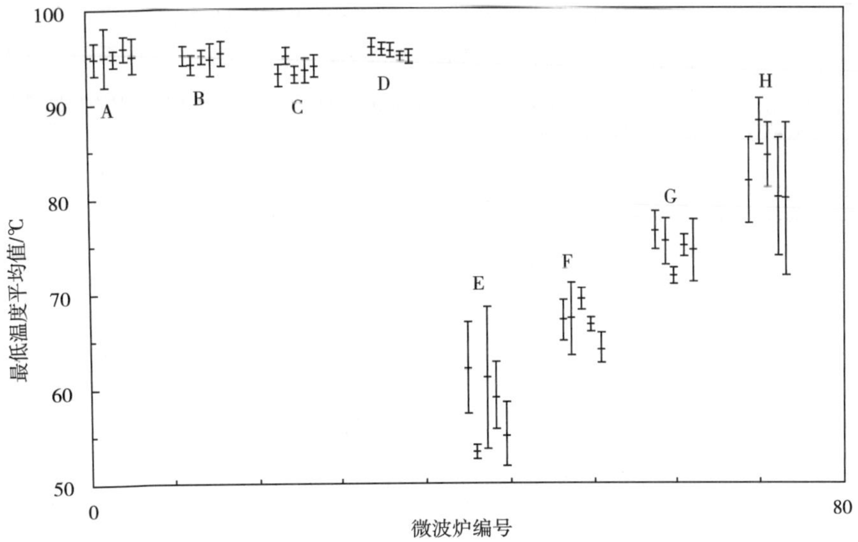

图 14.6 同种模型的最低温度平均值

温度之间没有统计学意义上的显著关系。谐振腔的尺寸对最低温度几乎没有影响（图 14.7），在 0.017~0.034m³ 的所有谐振腔尺寸范围内样品均可发现高温（>90℃）和低温（<60℃）区域。即使微波炉的谐振腔在进一步改良优化，也很少有谐振腔的尺寸会超过上述范围。最低温度均值与微波炉功率和谐振腔尺寸之比没有显著的线性关系（图 14.7），其相关系数（R=0.15）相当差。

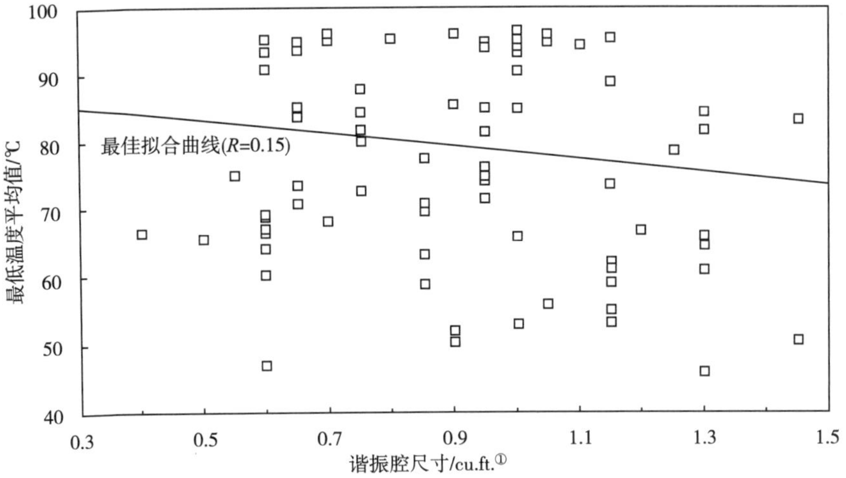

图 14.7 不同谐振腔尺寸的微波炉内的测得样品最低温度均值

资料来源：Burfoot, D., James, S. J., Foster, A. M., Self, K. P., Wilkins, T. J., Phillips, I.（1990）. Uniformity of reheating in domestic microwave ovens. In R. W. Field & J. A. Howell（Eds.）, *Process engineering in the food industry: 2 Convenience foods and quality assurance*（pp. 33–44）. Elsevier Science。

① 1cu. ft. = 28316. 8cm³。——译者注

Pitchai 等（2012）在对 19 个微波炉的研究中发现，平均加热速率（℃/min）随着腔体尺寸的增加而增加（尤其是腔体尺寸超过 0.045m^3 的微波炉），这种效应可归因于额定功率和腔体尺寸之间的正相关关系。因此，得出结论，额定功率是比腔体尺寸更重要的影响加热速率和均匀性的直接因素。

Burfoot 等（1990）研究发现，在微波炉设有或不设烤架的情况下，测得的最低温度均值范围从小于 50℃ 至大于 95℃ 不等，因为样品的尺寸太小而不能确定烤架的有无及其结构类型是否对实验有显著影响。但是，上述数据表明，在有烤架的微波炉里样品可能产生高于 90℃ 的最低温度。

微波炉的旋转转盘有助于提高产品加热的均匀性（Manickavasagan、Jayas 和 Vadivambal，2009；Oliveira 和 Franca，2002）。Geedipalli、Rakesh 和 Datta（2007）发现使用转盘时，产品的温度均匀性提高了 37%～43%。他们进一步推测，如果构建一个系统，在微波加热时将食物在微波炉腔内从上到下（反之亦然）移动，就可以实现更高的温度均匀性。由于并不是所有的微波炉都配有转盘，烹饪说明通常会提到可手动转动样品以提高加热均匀性。

在有转盘的微波炉中，转盘可以是金属的或非金属的。在 Burfoot 等（1990）的研究中，没有一个带有金属转盘的微波炉达到高于 80℃ 的平均最低温度，而实验中有两台无转盘微波炉的平均最低温度超过了 80℃（图 14.8）。在 77 台带有非金属转盘的微波炉中，有 54 台的平均最低温度高于 80℃，42 台高于 90℃。平均最低温度低于 50℃ 的有两台，一台带有非金属转盘，另一台带有金属转盘。

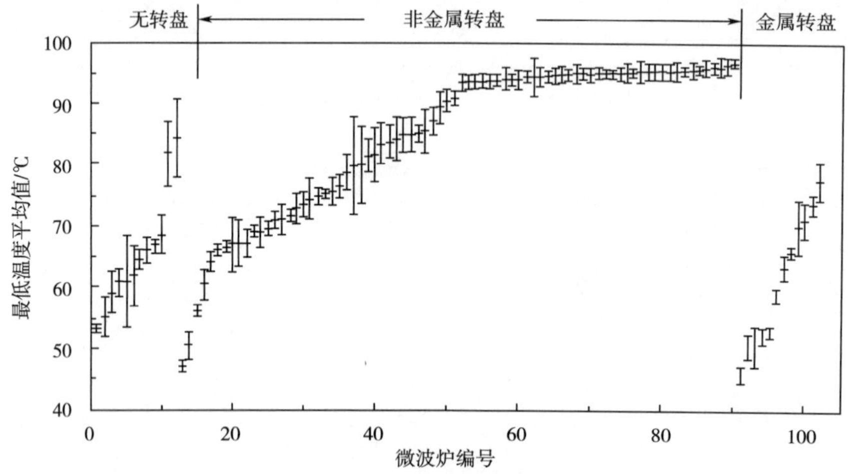

图 14.8 带有不同转盘的微波炉中测得的最低温度平均值，标准差 ±1℃

资料来源：Burfoot，D.，James，S. J.，Foster，A. M.，Self，K. P.，Wilkins，T. J.，Phillips，I.（1990）. Uniformity of reheating in domestic microwave ovens. In R. W. Field & J. A. Howell（Eds.），*Process engineering in the food industry：2 Convenience foods and quality assurance*（pp. 33–44）. Elsevier Science。

家用微波炉的波导可在炉腔侧面或顶部，将磁控管中微波传输至腔体。研究表明，微波炉中小负载的加热可能受到磁控管输入端口位置的影响（Pitchai、Brahma、Birla、Jones 和 Subbiah，2011）。对于侧面微波馈口的微波炉，小负载（250g 水）的升温速率随负载到转台中心距离的增大而增大，而炉顶馈口的微波炉升温速率则不随负载到转台中心距离的增大而变化。

大多数研究人员发现，在加热过程中使用开/关微波循环可以提高加热均匀性（Fakhouri 和 Ramaswamy，1993；Gunasekaran 和 Yang，2007；Oliveira 和 Franca，2002）。微波炉上的解冻设置使用循环施加微波功率来减少“热失控”的问题，然而 Chamchong 和 Datta（1999）发现使用循环施加微波功率解冻并没有优势。

14.3.5 产品初始温度

为了确定初始温度对微波加热产品的影响，Swain 等（1995）对装在托盘中的初始温度分别为-20、-5、20℃的马铃薯泥加热，然后测其内部的一系列温度。根据市售即食食品的商业标签上获得食品信息计算一系列能量/质量信息，进一步计算每种微波炉/食品初始温度组合所需的复热时间。初始温度分别为-20、-5、5、20℃的样品，分别对应的加热能量/质量（加热时间×功率/质量）为 958、918、571、515kJ/kg。

微波加热后马铃薯泥的最低温度随初始温度的增加而增加（表 14.2）。随着马铃薯泥最低温度的升高，温度分布的均匀性得到了改善。当马铃薯泥从-20℃开始加热，仅有一个微波炉中马铃薯的最低温度低于 70℃。

表 14.2 不同初始温度微波加热后产品最低温度的平均值和标准差（括号中数值）

微波炉编号	不同初始温度微波加热后达到的最低温度平均值/℃			
	-20℃	-5℃	5℃	20℃
1	61.0（6.6）	73.2（11.3）	84.8（2.6）	90.9（2.6）
2	93.1（2.3）	90.8（3.4）	93.6（1.0）	94.2（2.1）
3	93.0（1.3）	91.4（1.6）	93.3（1.0）	94.8（1.3）
4	75.3（1.7）	81.5（12.9）	84.4（4.4）	89.3（5.2）
5	72.9（8.4）	80.8（4.1）	87.2（3.0）	89.9（4.2）
总平均值	79.1	83.5	88.7	91.8

资料来源：Swain，M. J.，Foster，A. M.，Phillips，I. C.，Wilkins，T. J.，James，S. J.，Radhakrishnan，C. D.，et al.（1995）. *Effect of initial temperature of food and continuous use of a microwave oven on the temperature of food after reheating*. Microwave science series No. 13. London： MAFF Publications。

可将冷冻马铃薯泥加热到温度高于 90℃的微波炉在加热冷藏马铃薯泥时也表现良好。当从冷冻温度开始加热时，小型低功率微波炉比其他微波炉的性能更佳，这表明使用低微波功率复热冷冻食品更有利。

14.3.6 微波炉的连续使用

众所周知，由于连续使用会使家用微波炉的输出功率有所下降。Swain 等（1995）研究了复热过程中微波功率的降低是否会影响食品所达到的温度。

将装有马铃薯泥（0.42kg）的聚对苯二甲酸乙二酯（PET）托盘在设定为约650W的微波炉中加热一段时间，使表观能量输入达到240kJ。加热完一盘后，立即取出，再放入另一盘马铃薯泥进行加热，在之后1.5h内重复上述操作。每次将托盘从微波炉中取出就立即测定每盘马铃薯泥达到的最低温度。有两个微波炉持续加热1.5h内，得到马铃薯泥的平均最低温度高于90℃，且最低温度并没有随重复加热时间延长而显著下降。而其他微波炉在连续使用后马铃薯泥的平均最低温度从约81℃降低至介于71~76℃。

基于Swain、Spinassou和Swain（2008）的实验结果，Swain、James和Swain（2008）在16种不同型号的家用微波炉中进行了进一步研究。实验组在已预热15min的热微波炉中进行，与对照组冷微波炉（6h内未被使用）加热相比，加热相同时间后所有负载在热微波炉中产生最低实测温度（三个重复的平均值）均较低。最低测定温度从冷微波炉中的平均值70.3℃降至热微波炉中的平均值61.3℃（波动范围为50.3~67.6℃）。在16个微波炉中，有12个（占75%）微波炉连续使用后的最低温度降低值具有统计学意义。

14.3.7 食品的变化

Swain等（1994）使用家用微波炉研究了冷藏即食食品复热的微波输出功率和温度分布（已尽量屏蔽影响微波输出功率或温度分布重现性的其他已知因素）。研究对象为从当地超市中购买的44包意大利卤汁宽面条、含菠萝和腰果的鸡肉（鸡肉餐）和蔬菜咖喱羊肉（蔬菜餐），还有44包在（5±1）℃的冷藏室中贮存22~30h的马铃薯泥。在微波炉中将1.5kg水加热30min对微波炉进行预热，然后将每份食品加热一定时间。取出食品时，将预热的带20个温度传感器的“hedgehog”温度测试仪插入食品中并测定20s的温度。在三个不同的微波炉里进行重复实验。

与其他食品相比，微波处理马铃薯泥的温度平均标准差最低，其范围为2.9~3.9℃（表14.3），偏差因子介于1.3~2.1。从平均标准差来看，没有任何一种即食食品比其他食品有更差或者更好的微波复热重现性。从平均极差（表14.3）来看，偏差因子相差不大，差异在1.3~2.0倍。数据并未表明微波炉间存在一致性差异。

表14.3 20个热电偶位置的平均标准差（平均 *SD*）和平均极差 单位：℃

微波炉编号		鸡肉餐	意大利卤汁宽面条	蔬菜餐	马铃薯泥
X	平均标准差	5.3	5.2	6.1	3.9
	平均极差	22.7	22.7	26.6	17.8
Y	平均标准差	6.1	5.0	6.2	2.9
	平均极差	24.4	22.1	26.5	13.2
Z	平均标准差	6.6	6.0	6.2	3.6
	平均极差	26.2	26.0	25.9	16.0

资料来源：Swain，M.J.，Foster，A.M.，Phillips，I.C.，& James，S.J.（1994）. *Variation of uniformity of microwave reheating within commercial chilled convenience meals.* Microwave science series No.10. London：MAFF Publications。

在两个微波炉（Y和Z）中，经加热后的马铃薯泥的最低温度总是在同一位置。而在第三个微波炉（X）中，“hedgehog”温度测试仪在8个不同的热电偶位置测到了最低温度。在加热鸡肉即食餐时，最低温度的位置最易变化，其变化范围从微波炉Z的8个不同位置到微波炉X的14个不同位置。在加热蔬菜餐时，最低温度的位置在3个微波炉中有相同的变化（7个不同位置）。意大利卤汁宽面条的最低温度位置从4个不同位置（微波炉Y，除马铃薯泥之外的其余食品中最低温度位置变化最少）变到8个不同位置（微波炉Z），这与在同一微波炉中加热的鸡肉餐中的最低温度位置变化情况相同。

表14.4列出了44个重复实验中平均最低温度的不同位置。在这些位置中，马铃薯泥中的标准差范围为2.7~5.0，而偏差因子范围为1.1~2.5，低于其他食品。

表14.4 测到最低平均温度的热电偶位置及所测得的均值、平均标准差（*SD*）和平均极差（44次重复）

微波炉编号		鸡肉餐	意大利卤汁宽面条	蔬菜餐	马铃薯泥
X	均值/℃	78.8	71.9	68.4	69.5
	位置	2	2	2	10
	SD/℃	8.4	5.7	7.2	5.0
	极差/℃	31.0	23.3	31.0	25.3
Y	均值/℃	69.8	72.5	60.9	63.1
	位置	9	10	10	9
	SD/℃	5.3	6.8	5.9	2.7
	极差/℃	23.7	36.3	25.7	12.9
Z	均值/℃	70.4	74.6	70.0	64.1
	位置	1	2	2	1
	SD/℃	7.1	4.9	6.4	3.1
	极差/℃	28.1	26.6	26.0	14.0

资料来源：Swain, M. J., Foster, A. M., Phillips, I. C., & James, S. J. (1994). *Variation of uniformity of microwave reheating within commercial chilled convenience meals.* Microwave science series No. 10. London: MAFF Publications。

将所有微波炉/食品组合在每个最低温度位置测得的44次重复温度作温度分布百分比图（5℃间隔统计），如图14.9~图14.11所示。在马铃薯泥中，所有温度分布呈现钟形正态分布曲线，而且比其他即食食品温度分布更紧凑。鸡肉餐和蔬菜餐温度分布往往不均匀，表明其平均最低温度位置的重复性比烤面条差。

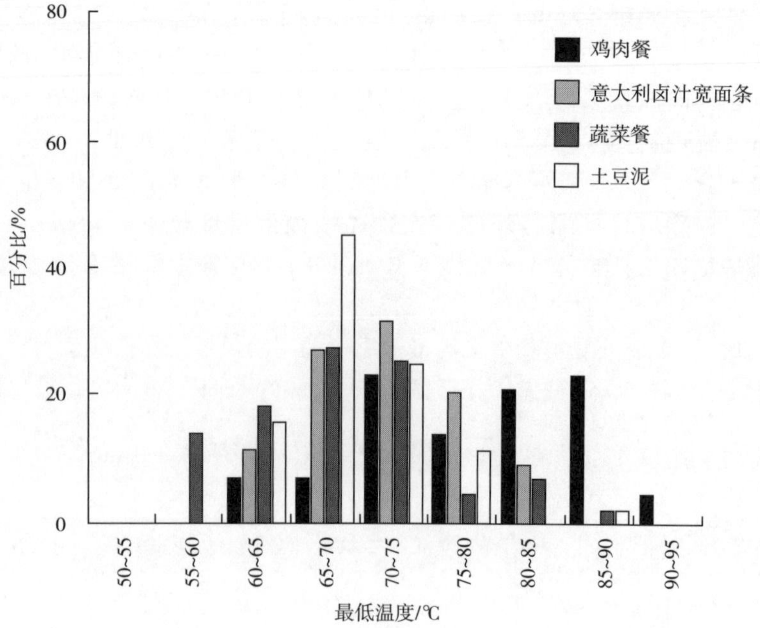

图 14.9　在微波炉 X 中 3 种即食食品和马铃薯泥在复热后的平均最低温度位置的重复实验分布（44 次重复）

资料来源：Swain，M. J.，Foster，A. M.，Phillips，I. C.，& James，S. J.（1994）. *Variation of uniformity of microwave reheating within commercial chilled convenience meals.* Microwave science series No. 10. London：MAFF Publications。

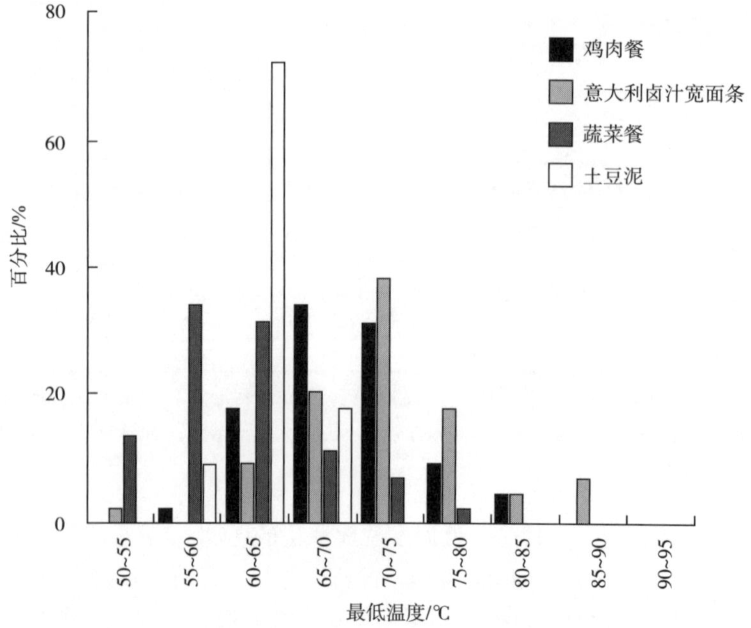

图 14.10　在微波炉 Y 中 3 种即食食品和马铃薯泥在复热后的平均最低温度位置的重复实验分布（44 次重复）

资料来源：Swain，M. J.，Foster，A. M.，Phillips，I. C.，& James，S. J.（1994）. *Variation of uniformity of microwave reheating within commercial chilled convenience meals.* Microwave science series No. 10. London：MAFF Publications。

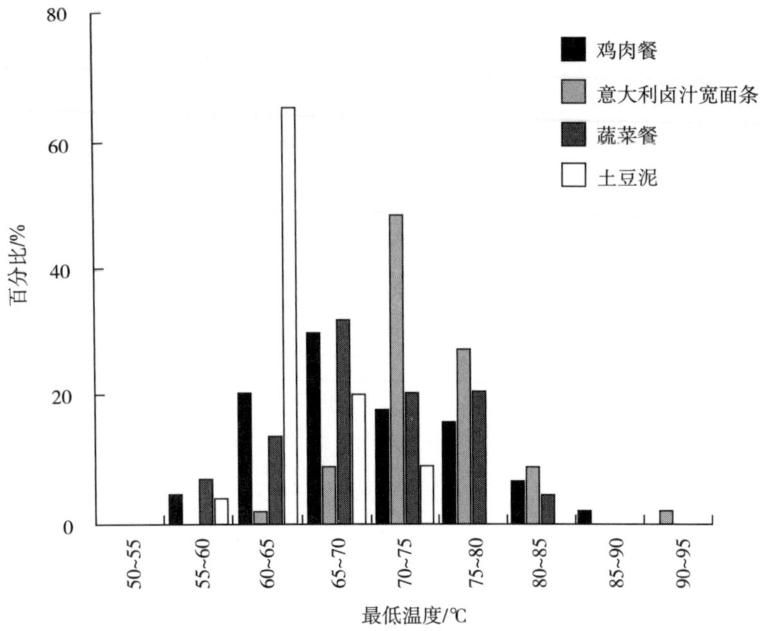

图 14.11 在微波炉 Z 中 3 种即食食品和马铃薯泥在复热后的平均最低温度位置的重复实验分布（44 次重复）

资料来源：Swain, M. J., Foster, A. M., Phillips, I. C., & James, S. J. (1994). *Variation of uniformity of microwave reheating within commercial chilled convenience meals*. Microwave science series No. 10. London: MAFF Publications。

14.3.8 微波加热的实验验证

研究人员已研发了在微波加热和微波组合加热过程中测量温度的各种方法（参见第 15 章）。但是，所有这些技术都有局限性，大多数方法无法在微波加热过程中“在线”测量温度，因此只能得到加热结束后的最终温度分布。

光纤测温法可以测量微波加热过程中的温度，但用于测量食物内部温度的探头数量有限（Nott 和 Hall，2005；Rakesh、Datta、Amin 和 Hall，2009）。在带有转盘的微波炉中加热时进行光纤测温也会存在一些问题（光纤在转盘旋转过程中缠绕），但可以使用反向旋转的转盘来解决，如 Phippen 和 Burfoot（1990）开发的系统。

测定温度分布图最常见的方法是在微波加热后使用阵列“hedgehog”热电偶测温仪测量（James、Swain、James 和 Swain，2002；Pitchai 等，2012；Schiffmann，2014；Swain 等，1994）。然而，这种方法是破坏性的；为适应这种方法，需要对现有的不同形状和尺寸的微波容器进行改造；而且对于存取受限的容器，如罐子，这种方法很难实现（Nott 和 Hall，2005）。

红外热成像是一种非侵入性、非破坏性的成像技术，可以在线或离线使用。然而，这种方法的局限性在于只能测量暴露表面的温度分布。这个问题尤其限制了红外热成像技术在监测微波加热食品温度方面的应用，因为微波加热的体积效应会导致食物内部冷热点的形成，而红外热成像技术不足以监测到食物内部的温度（Nott 和 Hall，2005；Rakesh 等，2009）。

核磁共振成像（MRI）已被用于微波加热研究中的温度分布测绘（Bows、Patrick、Nott

和 Hall，2001；Knoerzer、Regier 和 Schubert，2006；Knoerzer、Regier、Hardy、Schubert 和 Schuchmann，2009；Nott 和 Hall，2005；Rakesh 等，2009）。这些研究完全是实验性的和/或仅针对于微波加热。

14.4 测试微波炉加热性能的食品模拟材料

现已提出了许多潜在的食品模拟材料用于模拟在微波场中加热食品的热响应。历史上，湿热敏传真纸的微波加热研究被用于证明家用微波炉加热不均匀性（Bradshaw、Delport 和 Van Wyk，1997），但这种方法的问题是它只能用于评估空腔中的加热均匀性。食品的存在会改变电磁场，从而改变加热不均匀性的程度。此外，这种方法无法提供加热均匀性的定量评估。

Swain、Russell、Clarke 和 Swain（2004）进行了广泛的文献检索，以确定可用于评估微波场中加热冷藏食品的热响应的潜在食品模拟材料（表 14.5），这是根据一套标准（易制性、稳定性和可成形性）对每个潜在的食品模拟材料进行评估筛选获得的。

表 14.5 一些食品模拟材料

材料名称	用途
膨润土（膨润土+甘油）	罐头热杀菌
EWSG/结冷胶	肌肉模拟
丙氧基甘油脂（EPG）（乙二醇+聚乙烯粉末）	脂肪模拟
明胶	胶凝剂
海藻酸钠	胶凝剂
亲水有机聚合物（TX151）	肌肉模拟
硅酸镁锂	合成黏土
羧乙烯聚合物	欧姆加热测试液
SIK① 凝胶（卡拉胶，糖，甘油）	食品模拟
SIK 液体（糖，甘油）	液态食品模拟
IEC② 糊状物（小麦粉，蛋，糖）	测试面糊
细菌培养琼脂	胶凝剂
聚乙烯醇+硼酸钠溶液	交联凝胶
结冷胶	胶凝剂
乳清蛋白	胶凝剂
淀粉溶液（汤类似物）	汤模拟
生物凝胶（甲基丙烯酸甲酯 *N*-乙烯基-2-吡咯烷酮）	亲水食品模拟

① SIK：公司名，The Swedish Institute for Food and Biotechnology，简称 SIK。——译者注
② IEC：公司名，International Electrotechnical Commission，简称 IEC。——译者注

续表

材料名称	用途
塑像用黏土	造型材料
聚乙烯醇（PVA）+二甲亚砜	凝胶
侵填体（羟乙基甲基纤维素）	肉制品热模拟
羧甲基纤维素	纤维素胶
乙二醇+纤维素	纤维基物质
葡甘露聚糖	胶凝剂（泡沫）
马铃薯泥	速食模拟
聚丙烯酰胺+聚丙烯酸	水凝胶

资料来源：Swain, M. V. L., Russell, S. L., Clarke, R. & Swain, M. J. (2004). Development of food simulants for microwave oven testing. *International Journal of Food Science and Technology*, 39 (6), 623-630。

Knoerzer 等（2004）开发了一种适用于微波加热和微波真空干燥的模式食物，由水、果糖、NaCl、$CuSO_4$、纤维素、琼脂和淀粉组成的，主要用于评估各种微波系统中热响应模式并验证预测热响应模式的数值模型（Knoerzer、Regier 和 Schubert，2008）。将 $CuSO_4$ 添加到模式食物中以减少核磁共振成像实验中的弛豫时间，可在不到 5s 的时间内生成直径约 30mm、高度为 20~50mm 的圆柱体模式食物的三维温度图。而在内布拉斯加大学的其他研究中，Lincoln 使用结冷胶作为模式食物（Birla、Pitchai、Subbiah 和 Jones，2009，2010）。Chen 等（2013）使用乳清蛋白凝胶作为模式食物，而在后续的研究中又使用马铃薯泥（Chen 等，2014）。乳清蛋白凝胶因其性能与肉制品相匹配而已被用于微波传热模型的验证（Tang 等，2008；Wang 等，2009）。

为了确定微波加热过程中的热点和冷点，许多研究使用了带有隔间的微波容器（James 等，2002；IEC，2010；Pitchai 等，2012）。

IEC 60705 标准建议使用微波可穿透材料制成的方形容器（228mm×228mm×30mm）来测量微波炉的性能（IEC，2010）。此方形容器由 25 个隔间组成，在靠近每个隔板的中心位置都有一个小孔，允许水从一个隔间流动到另一个隔间。在容器中倒入 1000g 水进行微波加热，可通过评估 25 个隔间中每个隔间的最高和最低温升与所有 25 个隔间的平均温升之间的差异来衡量微波炉的加热均匀性。

Pitchai 等（2012）设计了一个由 36 个等容积隔间组成的圆形聚丙烯容器（直径 300mm×高度 100mm）构成的实验台，此容器的设计保证了所有隔间的表面积（$44cm^2$）相同。

14.5 烹调/复热程序的确定方法

构建食品微波复热指南并不是一项简单的任务。食品制造商或实验室科研人员在有限的时间内，只能针对少量几种微波炉和几种限定包装来制定复热指南。直到 20 世纪 90 年代中期，商家可提供的有关微波炉唯一的信息只有其加热 1kg 水的功耗。George 等（1992）的研究为英国对微波炉的分类提供了一个标准，即根据 0.35kg 水负载的功耗将微波炉划分为 A~E 五个级别（O'Leary，1993）。

George 等（1995）参照制造商提供的冷藏和冷冻意大利卤汁宽面条包装上的加热指南进行产品复热，结果发现“依据食品包装上给出的加热指南复热产品无法达到 70℃ 加热两分钟的同等加热效果”。基于 0.35kg 负载的功耗测试结果，他们开发了六阶段微波复热指南，考虑到包括延长微波加热时间、设置静置时间、是否 90°旋转产品和是否保持产品薄膜覆盖（打孔）等方面。根据复热产品和所用微波炉的不同，复热时间为 6.25~12.75min，因此处理产品所需总时间（包括 4min 静置时间）为 10.25~16.75min。

James（1993）提出了制定方便食品微波复热指南的 14 点指导方案，该方案考虑到了大量的可用技术和工艺。他指出该方案中确定的许多要点已经被涵盖在测试产品的开发过程的实验中。因此，整个过程可以集中在几天内完成。为了确保微波复热制品的安全性和高品质，英国 Microwave Working Group（由微波炉和食品生产商、英国农业、渔业和粮食部、零售商、咨询师、学者、贸易家、研究员、消费者和标准制定机构的代表组成）为食品生产商和零售商制定了一套指导方针（Richardson 和 Gordon，1997），指明了制定和验证微波炉复热食品指南的必要程序。此方针也为以下方面提供参考：可控实验的设备和环境、能量输出的测量、英国的微波炉和食品标签计划、微波炉和食品包装上的使用标志以及相关的欧洲标准。同时，该方针也为界定消费者是否滥用已制定的产品安全和品质条例提供了指导。

正如引言中所强调的，美国对于微波安全烹饪 NRTE 或 RTC 食品的关注促使食品制造商协会（www.gmaonline.org）和美国冷冻食品协会（www.affi.org）归纳总结了验证消费者烹饪指南合理性的标准化方案，如为生产 NRTE 食品的协会成员起草了指导方针。这些方案方针还鼓励食品制造商确保食品复热指南标签文字清晰、简洁，有助于消费者无论采用传统器具（如烤箱）或微波炉加热都能获得完全煮熟的产品。

14.6 微波炉加热性能的测定

提供给购买者的唯一与微波炉性能相关的信息就是用标准的 1kg 水负载测定出的输出功率，这一信息对于评价微波炉实际上加热冷藏方便食品的性能好坏几乎没有参考价值。英国将用 0.35kg 水负载测定的微波炉的输出功率大小与分类字母（A~E）相对应，这在一定程度上有助于告知消费者加热小尺寸食品所需的能量，但是却不能说明该能量在食品内部的分布均匀性。如用输出功率相同的两个微波炉加热同种食品时，加热效果可能相差很大，其中一个微波炉中的产品可能存在“冷点”，而另一个微波炉中产品可能有令人满意的均匀的温度分布。

Swain 等（1998）专门为家用微波炉制定了一套检测冷藏方便食品微波加热性能的程序。此程序使用了能够模拟冷藏方便食品的升温和重量损失的标准实验负载，其目标是具有可复现性，与消费者的使用相联系，确保实验负载能达到食品安全要求规定的最低温度，提供给消费者切实可行的且适合所有类型家用微波炉的复热方法。为了进行符合上述所有要求的实验，用重复性好的加热实验负载代替存在固有生物变化的食品材料是十分必要的。

用光纤温度测试仪来连续测定一系列方便冷藏食品（来源于英国）的微波升温过程，可根据达到复热温度的加热时间的差异将这些食品大致分为两类：“快”和“慢”响应。分别构建不同的模式食品来代表这两类食品，发现构建的模式食品与实际食品在微波加热过程中的主要指标，即中心和中间位置的温度及重量损失，达到了很好的匹配。

一种用TX151（国际石油研究中心，Lafayette，LA，USA）制作的模式食品（TX151材料为亲水聚合物，模式食品按照TX151：NaCl：H_2O=22.2：0.7：77.1质量比制作）（Swain等，2004）与“慢”响应的冷藏方便食品（如意大利卤汁宽面条）微波加热过程拟合得很好。用Carbopol（BF Goodrich Performance Materials，Cleveland，OH，USA）制备的模式食品（Carbopol材料为交联聚丙烯酸共聚物，模式体系按照Carbopol：聚乙烯：H_2O=10：10：80质量比制作）与“快”响应冷藏方便食品（如米饭）匹配最佳。这些模式食品的制作只需要使用标准实验厨房中的常规设备（如：榨汁机、碗形搅拌机、冰箱）。这两种模式体系的优点是：可以通过改变混合物的组成比例来改变其加热特性，从而来模拟不同的食品。

将模式食品置于3种不同的可微波食品托盘中（矩形，两隔间和四隔间），利用模式食品/包装的3种不同组合方式来测定其实用性。实验表明最实用的是基于“慢”响应构建的装在矩形结晶聚对苯二甲酸乙二酯（CPET）托盘（外部尺寸156mm×111mm×35mm）中的TX151模式体系。

图14.12是完成上述实验的流程图。利用专门设计的多点热电偶“hedgehog”测试仪测定模式食品从5℃加热到所设定的最低温度（72℃）时的温度分布。“hedgehog”测试仪由39个置于不锈钢覆盖下的纤细的“T”型热电偶组成。

记录微波加热前后模式食品的质量并将其作为一个衡量产品劣变的指标。加热到所设定的最低温度72℃后，模式食品的质量损失越大，说明产品发生不可逆降解的可能性越大。如果质量损失相对较少（低于5%），说明消费者几乎不会注意到任何品质劣变。如果质量损失达到约15%，说明消费者能明显察觉到产品外观显著收缩，边缘干裂甚至在极端情况下有灼烧或炭化的痕迹。TX151基的模式体系在微波加热过程中就模拟发生了上述的品质劣变现象。

分别将食品模式体系微波加热60s和120s时的温度、质量损失、加热时间和输出功率数据输入到已设定好的电子数据表模板中，利用系统自动分析这些数据。测试人员可以查看不同加热条件下的详细分析结果以评估相关特性，如加热均匀性、从上部到下部，一侧到另一侧，前部到后部的热平衡、边缘过热效应、平均加热速率；或基于评分系统对微波炉的性能进行简单分析。该系统甚至可以自动生成加热后模式食品内部温度分布的3D图。该系统随后被用于家用微波炉商品比较实验。Swain等（2008）就报道了该测试系统在7个微波炉上的应用。

James等（2002）提出“目前很多用于评价食品在微波炉中的复热性能的测试或是很主观，或是仅针对于商品冷藏食品”。前期研究表明，微波复热同一产品的不同包装商品加热效果存在相当大的差异。所以当产品经过商业包装后，就很难确定其在不同微波炉之间的复热性能差异是否由微波炉本身差异导致的，而不是由产品包装不同造成的。此外，因为商业化生产的改变或者在某些情况下以前研究的食品并不适于微波复热，所以当前的研究成果很难与过去的研究相比对。

James等（2002）开发了一个比对家用微波炉的三个最重要的复热特性（“实际”功率，温度差异和可重复性）的简单程序。食品吸收的“实际”功率决定了复热时间，复热食品

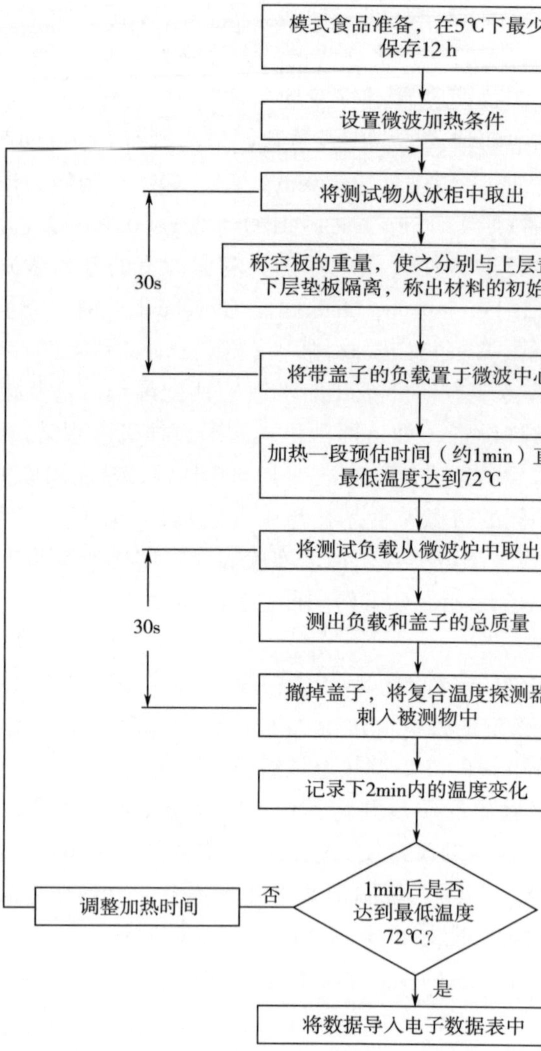

图 14.12 微波炉加热性能检测流程图

内温度差异控制了食品的质量和安全性。微波炉的可重复性加热表明其在连续加热的情况下也具有相同的性能，从而保证其能可靠地复热出品质相同的产品。

这个操作程序需要准备两种简单制备的材料，它们由易于获得的化学均相的原材料制成。将这些材料按照一般处理商业化即食食品的方式包装准备好，唯一增加的步骤是使用简单制作的 PTFE 框架将包装分成 12 个隔间。然后进行 3 组完全相同的实验，第一组用液体材料，第二组用固体材料，最后一组是固液混合材料。这 3 组实验分别按照程序的所有步骤操作，每个样品至少重复 5 次。此外，液体样品实验需额外增加一个步骤。

把 5 个重复实验得到的数据归纳总结为 3 个参数，即微波炉“实际”功率，温度差异和可重复性。然后进行进一步的简单分析，权衡每个参数对消费者选择微波炉的重要程度，生成一个评价微波炉复热性能的唯一指标。任何简单的电子表格程序都可以将整个微波加热实验中测定样品的 195 个独立的温度数据经过分析归结为一个表征微波炉性能的数据。

14.7 结语和未来发展趋势

显然，微波炉的设计和操作与很多因素相关，而被加热产品自身会影响微波过程中产品的温度、均匀性和重复性。但目前微波功率的标准评价法仅能为食品生产商制定冷藏和冷冻食品微波加热指南提供有限的信息。

除了家用微波炉性能测试的标准方法外，现已针对特定产品（如冷藏方便食品）开发了可重复的微波炉性能测定方法，但其具体信息的获取大多局限于消费者测试和实验研究。需进一步开发并利用测定方法，以提供可靠的数据来评价微波炉的性能和不同食品的适用性，从而确保食品微波安全加热。

虽然建模可能在开发最佳微波食品中发挥较大作用，但它不会取代制造商（特别是NRTE 食品的制造商）对其微波加热指南的安全性进行实验验证的需求。

参考文献

Anon. (2008). Multistate outbreak of Salmonella infections associated with frozen pot pies-United States. *Morbidity and Mortality Weekly Report*, *57* (47), 1277-1280.

Bates, C. J., & Spencer, R. C. (1995). Survival of Salmonella species in eggs poached using a microwave oven. *Journal of Hospital Infection*, *29* (7), 121-127.

Birla, S. L., Pitchai, K., Subbiah, J., & Jones, D. (2009). Development of novel microwave cooking model for not-ready-to-eat foods. In *International microwave power institute's 43rd annual symposium*, Washington, DC, July 8-10.

Birla, S. L., Pitchai, K., Subbiah, J., & Jones, D. (2010). Effect of magnetron frequency on heating pattern in domestic oven. In *International microwave power institute's 44th annual symposium*, Denver, July 14-16.

Bows, J. R., Patrick, M. L., Nott, K. P., & Hall, L. D. (2001). Three-dimensional MRI mapping of minimum temperatures achieved in microwave and conventional food processing. *International Journal of Food Science & Technology*, *36* (3), 243-252.

Bradshaw, S., Delport, S., & Van Wyk, E. (1997). Qualitative measurement of heating uniformity in a multimode microwave cavity. *Journal of Microwave Power and Electromagnetic Energy*, *32* (2), 88-95.

Burfoot, D., James, S. J., Foster, A. M., Self, K. P., Wilkins, T. J., & Phillips, I. (1990). Uniformity of reheating in domestic microwave ovens. In R. W. Field & J. A. Howell (Eds.), *Process engineering in the food industry*: *2 Convenience foods and quality assurance* (pp. 33-44). Elsevier Science.

Chamchong, M., & Datta, A. K. (1999). Thawing of foods in a microwave oven: I. Effect of power levels and power cycling. *Journal of Microwave Power and Electromagnetic Energy*, *34*, 8-21.

Chen, J., Pitchai, K., Birla, S., Gonzalez, R., Jones, D., & Subbiah, J. (2013). Temperature-dependent dielectric and thermal properties of whey protein gel and mashed potato. *Transactions of the ASABE*, *56* (6), 1457.

Chen, J., Pitchai, K., Birla, S., Negahban, M., Jones, D., & Subbiah, J. (2014). Heat and mass transport during microwave heating of mashed potato in domestic oven—model development, validation, and sensitivity analysis. *Journal of Food Science*, *79* (10), E1991-E2004.

Cullen, L. D. (2010). *Factors affecting heating of calzones in microwaves. MSc thesis.* Kansas State University, Manhattan, Kansas, USA.

European Chilled Food Federation (1996). *Guidelines for good hygienic practice in the manufacture of chilled foods* (p. 59). London: European Chilled Food Federation.

Evans, M. R., Parry, S. M., & Ribiero, C. D. (1995). Salmonella outbreak from microwave cooked food. *Epidemiology and Infection*, *115* (4), 227-238.

Fakhouri, M. O., & Ramaswamy, H. S. (1993). Temperature uniformity of microwave heated foods as influenced by product type and composition. *Food Research International*, *26*, 89-95.

Farber, J. M., D'aoust, J. Y., Diotte, M., Sewell, A., & Daley, E. (1998). Survival of Listeria spp. on raw whole chickens cooked in microwave ovens. *Journal of Food Protection*, *5*, 1465-1469.

Geedipalli, S. R. R., Rakesh, V., & Datta, A. K. (2007). Modeling the heating uniformity contributed by a rotating turntable in microwave ovens. *Journal of Food Engineering*, *82*, 359-368.

George, R. M., Evans, D. G., Hooper, G. I., Campbell, G. M., & Dobie, P. A. P. (1995). *Assessment and improvement of the manufacturers' reheating instructions for microwavable lasagne based upon the voluntary UK new microwave labelling scheme.* Microwave science series no. 14. London: MAFF Publications.

George, R. M., Richardson, P. S., Hooper, G. I., & Burnett, S. (1992). *Microwave reheating of ready meals: Characterisation and categorisation of domestic microwave ovens based upon a 350 g water load.* Microwave science series no. 6. London: MAFF Publications.

Gessner, B. D., & Beller, M. (1994). Protective effect of conventional cooking versus use of microwave ovens in an outbreak of salmonellosis. *American Journal of Epidemiology*, *139* (7), 903-909.

Gunasekaran, S., & Yang, H. W. (2007). Effect of experimental parameters on temperature distribution during continuous and pulsed microwave heating. *Journal of Food Engineering*, *78*, 1452-1456.

IEC (2010). *Household microwave ovens - Methods for measuring performance* (4th ed., International Electrotechnical Commission). Geneva: IEC Publications 60705: 2010.

James, C., Swain, M. V. L., James, S. J., & Swain, M. J. (2002). Development of a methodology for assessing the heating performance of a domestic microwave oven. *International Journal of Food Science & Technology*, *37* (8), 879-892.

James, S. J. (1993). Factors affecting the microwave heating of chilled foods. *Food Science and Technology Today*, *7* (1), 28-36.

James, S. J., & Evans, J. A. (1989). Temperatures in the retail and domestic chill chain. Cost 91 bis. In: *The effects of processing and distribution on the quality and nutritive value of foods.* Gothenburg, Sweden.

James, S. J., Foster, A. M., Phillips, I. C., Wilkins, T. J., Swain, M. J., & Burfoot, D. (1994). *Effects on microwave power output of size of load, continuous (intermittent) use, position of load, and variations in mains supply voltage.* Microwave science series no. 11. London: MAFF Publications.

Knoerzer, K., Regier, M., & Schubert, H. (2006). Microwave heating: A new approach of simulation and validation. *Chemical Engineering & Technology*, *29* (7), 796-801.

Knoerzer, K., Regier, M., & Schubert, H. (2008). A computational model for calculating temperature distributions in microwave food applications. *Innovative Food Science & Emerging Technologies*, *9* (3),

374-384.

Knoerzer, K., Regier, M., Erle, R., Pardey, K. K., & Schubert, H. (2004). Development of a model food for microwave processing and the prediction of its physical properties. *Journal of Microwave Power and Electromagnetic Energy*, *39* (3+4), 67-78.

Knoerzer, K., Regier, M., Hardy, E. H., Schubert, H., & Schuchmann, H. P. (2009). Simultaneous microwave heating and three-dimensional MRI temperature mapping. *Innovative Food Science & Emerging Technologies*, *10* (4), 537-544.

Levre, E., & Valentini, P. (1998). Inactivation of Salmonella during microwave cooking. *Zentralblatt fu r Hygiene und Umweltmedizin*, *6*, 431-436.

Manickavasagan, A., Jayas, D. S., & Vadivambal, R. (2009). Non-uniform microwave heating of ready-to-eat chicken pies. *Canadian Biosystems Engineering*, *51*, 3-39.

Nott, K. P., & Hall, L. D. (2005). Validation and cross-comparison of MRI temperature mapping against fibre optic thermometry for microwave heating of foods. *International Journal of Food Science & Technology*, *40* (7), 723-730.

O'leary, M. (1993). UK voluntary labelling scheme for domestic microwave ovens and microwaveable foods. *Trends in Food Science and Technology*, *4* (3), 355-357.

Oliveira, M. E. C., & Franca, A. S. (2002). Microwave heating of foodstuffs. *Journal of Food Engineering*, *53*, 347-359.

Persch, C., & Schubert, H. (1995). Characterization of household microwave ovens by their efficiency and quality parameter. In *Proceedings of the 5th International Conference on Microwave and High Frequency Heating*, (p. S31). University of Cambridge.

Phippen, N., & Burfoot, D. (1990). Continuous measurement of temperatures in microwave ovens with turntables. *Laboratory Practice*, *39*, 9-11.

Pitchai, K., Birla, S. L., Jones, D., & Subbiah, J. (2012). Assessment of heating rate and non-uniform heating in domestic microwave ovens. *Journal of Microwave Power and Electromagnetic Energy*, *46* (4), 229-240.

Pitchai, K., Brahma, S., Birla, S., Jones, D., & Subbiah, J. (2011). Effect of location of small loads on heating rate and uniformity in domestic microwave ovens. In: *IMPI's 45th annual microwave power symposium*, New Orleans, USA (pp. 29-40).

Rakesh, V., Datta, A. K., Amin, M. H. G., & Hall, L. D. (2009). Heating uniformity and rates in a domestic microwave combination oven. *Journal of Food Process Engineering*, *32* (3), 398-424.

Richardson, P. S., & Gordon, K. H. (Eds.), (1997). *Guidelines on the verification of reheating instructions for microwaveable foods-Guideline no. 14.* Gloucestershire, UK: Campden and Chorleywood Food Research Association.

Rother, M. (2010). Mikrowellenunterstützte thermische Prozesse: Auslegung, Regelungsstrategien und Potentiale, Dissertation Uni Karlsruhe.

Schiffmann, R. F. (2014). Microwave ovens and food safety: Preparation of not-ready-to-eat products in standard and smart ovens. *Ingenierías*, *XVII* (64), 38-54.

Swain, M. J., Ferron, S., Coelho, A. I. P., & Swain, M. V. L. (2006). Effect of continuous (intermittent) use on the power output of domestic microwave ovens. *International Journal of Food Science & Technology*, *41* (6), 652-656.

Swain, M. J., Foster, A. M., Phillips, I. C., & James, S. J. (1994). Variation of uniformity of microwave reheating within commercial chilled convenience meals. Microwave science series no. 10. London: MAFF Publications.

Swain, M. J., Foster, A. M., Phillips, I. C., Wilkins, T. J., James, S. J., Radhakrishnan, C. D., et al. (1995). *Effect of initial temperature of food and continuous use of a microwave oven on the temperature of food after reheating.* Microwave science series no. 13. London: MAFF Publications.

Swain, M. J., James, S. J., & Swain, M. V. L. (2008). Effect of power output reduction of domestic microwave ovens after continuous (intermittent) use on food temperature after reheating. *Journal of Food Engineering*, *87* (1), 11–15.

Swain, M. J., Spinassou, A., & Swain, M. V. L. (2008). A test procedure to characterise the heating performance of domestic microwave ovens. *International Journal of Food Science & Technology*, *43* (1), 15–23.

Swain, M. J., Swain, M. V. L., & Russell, S. L. (1998). A new test procedure to determine the heating performance of domestic microwave ovens. *International Appliance Manufacturing*, *98*, 72–77.

Swain, M. V. L., Russell, S. L., Clarke, R., & Swain, M. J. (2004). Development of food simulants for microwave oven testing. *International Journal of Food Science and Technology*, *39* (6), 623–630.

Tang, Z., Mikhaylenko, G., Liu, F., Mah, J. –H., Pandit, R., Younce, F., et al. (2008). Microwave sterilization of sliced beef in gravy in 7 oz trays. *Journal of Food Engineering*, *89* (4), 375–383.

Tassinari, A. D., & Landgraf, M. (1997). Effect of microwave heating on survival of Salmonella typhimurium in artificially contaminated ready-to-eat foods. *Journal of Food Safety*, *10*, 239–248.

Tims, M. J., & Watts, B. M. (1958). Protection of cooked meats with phosphates. *Food Technology*, *12*, 240.

Walker, S. J., Bows, J. R., Richardson, P. S., & Banks, J. G. (1991). Listeria survival in chilled retail products: Effect of recommended microwave cooking. Microwave science series no. 1. London: MAFF Publications.

Wang, Y., Tang, J., Rasco, B., Wang, S., Alshami, A. A., & Kong, F. (2009). Using whey protein gel as a model food to study dielectric heating properties of salmon fillets. *LWT–Food Science and Technology*, *42* (6), 1174–1178.

15 微波加工中温度分布的测定

K. Knoerzer[1], *M. Regier*[2], *H. Schubert*[3]

[1]CSIRO Agriculture and Food, Melbourne, VIC, Australia; [2]Trier University of Applied Sciences, Trier, Germany; [3]Karlsruhe Institute of Technology (KIT), Karlsruhe, Germany

15.1 引言

微波炉在家庭中是很普遍的，也是日常使用的设备。微波虽然已被应用于食品工业中，如巴氏杀菌，但遗憾的是它仍然尚未被广泛应用于食品工业的其他领域，主要原因在于食品工业的保守性，以及改造现有食品工厂的高额成本（Decareau，1985）。

近几十年来，微波加热被认为是传统加热的一种替代方法，应用于许多食品的生产制造，如（复）加热、焙烤、（预）煮、回温冷冻食品、漂烫、杀菌、消毒和干燥。更多的应用例子可见 Decareau（1985）、Metaxas 和 Meredith（1983）、Metaxas（1996）、Roussy 和 Pearce（1995）、Buffler（1993）以及本书的其他章节。虽然微波在所有应用中的目的有所不同，但达到目的的方法都是相似的：加热。

巴氏杀菌、灭菌（参见第 10 章和第 11 章）和干燥（参见第 8 章）等具有保藏功能的加工过程中，获得最低的灭菌温度-时间组合，或是干燥达到目标水分含量（最低水分活度）以确保微生物安全是十分重要的。

为了最大限度地保持食品的颜色和风味等以得到期望的产品质量（参见第 8 章、第 9 章、第 10 章和第 13 章），处理温度应保持低于某一值。

传统的加热和干燥方法的热传递主要受热传导的限制，一般很容易就可确定加热或干燥最慢的位置。局部热传导慢可能会导致产品表面区域过热，因此建议采用可实现体积加热的微波加热方法来提高产品质量。

然而，目前微波存在许多内在因素导致加热不均匀，如聚焦效应、边角加热、电磁场不均匀分布，以及被加热物料的形状和组分影响（参见第 7 章），使得不同产品的加热模式有较大差异。微波加热产品的不均匀性危及了工业加工食品的质量和安全性（Mudgett，1986），这也是除了食品工业的保守性和高昂改造成本之外微波尚未在食品工业中得到广泛应用的主要原因。因此，在工业微波加工过程中需要确保足够的加热均匀性（Tang，2015），以解决食品安全和质量方面的不一致性和相关问题。

为了优化微波加工过程及其对食品安全和质量的影响，了解被加热产品的温度分布是至关重要的。

15.2 温度分布的测定方法

到目前为止已经有许多测定电磁场中产品温度分布的方法，如屏蔽式热电偶、光纤温度计、红外（IR）热像仪、微波辐射测定、温度指示器（如液晶箔、热敏纸和模型物质），以及最近开发的核磁共振成像（MRI）技术。其中一些方法在 Knoerzer、Murphy、Fresewinkel、Sanguansri 和 Coventry（2012）的研究中也有讨论。

然而，以上方法多数都存在很大缺陷，这些缺陷将在以下各小节中讨论。

15.2.1 热电偶

没有经过充分改进的普通热电偶不能用于微波设备，因为引起产品加热的强烈电磁场也会干扰这些常规温度探针的测量。而且，这些带金属线的探针会对磁场产生明显干扰，导致过热或电弧现象而损伤设备及产品。此外，这种方法需要将探针置于材料内部，是侵入性的，并且空间分辨率较差。

15.2.2 光纤探针

光纤探针虽然避免了与电磁场发生强烈相互作用的问题，但传统的光纤探头可达到的空间分辨率仍然不够。随着新的技术发展，实现了沿光纤进行测量，可通过在光纤插入长度范围内提供一维温度分布来增加信息深度（Samiec，2011）。此外，光纤探头必须与待测产品直接接触，因此这也是一种侵入性方法。

15.2.3 模型物质

在微波应用中测定温度分布的一种特殊方法是使用模型物质，这种物质可以在达到某一温度或时间/温度组合之后改变自身的性质（颜色、pH、结构等）。已发表的方法包括利用模型物质颜色变化（Risman、Ohlsson 和 Lingnert，1993），利用所含蛋白质的凝固效应（Wilhelm 和 Satterlee，1971），以及诱导化学反应（如美拉德反应）和产生的化学标记物来评估温度均匀性。模型物质应用过程中值得注意的是需要使模型与真实产品其他重要物理特性（如介电性质和热特性）相匹配。然而，这是一种相当过时的方法，现今很少使用。

15.2.4 红外热成像仪

红外热成像仪由于具有极佳空间分辨率而被广泛应用于测定表面温度。即使在具有适当时间分辨率的实时情况下，红外线传感器在其可视范围内也可相当准确地读出物体的表面温度。然而，与传统的接触式探针一样，红外线传感器是金属的，因而不能放入微波加热装置的电磁场中。此外，大多数测定必须通过屏蔽窗口完成，因为红外线传感器内部的敏感电子需要有效的电磁屏蔽，以确保其在电磁场存在的情况下可精确测定。因此，温度测定方法的效率和精确度有所降低，而且在任何情况下其表征的仅仅是被加热产品的一部分表面温度。

15.2.5 微波辐射测定

微波辐射测定的原理和优点与红外热成像仪相似（Stephan 和 Pearce，2004），均是基于对目标物体受热发出辐射信号的检测来进行温度测定，而两者的主要区别在于热辐射信号是在微波频率范围内而不是红外线区域内产生的。由于微波频段的辐射穿透深度远远高于红外频段，微波辐射计可以测定距表面不远的内部温度。尽管微波辐射测定可以检测到产品中约几厘米深度的温度，但由于微波的波长明显较长，其空间分辨率仍远低于红外（Gardner、Matousek 和 Stone，2016）。

15.2.6 温度指示器

温度指示器，如液晶箔、热敏纸或其他化学标记物，也是测定温度分布的既定方法

（Feher，1997；Grünewald 和 Rudolf，1981；Zhang、Tang、Liu、Bohnet 和 Tang，2014）。但是这些方法也仅仅提供了表面温度测绘，尤其是热敏纸只能反映高于或低于确定阈值温度的信息。除液晶箔外，大多数其他温度指示器都会发生不可逆变化，并且无法提供瞬时温度变化图。

15.2.7 核磁共振成像

使用核磁共振成像作为温度测定方法，几乎可以避免上述所有问题（Knoerzer、Regier、Hardy、Schubert 和 Schuchmann，2009；Knoerzer、Regier 和 Schubert，2008；Nott、Hall、Bows、Hale 和 Patrick，2000）。

MRI 实现了非侵入性三维温度分布测定，可离线（即加热后）测定或在专门设计的微波系统中在线进行测定；探测器可以不与产品接触、不破坏产品就能得到内部温度信息，在微波加热过程中或加热后对每种湿物料进行观察，具有良好的空间分辨率。

然而，这种技术最大的缺陷就是核磁共振成像的断层 X 光摄影装置的成本远远超出了以上提及的所有设备。

15.3 不同温度图绘制方法的基本原理

15.3.1 热电偶

电偶由两种电导体构成，这两种电导体由两种不同的金属合金制成。电导体通常嵌在具有抗热护层的电缆内，而且通常具备一个必需的屏蔽体。在电缆的一端，两种电导体一起产生放电性短路，热电偶的热接点一端与被测物体热连接，冷接点一端（有时也称为基准结）则与测定系统相连。需要注意的是如果在低温条件下进行测定，热接点的实际温度可能低于基准结的温度。

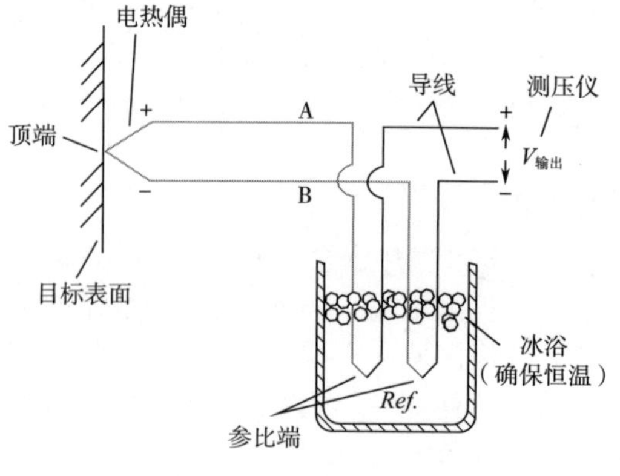

图 15.1 热电偶连接示意图

资料来源：efunda.（2016）. *Thermocouples*: *Theory*. <http://www.efunda.com/designstandards/sensors/thermocouples/thmcple_theory.cfm.>Accessed 13.03.16。

热电偶形成的开路电压，称为 Seebeck（赛贝克）效应或 Seebeck（赛贝克）电压，发现于 1821 年（Seebeck，1821），该电压与热接点和基准结之间的温差成正比：

$$\Delta V = S \cdot (T_{hot} - T_{ref}) \tag{15.1}$$

式中 ΔV——变化电压；

S——Seebeck（赛贝克）系数（取决于热电偶的金属构成）；

T_{hot}——热接点处温度，K；

T_{ref}——冷接点/基准结处温度，K。

因为热电偶电压是不同接点温度差的函数，所以有必要知道电压以及基准结处的温度，从而确定热接点处的温度。因此，热电偶测定系统必须测定基准结处温度或控制其保持在固定的、已知的温度。图 15.1 是 A 和 B 两种金属合金连接而成的热电偶接点示意图。图 15.2 展示了一些标准的商用热电偶。

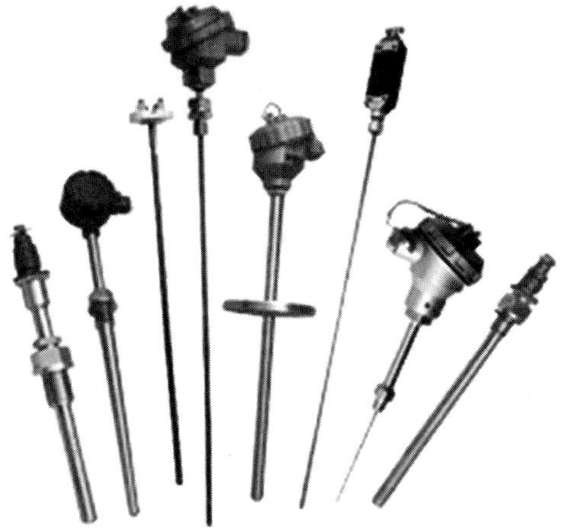

图 15.2 标准的工业化商用热电偶

资料来源：GEM Elecrotech Corporation.（2016）. *Thermocouple types*. < http://gemelectrotech.com/thermocoupletypes.html> Accessed 13.03.16。

15.3.2 光纤探针

常规光纤探针测温原理是：温度变化导致光激发磷光体产生不同颜色的光。光纤探针的关键要素是传感器的组成，例如安装在光纤末端的少量锰激活的氟锗酸镁材料，其工作温度范围为-200~450℃。

当传感器材料被蓝紫光激发时，磷光体显现出深红色荧光。图 15.3 是这种材料的光谱。经过过滤的氙闪光灯提供了蓝紫光脉冲激发磷光体产生荧光。在激发脉冲结束后，荧光射线强度呈指数衰减。经过某一时间 t_1 后测定信号 S_1，并确定信号衰弱至 S_1/e 的时间为 $t_1+\tau$。磷光体的实际温度可根据衰减时间通过数据图查得（图 15.4）。

图 15.5 是衰减时间测定方法的示意图。图 15.6 是光纤器件的示意图。

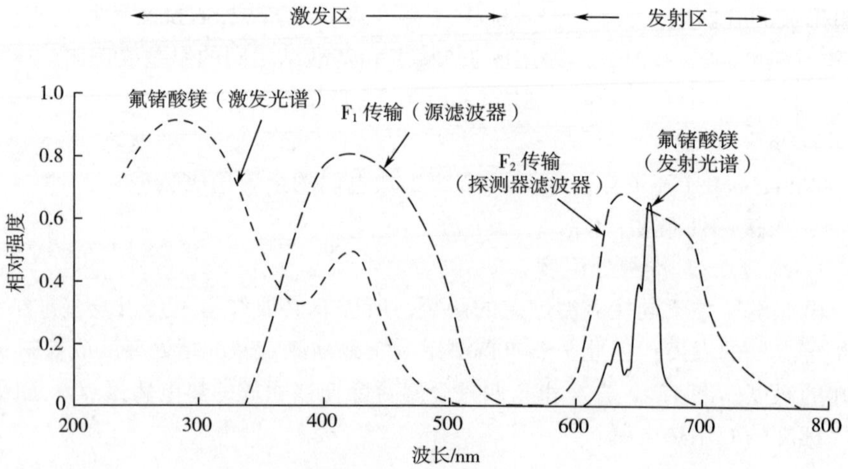

图 15.3　室温下氟锗酸镁的光谱图

注：虚线表示源滤波器和探测器滤波器的通带。

资料来源：　Luxtron Corporation（1992）. Fluoroptic temperature sensing. *The Operator's Guide*，*Model*，p. 755。

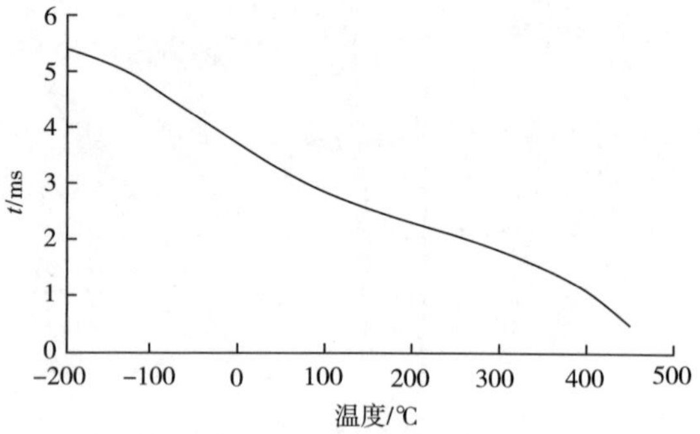

图 15.4　氟锗酸镁磷光体的发光强度和荧光衰减时间与温度的关系

资料来源：　Luxtron Corporation（1992）. Fluoroptic temperature sensing. *The Operator's Guide*，*Model*，p. 755。

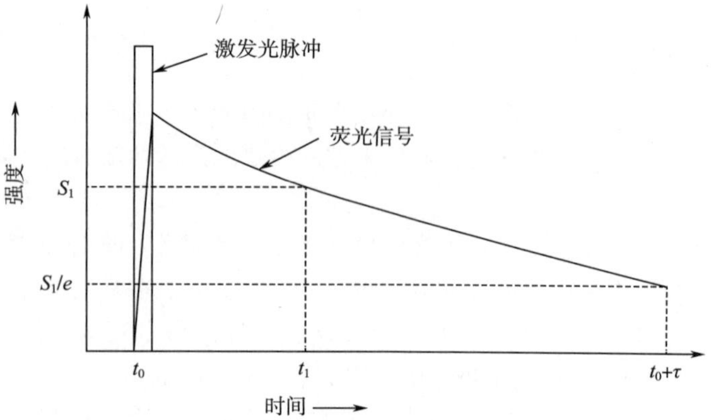

图 15.5　用于提取磷光体传感器荧光衰减时间的方法示意图

资料来源：　Luxtron Corporation（1992）. Fluoroptic temperature sensing. *The Operator's Guide*，*Model*，p. 755。

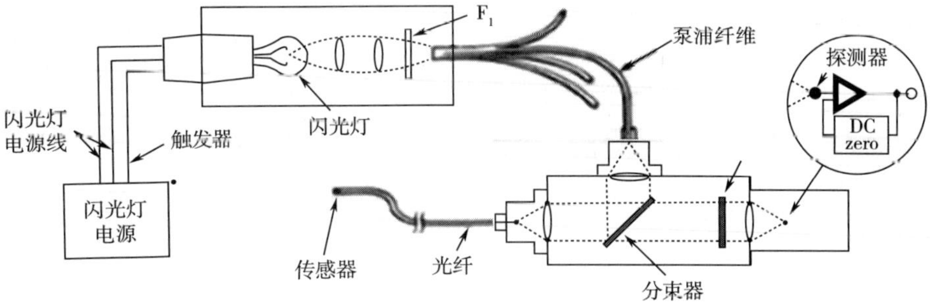

图 15.6 Luxtron 的 755 模型剖面图

资料来源： Luxtron Corporation (1992). Fluoroptic temperature sensing. *The Operator's Guide*, *Model*, p. 755。

鉴于这些常规的光纤探头仅在离散的位置进行测量，探头的数量及其放置位置对于采集准确且相关的数据至关重要。在诸如微波加热的情况下，局部热点的出现位置通常是未知的（或者在整个过程中可能不是恒定的），光纤的错误放置会导致对所采集数据的误读。伪连续系统可以利用整个光纤的反射光［通过光学时域反射法测量反射光的 Raman（拉曼）分量或 Brillouin（布里渊）分量］，这对于空间分辨率在米范围内的超长光纤（千米范围内）来说是十分有效的；然而，这与微波的应用无关，因为在微波应用中温度梯度会在更短的长度范围内形成。

最新的技术进展可实现通过相干光学频域反射仪观察反射光的 Rayleigh（瑞利）分量（沿着光纤反向散射光的光纤缺陷）。在这些系统中，连续波可调谐激光被耦合到干涉仪中，其中一个干涉仪臂由光纤构成。通过将光纤的 Rayleigh（瑞利）散射光与固定干涉仪臂的 Rayleigh（瑞利）散射光进行干涉，差频取决于沿光纤的位置（光在光纤上的散射位置），频率随着离光源距离的增加而增加（即波长减小）。根据 Guemes、Fernandez-Lopez 和 Soller（2010）的研究，由局部温度（或应变）变化引起的光纤折射率变化会导致 Rayleigh（瑞利）反向散射的局部光谱频率发生变化。此外，沿光纤折射率的累积变化导致了 Rayleigh（瑞利）反向散射回波损耗振幅模式的时间（飞行）偏移。因此，反向散射振幅时域或频域数据的互相关给出了与局部温度分布相关的频谱和时间偏移。基于该技术的商业系统可实现 10μm 的空间分辨率（Samiec，2011），温度分辨率在-50~300℃范围内可达 0.1℃，测定速率在几赫兹范围内。

15.3.3 模型物质

模型物质必须能代表实际食品的相关特性。对于在 2.45GHz 频率下在特定温度区间内的微波加热来说，有时只用介电特性（介电常数 ε' 和介电损耗 ε''）来表征食品特性就已经足够了（Risman 等，1993），但通常情况下，特别是在微波功率较低和加热时间较长的情况下，模型食品的导热系数和热容与食品的真实值相匹配也至关重要。

以下是已经用于温度图绘制的与温度相关的因素（Risman 等，1993）：

- 质地（或黏度）。
- 透光率。
- 熔点。

- 凝结或凝固。
- 颜色变化（如加入指示剂改变 pH）。
- 美拉德反应产物（Zhang 等，2014）。

凝胶容易切分并能形成规则的形状，通常被用作模型物质。光学透明凝胶在较小温度区间内的颜色变化可以帮助确定热点或冷点区域，其熔化或凝结也可以指示温度变化（Risman 等，1993）。另一种方法是基于指示物质中温度诱导的化学反应来测定温度分布。如 US Army Natick Research Center 基于温度诱导的美拉德反应，利用过程中产生的特定温度/时间相关的化合物来定位食品中的热点和冷点（Kim 和 Taub，1993）。同时他们还利用了此方法评价了欧姆加热（Kim、Taub、Choi 和 Prakash，1996）、射频处理（Wang、Lau、Tang 和 Mao，2004）和微波辅助热灭菌（Wang 等，2009）过程中的温度均匀性。然而，反应产物的评价必须进行相当耗时的高效液相色谱（HPLC）分析。在后续研究中，开发了一种基于反应产物形成的计算机视觉方法，实现了食品（透明凝胶的表面或表面下）加热模式的快速可视化（Pandit、Tang 和 Mikhaylenko，2007；Zhang、Liu、Nindo 和 Tang，2013）。

15.3.4 红外热成像仪

所有物体（特别是热物体）都会发出热辐射，这种热辐射波长位于电磁（EM）光谱的可见光、紫外光及红外光范围内，如白炽灯泡或太阳。

此外，每一种在绝对零摄氏度（0K 或-273.15℃）以上的物体都能够发出电磁辐射，即所谓的热辐射，大部分处于电磁（EM）光谱的红外光范围。

产生这种辐射的原因是振动的原子和分子存在像赫兹偶极子一样的行为而发射出电磁波，微粒振动的频率和电磁辐射的强度随着温度的升高而增大。

Planck（普朗克）辐射定律［式（15.2a）和式（15.2b）］描述了在一定离散频率下的辐射强度：

$$I(\nu)\mathrm{d}\nu\mathrm{d}\Omega = \frac{2h\nu^3}{c^2}\cdot\frac{1}{\mathrm{e}^{\left(\frac{h\nu}{kT}\right)}-1}\mathrm{d}\nu\mathrm{d}\Omega \tag{15.2a}$$

$$I(\lambda)\mathrm{d}\lambda\mathrm{d}\Omega = \frac{2hc^2}{\lambda^2}\cdot\frac{1}{\mathrm{e}^{\left(\frac{hc}{\lambda kT}\right)}-1}\mathrm{d}\lambda\mathrm{d}\Omega \tag{15.2b}$$

式中 k——玻尔兹曼常数；
T——绝对温度，K；
h——普朗克常数；
c——光速，m/s；
λ——波长，m；
ν——频率，Hz；
Ω——立体角单元。

Stefan-Boltzmann（斯特藩-玻尔兹曼）定律［式（15.3）］描述了一个黑体表面单位面积在单位时间内辐射出的总功率，它与黑体本身的热力学温度 T 的 4 次方成正比：

$$I = \frac{2k^4T^4}{h^3c^2}\cdot\int_0^{\infty}\frac{x^3}{(\mathrm{e}^x-1)}\mathrm{d}x = \frac{2k^4\pi^4}{15h^3c^2}T^4 = \sigma\cdot T^4，其中\ x = \frac{hc}{k\lambda T} \tag{15.3}$$

式中 I——辐射强度，W/m^2；

σ——Stefan-Boltzmann（斯特藩-玻尔兹曼）常数。

对于食品，可通过有效因子 ε 对 Stefan-Boltzmann（斯特藩-玻尔兹曼）定律进行扩展［式（15.4）］：

$$I=\varepsilon\cdot\sigma\cdot T^4 \tag{15.4}$$

式中 ε——辐射系数，由所研究的材料决定，对许多食品物质来说都接近于1。

人们所不可见的辐射，尤其是只有热红外线存在的情况下，可被热成像仪观察到（图15.7），或者更确切地说被热成像照相机观察到。

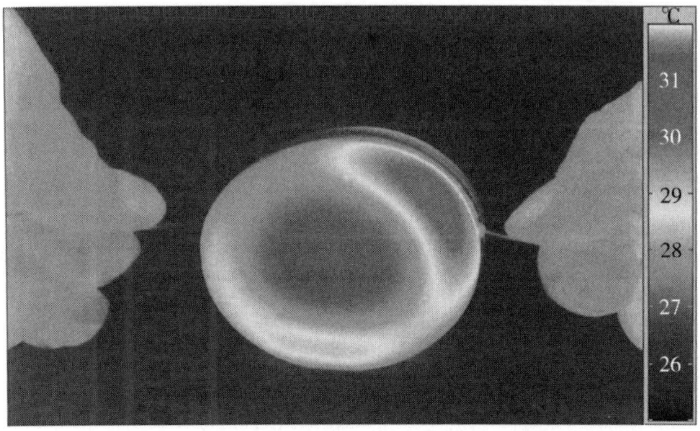

图 15.7 加热后圆柱形模型食品切片的红外图像

热成像仪记录相机可以通过两种不同的方式建立：

- 从20世纪60年代至20世纪90年代初，第一代商业红外系统利用一个透镜和移动的反射镜或棱镜来扫描图像，并将热辐射聚焦在一个红外传感器上。扫描设备以类似电视的形式在物体所在区域上方移动。这些机械扫描设备增加了系统的尺寸、重量和功耗，同时热敏性也会受到影响。
- 20世纪90年代初，热成像仪系统逐渐发展成熟，并出现了新的探测器技术，即焦平面阵列（FPA）。FPA是一种红外探测器，它集成了单独传感器的行和列，消除了对扫描系统的要求。FPA系统的分辨率通常为160×120或320×240像素，更昂贵的照相机可实现1280×1024像素的分辨率，其帧速率约为几赫兹，可为瞬态温度映射提供良好的时间分辨率。

两种系统的原理是相同的：根据测定的辐射模式计算物体的实际温度。

一般来说，商业红外摄像机根据Planck（普朗克）辐射定律［式（15.2a）和式（15.2b）］可完全探测出被测物体发出辐射的一定带宽（大约为 $1\mu m<\lambda\leqslant 6\mu m$），同时温度可通过照相机制造商的校正曲线计算得到。

15.3.5 微波辐射测定

微波辐射测定技术（MWR）能测定加热食品微波区域范围内的热辐射功率。与红外热成像仪相似，虽然微波波长较长、空间分辨率较低（Gardner等，2016），但仍可以观测样品的亮度温度（简称“亮温”）。亮温计算公式如下：

$$T_{B,i}=\frac{P_i}{k\cdot Df_i}=(1-R_i)\cdot\frac{P_{样品}}{k\cdot Df_i}=(1-R_i)\cdot T_{B,样品} \quad (15.5)$$

式中 $P_{样品}$——样品发射的热辐射功率，W；

P_i——围绕中心频率 f_i 在带宽 Df_i 范围内通过天线接收的功率，W；

R_i——f_i 频率下外壳天线界面的功率反射系数；

k——Boltzmann（玻尔兹曼）常数。

根据 Rayleigh－Jeans（瑞利－琼斯）定律｛高频率下 Planck（普朗克）定律［式（15.2a）和式（15.2b）］的近似方程｝，在微波频率范围内热辐射强度与绝对温度成正比，因此：

$$T_{B,i}=\int_{afv}W_i(r)\cdot T(r)\cdot d\nu \quad (15.6)$$

式中 $T(r)$——在 r 处样品体积增加 $d\nu$ 时的绝对温度，K；

$W_i(r)$——辐射测量的权重函数；

afv——天线的视场。

因此测定的亮温 $T_{B,测量,i}=T_{B,样品,i}=(\int_{afv}W_i(r)T(r)d\nu)/(1-R_i)$，通常取决于：

- 整个观察样品的实际温度分布。
- 接收天线的权重函数：工作频率、尺寸、填充材料的介电常数和样品的微波衰减特性。
- 发生在不同样品区域之间以及这些区域与微波设备界面上的微波反射。

由于微波在样品中的衰减与天线特性和频率相关，利用多频辐射计可以探测天线下样品内部的温度-深度分布，并从一组 $T_{B,测量,i}$ 中获得温度-深度相互关系反问题的稳定解。样品中 4cm 及以上深度的内部温度可以采用多频微波辐射计获得（Hand 等，2001）。

15.3.6 液晶箔

液晶是一种特殊的物质，其存在形式介于固相和各向同性的液相之间，对入射光的散射有很强的选择性，其选择特性的原理涉及分子结构特性。每种液晶化合物都具有特征螺距长度的螺旋状结构（Demus、Goodby、Gray、Spiess 和 Vill，1998），螺距长度处于可见光的波长范围内且可以通过外部刺激（通常是温度或剪切应力）来改变。由于其基本化学结构不会受到外部刺激的影响，热致变色液晶涂层可以重复响应相同的物理变化，换言之，与大多数其他热指示器不同的是，该变化是完全可逆的，可以用于监测瞬时温度变化（Balasubramaniam 和 Sastry，1995）。现有两类具有螺旋结构的液晶材料，即手性向列型液晶和胆甾型液晶。

活动温度和清晰点温度常常用来描述液晶性质。液晶可散射可见光的最低温度称为活动温度，当液晶温度低于活动温度时，液晶呈透明的固态；当温度高于清晰点温度时，液晶则呈透明的纯液态。处于清晰点温度时，液晶的螺距长度超出了可见光波长。液晶的反射光谱从与活动温度对应的较长波长（红色）到与清晰点温度对应的较短波长（蓝色）连续变化（图 15.8）。液晶能够没有任何变化地传输大量入射光，通常情况下它们在不反射光的背景（黑色背景）下观察，这防止了透射光被反射且不会对来自液晶中选择性散射光的传输产生不利影响。

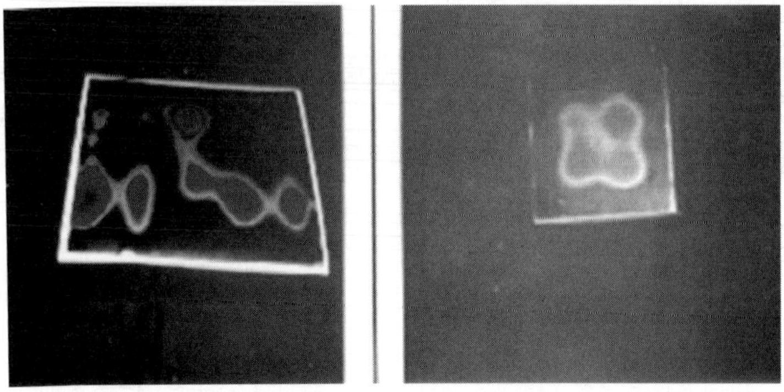

图 15.8 能量导入后空微波炉底部的温度分布（左）；
立方体物料微波加热后的表面温度分布（右）；均通过液晶箔获得

有一种颜色/温度指示器能对不同的液晶结构作出响应，这有助于选择特定用途的液晶组合物（即配方）。如“R35C5W”型液晶配方：红色起始或活动温度为35℃，蓝色起始温度比红色起始温度高5℃，可提供液晶带宽的粗略估计。液晶配方可以是窄带形式，也可以是宽带形式。窄带配方的带宽低于1℃或2℃，而宽带配方的带宽在5~30℃（Panigrahi，2000）。

15.3.7 热敏纸

热敏纸是一种特殊的精细纸张，表面涂有一种化学物质，受热时会变色。热敏纸的活性涂层含有对温度敏感的化学物质，即所谓的无色染料和显色剂，达到一定温度后无色染料和显色剂间薄膜熔化，两者发生化学反应使涂层颜色由透明转化为黑色（有时使用蓝色或红色涂层）（图15.9）。

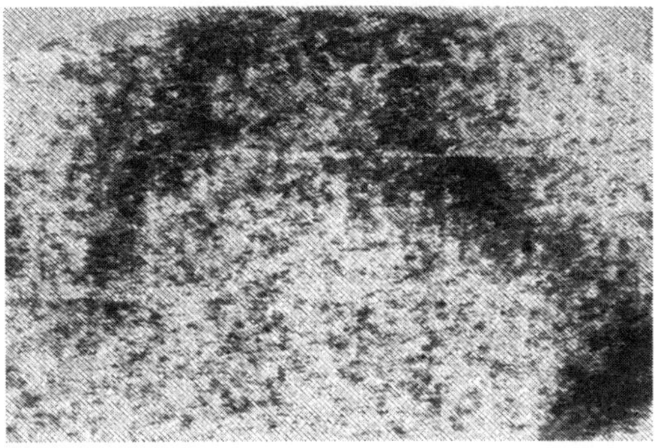

图 15.9 加热后热敏纸的典型表面

注：黑色表示区域温度高于某一特定温度值，白色表示区域温度低于该值。

资料来源：Feher，L. E.（1997）. Simulationsrechnungen zur verfahrenstechnischen Anwendung von Millimeterwellen für die industrielle Materialprozesstechnik，Wissenschaftliche Berichte FZ KA 5885，Karlsruhe，Forschungszentrum Karlsruhe。

热敏纸一般分为3层（Wikipedia，The Free Encyclopedia，2016）：

（1）底部薄纸基。

（2）热敏性涂层　厚度约为 5μm，含有热敏性化学物质和附加成分，如抗静电、耐久性、抗紫外线的稳定剂以及可优化着色温度并促进染料和显色剂混合的感光剂。

（3）顶部保护层　主要用于减少紫外线、水、油等引起的热图像褪色。

商业热敏标签能在达到额定温度的几秒内做出反应。市售的各种单温和多温热敏标签可以显示 32~260℃范围内的温度变化（图 15.10）（DeltaTrak Europe，2016）。

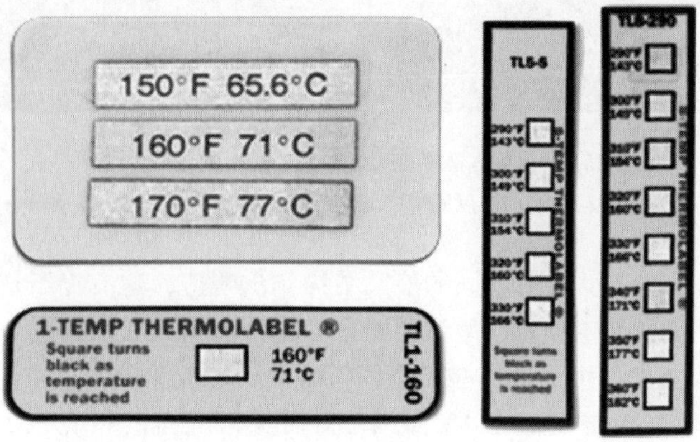

图 15.10　商业多温度热敏标签

资料来源：DeltaTrak Europe.（2016）. *Thermal labels.* <http://deltatrakeurope.be/index.php/yt-products/labels> Accessed 13.03.16。

热敏标签的某一部分达到其额定反应温度时，该部分的颜色就会迅速地从白色转变为黑色。虽然这是一种廉价而可靠的测量方法，可指示过程中是否达到了某一温度（如高压灭菌过程中的重要指示），但热敏纸提供的信息十分有限，仅能指示温度。

15.3.8　核磁共振成像

许多质子（如^{1}H，氢质子）都存在原子核自旋运动进而产生磁矩 μ（图 15.11）。

自然状态下，各质子自旋产生的磁矩排列是随机无序的［图 15.12（A）］，施加外部磁场 B_0 后［图 15.12（B）］，磁矩沿着 B_0 方向定向（平行或反平行与磁场方向）排列，从而形成宏观磁化向量 M［图 15.12（C）］。

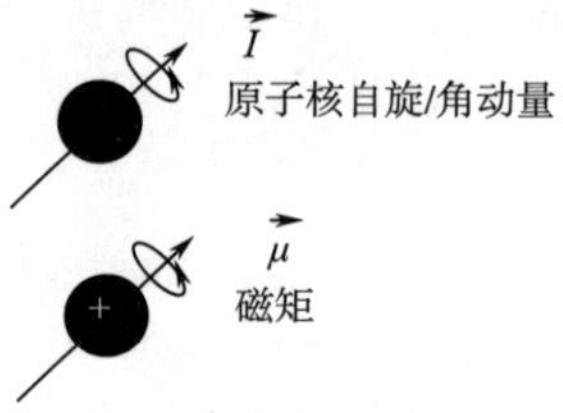

图 15.11　氢质子的原子核自旋和磁矩

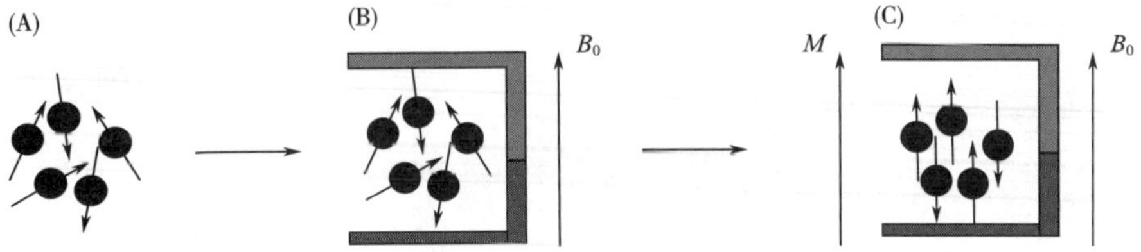

图 15.12 （A）磁矩随机排列；（B）施加外部磁场 B_0；（C）磁矩定向排列

$$\vec{\mu} = \gamma \cdot \vec{I} \tag{15.7}$$

$$\vec{M} = \sum \vec{\mu} \tag{15.8}$$

式中 μ——磁矩；

γ——磁旋比（对于^{1}H 为常数）；

I——角动量；

M——宏观磁化向量。

当周围的射频线圈施加射频（RF）脉冲时，宏观磁化向量 M 的排列就能转化到 XY 平面上，而后转化到相应的相位上（图 15.13）。

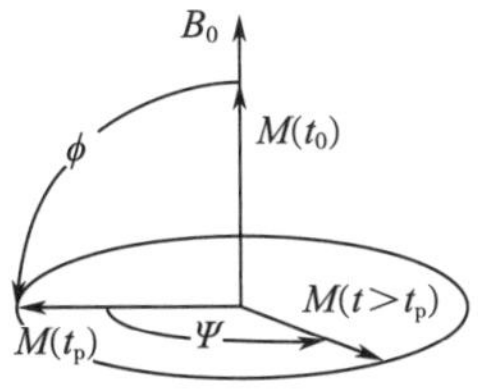

图 15.13 磁化向量 M 在 XY 平面上的转化和相位的转换简图

经过在 XY 平面上的转换以后，外部磁场导致磁化向量 M 以特定频率（称为拉莫尔频率）进动。

$$\omega_L = \gamma \cdot B_0 \tag{15.9}$$

式中 ω_L——拉莫尔频率，s^{-1}；

B_0——外加磁场强度，T。

质子的进动会在射频（RF）线圈中产生一个交流（AC）电压，可测量的 MR 信号与自旋密度、质子密度以及水分含量成正比。

一旦射频（RF）脉冲终止，相位关系会随着一个特征时间常数（指 T_2）衰减，而且它们的方向性排列也会随着不同的时间常数 T_1 而松弛，这两个参数都与温度有关。核磁共振成像（MRI）还可测定另一个与温度有关的参数是自扩散系数。然而，自扩散系数和时间常数与食品中溶液的组成（还有黏度）也有很强的相关性。

化学位移也可通过核磁共振成像（MRI）测定，其几乎与食品中溶液的组成无关。使用该参数绘制温度图的方法是基于水质子化学位移的温度依赖性：温度升高造成氢键断裂，氧原子电子云密度增加，氢氧原子间距离缩短，氢质子受到更强的屏蔽保护。结果使得质子进动频率降低，过程信号的相位（自旋角）降低（$\Delta f/\Delta T = 0.01$ppm/℃；Hindman，1966）。根据测试获得的已知初始温度样品和加热后样品间的相位差，可以计算出样品的实际温度分布（图 15.14）。

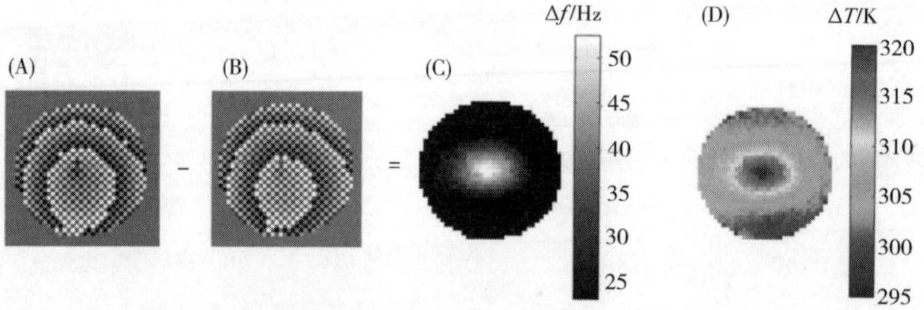

图 15.14 （A）模型食品在已知初始温度（T_1 = 常数）下的核磁共振成像（MRI）相位图；（B）加热样品的相位图；（C）相位差分布（C = A-B）；（D）温度分布（已知化学位移 $\Delta f/\Delta T = 0.01\times10^{-6}/℃$，根据相位差计算得出）

由于使用核磁共振成像（MRI）绘制温度分布图的普遍性及其突出优势（如 15.2 所述），下一节将详细介绍核磁共振成像（MRI）的实验进展和研究成果。

15.4 微波加热模型的核磁共振成像实验进展和研究成果

15.4.1 实验步骤

实验在 Bruker Biospin/Oxford 实验室中的 Super-Wide-Bore cryomagnet 设备完成，最大样品直径为 64mm，磁通量为 4.7T（图 15.15）。

图 15.15 用于温度分布试验的断层 X 光摄影装置

为了测量相位分布和温度，使用了梯度回波脉冲序列（Kimmich，1997）。研究测量了垂直于 Z 轴的不同数量薄片（10~50 片），薄片厚度为 1mm，二维分辨率为 64×64 像素，三位分辨率为 $1mm^3$。所有的测量时间都在 13s 内，其精确度大约为±2K。

所获得的核磁共振数据（二进制 3D 矩阵）输出后，使用 Matllab6. 5™ 中专门开发的函数进行分析。

15. 4. 1. 1 外部微波加热

食品模型样品高 30mm、直径 54mm（图 15. 17；Knoerzer、Regier、Erle、Pardey 和 Schubert，2004），使用微波炉（Panasonic Pro Ⅱ NE 2740；持续电力供应）以不同的加热时间和微波功率加热该模型。

微波加热前后的样品用核磁共振成像（MRI）断层 X 光扫描装置进行相位分布测量。

为了验证核磁共振成像（MRI）测定的温度分布，将 3 个单层切片的 MRI 温度分布与热成像仪（Mitsubishi IR-M700）测定的二维温度分布进行了定性和定量的比较。

15. 4. 1. 2 内部微波加热

为了解决断层 X 光摄影装置中测量和加热之间的温度均衡问题，Hennan（2004）和 Knoerzer 等（2009）与 GIGATHERM AG 公司合作开发了一种微波装置，该装置能够将微波能量直接引入到磁体中（图 15. 16）。

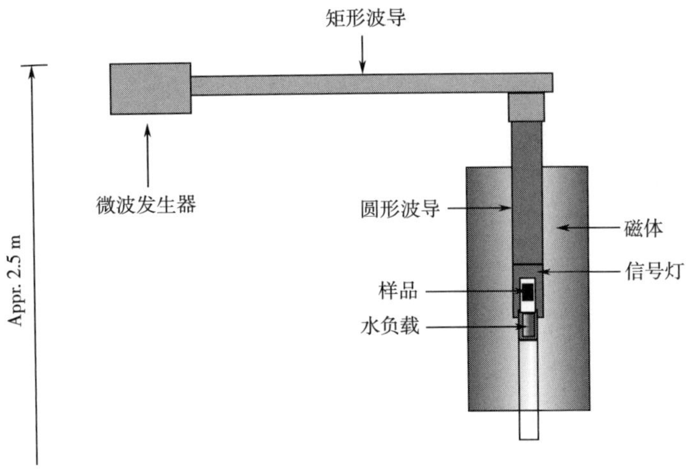

图 15. 16 将微波引入核磁共振成像（MRI）断层 X 光摄影装置的示意图

使用上述装置可以测定微波加热过程中的三维温度分布。通过对不同形状的模型食品和实际食品进行加热实验，使用核磁共振成像做出了温度散点图，并用光纤热像仪对散点图进行了验证。

15. 4. 2 结果与讨论

15. 4. 2. 1 外部微波加热

如上所述，加热试验在连续提供能量的微波炉中进行。图 15. 17 所示为核磁共振成像（MRI）和红外热成像仪测量的温度分布定性对比。

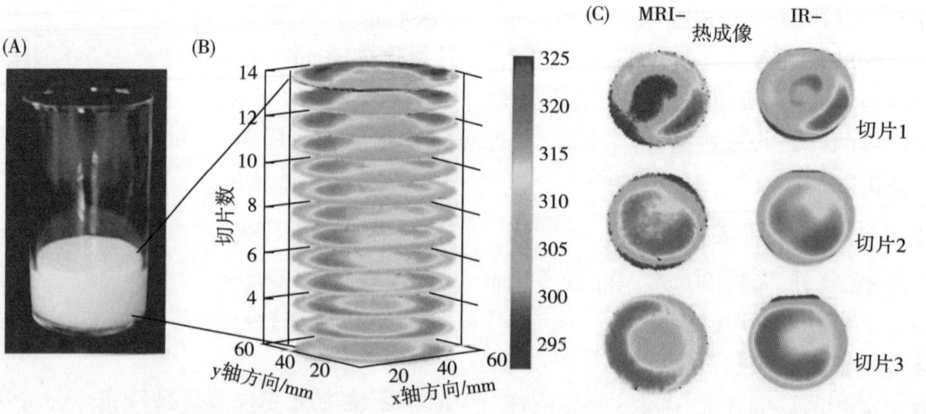

图 15.17 （A）玻璃杯中微波加热过的食品样品；（B）用核磁共振成像（MRI）测定加热后模型食品的温度分布（15 个切片、片厚 1mm、片距 1mm）；（C）所选 3 个切片的核磁共振成像和红外热成像仪测定的温度分布对比

由图 15.17 可以看出，核磁共振成像（MRI）的数据和红外温度热成像仪所得的数据可较好吻合。然而，两者在定量比较上温度偏差较大（图 15.18）。这种和预期一致性（$T_{MRI}=T_{IR}$）的严重偏差，可以通过进行红外热成像仪（IR）测量时模型食品切片后的温度均衡化和明显的表面冷却来解释。

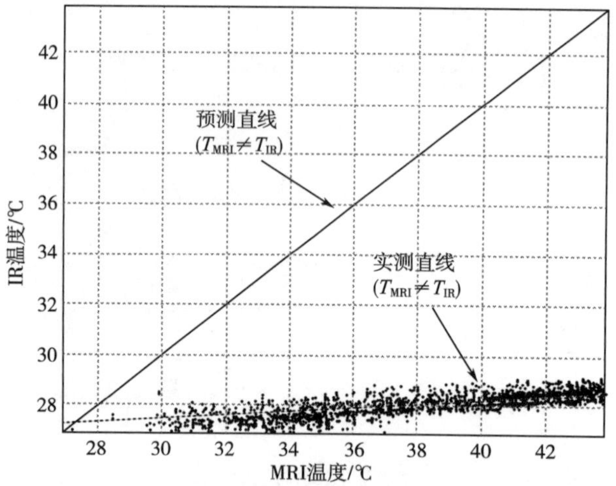

图 15.18 核磁共振成像和红外热成像仪所测得温度分布的定量对比

15.4.2.2 内部微波加热

微波加热在线检测可以观测加热食品离散点的温度变化。图 15.19（A）显示了加热后的圆柱体模型食品在特定时间的三维温度分布（$d_{模型食品}=50mm$、$P_{微波}=27W$）。图 15.19（B）显示了核磁共振成像（实线）和光纤热像仪（虚线）所测选点处的瞬态温度分布，可以看出两种方法之间具备良好的一致性。

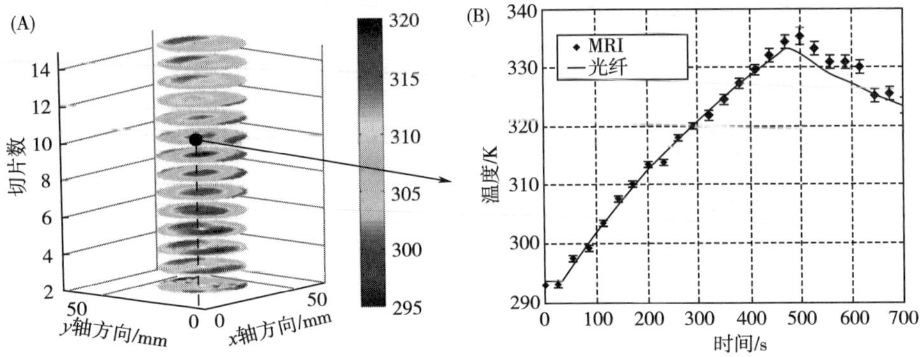

图 15.19 （A）核磁共振成像（MRI）测定加热圆柱体模型食品中的温度分布；光纤传感器的位置为箭头末端黑点处；（B）核磁共振成像（MRI）和光纤热像仪所测得的温度分布对比

15.5 结语

本章介绍和讨论了在微波加热过程中或加热后测量温度的不同方法，并探讨了其优缺点及基本原理。

热电偶可能是最经济的温度测绘方法，但由于其为金属结构，在微波场中不适用，且其可实现的空间分辨率很差。

光纤探头可以克服热电偶的最大缺点，但其可获得的空间分辨率往往也不够。

本章中提到的另一种温度测绘方法是利用模型物质和化学标记，这些物质会在加热过程中改变性质或发生化学反应。为了准确预测微波加热过程中的温度分布，必须注意使模型食品的重要物理特性与实际食品相匹配。

本章介绍了测定表面温度的三种不同方法：红外热成像、液晶箔和热敏纸。

虽然使用这三种方法在表面温度图绘制上都得到了肯定，但是对于特别是像微波这种体积加热的方法，仅仅测量表面温度是不够的。

现在已有两种非侵入式测量产品内部温度的方法：多频微波辐射测量可以获取有关表面以下温度的信息，但对于由微波加热引起的复杂加热模式而言，其可达到的空间分辨率仍然不足。而使用核磁共振成像（MRI）技术进行温度分布图绘制已被证明可以避免几乎其他所有方法的固有问题，而且有可能实现（甚至在加热过程中在线）以高空间、高时间分辨率非侵入式地测定三维温度分布。

本章所讨论的方法都为研究微波加热诱导的温度分布提供了有益启示，但是只有成熟的核磁共振成像（MRI）技术能够以足够的分辨率测定产品的内部温度分布。

核磁共振成像（MRI）的缺点是，技术非常复杂且昂贵，目前只适用于科学研究。

参考文献

Balasubramaniam, V. M., & Sastry, S. K. (1995). Use of liquid crystals as temperature sensors in food processing research. *Journal of Food Engineering*, *26* (2), 219–230.

Buffler, C. R. (1993). *Microwave cooking and processing: Engineering fundamentals for the food scientist.* New York, NY: AVI Book.

Chandrasekaran, S., Ramanathan, S., & Basak, T. (2013). Microwave food processing–A review. *Food Research International*, *52* (1), 243–261.

Decareau, R. V. (1985). *Microwaves in the food processing industry.* Orlando, FL: Academic Press Inc.

DeltaTrak Europe. (2016). *Thermal labels.* <http://deltatrakeurope.be/index.php/yt-products/labels>Accessed 13.03.16.

Demus, D., Goodby, J., Gray, G. W., Spiess, H.-W., & Vill, V. (1998). *Handbook of liquid crystals–Vol. 2A: Low molecular weight liquid crystals I.* Weinheim: Wiley-VCH.

efunda. (2016). *Thermocouples: Theory.* <http://www.efunda.com/designstandards/sensors/thermocouples/thmcple_ theory.cfm>Accessed 13.03.16.

Feher, L. E. (1997). Simulationsrechnungen zur verfahrenstechnischen Anwendung von Millimeterwellen für die industrielle Materialprozesstechnik, Wissenschaftliche Berichte FZ KA 5885, Karlsruhe, Forschungszentrum Karlsruhe.

Gardner, B., Matousek, P., & Stone, N. (2016). Temperature spatially offset Raman spectroscopy (T-SORS): Subsurface chemically specific measurement of temperature in turbid media using anti-stokes spatially offset Raman spectroscopy. *Analytical Chemistry*, 88 (1), 832–837.

GEM Elecrotech Corporation. (2016). *Thermocouple types.*, <http://gemelectrotech.com/thermocoupletypes.html>Accessed 13.03.16.

Grünewald, T. H., & Rudolf, M. (1981). Messung der Temperatur und der Temperaturverteilung um Mikrowellenfeld. *Zeitschrift für die Lebensmittelwirtschaft*, *32* (3), 85–88.

Guemes, A., Fernandez-Lopez, A., & Soller, B. (2010). Optical fiber distributed sensing–Physical principles and applications. *Structural Health Monitoring*, *9* (3), 233–245.

Hand, J. W., Van Leeuwen, G. M. J., Mizushina, S., Van de Kamer, J. B., Maruyama, K., Sugiura, T., …Edwards, A. D. (2001). Monitoring of deep brain temperature in infants using multi-frequency microwave radiometry and thermal modelling. *Physics in Medicine and Biology*, *46* (7), 1885–1903.

Hermann, A. (2004). *Aufbau und Inbetriebnahme einer Vorrichtung zur Einkopplung von Mikrowellen in einen NMR-Tomographen, Diplomarbeit.* Universität Karlsruhe (TH).

Hindman, J. C. (1966). Proton resonance shift of water in gas and liquid states. *Journal of Chemical Physics*, *44*, 4582–4592.

Kim, H. J., & Taub, I. A. (1993). Intrinsic chemical markers for aseptic processing of particulate foods. *Food Technology*, *47* (1), 91–97.

Kim, H. J., Taub, I. A., Choi, Y. M., & Prakash, A. (1996). Principles and applications of chemical markers of sterility in high-temperature-short-time processing of particulate foods. In T. C. Lee, & H. J. Kim (Eds.), *Chemical markers for processed and stored foods* (pp. 54–69). Washington, DC: American Chemical Society.

Kimmich, R. (1997). *NMR-tomography-diffusometry-relaxometry.* Berlin, Germany: Springer.

Knoerzer, K., Murphy, A. B., Fresewinkel, M., Sanguansri, P., & Coventry, J. (2012). Evaluation of methods for determining food surface temperature in the presence of lowpressure coo plasma. *Innovative Food Science & Emerging Technologies*, *15*, 23–30.

Knoerzer, K., Regier, M., Erle, U., Pardey, K. K., & Schubert, H. (2004). Development of a model food for microwave processing and the prediction of its physical properties. *Journal of Microwave Power and Electromagnetic Energy*, *39* (3+4), 67–78.

Knoerzer, K., Regier, M., Hardy, E. H., Schubert, H., & Schuchmann, H. P. (2009). Simultaneous microwave heating and three–dimensional MRI temperature mapping. *Innovative Food Science & Emerging Technologies*, *10* (4), 537–544.

Knoerzer, K., Regier, M., & Schubert, H. (2008). A computational model for calculating temperature distributions in microwave food applications. *Innovative Food Science & Emerging Technologies*, *9* (3), 374–384.

Luxtron Corporation (1992). Fluoroptic temperature sensing. *The Operator's Guide*, *Model*, *755.*

Metaxas, A. C. (1996). *Foundations of electroheat.* Chichester, UK: John Wiley & Sons.

Metaxas, A. C., & Meredith, R. J. (1983). *Industrial microwave heating.* London, UK: Polu Pelegrinus Ltd.

Mudgett, R. E. (1986). Dielectric properties of foods. In R. E. Mudgett, & R. V. Decareau (Eds.), *Microwaves in the Food Processing Industry* (pp. 15–56). Orlando, FL: Academic Press Inc.

Nott, K. P., Hall, L. D., Bows, J. R., Hale, M., & Patrick, M. L. (2000). Three–dimensional MRI mapping of microwave induced heating patterns. *International Journal of Food Science and Technology*, *34*, 305–315.

Pandit, R. B., Tang, J., & Mikhaylenko, G. (2007). A computer vision method to locate cold spot in foods during microwave sterilization processes. *Pattern Recognition*, *40* (12), 3667–3676.

Panigrahi, P. K. (2000). *Colourful world of liquid crystals.* < http://www. iitk. ac. in/infocell/Archive/dirmar2/techno_crystals. html>Accessed 13. 03. 16.

Risman, P. O., Ohlsson, T., & Lingnert, H. (1993). Model substances and their use in microwave heating studies. *SIK Report*, *588*, (pp. 1–10).

Roussy, G., & Pearce, J. A. (1995). *Foundations and industrial applications of microwaves and radio frequency fields.* Chichester, UK: John Wiley & Sons.

Samiec, D. (2011). Verteilte faseroptische Temperatur–und Dehnungsmessung mit sehr hoher Ortsauflösung. *Photonik*, *6*, 34–37.

Seebeck, Th. J. (1821). Magnetische Polarisation der Metalle und Erze durch Temperaturdifferenz. Abhandlung der Akademischen Wissenschaften 1823. Berlin, Germany.

Stephan, K. D., & Pearce, J. A. (2004). Continuous non – contact remote temperature sensing during microwave heating with microwave radiometry. In: *38th annual microwave symposium*, *Toronto*, *Canada*, *July 2004.*

Tang, J. (2015). Unlocking potentials of microwaves for food safety and quality. *Journal of Food Science*, *80*, 1776–1793.

Wang, Y., Lau, M. H., Tang, J., & Mao, R. (2004). Kinetics of chemical marker M – 1 formation in whey protein gels for developing sterilization processes based on dielectric heating. *Journal of Food Engineering*, *64* (1), 111–118.

Wang, Y., Tang, J., Rasco, B., Wang, S., Alshami, A. A., & Kong, F. (2009). Using whey protein gel as a model food to study the dielectric heating properties of salmon (*Oncorhynchus gorbuscha*) fillets. *LWT–Food Science and Technology*, *42*, 1174–1178.

Wikipedia, The Free Encyclopedia. (2016). *Thermal paper.* <https://en. wikipedia. org/w/index. php? title=Thermal_ paper&oldid=704913731>Accessed 13. 03. 16.

Wilhelm, M. S., & Satterlee, L. D. (1971). A 3-dimensional method for mapping microwave ovens. *Microwave Energy Application Newsletter*, *4* (5), 3.

Zhang, W., Liu, F., Nindo, C., & Tang, J. (2013). Physical properties of egg whites and whole eggs relevant to microwave pasteurization. *Journal of Food Engineering*, *118*, 62-69.

Zhang, W., Tang, J., Liu, F., Bohnet, S., & Tang, Z. (2014). Chemical marker M2 (4-hydroxy-5-methyl-3 (2H) -furanone) formation in egg white gel model for heating pattern determination of microwave-assisted pasteurization processing. *Journal of Food Engineering*, *125*, 69-76.

16 应用微波设备要求与过程控制

M. Ozcelik[1], *P. -A. Püschner*[2]
[1]Ankara University, Ankara, Turkey;
[2]Püschner GmbH & Co KG, Schwanewede, Germany

16.1 微波设备的基础设计

微波具有体积加热（参见第 1 章）和快速加热的特点，常被用于突破传统加热方法的瓶颈问题以生产更好品质的产品。

与基于热传导的传统加热相比，微波加热具有一定的穿透深度，从而实现快速的体积/3D 加热。若产品尺寸小于微波穿透深度时，产品内部温度通常会高于表面温度，而传统的传导式加热会使得产品表面温度高于内部（图 16.1）。

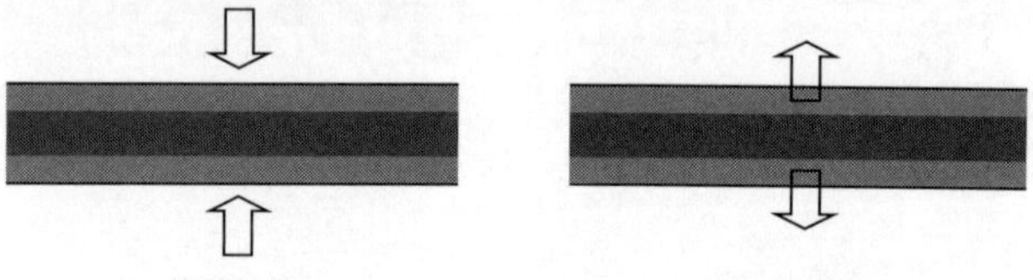

图 16.1 传导及微波传热方式比较

注：不同颜色代表不同温度层：蓝色（印刷版本为深灰色）代表温度较低；橘色（印刷版本为浅灰色）代表温度适中；红色（印刷版本为中度灰色）代表温度较高。

微波的体积加热/3D 加热具有以下优点：

（1）温度梯度由内部指向表面，即内部的温度高于外部温度，从而产生更高的分压，使蒸汽向表面推进。

（2）表层并不会完全干燥，表面仍然疏松多孔。

（3）产品内部蒸发的液体通过固态材料毛细管体系的孔隙结构排出，干燥速度快。

（4）相比于待干燥的产品而言，水的介电损耗更大，因此水和大多数有机溶剂呈现选择性加热。

（5）能够迅速彻底干燥含水的低热导率产品。

在真空干燥中，水的沸点会随真空度降低而降低。当水的沸点低于三相点时，水就会升华（从固态直接转变为气态）。

图 16.2 为微波工业系统的基本设计。磁控管被安装在波导发射器上，其产生的电磁波通过波导传输到加热腔中耦合，进行产品的热处理和干燥。

电磁波在传输结构中会发生反射，反射能量的大小取决于产品的介电性质、加热腔的尺寸及其与微波源的匹配度。可以使用调谐器将微波系统更好地与腔体内的负载条件匹配，使反射能量最小化，以达到最佳微波效率。

环行器作为负载起保护磁控管的作用。基于使用环形器的质量，反射能量主要被环行器中的水负载吸收，从而减少反射能量对磁控管的损害，保证磁控管在正常功率下运行并产生预设功率强度的微波。

定向耦合器通常被安装在波导系统内不同的位置来测量实际传输和反射的微波功率。

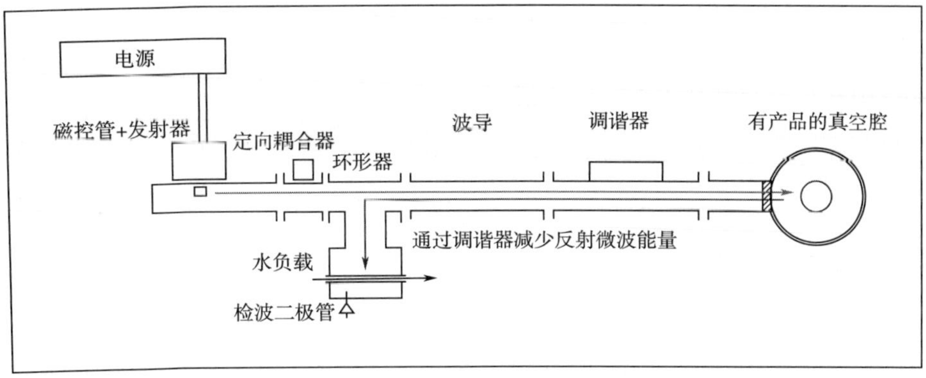

图 16.2 根据工业微波设备良好生产操作规范（GMP）设计的工业微波装置的原理图

此外，反射功率的测量也可以在环形器的水负载中进行。传输和反射微波功率的测量是生产符合良好生产操作规范（GMP）的可靠和可重复的工业微波系统必备的环节。经过适当的匹配后，反射微波功率应该小于传输微波功率的 10%。测量传输和反射功率也可以用来确定产品热吸收的微波功率。

16.1.1 场分布

在大多数情况下，均匀的场分布是微波加热和/或干燥过程的关键（参见第 8 章）。根据微波腔内的微波波形分布（模式）的特点，微波辐射器通常被分为基模和多模两种类型。最近报道的微波液体巴氏杀菌和灭菌设备均使用了场分布更均匀且明确的基模微波辐射器［图 16.3（A）］。但是大多数干燥设备，特别是真空干燥设备还是基于多模微波辐射器来进行制造的。与基模微波辐射器相比，多模腔的尺寸约为 0.5～1.5m，远大于微波波长（2450MHz 的微波自由波长约为 12cm）。多模耦合的微波能量会形成具有很多极大值和极小值点的微波场［图 16.3（B）］，所以优化这些多模腔体内的场分布是一个艰巨的挑战，并且不可能实现腔体内完全恒定的场分布。

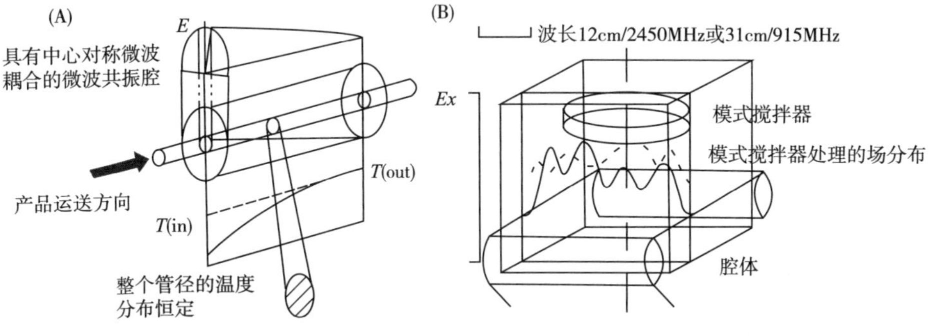

图 16.3 用于加热黏稠食品的基模辐射（A）和连续干燥设备内部的多模腔体（B）的场分布

而基模微波辐射器内的场分布是确定的，不同介电材料的传热情况基本稳定。在干燥过程中，多模腔体的场分布会因为材料性质的变化而发生显著变化。模态数越多，控制模态分布也就越困难。如果不同模态的微波是由多个磁控管系统产生且磁控管没有环形器的保护，磁控管之间会相互影响从而降低效率（Metaxas 和 Meredith，1988）。

在微波连续或者间歇式干燥中，微波耦合的位置的调整以及模式搅拌器的应用会改变腔体内的多模场分布，使干燥设备内产品的干燥更加均匀（Pueschner，2005）。

在间歇式微波真空干燥系统中，通常采用转筒对干燥中的产品进行混合和翻滚。图 16.4 展示了一种真空干燥系统，其中敞口的塑料转桶用来在顶部装载从蝶阀和料斗卸出的产品。

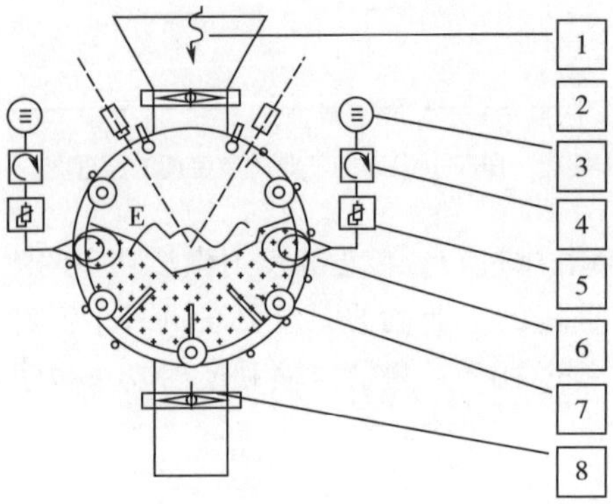

图 16.4　采用双微波系统的多模分批式真空鼓式干燥机体系

在微波干燥时，敞口塑料转桶以顺时针或者逆时针旋转（如旋转 90°）来混合和翻转正在干燥的产品。干燥完成后，产品通过底部的蝶阀排出。干燥过程中，微波能从微波系统两侧释放，产品的温度由红外相机实时测量。在主要干燥阶段（产品的水分含量仍较高）（图 16.6），大部分微波能直接被微波耦合器附近的产品吸收（图 16.4）。产品水蒸发的越多，微波的穿透深度就越大。当产品逐渐变得干燥时，微波就无法被物料完全吸收而是直接穿过产品。这些残余的微波能量被金属壁反射，并在真空室中形成驻波，从而形成高场和低场密度区域。因此，在整个干燥过程中保持产品的混合和翻滚是保证终产品均匀干燥的关键。

16.1.2　过程控制

工业微波加热/干燥的目的是借助相比于传统干燥系统更快速和低能耗的微波加热方式来获得更高质量的产品。在微波干燥过程中，材料的质量、体积、含水量、温度、质地和颜色等一系列性质可能会发生显著变化。在微波食品干燥过程中，液态水的复介电常数较高。

$$\varepsilon = 70 - i10 \tag{16.1}$$

介电损耗主要是指复介电常数的虚部，虚部越大表明物质对微波能的热转化能力就越高。

在干燥过程中，液态水吸收微波升温并逐渐蒸发。此时，产品本身的介电损耗对干燥过程的影响较大（图 16.5，左）。

另一个例子为冷冻干燥（图 16.5，右），当湿产品被冻结时，水的复介电常数近似为

$$\varepsilon = 3 - i0.003 \tag{16.2}$$

这意味着水几乎不会在微波下产生热响应，产品的介电加热主要由除水以外其他有机物质的介电特性所决定。因此，在冷冻干燥条件下微波的穿透深度也比较大。

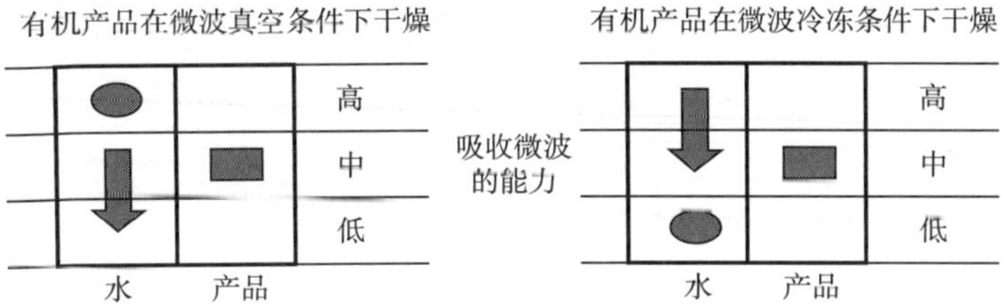

图 16.5 在液态干燥（20℃，左）和冷冻干燥（-20℃，右）条件下从水（左栏）和有机产品（右栏）中吸收微波的能力

微波加热和微波真空干燥存在的问题包括：

- 快速传热但场分布均匀性有限（热点风险）。
- 在干燥结束阶段，过高的能量密度会破坏产品，甚至引起等离子放电。
- 干燥过程的终点温度不能过高，避免产品过度干燥和过度加热。

在微波真空干燥或微波冷冻干燥过程中，过程控制必须确保上述各点都被适当地把控。在主要干燥阶段大部分的微波能量被用于快速和有效地干燥（图 16.6）。

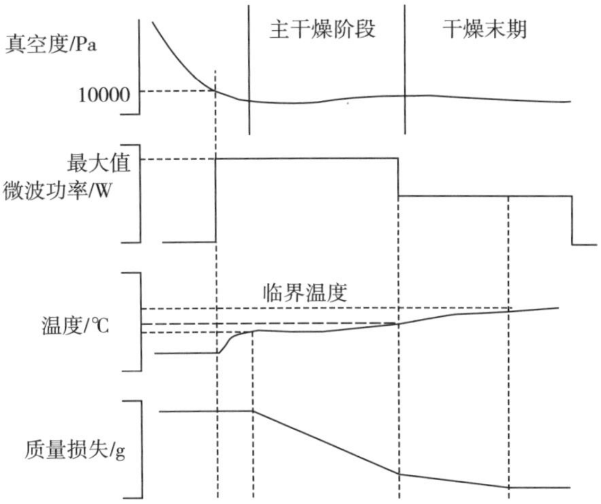

图 16.6 微波真空干燥简化图示

当产品水分含量较高时，真空度影响产品的沸点，进而影响产品的温度（如常压下沸点是 100℃，在真空 2000Pa 下为 20℃）。

当产品被干燥到只剩 10%～15% 的水分（湿基）时，此时的水分含量很难使产品保持沸点以下的温度，必须降低微波功率以避免温度过高。在干燥结束阶段，合理地降低微波功率是十分必要的，以确保不超过产品临界温度，保证产品质量。因此，寻找合适的干燥终点十分必要。

在微波干燥设备的过程控制系统（PLC）中需要设置不同的干燥方案，确保不同产品的干燥过程都能顺利完成。

图 16.6 所示的干燥过程是在图 16.7 方框中展示的微波真空鼓式干燥机内进行的。

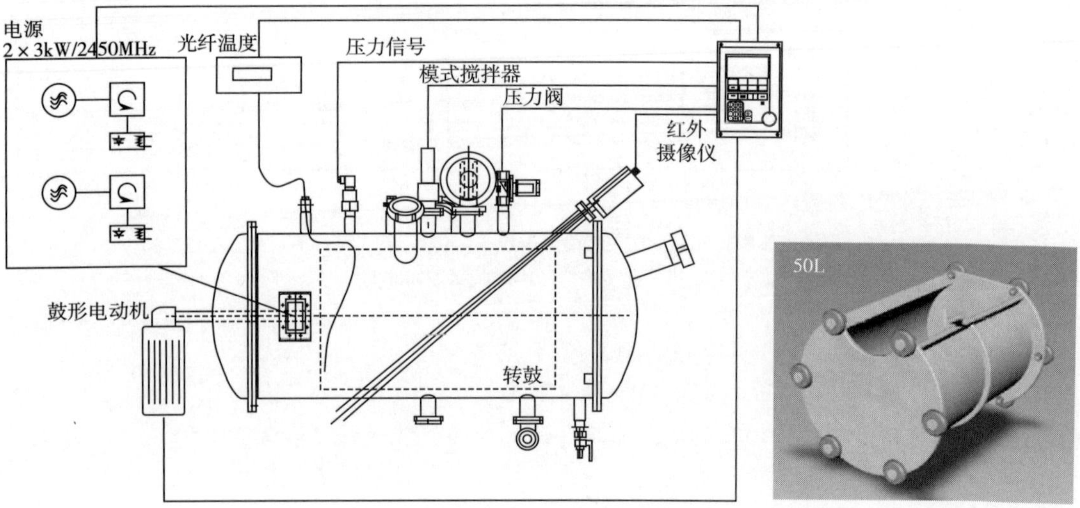

图 16.7　具有 200L 真空腔体和 50L 塑料滚筒的 233kW/2450MHz 微波真空滚筒干燥设备的简化框图

真空泵启动后，真空室内的真空度开始上升。在 10000Pa 的压力下，开启适宜产品的最大微波功率，以保持产品快速干燥且不超过击穿电压。产品在真空腔中被加热至沸点（温度由红外相机记录），沸点由真空腔的真空度决定（如 2000Pa 下沸点约为 20℃）。在主要干燥阶段，水分的蒸发导致的产品质量损失较高。当产品的水分含量降至 5%～15%（湿基）时，产品本身的介电性质会起主导作用。此时即使在真空水平较低的情况下，产品的温度也会升高，需要降低微波功率以确保产品温度不超过 50～60℃ 的临界温度，避免产品质量受影响。当产品温度或微波吸收能量达到预设值后，干燥过程即停止。在解除真空前，产品可在低真空条件下稳定一段时间，以实现不同大小产品之间的均匀水分分布。

PLC 可以通过以下条件来确定干燥终点：

（1）根据干燥末期产品的温度变化判断。如果关闭微波时产品的温度明显下降到沸点，表明产品的水分含量较高；若产品温度不变，则表明产品的水分含量较低。

（2）反射的微波能量在接近干燥末期时会增加。

（3）由于产品水分含量降低，蒸汽产生速率降低，真空度在干燥末期时会下降。

16.1.3　工艺安全及相关标准

微波在很多的领域都有广泛的应用，在食品工业中主要被用于干燥、烹饪、回温、巴氏杀菌和灭菌（Giese，1992）。

出于健康、社会、经济方面等各方面的考虑，保证食品安全是食品生产的首要目标。安全的食品是指在其整个保质期内不存在任何物理、化学和生物风险的食品。另一方面，保证食品安全的措施是指针对可能存在的物理、化学和生物危害所采取的所有预防措施。GMP 是由美国食品与药物管理局（FDA）提出的用于规范任何不卫生情况的条例，是现代食品安全体系的基石。食品污染是指在食品中存在任何不期望存在的物质。通过检查污染源可确定可能导致食品安全危害的潜在线索（图 16.8）。

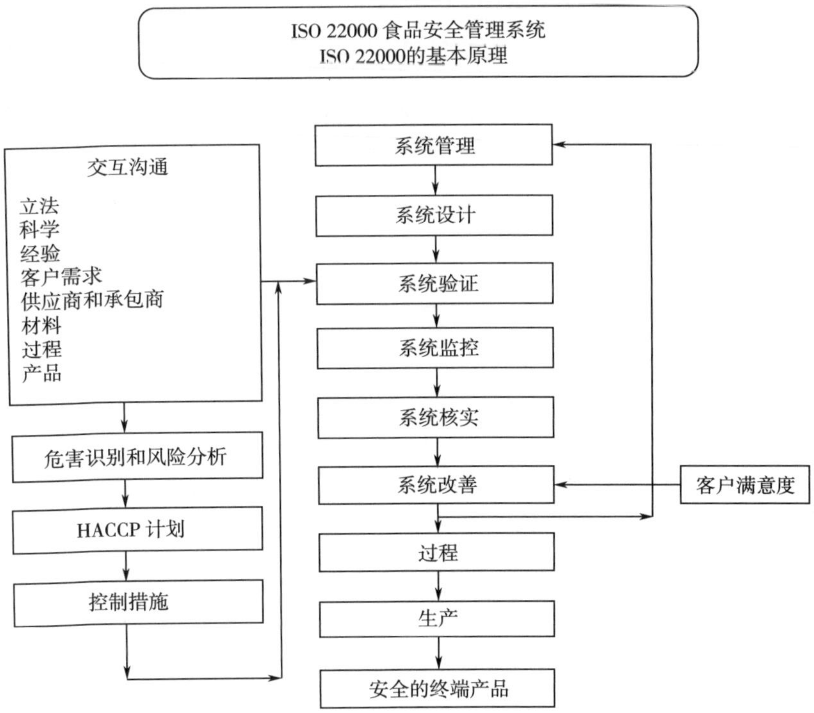

图 16.8 ISO 22000 流程图

资料来源：Jones，P.（2007）. *ISO 22000 Series.* Johannesburg： ISO Workshop Conformity Assessment。

在食品和制药行业的 GMP 过程中，过程安全是关键。它包括：

- 在研发、工艺开发、扩大生产和原理论证等方面进行过程验证。
- 设备满足食品生产商的机械要求。
- 食品安全的特殊要求。
- 风险/危害分析。
- 遵守所有组织制定的相关标准，如国际标准化组织（ISO）、国际电工技术委员会（IEC）、美国食品与药品管理局（FDA）等。

食品安全管理体系包括：危害分析和关键控制点（HACCP）、良好农业操作规范（GAP）、良好生产操作规范（GMP）、良好卫生操作规范（GHP）、良好实验室操作规范（GLP）、良好配送操作规范（GDP）、良好贸易操作规范（GTP）和良好兽医操作规范（GVP）（Motarjemi 和 Lelieved，2014）。

食品行业需要一个完整的食品安全保障体系，包括实施良好操作规范、实施 HACCP 等。食品制造商必须遵守食品安全监管标准，并确保产品不违反规范。

HACCP 体系包括以下准则（Ricetti，2013）：

- 执行风险分析。
- 确定关键控制点。
- 建立关键控制点的临界极限。

- 建立关键控制点的监控程序。
- 建立纠正措施。
- 建立程序确保 HACCP 体系按预期进行。
- 建立记录保存程序。

大部分食品生产商都专注于低加工食品的研发，以满足顾客对新鲜、高质量方便食品的要求。这些产品的加工工艺较为温和、使用非热处理工艺并且不添加添加剂。这意味着在维持食品的营养价值和感官特性的同时，需将微生物繁殖控制并降低至有害阈值以下（Dogan Halkman、Yücel 和 Halkman，2014）。

研究者们进行了许多研究，比较常规热处理和微波处理后的果蔬和其他食品中维生素保留率。研究发现微波食品中的维生素保留率相当于或优于传统加工食品（Decareau，1992），后续的研究也发现微波食品的营养价值与传统工艺制作的食品相当。

开发既能够保持食物天然的风味和质构，并且能有效控制微生物生长的加工工艺是研究难点。在食品加工中常用高静水压力、脉冲电场、超声、冷等离子体、强光脉冲、振荡磁场、紫外线、微波辐射、辐照、高密度二氧化碳和冲击波等非热加工技术来对食品进行消毒、巴氏杀菌甚至是灭菌。

微波对食品的影响包括热效应和非热效应。微波加热过程中，温度升高导致微生物破坏，这通常被认为是微波的热效应。大多数非热效应是由电场与反应介质中特定分子的直接作用或静电极性效应引起的。但是，许多微波非热效应的研究之间存在许多明显的矛盾，因此微波破坏微生物仅被认为是热效应导致的（Dogan Halkman 等，2014）。

有效的食品安全控制程序能预判可能发生的危害，改变过程工艺为设计良好的可控工艺，消除或减少危害到可接受的水平，并建立一个防止再污染的环境。为了消除产品中的危害，清洗制造、加工和支撑设备的接触面是生产过程中的最关键的步骤之一。通常，就地清洗系统（CIP）可减少或消除过程设备生产中产生的产品污染。CIP 装置包含储罐、容器、泵、热交换器、阀门、管道和仪表以及控制/监控系统等多个部件，适用于设备、加工装置和相关管道的可重复有效清洁。该系统必须能够可重复地设定适当的参数，以有效地清洗过程设备。针对不同的产品需调整不同的清洗工艺参数，以优化清洗操作过程（Holah，2014）。

CIP 设备的设计必须满足相应的卫生标准，以消除或尽量减少清洗周期之间的污染。CIP 容器和管道应该能够完全排水，且在使用间歇时保持干燥状态。设计得当的 CIP 系统基本上具有自清洗功能。所有 CIP 设备必须符合最新的 3A 卫生标准、ASME BPE 标准和/或同等的国际标准（Hasting，2008）。CIP 清洗液输送装置（喷淋球、喷淋喷嘴等）的内部需设计确保可使用不同的清洗剂或漂洗液进行完整的清洗。

以图 16.7 和图 16.14 所示的工业真空转筒干燥设备为例，所有与食品接触的装置（如转筒）材料必须是食品级的，并经当地有关部门批准。此外，这些部件必须有可追溯保障证书。所有与灰尘和蒸发水接触的钢部件，如真空容器、管道等，都必须用 316L/1.4404 不锈钢等优质钢材制造，其内表面粗糙程度 $R_a<1.6\mu m$（R_a 为粗糙度的算术平均值），且所有焊缝必须符合相关机构的要求，比如美国材料试验协会规定的标准（ASTM：A269-94a，A269-95 等）。即使制造商预先设置了清洁模式，食品生产商也需要开发适用于自身实际生产的清洁程序。在设计阶段，必须根据工艺目标设置与清洗有关的关键程序（Holah，2014）。

此外，还要遵循与工业微波装置相关的标准。在安全方面，必须遵守“电热装置第 6 部分：工业微波加热设备安全规范”中的 IEC 60519-1/-6（2011）。并且除其余要求外，还需遵守以下要求：距离工业微波设备任何可接触表面 5cm 处的微波泄漏量必须低于 $5mW/cm^2$（参见第 1 章）；检查门不需要特殊工具就可以打开，必须具有两个独立的安全开关，并由两个独立的断路器组成的安全继电器控制。

与工业微波加热系统设计有关的 IEC 标准 IEC 61307（2011）“工业微波加热装置——测定功率输出的试验方法”中表明，必须在确定相应热测试条件的情况下，才能进一步确定微波系统的热功率。

16.2 工业应用

16.2.1 微波真空干燥液态水的应用实例

16.2.1.1 例 1：罗勒叶

薄荷、百里香、罗勒、欧芹、香菜等草本植物被认为是具有高市场价值的产品，大多数草本植物以脱水干燥的形式出售。传统加工形式为超过 60℃ 的热风干燥，但 60℃ 以上的温度会使草本植物破坏，造成变色、风味挥发物损失以及细胞结构破坏（Therdthai 和 Zhou，2009）。采用微波真空干燥对草本植物进行脱水则可以避免热风干燥带来的一系列不良后果。

对比热风和微波真空干燥薄荷叶，其干燥时间、颜色、结构和复水特性存在很大差异。比如，在 5000Pa 的真空压力下，使用 3kW 的微波干燥 20min 不到，获得产品水分含量与热风干燥在 60℃ 下干燥约 90min 相同。热风干燥时，由于高温和氧化会引起叶绿素降解使薄荷叶呈现深棕色，而微波真空干燥薄荷叶仍保持鲜艳的浅绿色/黄色。扫描电子显微镜的结果显示，热风干燥薄荷叶结构致密，微波真空干燥薄荷叶更加疏松、多孔，因此微波真空干燥薄荷叶相比热风干燥薄荷叶具有更好的复水性（Therdthai 和 Zhou，2009）。

图 16.9 展示了微波真空转筒干燥设备 μWaveVac0650（图 16.7）（Pueschner GmbH& Co KG，Bremen，Germany，installed in Turkey）在 2×3kW/2450MHz 条件下干燥罗勒叶前后的情况。

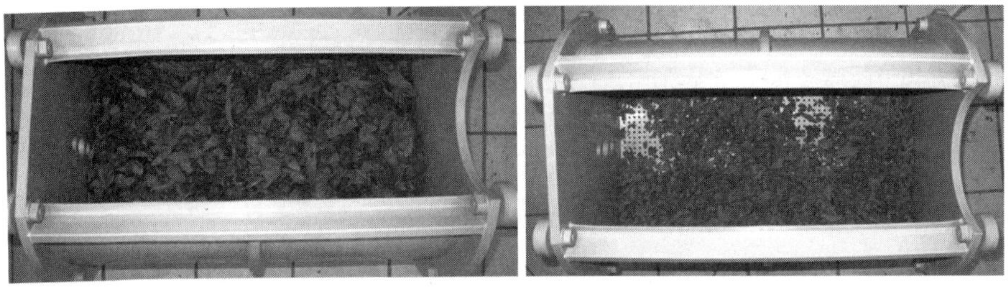

图 16.9 50L 转筒中干燥前后的罗勒叶（初始质量 1kg，干燥后约 100g）

可以看到罗勒叶在干燥后仍然呈现出鲜艳的绿色。用 PLC（可编程逻辑控制器）编程的微波装置控制过程如图 16.10 所示。

如图 16.10 所示，使用 250qm/h 的液体密封水环泵将真空度设定在 4000Pa，微波初始

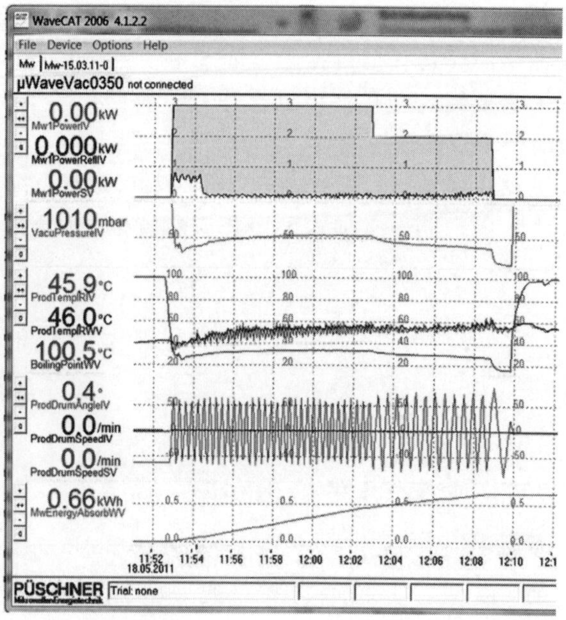

图 16.10 罗勒叶在微波真空转筒干燥设备内进行 17min 干燥①

功率设置为 3kW。当 PLC 检测到微波反射功率过高时，自动调谐器会在几分钟内将微波反射能量调整到 2% 以下。由于罗勒叶受热，水分蒸发形成蒸汽，真空泵不足以维持 4000Pa 的设定值，真空度上升至 5000Pa，产品的温度也会随之上升到约 50℃。此时，需要降低微波功率来降低微波吸收能量 0.5kWh，并且降低转筒转速，转筒的角度由 60°提升到 85°。

上述在实验室内生产的例子被扩大应用至工业生产，采用 30kW/915MHz 的 μWaveVac30100 工业生产设备（Pueschner GmbH & Co KG，Bremen，Germany，installed in France）。

该设备转筒可承载 10kg 的新鲜罗勒叶，并在 40~45min 内完成干燥。在干燥过程结束后，转筒旋转 180°，通过下方的蝶阀取出产品，随后转筒旋转回初始的位置，新鲜的罗勒叶又可通过送料系统装载入转筒中。在物料更换前，比如，当待干燥产品从罗勒叶变为香菜前，CIP 清洗系统会启动清洗循环。该设备采用三班制运行，每年运行时间达 5000h（表 16.1）。

表 16.1 微波真空干燥设备的主要参数、干燥规格以及能量消耗（图 16.11）

主要参数	数值	单位
转筒中的产品体积	500	L
产品初始质量	10	kg
脱除 85% 水分（90% 产品水分含量低于 5%）	8.8	kg
罗勒叶干燥时间	0.75	h
干燥 1h 的干燥产品质量	1.60	kg/h

① 1mbar = 100Pa。——译者注

续表

主要参数	数值	单位
微波最大功率	30	kW/915MHz
干燥平均微波功率	25	kW
机器电源	45	kVA
20~25℃的冷却水消耗	60	L/min
冷水机冷却水功率	12	kW

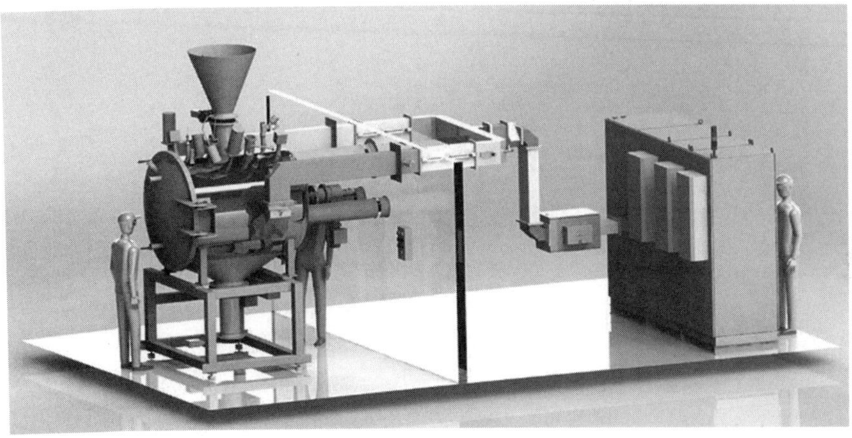

图 16.11 30kW/915MHz 带有自动进料和出料系统的真空转筒微波干燥设备

表 16.1 展示了工业用的 30kW/915MHz 微波真空转筒干燥设备的生产数据，其年产量在 8t 左右干制品。还可在该设备的基础上并行安装多个生产单元来扩大生产，确保工厂可在后期安装额外的生产单元来提升其产能。

16.2.1.2 例 2：胡萝卜片

β-胡萝卜素是一种能够降低癌症以及与年龄有关疾病发生风险的有机物（Suvarnakuta 等，2005）。在人类膳食的蔬菜品类中，胡萝卜含有最高的 β-胡萝卜素（Béttega 等，2013；Lin、Durance 和 Scaman，1998）。同时，胡萝卜还富含其他维生素、矿物质和纤维素等大量益于健康的营养元素，并且脂肪含量极低。如果能确保胡萝卜在干燥后仍能保留其营养组分，则胡萝卜干是很好的营养食品原料（如速溶汤、零食、蛋糕等）。

胡萝卜的脱水可以通过微波真空干燥来实现，这样可以使胡萝卜在低温下快速干燥。一般胡萝卜会被切片或粉碎而非切成柱状或块状，以此来缩短干燥时间。与热风干燥相比，微波真空干燥的胡萝卜片具有更好的复水性、更充分的营养保留、“膨化”的质构、鲜亮的色泽等特点（Lin 等，1998）。且在微波真空干燥的低温环境中，热不稳定的维生素 C 保留会更加充分，并且这也能够确保其他热稳定性强于维生素 C 的维生素得以保留。

真空度对 β-胡萝卜素的保留率有着较大影响，在某些真空度下 β-胡萝卜素会得到最充分的保留（Béttega 等，2013；Suvarnakuta 等，2005）。因此，微波真空干燥胡萝卜时应该准确控制真空度。

下面的例子中，胡萝卜在 12kW/2450MHz 的 μWaveVac1290（图 16.12）（Pueschner GmbH

& Co KG，Bremen，Germany，installed in Hungary）中进行微波真空干燥。

图 16.12　12～24kW/2450MHz 微波真空转筒干燥设备

胡萝卜样品的初始质量为 25kg，初始含水量为 89%（湿基）。干燥约 3h 后，终产品水分含量降低至 4%～7%，微波吸收能为（12.8+2.7）15.5kWh，质量为 2.8kg。干燥过程如图 16.13 所示，初始微波功率为 7kW，初始真空度为 3000Pa，当真空度达到 5000Pa 时，微波功率降低到 6kW。当反射功率达到阈值，并且温度达到 45℃以上时，微波功率会在短时间内降低，并停止工作。

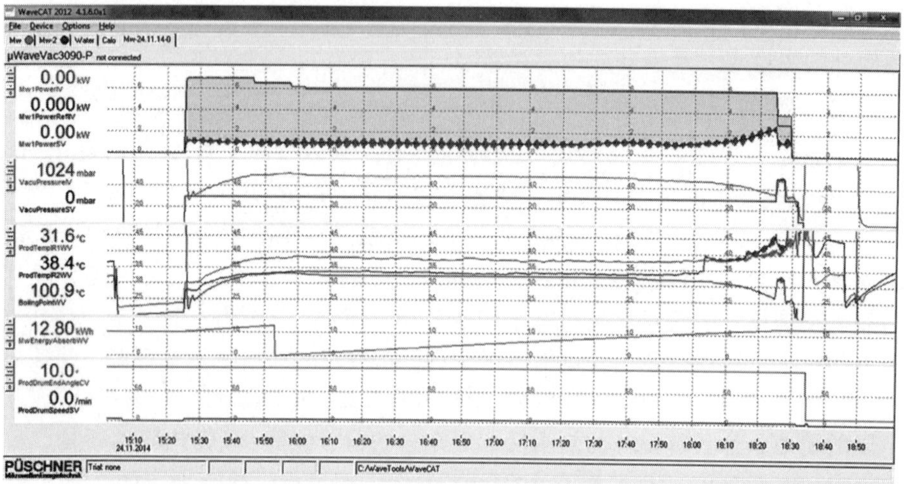

图 16.13　监测用于胡萝卜的微波真空干燥的干燥参数（微波功率、压力、温度和转筒运动）

如图 16.14 所示，新鲜胡萝卜切片被放进 300L 的塑料转筒中，干燥胡萝卜片如图 16.15 所示。与干燥罗勒叶时相比，胡萝卜片的机械强度更稳定，可将更重的产品装进更小的转筒内进行干燥（表 16.2）。

图 16.14 300L 转筒中初始质量为 25kg 胡萝卜

图 16.15 干燥后的胡萝卜片

表 16.2 设备参数、干燥规格以及能耗（图 16.15）

主要参数	数值	单位
转筒中的产品体积	300	L
产品初始质量	25	kg
脱除水分质量（水分含量从 87% 降低至低于 5%）	22.2	kg
胡萝卜的干燥时间	3	h
干燥 1h 的干燥产品质量	0.93	kg/h
微波最大功率	7	kW/2450MHz
干燥平均微波功率	5.5	kW
机器电源	10	kVA
20~25℃的冷却水	30	l/min
冷水机冷却水功率	4	kW

16.2.2 微波冷冻干燥的应用

简单来说，微波冷冻干燥设备就是在传统冷冻干燥设备的基础上在干燥腔内引入微波（Duan、Zhang、Li 和 Mujumdar，2008）。整个干燥过程在真空环境下进行，水分通过升华作用脱除（即水分直接从固态变为气态）。因此，微波冷冻干燥与传统冷冻干燥的产品质量类似。由于微波具有体积加热的特点，利用微波可很大程度地降低冷冻干燥过程中传热的困难。液态水具有很高的介电损耗，而固态冰的介电损耗较低，因此微波冷冻干燥过程中微波能量主要被有机分子吸收。图 16. 16 展现了固态冰和液态水在吸波性能上的差异，在一个有孔的冰块中填满水，将其置于微波炉中加热一段时间后，水开始沸腾，而冰的温度却几乎没有变化的。

图 16. 16　微波致使水沸腾，而冰块温度维持不变

因此，此过程中升华发生在食品材料的内部，不受已干燥区域的影响。在-15～-10℃温度范围内，固态水的介电损耗显著低于产品中其他物质。与冷冻前相比，微波在冷冻后产品中的穿透深度要更大，且由于有机物存在介电损耗，电磁能仍可以转化为热量来干燥产品。因此，微波能够很好地提升冷冻干燥的干燥速度。实验和数值模拟结果也表明，微波能够显著提升冷冻干燥速率并降低干燥成本（Duan、Zhang、Mujumdar 和 Wang，2010；Wu、Tao、Chen 和 Deng，2004）。

凭借以下特殊的优势，微波冷冻干燥能够显著缩干燥时间：

- 由于冷冻状态下的水介电损耗较低，微波体积加热可穿透至产品内部，其穿透深度主要由有机物自身的介电损耗决定。
- 微波能在整个材料中可快速耗散。
- 能够提升干燥降速区的干燥效率，且干燥总能耗降低（Duan 等，2010；Feng 和 Tang，1998；Torringa、Esveld 和 Scheewe，2001）。

在传统冷冻干燥中，产品具有从外到内的温度梯度（即越接近表面温度越高）。传热的限制会延长干燥时间，特别是当果蔬中的水升华时，产生的多孔介质逐渐形成隔热材料，使传热阻力进一步提升。应用微波冷冻干燥的最大优点就是微波能够将在穿透深度内的整个产品进行加热。

随着水被冻结，微波的穿透深度增加，微波可以穿透整个果蔬，可保证物料整体被加热，升华不像在传统冷冻干燥中仅仅发生在产品表面，可在果蔬的内部同时发生，能够极大提升干燥速度。因此，微波冷冻干燥通常在 2～6h 内即可将湿基水分含量 70%～98%的物料干燥到 5%，而传统的冷冻干燥实现这一过程需要 10～40h。

16.2.3 挑战

由于微波在低压环境下存在着等离子放电的风险，因此微波冷冻干燥应将真空度控制在 100Pa 以下，以确保距击穿电压最小值仍有安全富余（图 16.17）。为了在不产生等离子体的情况下传输适量的微波能量，设计先进的微波系统是必要的。当真空室的电场强度超过电击穿阈值时，就会发生等离子体放电（图 16.17）。

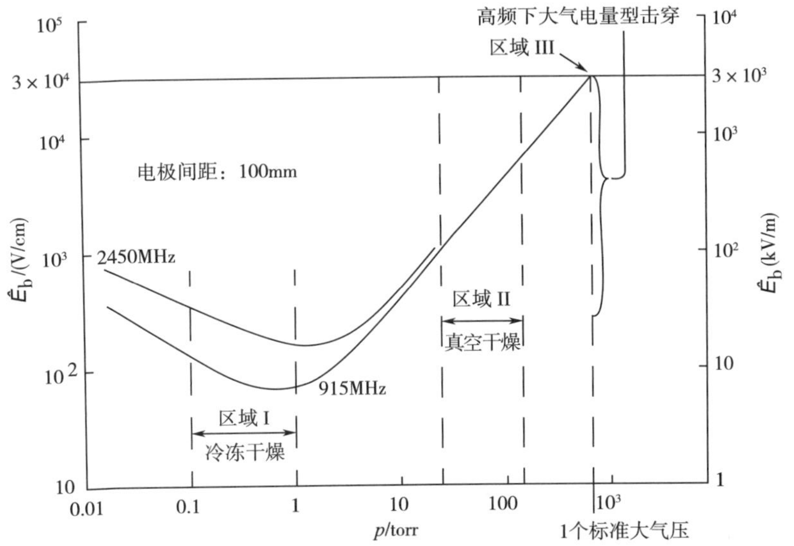

图 16.17 显示出导致等离子体形成临界值的电场强度与压力关系曲线

资料来源：Metaxas, A. C., & Meredith, R. (1988). *Industrial microwave heating*. London, UK: Peter Peregrinus Ltd, ISBN: 0-906048893。

真空室中气体分子离子化产生的等离子体（Sanborn 和 MacDonald，1950），可能会导致温度过高灼伤产品表面。这一现象的原因是微波能急剧损耗产热，产品某些已经干燥的区域会发生过热现象（Arsem 和 Ma，1985；Gould 和 Kenyon，1971），进而严重破坏终产品品质。因此，设计一个具有最小局部电磁场的腔体来避免等离子体放电是很重要的（Duan 等，2010）。热白等离子体主要发生在能量密度较高的微波耦合处，冷蓝/紫等离子体也可以发生在产品上，特别是苹果和葡萄的果皮这类具有一定导电性的产品可以产生等离子体。此外，尘埃粒子也可能点燃等离子体造成产品破坏。

在最近设计研发的微波冷冻干燥系统中，等离子体带来的危害得到了一定的改善。微波真空系统中稳定微波电源的应用及其与产品负载的良好匹配是至关重要的，同时优化耦合和负载情况可以有效改善微波真空系统。击穿电压与真空度有关，2450MHz 下击穿电压最小值在 100Pa 附近，因此可以将冷冻真空干燥的真空度降至 20~50Pa。这可能会提升真空系统的成本，甚至还会产生很多的蒸汽。然而，此时击穿电压比 100Pa 的最小值高 2~3 倍，这使得干燥过程更稳定。

传统冷冻干燥的一般持续时间为 10~40h，时间长短取决于待干燥产品的数量和种类。在干燥阶段末期，产品残余水分无法通过加热搁板的热传导达到升华温度，产品温度通常会升至0℃以上。在此过程中产品温度会持续升高，当温度升高到50~60℃时，产品品质会发生负面变化。如果干燥周期较长，产品暴露在上述较高温度下的时间也越长，产品受损的可能性会更大。

而且，在传统冷冻干燥过程中，产品导热性降低会延长热量传导到产品中心的时间。特别是在草莓、覆盆子、蓝莓等整个果子干燥过程中，产品尺寸的增加会增加热量传递的时间。此干燥阶段的过度加热会影响产品中香味物质等挥发性成分，发生逸散或热降解。因此，虽然传统冷冻干燥终产品质地优良并具有良好的复水性，但其维生素和香味物质大量损失。而微波冷冻干燥的时间较短，仅需几个小时，产品在20℃以上的温度所处时间更短，因此能更加充分地保留挥发性成分（Rahm、Ambro和Kulozik，2015）。

如图16.18所示，当真空腔的真空度约为100Pa时，微波开始输出，产品接受微波能量，产品跟随升华曲线逐渐升温（真空度决定升华温度，在100Pa下水的升华温度为-20℃）。

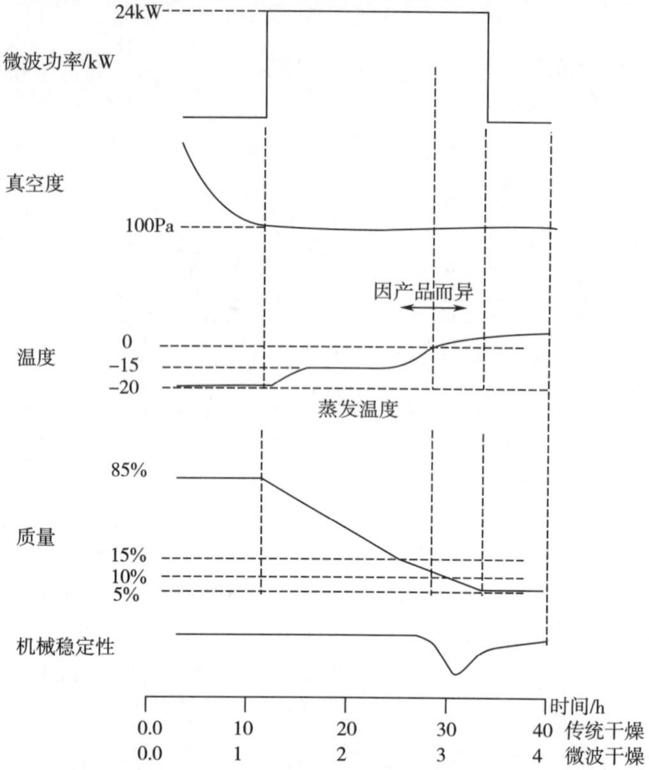

图16.18 传统冷冻干燥过程中的典型干燥曲线［蓝色时间轴（印刷版本中为顶部时间轴）］和经微波辅助的干燥曲线［红色时间轴（印刷版本中为底部时间轴）］

随着干燥的进行，产品温度逐渐从-20℃上升到-15℃，在水分含量达到约15%（湿基）之前升华过程会不断进行。此时，产品的机械强度由水分含量维持。在水分含量达到10%（湿基）左右时，产品温度会越过0℃，此时产品的机械稳定性会下降。产品承受的机械应力是由转筒内产品的高度决定的，因此为确保产品不会受到机械损伤，需要调整高度，减小产品在翻滚过程中所受的应力。如草莓对机械压力很敏感，其承受压力会变成圆锥形，且外表皮质构完全破坏。在此临界阶段，需降低微波功率，直到产品达到5%（湿基）的目标水分含量，在此过程中产品温度可能达到 40~60℃并维持短暂的时间。

16.2.3.1 例 3：树莓

树莓是一种重要的商业水果，主要生长在全球所有温带地区。在下面的例子中，60kg 树莓在 800L 的转筒中经历约 6.5h 完成微波冷冻干燥（图 16.20）。

60kg 的树莓被放在 800L 的敞口塑料转筒中，使用 12kW/2450MHz 的微波冷冻干燥设备 μWaveVac12120fd（Pueschner GmbH & Co KG，Bremen，Germany，installed in Chile）进行干燥（表 16.3）。

表 16.3 设备参数、干燥规格以及能耗（图 16.22）

主要参数	数值	单位
转筒中的产品体积	800	L
产品初始质量	60	kg
脱除水分质量（77% 产品水分含量降低到低于 6%）	50	kg
树莓的干燥时间	6.5	h
干燥 1h 的干燥产品质量	1.5	kg/h
最大微波功率	12	kW/2450MHz
干燥平均微波功率	8~10	kW
运行 6.5h 的微波和真空系统耗电	83	kWh
运行 6.5h 的冷却器（-65℃型双级压缩机）耗电	58	kWh
20~25℃冷却水	30	L/min
冷水机冷却水功率	8	kW

当真空度达到约 20Pa 时，微波开始输出。此时，敞口塑料转筒前后移动，将产品晃动混合。几个周期后，转筒停止移动，微波功率从 4×2.0 升高至 4×2.5kW（图 16.19 上方两图）。

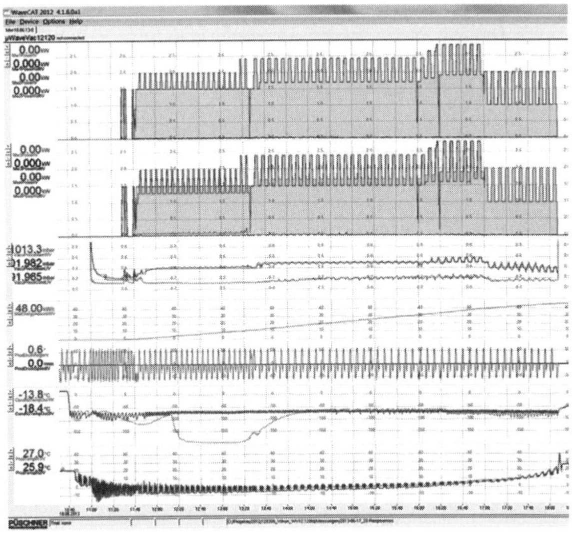

图 16.19 监控初始质量 60kg 树莓的干燥工艺参数

当产品移动时，微波功率从 4×1.6 降低至 4×1.4kW。由于真空腔内蒸汽增多，真空度从 40Pa 升高至 50Pa（图 16.19 中间图），冷凝器的压力仍然处于约 20Pa。产品温度达到 0℃时（温度由红外相机测定），微波功率上升至 4×2.7kW（图 16.19 下方图），使树莓的机械强度快速稳定。当产品温度达到 40~45℃时，干燥过程会停止。如果 WaveVac12120fd 每年运行 5000h，那么其干制品产量大约在 7.5t 左右（图 16.21）。

糖度(Brix)	13%
初始质量	60kg(77%湿基)
最终质量/水分含量/水分活度	10kg/5.6%/0.37
干燥时间	6.5h
最高温度	45℃
施加微波能量	48kWh

图 16.20　主要干燥参数（左），单个树莓（中）和 800L 转筒中初始装载 60kg 的树莓（右）

图 16.21　12kW/2450MHz 微波转筒冷冻干燥机

传统冷冻干燥和微波冷冻干燥的比较较为困难，并且只能在市场上已经开始投入使用的设备中进行。从 2010 年投入使用的设备来看，微波冷冻干燥设备每小时生产低于 2kg 的干产品，大约使用 10~12kW 的微波能。生产数据表明，微波冷冻干燥设备干燥速率比传统冷冻干燥设备快 3~5 倍，而运行成本只有传统冷冻干燥设备的 50%。由于世界各地的电能价格差别较大，上述数据在各地可能会存在差异。此外，与传统冷冻干燥设备相比，微波冷冻干燥设备的投资成本降低了 20%~50%。实际上，微波冷冻干燥设备最大的优势是干燥时间较短，产品质量更好。

16.2.3.2　例 4：蓝莓

蓝莓因富含多种抗氧化剂（尤其花青素）而备受关注。花青素能够清除新陈代谢产生的自由基，其对人体代谢健康的影响在近几年得到了较高的关注（Jian 和 Monica Giusti, 2010）。因此，蓝莓被认为是有益健康的水果。对蓝莓进行干燥时，为了保持其香味、维生素尤其是花青素，必须将干燥末期温度控制在 50℃ 以下，并且要尽可能缩短蓝莓在 30~50℃ 温度范围内的干燥时间。

由于蓝莓的表皮比较坚实，不易让蒸发水分透过。为了防止干燥时表皮内部压力过高，会在干燥前对蓝莓进行预处理，使表皮具有多孔结构。成熟的高丛蓝莓葡萄糖浓度一般在 10~15°Bx，蓝莓中高浓度的葡萄糖会导致其升华温度增加，所以需要在干燥过程中保持更低的真空度来达到升华点。

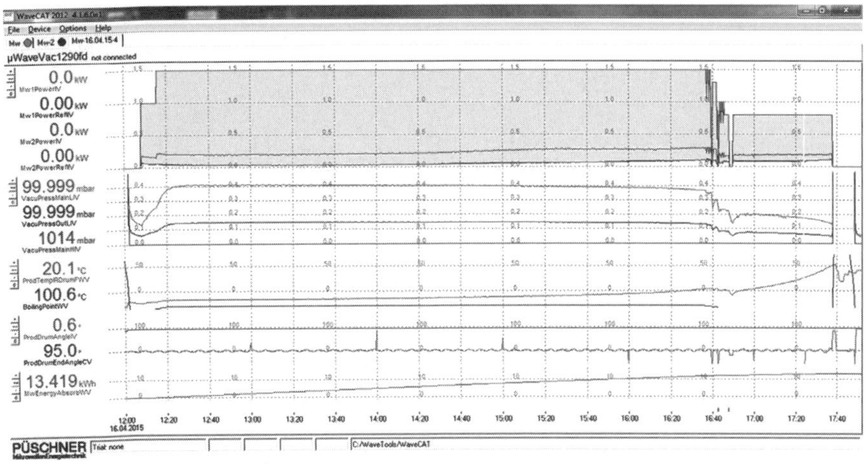

图 16.22 监控初始质量 20kg 蓝莓的干燥工艺参数

如图 16.23 右图所示，20kg 的蓝莓被放置在 300L 的敞口塑料转筒中，并且保持 15Pa 的真空度。

蓝莓直径 6~8mm	9 brix
初始质量	20kg
最终质量	3.3kg
干燥时间	5.5h
最高温度	50℃
施加微波能量	13.5kWh

图 16.23 主要干燥参数（左），干燥后切半的单个蓝莓（中）和在 300L 转筒中初始装载 20kg 的蓝莓（右）

初始微波功率为 2×1.5kW，此时真空度升高到约 40Pa。约 4.5h 之后，产品温度到达 0℃ 以上，微波功率降低至 2×0.8kW。直到红外相机探测到温度达到 50℃ 以上时，干燥过程停止，产品终水分含量约小于 5%（湿基）（图 16.23），整个干燥过程大约消耗 13.5kWh 的电能。

慕尼黑工业大学食品加工工程与乳品技术研究所（Weihenstephan）使用 1kW/2450MHz

的小型微波冷冻干燥设备、传统冷冻干燥设备和对流干燥设备进行干燥实验，采用 RP-HPLC 技术分离并测定花青素（Berente，2004），确定了终产品的花青素保留度。以花青素-3-葡萄糖苷为参比，使用 RP 色谱法测定各种不同花青素的含量（图 16.24）（Rahm 等，2015），实验中超过 100% 的保留率可能是由于可萃取能力的提升。

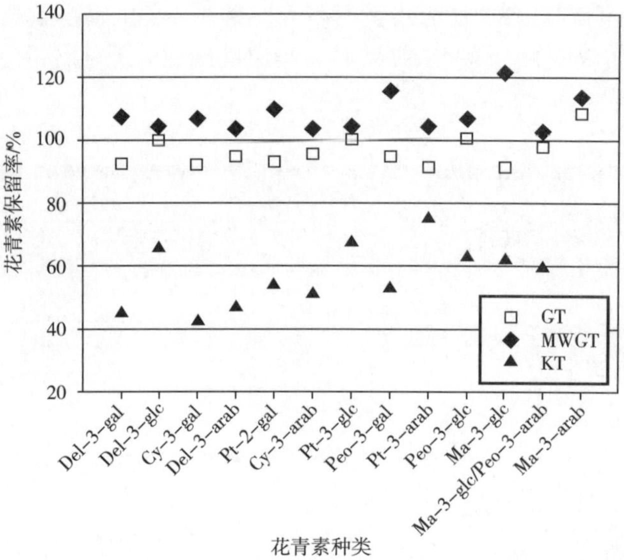

图 16.24 对流干燥（KT）、常规冷冻干燥（GT）和微波冷冻干燥（MWGT）以及新鲜蓝莓中的花青素保留率比较 ［红色参考线（印刷版中参考线以粗体显示）］

资料来源：Rahm，K.，Ambros，S.，Kulozik，U.（2015）. Can microwave-freeze drying substitute the conventional freeze drying process for the preservation of high quality fruit products? In：*International conference EFFoST international conference*，10-12 November 2015，Athens，Greece。

16.2.4 冷冻干燥和真空干燥的联合应用

冷冻干燥最终阶段温度一般会超过 0℃并进一步增加，产品中剩余水分会由固态转变为液态。但在长时间的冷冻干燥时，应尽可能使产品温度保持在-10～-5℃，并避免产品温度达到 50℃以上，从而使产品获得更好的质构和整体质量。也有特定产品，例如薯片或南瓜等，在加工过程中需要达到淀粉糊化温度，才能获得作为零食产品更令人愉悦的风味和口感。在这些产品的冻干过程中，需要将真空度升高到 2000Pa 左右，使更多的微波能量传输转换为热量，从而升高温度来蒸发残余的水。当干燥达到一定的水分含量，产品仍呈现较软状态，在此基础上进一步升温干燥，产品会发生膨化，即水分蒸发使产品内部压力增大造成产品体积膨胀。此外，在苹果片等原料的干燥过程中，高温也会引发美拉德反应，增加产品的额外风味。因此，不同微波干燥技术的联合应用可能会提升产品的品质。

16.2.5 用于巴氏杀菌和灭菌的微波流体加热设备

微波流体加热设备在工业中的不同应用：

- 食品工业中液体和黏稠食品的巴氏杀菌。
- 食品/制药行业液体产品的灭菌。
- 香肠生产中肠衣的干燥。
- 肉糜混合物挤压闪蒸后的加热。
- 喷雾干燥或真空干燥前黏稠产品的预热。

在食品工业中，果浆、糊状物和其他黏稠食品的巴氏杀菌需要达到每小时几吨的处理量，并且要保证产品均匀加热到70~80℃。图16.25的微波流体加热设备可以完成每小时1~2t液态食品的加热、巴氏杀菌或灭菌，设备的最高压力可达3×10^6Pa，最高温度可达300℃。

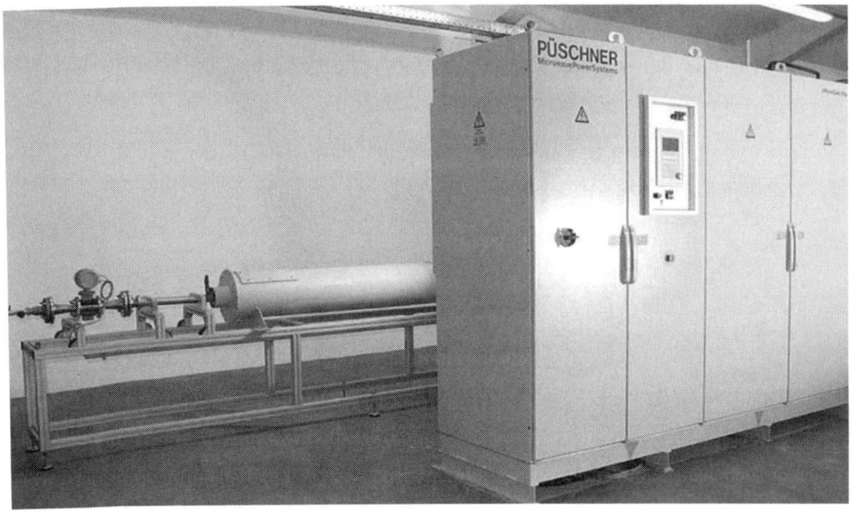

图16.25 用于果浆巴氏杀菌的100kW/915MHz微波流体加热设备

资料来源：μWaveFlow10040，Pueschner GmbH & Co KG，Bremen，Germany，installed in Turkey。

微波辐射器的原理如图16.3所示。辐射器基于基模谐振腔设计，可最大限度减少热点生成和温度分布不均匀的问题。由于微波径向对称耦合到辐射器中，电场分布规则。在圆柱形辐射器的中轴上，安装有一根不吸波的直管来输送产品。由于微波能够迅速被产品吸收，所以产品加热非常迅速。

Boehringer Ingelheim公司将该技术用于加热蛋白质溶液来杀灭其中病毒。在50~75L/h的流量下，产品从20℃加热至140℃仅需要20~100ms。快速加热后，再通过一个高效热交换器对蛋白质溶液进行冷却。该灭菌方法不适用于敏感蛋白质溶液中病毒的杀灭，因为快速的升降温可能会导致蛋白质质量变差（Feuser等，2006）（图16.26）。

近几年来，浓缩牛乳（干物质含量较高）的微波超高温处理技术在乳品工业中引起了极大的关注，主要因为传统换热器换热效率较差，并且其加热面很可能结垢，而微波的应用可避免上述情况。微波超高温处理的目的是在不破坏产品成分的前提下，能够高效地灭活细菌芽孢。此外，该系统也可以应用在喷雾干燥的前处理浓缩过程中。血液凝固温度较低，对热处理尤其敏感，可使用30kW/915MHz的μWaveFlow3040对血液成功进行巴氏杀菌（表16.4）。

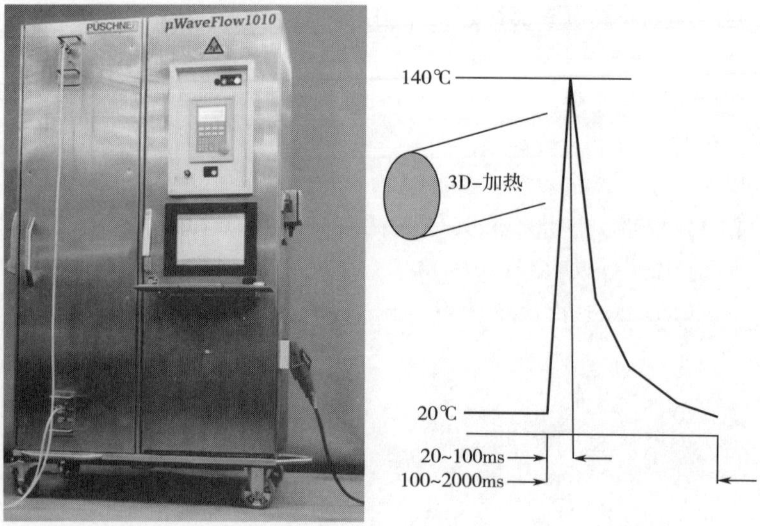

图 16.26 用于病毒灭活的移动式 10kW/2450MHz 微波流体加热设备

资料来源：μWaveFlow1010， Pueschner GmbH & Co KG，Germany，installed in Germany。

表 16.4 使用 30kW/915MHz μWaveFlow3040 对猪血进行巴氏杀菌

输入温度/℃	微波处理后输出温度/℃	微波功率/kW	流量/L/h	停留时间/s	芽孢总数	金黄色葡萄球菌（*Staphylocuccus aureus*）菌数	大肠杆菌（*Escherichia coli*）菌数
初始					650.000	140	360
20	68.7	25	450	5.9	3.800	5	<1
26	81.2	28	370	7.1	<10	<10	<10

16.3 结语

将微波技术应用在食品工业的目的是获得质量更好的产品、提高能量利用率、减少设备占地面积、减少能源和水的消耗来降低生产对环境的影响。适当的过程控制是成功应用微波技术、稳健生产过程以及获得高质量产品的关键。随着微波工程和工艺等研究的成熟，微波系统在过去 10 多年中获得更多的应用。并且，由于 PLC 系统的高效发展，微波冷冻干燥等先进微波技术的可用性大大提升。除此之外，微波设备的生产必须遵守 GMP、FDA 等食品安全准则，且经过实验研究和中试调试才能最终投入生产。只有在研发上有足够投入和耐心的食品企业才能受益于这类先进微波设备。

与传统干燥或冷冻干燥方法相比，微波真空干燥和微波冷冻干燥技术能够更好地保留产品的挥发性物质和营养成分并维持其颜色和质构等品质属性。微波冷冻干燥技术能够降低运行及投资成本，同时缩短干燥时间，其工业应用尤其值得关注。微波加热技术具有其他常规加热手段不具备的体积加热的优点，因此具有广阔的发展及应用前景。

16.4 展望

在21世纪，消费者逐渐意识到高营养、天然食品的重要性，消费者愿意花费更高的价钱来购买此类优质产品。而微波技术在此类产品的生产中起着关键的作用。

同时，微波辅助保藏技术（微波真空和冷冻干燥、微波巴氏杀菌）对于离散化加工生产非常具有吸引力，如当农民不希望为集中生产缴费，或是仅希望将其产品低价卖给大型食品生产商（即增加其收入），而希望在市场上建立其自己的产品品牌时，可采用微波辅助技术批量加工其产品。

虽然微波加工技术在实验室研究中取得很大突破，但是由于仅有少数从事微波设备生产的企业可提供相应的设备及技术，全球的食品制造商并不是很愿意将这项技术大规模地应用在实际生产中。仅有愿意承担新技术带来的风险和挑战的食品制造商才愿意将该技术应用于商业规模的生产。由于中小型食品企业更具有创新性，决策链更短，更愿意承担创新技术的风险，所以这些企业更可能大胆尝试在小众市场中基于微波技术生产新兴高价值的产品。

参考文献

Arsem, H. B. , & Ma, Y. H. (1985). Aerosol formation in the microwave freeze-drying of beef. *Biotechnology Progress*, *1*, 104-110.

Berente, B. (2004). HPLC-Analyse von Anthocyanen im Rotwein und Klassifizierung deutscher Rotweine mittels multivariater statistischer Methoden. Dissertation. Chemisch-Geowissenschaftliche Fakultät. Friedrich-Schiller-Universität Jena.

Bettega, R. , Rosa, J. G. , Correa, R. G. , & Freire, J. T. (2013). Comparison of carrot (Daucus carota) drying in microwave and in vacuum microwave. *Brazilian Journal of Chemical Engineering*, *31* (02), 403-412.

Decareau, R. V. (1992). *State of the microwave-power industry*, 65-66.

Dogan Halkman, H. B. , Yücel, P. K. , & Halkman, A. K. (2014) Non-thermal processing: Microwave. *Encyclopedia of food microbiology* (2nd ed. , pp. 962-965).

Duan, X. , Zhang, M. , Li, X. , & Mujumdar, A. S. (2008). Ultrasonically enhanced osmotic pretreatment of sea cucumber prior to microwave freeze drying. *Drying Technology*, *26* (4), 420-426.

Duan, X. , Zhang, M. , Mujumdar, A. S. , & Wang, R. (2010). Trends in microwave-assisted freeze drying of foods. *Drying Technology*, *28*, 444-453.

Feng, H. , & Tang, J. (1998). Microwave finish drying of diced apples in spouted bed. *Journal of Food Science*, *63* (4), 679-683.

Feuser, J. , Heinz, C. , Woog, S. , Ambrosius, D. , Püschner, P. , & Graute, R. (2006) *Recovery of biological products XII"* (*RXII*) *Litchfield*, *Arizona*, *USA*, (*April 2-7*, *2006*).

Giese, J. (1992). Advances in microwave food processing. *Food Technology*, *49* (9), 118-123.

Gould, J. W. , & Kenyon, E. M. (1971). Gas discharge and electric field strength in microwave freeze-drying. *Journal of Microwave Power*, *6* (2), 151-167.

Hasting，A. P. M. （2008）. Designing for cleanability. In A. Y. Tamime （Ed.），*Cleaning－inplace：Dairy, food and beverage operations* （pp. 81－106）. Oxford：Blackwell Publishing.

Holah，J. （2014）. *Food safety management，chapter 24. Hygiene in food processing and manufactoring.* ISBN 978－0－12－381504－0.

Jian，He，& Monica Giusti，M. （2010）. Anthocyanins：Natural colorants with health－promoting properties. *Annual review of food science and technology，vol. 1*，163－187，Volume publication date April.

Jones，P. （2007）. *ISO 22000 Series.* Johannesburg：ISO Workshop Conformity Assessment.

Lin，T. M.，Durance，T. D.，& Scaman，C. H. （1998）. Microwave characterization of vacuum，air and freeze dried carrot slices. *Food Research International，31* （2），111.

Metaxas，A. C.，& Meredith，R. （1988）. *Industrial microwave heating.* London，UK：Peter Peregrinus Ltd，ISBN：0－906048893.

Motarjemi，Y.，& Lelieveld，H. （2014）. *Food safety management－A practical guide for the food industry.* ISBN：978－0－12－381504－0.

Pueschner，P. （2005）. Improving microwave process control. In：Schubert，H. and Regier，M. *The microwave processing of foods.* ISBN 978－1－85573－964－2.

Rahm，K.，Ambros，S.，Kulozik，U. （2015）. Can microwave－freeze drying substitute the conventional freeze drying process for the preservation of high quality fruit products? In：*International conference EFFoST international conference，10－12 November 2015，Athens，Greece.*

Suvarnakuta，P.，Devahastin，S.，& Mujumdar，A. S. （2005）. Drying Kinetics and B － carotene degradation in carrot undergoing different drying processes. *Journal of Food Science，70* （8）.

Riccetti，S. （2013）. *Equipment reliability through maintenance engineering.* Taylor&Francis Group.

Sanborn，C. B.，& MacDonald，A. D. （1950）. *Limits for the diffusion theory of highfrequency gas discharge breakdown.* Technical Report No 132，Massachusetts Institute of Technology，Research Laboratory of Electronics.

Therdthai，N.，& Zhou，W. （2009）. Characterization of microwavevacuum drying and hot air drying of mint leaves （*Menthacordifolia* Opis ex Fresen）. *Journal of Food Engineering，91*，482－489.

Torringa，E.，Esveld，E.，& Scheewe，I. （2001）. Osmotic dehydration as a pre－treatment before combined microwave－hot－air drying of mushrooms. *Journal of Food Engineering，49*，185－191.

Wu，H. W.，Tao，Z.，Chen，G. H.，& Deng，H. W. （2004）. Conjugate heat and mass transfer process within porous media with dielectric cores in microwave freeze drying. *Chemical Engineering and Science，59* （14），2921－2928.

拓展阅读

Ahmed，J.，Ramaswamy，H. S.，& Raghavan，G. S. V. （2008）. Dielectric properties of soybean protein isolate dispersions as a function of concentration，temperature and pH. *LWT－Food Science Technology，41*，71－78，77.

Ang，T. K.，Ford，J. D.，& Pei，D. C. T. （1978）. A research note：Optimal modes of operation for microwave freeze drying of food. *Journal of Food Science，43*，517－526.

Annual Report of Ministry of Food Processing Industries （MOFPI），Government of India，2011.

Burke，R. F.，& Decareau，R. V. （1964）. *Advances in food research，13*，88.

Copson, D. A. (1962). *Microwave heating.* Westport, CN: AVI Publishing.

Decareau, R. V. (1985). *Pasteurization and sterilization. Microwaves in the food processing industry.* New York: Academic Press, Orlando, MA.

Erle, U., & Schubert, H. (2001). Combined osmotic and microwave-vacuum dehydration of apples and strawberries. *Journal of Food Engineering*, *49*, 193-199.

FAO (Food and Agriculture Organization), WHO (World Health Organization). (2006). *Food safety risk analysis: a guide for national food safety authorities.* Food and Nutrition Paper 87. <http://www. fao. org/docrep/012/a0822e/a0822e00. pdf>20. 10. 14.

FDA (U. S. Food and Drug Administration), FSIS (Food Safety Inspection Service, USA). 2003. *Interpretative summary: Quantitative assessment of the relative risk to public health from listeria monocytogenes among selected categories of ready to eat meats.* <http://www. fda. gov/downloads/Food/FoodScienceResearch/UCM197329. pdf>20. 10. 14.

Figiel, A. (2009). Drying kinectics and quality of vacuum-microwave dehydrated garlic cloves and slices. *Journal of Food Engineering*, *94*, 98.

Genin, N., & Rene, F. (1995). Analysis of the role of the glass transition in the methods of food preservation. *Journal of Food Engineering*, *26*, 391-408.

Hippel, V. (1954). London; London; Chapman & Hall Ltd *Dielectric materials and applications.* New York: John Wiley & Sons Inc.

Hu, X. P., & Mallikarjunan, P. (2005). Thermal and dielectric properties of shucked oysters. *LWT-Food Science Technology*, *38*, 489-494.

Hu, Q. G., Zhang, M., & Mujumdar, A. S. (2006). Drying of edamames by hot air and vacuum microwave combination. *Journal of Food Engineering*, *77* (4), 977-982.

Huang, L. L., Zhang, M., Mujumdar, A. S., Sun, D. F., Tan, G. W., & Shameel, T. (2009). Studies on decreasing energy consumption for a freeze-drying process of apple slices. *Drying Technology*, *27* (9), 938-946.

Kardum, J. P., Sander, A., & Skansi, D. (2001). Comparison of convective, vacuum, and microwave drying chlorpropamide. *Drying Technology*, *19* (1), 137-143.

Krokida, M. K., & Maroulis, Z. B. (1997). Effect of drying method on shrinkage and porosity. *Drying Technology*, *15* (10), 2441.

Krokida, M. K., & Maroulis, Z. B. (1999). Effect of microwave drying on some properties of dehydrated quality products. *Drying Technology*, *17* (3), 449.

Li, Z., Raghavan, G. S. V., & Wang, N. (2010). Carrot volatiles monitoring and control in microwave drying. *LWT-Food Science and Technology*, *43*, 291.

Lin, T. M., Timothy, D. D., & Scaman, C. H. (1999). Physical and sensory properties of vacuum microwave dehydrated shrimp. *Journal of Aquatic Food Product Technology*, *8* (4), 41-53.

Litvin, S., Mannheim, C. H., & Miltz, J. (1998). Dehydration of carrots by a combination of freeze drying, microwave heating and air or vacuum drying. *Journal of Food Engineering*, *36* (1), 103-111.

Mageean, P., Kristott, J. U., & Jones, S. A. (1991). Physical Properties of sugars and their solutions. *Scientific and Technical Surveys*, *172.*

Mujumdar, A. S. (2006). *Guide to industrial drying* (3rd ed.). Mumbai: Colour Publications Pvt. Ltd.

Mujumdar, A. S., & Menon, A. (1995). Drying of solids: Principles, classification, and selection of dryers. In A. S. Mujumdar (Ed.), *Handbook of industrial drying* (2nd ed., p. 1). New York: Marcel Dekker.

Ohlsson, T., & Bengtsson, N. (2001). Microwave technology and foods. In S. Talor (Ed.), *In advances in food and nutrition research* (pp. 65–140). New York: Academic Press.

Overbosh, P., & Blanchard, S. (2014). *Principles and systems for quality and food safety management.* Matro AG. Düsseldorf, Germany: Food Safety Management.

Ratti, C. (2001). Hot air and freeze-drying of high-value foods: A review. *Journal of Food Engineering*, *49* (4), 311–319.

Regier, M., & Schubert, H. (2005). Introducing microwave processing of food: principles and technologies. In H. Schubert, & M. Regier (Eds.), *Microwave processing of foods* (pp. 1–9). Woodland Publishing Ltd.

Schiffmann, R. F. (1992). Microwave processing in the U. S. food industry. *Food Technology*, *56*, 50–52.

Schiffmann, R. F. (2006). Microwave and dielectric drying. In A. S. Mujumdar (Ed.), *Guide to industrial drying* (3rd ed., pp. 286–292). Mumbai: Colour Publications Pvt. Ltd.

Schleged, W. (1992). Commercial pasteurization and sterilization of food products using microwave technology. *Food Technology*, *12*, 62–63.

Strumillo, C., & Adamiec, J. (1996). Energy and quality aspects of food drying. *Drying Technology*, *14* (2), 423–448.

Sunderland, J. E. (1980). Microwave freeze drying. *Journal of Food Process Engineering*, *4*, 195–212.

Sunjka, P. S., Rennie, T. J., Beaudry, C., & Raghavan, G. S. V. (2004). Microwave-convective and microwave-vacuum drying of cranberries: A comparative study. *Drying Technology*, *22* (5), 1217–1231.

Tang, J. (2005). Dielectric properties of foods. In H. Schubert, & M. Regier (Eds.), *Microwave processing of foods* (pp. 22–24). Woodland Publishing Ltd.

Tao, Z., Wu, H., Chen, G., & Deng, H. (2005). Numerical simulation of conjugate heat and mass transfer process within cylindrical porous media with cylindrical dielectric cores in microwave freeze-drying. *International Journal of Heat and Mass Transfer*, *48*, 561–572.

Vega-Mercado, H., Gongora-Nieto, M. M., & Barbosa-Canovas, G. V. (2001). Advances in dehydration of foods. *Journal of Food Engineering*, *49*, 271–289.

Viet, L. (1980). *Microwave freeze drying method and apparatus.* US Patent No 4,204,336.

Xu, Y. Y., Zhang, M., & Tu, D. Y. (2005). A two-stage convective air and vacuum freeze-drying technique for bamboo shoots. *International Journal of Food Science and Technology*, *40* (6), 589–595.

Zhang, M., Jiang, H., & Lim, R. (2010). Recent developments in microwave-assisted drying of vegetables, fruits, and aquatic products-Drying kinetics and quality considerations. *Drying Technology*, *28*, 1307–1316.

Zhang, H., & Datta, A. K. (2003). Microwave power absorption in single- and multiple-item foods. *Transactions of the Institution of Chemical Engineers*, *81*, 257–266.

Zhang, M., Tang, J. M., & Mujumdar, A. S. (2006). Trends in microwave-related drying of fruits and vegetables. *Trends in Food Science & Technology*, *17* (10), 524–534.

国际微波标准

IEC 60519-1. (2011). *Safety in electroheat installations-Part 1: General requirements.*

IEC 60519-6. (2011). *Electroheat installations-Part 6: Specifications for safety in industrial microwave heating equipment.*

IEC 61307. (2011). *Industrial microwave heating installations-Test methods for determination of power output.*

17 微波加工温度分布均匀性的改善

B. Wäppling Raaholt, S. Isaksson

SP Food and Bioscience, RISE Research Institutes of Sweden, Gothenburg, Sweden

17.1 引言

本章是一个概述，主要介绍了尽可能使微波温度分布均匀的方法，也列举了一些应用实例。由于篇幅有限，本章无法面面俱到。但是，将阐述一些重要的理论，届时将提供一些提高微波加热均匀性的方法及实例。本章只提供一个始点，感兴趣的读者可以从参考文献里获取更多详细的资料。

本章内容对微波非均匀加热问题进行阐述、示例和讨论。参考文献中介绍了已经展开的工作。此外，还提及了有助于微波加工产品设计的方法和工具。本章所介绍的技术为许多应用领域提供了改善微波加热均匀性的可能，如不同类型的工业化微波加热设备应用，用于复热以及烹饪的家用微波炉等。最后，介绍未来发展趋势，并附上更多信息源以及相应的建议。

17.2 微波加工过程中的温度分布及其均匀性

微波是频率在0.3~300GHz，在真空或空气中波长在1mm~1m的电磁波。食品加工所使用的微波频率被限制在工业、科学和医疗（ISM）微波频段范围内，其中（2450±50）MHz是全世界最常用的频率。但是这也存在一定的地区性差异，比如，在美国另一个被ISM认可使用的频率为（915±15）MHz。然而在欧洲国家①，（915±15）MHz并不认定为是ISM可使用频率。

多年来，由于微波加热后的食品可能存在“冷热点”，食品的微波加热时常和非均匀加热联系在一起。微波加热食品的温度分布，可以通过食品的热物理特性及所吸收微波能的分布来确定。即食品内的微波温度分布，由微波辐射器和辐射内的电场决定，也与食品的介电特性和微波频率有关。电磁场的分布模式是由微波腔体设计所控制的（如腔体或辐射器的大小、形状，包括波导设计等），而加热均匀性也受到食品的组成、摆放位置和几何形状以及包装形式的影响。这个问题将在17.2.1中做进一步介绍，更多细节可以参考Wäppling Raaholt（2015）的研究。

更多微波加热食品原理可以参考相应的文献和本书其他章节，几位作者都对这个问题进行了介绍，比如：Bengtsson和Risman（1971）、Metaxas和Meredith（1983）、Buffler（1993）、Ohlsson和Bengtsson（2001）、Wäppling Raaholt、Holtz和Isaksson（2013）和Wäppling Raaholt（2015）。

① 在英国，896MHz是公认的微波频率。

17.2.1 影响微波加热均匀性的因素

在微波加热过程中，有多种因素交互影响着加热效果。

影响微波加热均匀性的因素除了波导、辐射器和谐振腔的设计外，还有食品材料的几何形状、尺寸大小、介电特性和热特性。再者，包装材料和包装形式也对加热效果有影响，如果一次同时加热多个产品的话，那么产品间距也会对加热效果产生影响。此外，不仅电磁场的分布模式，热传导、辐射和对流方式，还有食品中水分传递也会对食品总体温度分布有影响。微波腔体模式特性，谐振腔的模体积和表面俘获波等相关因素（Risman，1994），对加热起到主导作用。当波从电介质向空气-介质界面的入射角大于临界角时，在介质面（或介质面内）可能会产生表面截流波，定义为：

$$\sin(\theta_c) = 1/\sqrt{\varepsilon} \tag{17.1}$$

当入射角大于或等于临界角，就会发生全内反射，从而造成电介质外电场从界面呈指数衰减的现象。

对于多组分即食食品，比如其几何形状、尺寸和组分分布等其他因素，包括相邻组分之间的间距对加热效果也有重要的影响。更多内容将在17.4.1中讨论。

17.2.2 影响均匀性的加热现象

与微波加热均匀性有关的现象包括，由于平行于食品边沿的强电场作用而导致的边角过热现象，热失控现象（如冷冻食品中），以及食品中的驻波。

17.2.2.1 热失控现象

微波加热食品时的热失控现象是指由于加热而引起的食品温度的显著变化，与温度迅速升高相对应。

其中的一个例子是冷冻食品，冷冻食品中的水大部分以冰晶的形式存在。纯冰的介电损耗比解冻食品低很多。然而，在冷冻温度下约有十分之一的水以浓盐溶液而非以冷冻状态的形式存在食品中，冷冻食品中的这部分水可以吸收微波能（Ohlsson和Bengtsson，2001）。在微波加热过程中，首先解冻的区域有更高的介电损耗，这就比仍处于冷冻状态的区域加热速度快得多（Buffler，1993）。因为冷冻区和非冷冻区的介电损耗在温度区间接近0℃时有很大的不同，在解冻冷冻块状食品时就可能发生热失控现象。

另一个例子是不含水的食品，其在微波加热过程中可以达到很高的温度。另一方面，含水的食品加热时达到的温度只能略高于水的沸点，因此在这种情况下温度上升速度较快但是上升空间有限。

17.2.2.2 边角过热

当解冻和加热冷冻食品时，由于所谓的边（或角）过热效应，食品边和角会先解冻（图17.1）。边角过热是由于散射现象造成的，即当电磁波通过食品以及周边空气的界面上时，其中的一个边界条件导致电场平行分量的连续进行。

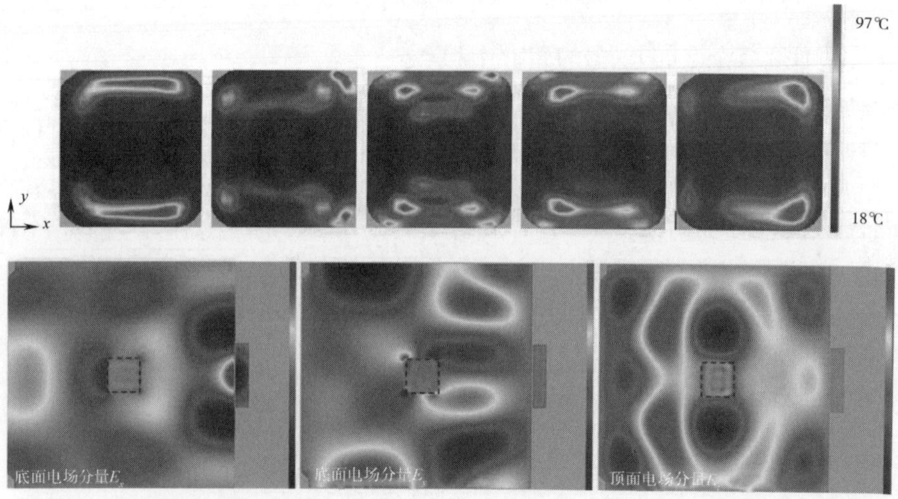

图 17.1 上图所示为在设有正弦波激励（2.45GHz）和 TE_{01} 矩形激发场的模型微波炉中加热具有圆形边角以及顶部边缘的矩形食品块（50mm×60mm×60mm）的模拟温度分布情况

注：从左到右分别为：底面温度分布（距物块下表面 5mm）、中间温度分布（30mm 高度处）和顶面温度分布（分别测试了距上表面 10mm 和 5mm）。食品的角和垂直边缘发生过热，上表面 *x* 方向的水平边缘以及下表面 *y* 方向的垂直边缘亦是如此。下图所示为与边缘以及边角平行的强电场分量（标准值）。加热材料的轮廓用黑虚线标出。底面电场分量 E_x 和 E_y，以及顶面电场分量 E_y（距上表面 5mm），在图中已标出。使用 Quickwave-3D 软件进行此模拟（QWED Sp. Z. o. o.，Warsaw，Poland）。

资料来源：Wäppling Raaholt，B.，& Janestad，H.（2003）. *Modelling of microwave defrosting of foods using a coupled electromagnetic and heat transfer approach*，*technical report*. SIK's Internal。

微波入射场的偏振及入射角，食品边角的角度和曲率，边角周围是否存在其他散射体，以及食品材料的复介电常数对边角过热现象都有很大的影响（Sundberg，1998a）。对于因为离子传导而导致介电损耗且存在介电弛豫的食品，通常使用有效介电损耗 $\varepsilon''_{有效}$，它包括两类损失（Metaxas，1996）①。相对有效介电损耗由式（17.2）表述：

$$\varepsilon''_{有效} = \frac{\sigma}{\omega\varepsilon_0} + \varepsilon'' \tag{17.2}$$

式中 σ——电导率，S/m；

ω——角频率，r/s；

ε_0——自由空间绝对介电常数；

ε''——介电损耗。

典型产品的时均损耗功率密度 $P_{损耗}$（W/m^3）与电场面积成比例：

$$P_{损耗} = \frac{1}{2}Re\{\vec{E}\cdot\vec{J}^*\} = \frac{1}{2}\omega\varepsilon_0\varepsilon''_{有效}|\vec{E}|^2 \tag{17.3}$$

式中 $\varepsilon''_{有效}$——食品材料的相对有效介电损耗；

$|\vec{E}|$——电场强度的振幅（峰值），V/m；

① 与微波加热食品有关的应用中，将损耗转化为热的两类介电损耗指的是：偶极弛豫和离子传导。然而，在其他频率段，其他机制可能更占主导（Hasted，1973）。

$\vec{J}^*$——电流密度的复共轭度，A/m^2。

在式（17.2）中，假设相对复磁导率μ为1，这个假设对于食品材料是正确的，因为食品材料都是非磁性材料。

在食品的边缘，微波是从两个方向接近食品。此外，电场的两极平行于界面。平行电场的连续边界条件可以说明能量集中分布在边缘，这是导致方形食品热不均匀分布的主要因素之一。类似地，对于食品的尖角，相应地要面对三面电场，则会导致尖角处加热温度更高。在多数情况下，边角过热所消耗的能量超过食品所吸收总微波能的15%（Risman，1992）。Sundberg（1998a）研究了高介电常数食品的边角过热现象。此外，图17.2所示为相邻的食品单元彼此之间的谐振。

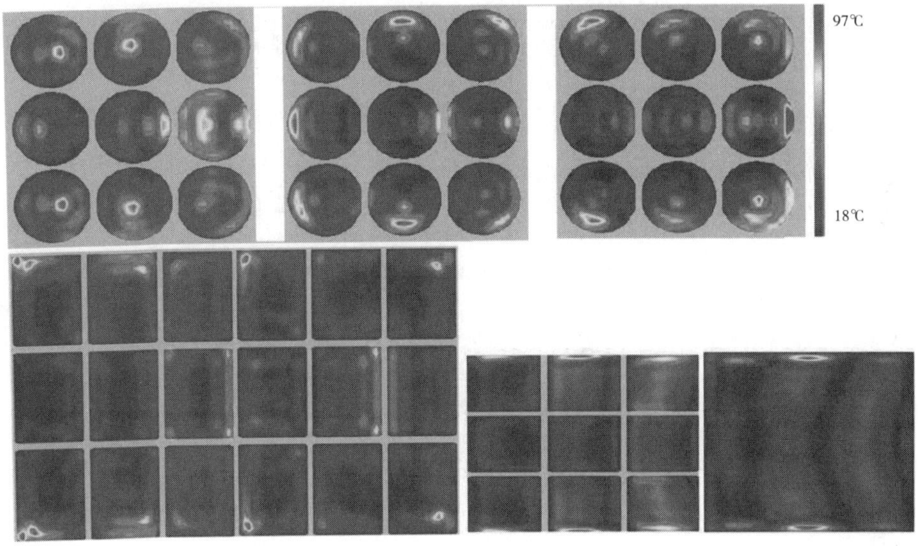

图17.2 图中所示为在设有正弦波激励（2.45GHz）和TE_{01}矩形激发场的模型微波炉中加热的相互接近的食品负载温度分布图

注：上图展现了相邻近的圆柱形食品单元之间的谐振现象。下图展现了几个长方形食品相应的位置（9个食品块彼此相邻分布，最左展示的是中间水平面的温度分布，左数第二图是同一个食品块在距离上表面5mm深处的温度分布）。最右边的两幅图表明，9块食品和与其具有同样体积的一个大食品块的相应加热效果类似。

资料来源：Wäppling Raaholt，B.，& Janestad，H.（2003）. *Modelling of microwave defrosting of foods using a coupled electromagnetic and heat transfer approach*，*technical report.* SIK's Internal。

17.2.2.3 中心过热

对于表面凸起的食品，如球形或圆柱形，由于折射或反射现象的存在，功率集中分布在某一特定半径的几何中心区域内（OhIsson和Risman，1978）。这种中心过热受食品的几何形状、尺寸大小以及复介电常数等多因素的影响。图17.3展示了中心过热的现象。

17.2.2.4 微波加热食品中的驻波分布

食品在微波加热过程中存在几种不同的驻波现象（Ryynänen、Risman和Ohlsson，2004）。驻波可能会出现在食品上下表面之间，大表面以及大表面的边缘（部分是由于边角

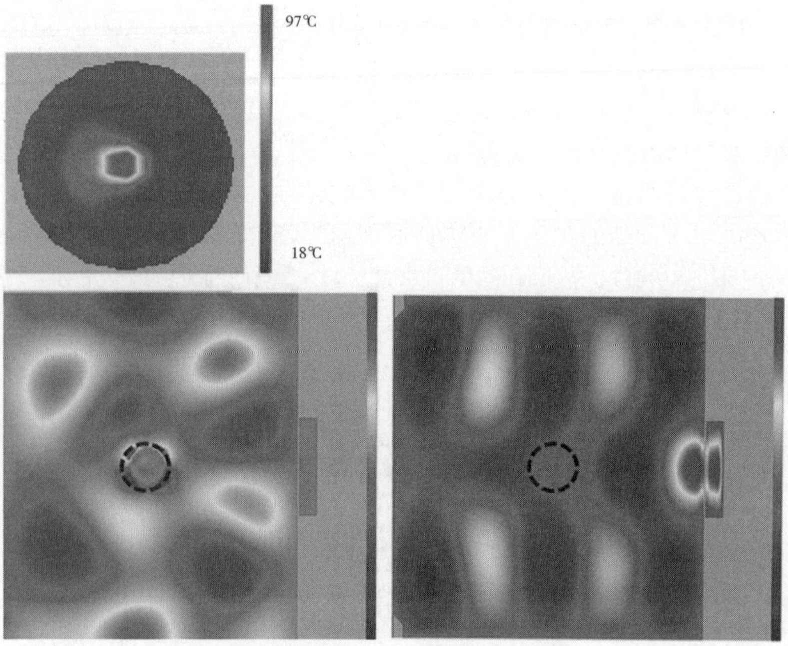

图 17.3　放置在微波炉转盘圆形底部区域上圆柱形肉块的中心过热现象

注：肉块在加热过程中已经解冻（20℃时相对介电常数 52-i20）。圆柱肉块的半径为 20mm，而高度要比半径大得多，以便圆柱中间高度处的中心区域的加热不会受边角过热的太大影响。上图所示为圆柱中心水平面的模拟温度分布图（圆柱总高为 160mm）。下面的两幅图显示了在微波谐振腔和食品内部的模拟电场分布（归一化值），这是在样品放置于转盘中央时，在水平面上的 y 和 z 方向的电场分量。黑虚线标注了圆柱食品所在位置。

过热效应，部分是由于驻波现象），还有也可能会在某些薄层食品的内部。后者是由于内部共振，即驻波共振①。

吸收或反射的驻波模式（即内部的“冷热点”）可以通过 Ryynänen 等（2004）描述的简易假设模型来确定，他们利用可拓横向谐振法（Harrington，1961），以涵盖在垂直方向上所有横磁波（TM）和横电波（TE）波导。

在食品微波加热过程中，也会有其他驻波现象发生，如与不同的食品材料有不同的穿透深度②相关的驻波现象（参见 17.4.1）。

17.3　与均匀性相关的加热效果

现有已经开发的微波新产品，有些取得了很好的效果，而有些微波烹饪、复热和解冻的食品在品质上却不尽如人意。与传统方法相比，微波加热食品温度和水分的分布不均导致其质量变化。微波加热食品表面水分含量较高，使其缺乏传统烹饪食品的风味和外观，这使其

① 值得注意的是，外部共振现象，如鸡蛋爆炸现象，并不是驻波现象。

② 此处穿透深度的定义，读者可以参考 Buffler（1993）。

具有较差的感官特性。

适合微波加热的专门食品配方设计被认为可以在一定程度上解决上述问题。这些配方设计包括：添加盐和香气成分或是添加甜味剂和淀粉（Grimwood，1989；Katt，1991；Pszczola，2003；Sobel、Vasisht 和 Gaonkar，2014）。另一个例子是添加大豆，Serventi、Sachleben 和 Vodovotz（2011）提出向面团中加入大豆来改善微波预烘焙产品的结构特性。Kang 和 Cheng（2014）提出给面包类产品添加一个具有高介电常数和低比热容的外壳，使外壳温度要高于内部温度。这个想法是为了防止在微波加热过程中水蒸气从内部迁移到产品表面。Mizrahi 等（2012）提出了微波典型加热特性影响产品质构的机制。添加乳化剂和纤维素能够降低微波加热面包的韧性（Miller 和 Hoseney，1997）。

水和盐的含量是影响材料介电特性的主要因素。从而依次决定了材料如何吸收微波能并将其转化成热能，以及吸收和转化的程度，材料中微波波长将会减少多少，以及将会发生多大强度的折射和反射现象。

即使使用微波加热食品也会导致食品温度不均匀，但与此同时，值得注意的是食品营养学家们肯定了微波加工在营养学方面的优点，例如可以提高蔬菜中维生素和矿物质的保留率（Leon Garcia，2013；Ohlsson，1989；Ohlsson 和 Åström，1982；Yahyaei、Ghavami、Gharachorloo、Larijani 和 Mazhari，2014）。

从微生物的角度来说，加热均匀性也是很重要的。有关微波加热不能充分杀灭食品中致病细菌的报道以往已经发表了很多，特别是在 20 世纪 90 年代的英国。对于微波加热不能使食品各处都达到足够的高温所带来的风险，人们进行了大量的讨论（Walker、Bows、Richardson 和 Banks，1991；参见第 11 章）。其中，Sheen、Huang 和 Sommers，2012；Cole、Holyoak 和 Cole，1991）评价了微波加热过程中单核增生李斯特菌的存活率。当食品温度达到 70℃，并在此条件下保持至少 2min，该菌数量大幅减少（Walker 等，1991）。然而，微波加热所带来的危害与传统加热的危害没什么不同，两种加热方法都需要将食品充分完全加热到所需的温度，以灭活食品中可能存在的病原微生物（Ohlsson，1991）。Ceorge 等（1995）报道了通过改进制造商的复热指南来解决上述问题，他们对意大利卤汁宽面条的微波复热进行了研究，而这种复杂组分的食品是很难利用微波均匀加热的。在商业化宽面条产品标签的复热指南上，要求至少在 70℃ 下加热 2min。而新的复热指南延长了加热时间，添加了加热间歇时间，90°翻转，并且要在整个复热过程中在产品上封盖薄膜。

很多关于微波食品质量与安全的讨论，都受限于对加热均匀性相关因素的定性和定量的重要性认识有限。自 20 世纪 90 年代以来，已经找到了许多解决上述问题的办法，如提高微波炉的加热均匀性，改进加热指南，以及尽可能使微波加热食品具有高均匀性的产品配方设计新方法。目前，我们可以利用很多方法作为微波食品设计的有力工具，以改善微波食品的加热均匀性（Wäppling Raaholt，2000；Wäppling Raaholt、Galt 和 Ohlsson，1999；Wäppling Raaholt、Ohlsson 和 Risman，2001）。更多有关这方面的内容参见 17.4.1 和 17.6。

17.4 有关加热均匀性的应用实例

17.4.1 家庭和机构用微波加热

目前使微波加热分布更加均匀的方法，通常只是有助于避免前面谈到的非均匀加热模式问题（Wäppling Raaholt 等，1999，2001；Wäppling Raaholt，2000）。首先，将与目前应用相关的因素加以分类（如食品以及微波腔体的几何参数、介电参数等），利用因子设计方法建立问题产品的微波加热模型。下一步，对经筛选的相关因素作进一步研究，通过优化微波加热均匀性确定这些所选参数的最优值。这可能会对微波温度分布产生有利的影响，在多数情况下可将其控制在所需的加热均匀性下。同时，可以显著缩短加热时间。利用上述同样的方法，对食品配方进行优化设计，可以避免温度不均匀性。值得注意的是，想要获得成功的结果，需要利用电磁模型和数学优化方法这些工具，并与食品工程和食品科学知识结合起来。类似地，优化加热均匀性的方法也可用于辅助微波设备设计（Wäppling Raaholt 和 Risman，2000）。

在多模微波炉中，如顶置搅拌器式家用微波炉，加热复合组分食品，经常会出现能量吸收不均问题，这里面有多方面原因。与其他微波设备一样，微波炉的设计肯定会影响食品内部电磁场分布，从而影响温度分布（Buffler，1993；Wäppling Raaholt，2000，2015）。此外，各食品组分的介电特性和热物性的不同将会影响加热效果，同样的，不同食品组分之间也会导致微波的不同反射（Mudgett，1986；Wäppling Raaholt，2015）。造成后面这种现象的原因是，由于不同的食品组分有不同的相对介电常数，使得每种组分有不同的微波穿透深度 d_p。再者，微波在空气和食品界面上的反射取决于各组分的介电常数、微波频率以及微波设备的性能。如 17.2.2 所述，几种不同的选择性加热现象，像边角过热、中心过热和热失控，在这过程中也起了一定的作用。

目前已构建了一些评价温度分布和加热均匀性的方法，如 IEC 标准（IEC Standard 60705，2014），它定义了与用户利益相关的家用微波炉的主要性能特性，并规定了测量这些特性的方法。然而这些方法必须始终和实际食品的加热过程相结合（Ohlsson，1981）。

有人已经利用温度测试方法（如光纤探针、温度指示器、微波辐射测量学、红外热成像和核磁共振成像；参见第 15 章），以及电磁场数值模拟和由此产生的食品温度分布模拟（参见 17.5 和第 18 章），对不同几何形状微波加热食品的热均匀性进行了实验研究。Ryynänen 等（2004）对分层食品-汉堡的微波加热均匀性研究，结果表明单纯利用调整食品配方来改变介电特性从而改善加热均匀性是很困难的。

17.4.2 工业化微波加热

有些作者已经介绍了工业化微波加工中食品温度不均现象。这里选择一些有关微波加热不均的工业化应用实例进行介绍。其中有些例子提出了改善加热不均匀性的方法。需全面了解工业化微波加热的所有应用的读者可参阅 Wäppling Raaholt（2015）、Ohlsson 和 Bengtsson（2001）以及 Metaxas 和 Meredith（1983）的研究。

在隧道式多模微波设备中，造成加热不均的主要原因是食品负载衍射现象和辐射器的加热模式问题（Sundberg、Risman 和 Kildal，1995）。这种微波设备可能用于如下工业加工领域：木材烘干（Antti，1997）、各种食品烘干（Funebo 和 Ohlsson，1997；Malafronte 等，2012）以及食品在管式系统中（Wäppling Raaholt、Isaksson 和 Hamberg，2016）以及传送带中（Sundberg 等，1996）的巴氏杀菌和灭菌（参见第 10 章）。Wäppling Raaholt 等（2016）设计的微波管式系统由于微波的体积加热效应以及快速达到设定温度的特点，比传统的流入式加热系统提供了更均匀的加热模式。在 Sundberg 等（1996）所说的微波传送带系统中，包装好的食品放置于传送带上在微波辐射器的下面（或上面）移动，其瞬时微波总效率经常会显著变化，这有时会造成更强的加热不均现象。另一方面，在进料方向上微波场的不均匀性将会被输送带上食品的连续运动均匀化，这与家用微波炉内旋转盘的作用是相似的。此外，磁控管电源的非线性特点也使总效率问题变得复杂化。如果采用环行器，这一现象将被改善。Sundberg（1998b）分析和设计了隧道式工业化微波设备，并提出了一种隧道式多模辐射微波设备加热均匀性的定量分析方法（Sundberg 等，1998），更多详见 17.6。

在“稳定状态”下运行的工业微波设备，可以更好地和负载相匹配，并能发挥更高的功率效率。通常，与家用微波炉相比，工业化微波设备常常具有更均匀的场分布和温度分布模式（Ohlsson 和 Bengtsson，2001）。在某些应用中，单模微波设备非常有用，比如其能在局部产生高场强。在某些情况下，它们也可能被设计从而在食物材料内部形成一个不寻常的均匀场。然而对于特定微波食品以及微波的特殊应用，食品性质或其他条件的微小变化都可能对电磁场的分布产生相当大的影响，因此这种微波辐射器需要进行精心设计。

Risman 和 Ohlsson（1975）介绍了一种 TM_{020} 管式辐射器，它是为微波处理流体或半流体食品而专门设计的。在这种中心加热的微波装置中，通过选择不同的管壁厚度，径向加热可以较好地与食物流相匹配（Ohlsson，1993），这两者在管中心都能达到最大值。由 Risman 和 Ohlsson（1975）的研究以及 Risman（1997）的专利启发，Isaksson、Bondeson 和 Ohlsson（2002a）利用数字化模型，模拟设计了一种用于流体食品连续化微波加热的辐射器，频率也是 2450MHz，通过采用两个单模叠加的形式，其目的是在轴向场变化尽可能小的情况下，处理大直径负载。进料系统和圆形谐振腔的设计对于获得均匀的加热效果都是非常重要的。为获得满意的与特定食品相符的加热模式，相符合的微波设计是非常重要的，特别是对于高损耗负载的微波加热。这个管式微波加热的均匀性原理在 Wäppling Raaholt 等（2016）的研究中有进一步的讨论。

17.5 改善加热均匀性的手段——微波加工建模

17.5.1 背景

建模作为一种工具，对于提高对食品微波加热的认识和理解起到重要的作用。这些认识可用于优化微波加工过程，提高产品质量，如提高加热均匀性，从而在灭活微生物、改善产品感官及营养特性方面提高产品的质量。

有些著作介绍了空载谐振腔的一般特性及机制（如 Kok 和 Boon，1992）。但当微波加热食品时，情况通常会变得很复杂。获得麦克斯韦方程的解析和精确解是极其困难的，有时甚至对几何形状最简单的产品和谐振腔结构都无能为力。

而数学模型和模拟是解决这个问题的主要方法。如 Booton（1992）以及 Rylander、Ingelsten 和 Bondeson（2013）对电磁和微波的数字化计算方法进行了研究。

微波加工建模包括解决由麦克斯韦方程（Maxwell，1954）描述的电磁场和热传递问题。

瑞典国家研究院（Research Institutes of Sweden，RISE）及其单位 SP Food and Bioscience①在微波加热建模方面具有悠久的历史，在 20 世纪 70 年代即开始这项工作（Ohlsson 和 Bengtsson，1971；Ohlsson 和 Risman，1978）。随着现代计算机处理能力的不断增强，微波电磁场以及加热过程中食品的数学建模及模拟，已经成为微波加工单元和微波食品及包装设计的重要工具。对于食品微波加工过程，电磁问题可由几种数学方法解决。最常用的方法有：时域有限差分法（FDTD）（Gwarek，1988；Lau 和 Sheppard，1986；Sundberg 等，1996；Taflove，1980；Yee，1966），有限元法（FEM）（Dibbe 和 Metaxas，1994），和矩量法（MM）（Yamashita，1990）。此外，混合法，像稳态 FEM - FDTD 混合法（Rylander 和 Bondeson，2000）已经得到了发展。目前，已有几种商业化软件包可供使用和选择，它们作为一种工具，不仅为微波产品的合理开发，而且为微波炉的优化设计提供了更多的方便（Nablaworks，2016；Rylander 等，2013）。

通过将电磁模型与传热模型相结合，使预测微波加工过程中食品内部温度分布成为可能。像 Wäppling Raaholt（2000）以及 Fu 和 Metaxas（1994）所介绍的那样，可以利用直线法将电磁模型和加热过程耦合起来（Fu 和 Metaxas，1993）。Ma 等（1995）提出将电磁模型和加热 FDTD 模型结合起来，但是时间步长在两种运算法则下数量级相差悬殊。Torres 和 Jecko（1997）提出利用一种时间尺度的传热方程来克服这一困难。在这两篇文章中，尽管由于数字模型的复杂性而仅达到一个有限的程度，温度相关的热特性都融合于同一模型中。然而他们和其他一些作者都认为微波加热电介质的热特性是稳定的，而且只建立了单一微波加热的模型（即不包括对流边界条件）。Zhang 和 Datta（2000）也研究了微波加热过程，他们利用有限元（FE）频域软件处理微波部分，用分离式有限元软件处理热传导部分，同时将介电特性的温度依赖性以及弱对流热传导也考虑在内。但是他们认为热特性为常数并且没有考虑表面蒸发。Wäppling Raaholt（2002）以及 Wäppling Raaholt 等（2001，2002）利用 FDTD 方法，建立并验证了联合微波设备中微波和加压气流共同加热食品的模型，同时考虑了热特性的温度依赖性以及在食品边界的对流热传导和食品的蒸发现象。

其他研究建立了食品微波解冻三维模型（Wäppling Raaholt 和 Janestad，2003），并考虑到高热焓以及介电特性和热特性的温度依赖性。

17.5.2 模型作为开发产品的手段

目前将电磁、传热建模知识（Wäppling Raaholt，2015；Wäppling Raaholt 和 Janestad，2003；Wäppling Raaholt 等，2001）与食品科学知识和经验相结合，可以为提高微波产品的设计提供更多的机会。Wäppling Raaholt 等（1999）、Wäppling Raaholt（2000）和 Wäppling Raaholt 等（2001）证明了这一点。此后，相继有几个利用这种方法的项目成功完成。图 17.4 所示为由数学模拟对微波加热小型即食食品的功率分布预测。

① 前身为 SIK 公司（The Swedish Institute for Food and Biotechnology）。

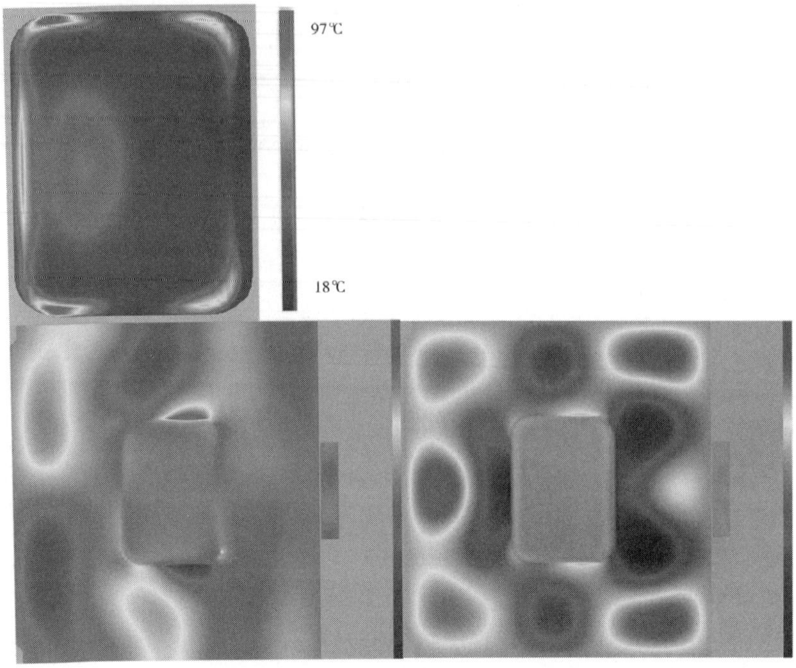

图 17.4 小型即食食品微波加热数学建模模拟预测温度分布结果（上图）

注：本例中，食品由有圆角的长方形容器包装。上图所示为距离食品上表面以下 5mm 横截面上的温度分布情况，在此平面上，过热点发生在四角和左边边缘。谐振腔和负载食品中的电场在 y 和 z 方向的分量如图所示（归一化值）。微波腔体模型源于 Wäppling Raaholt 和 Janestad（2003），配有正弦波激励和 TE_{01} 矩形激发场。

17.6 改善微波加热均匀性的技术

在微波设备中引入模式搅拌器，将有助于谐振腔中微波加热模式的选择，这与模式搅拌器转速相关。或者是将食品置于谐振腔底部的圆台上旋转，由于食品受到不同位置微波场的影响（同时谐振腔中的场也受到相应的影响），使得食品组分温差得到改善。通常，旋转圆台和模式搅拌器可能会在一定程度上改善加热不均现象，但是仍需要采用合适的食品及包装设计以及选择合适的微波参数。

前面已经谈到，微波过程建模可作为一种了解此过程的手段，通过优化相应的食品及包装参数或是微波相关参数，可以改善微波加热不均的现象。在实际中，也可利用微波建模减少获得食品最佳配方设计的实验次数。在部分行业领域，以往基于实验的微波食品研发可由微波数学建模，计算机模拟以及优化来取代（Wäppling Raaholt，2015）。

对于工业化微波设备分析，Sundberg 等（1998）提出了成本函数的概念以对不同微波设备的性能加以归类。成本函数赋以微波设备内场分布值，用以测试由设备产生的电场与理想电场分布的距离。Sundberg 引入了两种不同的成本函数，一个给出了食品负载尽可能被均匀加热的函数［式（17.4）］，这通过尽可能缩小食品局部的最高和最低温差来实现；另一个函数抑制电场的水平分量，以尽可能减轻食品边角区域以及与输送带接触处的过热［式（17.5）］。

$$f_1(a,\ b,\ c,\ X) = \max|\vec{E}|^2 - \min|\vec{E}|^2 \tag{17.4}$$

$$f_2(a,\ b,\ c,\ X) = \frac{\sum|E_x|^2 + \sum|E_y|^2}{\sum|E_z|^2} \tag{17.5}$$

式中求和包括了所有数据点。Sundberg 进一步提出利用“模拟退火法”（Press 等，1992）作为优化方法，原因是食品负载和谐振腔中强烈场强变化会导致存在多个局部最小值。

Risman（1997）的专利中介绍了 TM_{1n0} 循环圆柱激发模态技术。Isaksson 等（2002a）研究了此模态技术如何与 TM_{0n0} 技术结合来适用于更大负载半径。Isaksson（2002）和 Isaksson 等（2002b）也展示了一种理想状态下放大谐振腔长度的原理，该原理同样被应用于对肉制品进行连续微波加热，如 17.4.2 所述。此后，这种技术在微波加工其他方面也得到了应用，如含颗粒汤的微波快速管道式灭菌（Wäppling Raaholt 等，2016）。

假设相同介电常数的条件下，频率为 915MHz 的微波穿透深度 d_p 比 2450MHz 的微波穿透深度大（约 2.5 倍）。为了克服 2450MHz 频率微波穿透深度不足的问题，已经有利用 915MHz 管式连续微波加热的应用实例（Isaksson、Bondeson 和 Ohlsson，2002b，Nykvist 和 Decareau，1976）。然而，在低频情况下，复介电常数的温度依赖性更加明显（Ohlsson、Bengtsson 和 Risman，1974），需要在建立电磁模型时充分考虑这点，这使得这类微波 3D 模拟仿真要比其他类型的模型需要更长的时间。Isaksson 等（2002a）提出并开发了一种简单而快捷的建模方法，它是基于一种半解析法来解决本征模式并预测温度分布情况，以快速获得有关加工性能方面的信息。Jin（1993）给出了轴向电磁场的系统方程。假设轴向场分布均匀，且 ε 和 μ 无方位角变化，场模式变成 TE（横向电场）和 TM（横向磁场）模式。对于 TM 模式，可求得贝塞尔微分方程的径向解：

$$\frac{1}{r}\frac{\mathrm{d}}{\mathrm{d}r}\left(r\frac{\varepsilon}{k_t^2}\frac{\mathrm{d}E_z}{\mathrm{d}r}\right) - \frac{\varepsilon m^2}{k_t^2 r^2}E_z + \varepsilon E_z = 0 \tag{17.6}$$

式中 r——径向位置；

m——角模式指数；

k_t——横向波数。

这种方法有很多优点，特别适合于预测介电常数与温度有强相关性时的微波温度分布。

Wäppling Raaholt 等（1999，2001）以及 Wäppling Raaholt（2000）提出了定量化测试加热均匀性的统计标准，即对于食品负载的代表面，利用均值法标准化所消耗能量的标准偏差。Wäppling Raaholt 等（1999）选择并描述了这个食品负载代表面。Wäppling Raaholt 等（1999，2001）和 Wäppling Raaholt（2000）给出了改进食品微波加热均匀性效果的实例。Wäppling Raaholt 等（1999）描述并界定了控制网格计算精度的范数误差，如式（17.7）：

$$ERROR = \frac{\sqrt{\sum_{(i,\ j,\ k)\in M}(P^{\Delta x}(i,\ j,\ k) - P^{0.9\Delta x}(i,\ j,\ k))^2}}{\sum_{(i,\ j,\ k)\in M}|P^{\Delta x}(i,\ j,\ k)|} \leqslant \varepsilon \tag{17.7}$$

式中 M——食品负载中所有测试点的集合；

ε——给定的误差值；

$P^{\Delta x}(i,\ j,\ k)$——网格间距为 Δx 在点（$(i+1/2)\Delta x$，$(j+1/2)\Delta y$，$(k+1/2)\Delta z$）的功率密度；

$P^{0.9\Delta x}(i, j, k)$ ——网格间距为 0.9Δx 在点（$(i+1/2)\Delta x$，$(j+1/2)\Delta y$，$(k+1/2)\Delta z$）的功率密度。

相应的迭代收敛范数误差由式（17.8）描述：

$$ERROR = \frac{\sqrt{\sum_{(i,j,k)\in M}(P^{n+1}(i,j,k) - P^{n}(i,j,k))^{2}}}{\sum_{(i,j,k)\in M}|P^{n+1}(i,j,k)|} \leqslant \varepsilon \tag{17.8}$$

此后，已成功开发了几例适合微波加工的食品产品，其中 3 例如图 17.5 和图 17.6 所示，更多的可以参见 17.7。此外，图 17.7 和图 17.8 表现了以微波模型为手段预测另外两种食品加热模式的可能性。

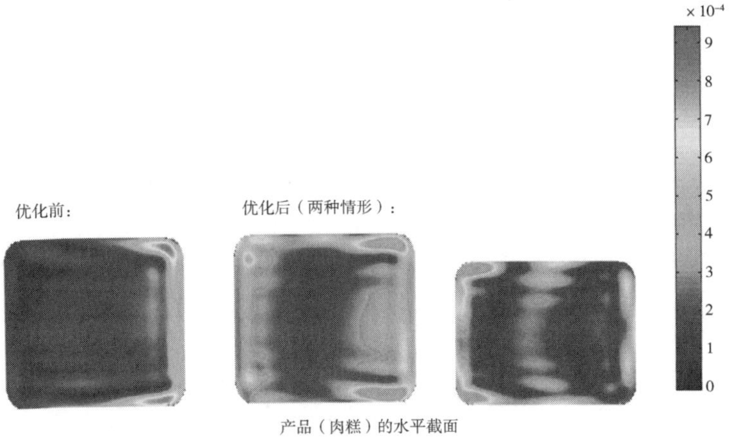

图 17.5　一种小型即食食品-肉糕中优化加热均匀性前（左图）和优化后（中、右图）的模拟微波功率分布（色条值单位：kW/cm^2）

注：经优化后，包装的几何形状和尺寸发生了一定的变化，经优化的产品其过热和加热不足的区域显著减少。

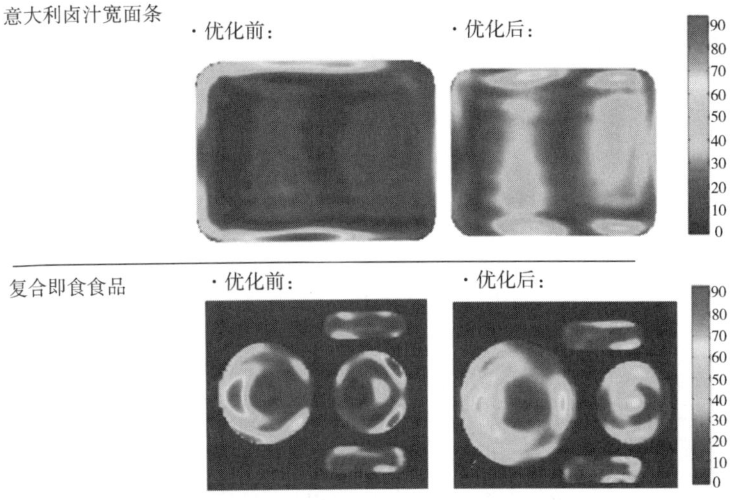

图 17.6　意大利卤汁宽面条和复合即食食品在加热均匀性优化前后的预测微波能消耗（单位：℃，不计热传递）

注：复合食品组分包括肉馅、马铃薯和胡萝卜泥。两例中，优化后食品容积保持不变，只是各组分的几何形状、尺寸和位置发生了变化。优化后热量分布更加均匀。

图 17.7　复合即食食品中微波温度分布预测

注：食品从冷冻状态开始加热，食品组分包括马铃薯泥（最大图），两个肉饼（底部图），白胡萝卜片（图中上部分）和瑞典芜菁（中右）。如果食品各组分快速解冻且组分间温度分布水平更均匀的话，微波加热均匀性将会更好。

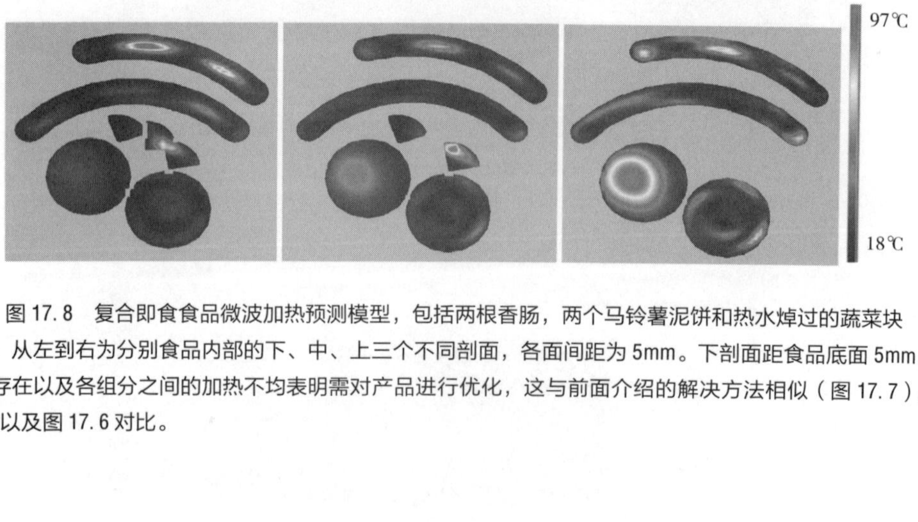

图 17.8　复合即食食品微波加热预测模型，包括两根香肠，两个马铃薯泥饼和热水焯过的蔬菜块

注：从左到右为分别食品内部的下、中、上三个不同剖面，各面间距为 5mm。下剖面距食品底面 5mm。过热区域的存在以及各组分之间的加热不均表明需对产品进行优化，这与前面介绍的解决方法相似（图 17.7）。可与图 17.5 以及图 17.6 对比。

17.7　微波在特定食品及其加工中的应用

目前，已有多种方法可以改善微波加热性能，为微波食品产品的设计开发提供了机会（Wäppling Raaholt，2000；Wäppling Raaholt 等，1999；Wäppling Raaholt 等，2001）。这可以从三类即食食品，肉糕（Wäppling Raaholt 等，1999），意大利卤汁宽面条和复合组分即食食品中得到证实（Wäppling Raaholt 等，2001）（图 17.5 和图 17.6）。另外两种食品的加热效果如图 17.7 和图 17.8 所示。

在众多的微波均匀加热达到工业化应用中，值得一提的是微波连续化处理肝酱的例子。基于通过组合选择多种模式获得均匀加热的技术，Isaksson 等（2002a）利用这种方法微波处理在圆环形管道中沿轴线输送的肉，获得了均匀加热效果。此过程中设计了两个圆柱形单模谐振腔，每个具有不同的模式（TM_{020} 和 TM_{120} 模式）。这种模式组合的方法，如果设计合理，可以取得均匀的加热效果。Isaksson 等（2002b）利用简化的一维分析法分析了加热情况，并进一步考虑了介电性质的温度依赖性。已采用公认的全几何时域有限差分模拟方法［应用 Quickwave-3D 软件包（QWED Sp. Z o. o.，Warsaw，Poland）］来验证该一维结果的有效性。这种方法也适用于较低频率下，介电性质与温度显著相关的情况。

该研究已由 2450MHz 微波加工肝酱所证实。流体食品的管式连续微波加工实验设备如图 17.9 所示。一个中试车间也利用相同的原理进行一些高黏度或者含有大颗粒流体的连续微波杀菌，在传统热交换杀菌过程中这些流体由于颗粒过大会影响泵送速度（Wäppling Raaholt，2015；Wäppling Raaholt 等，2016）。

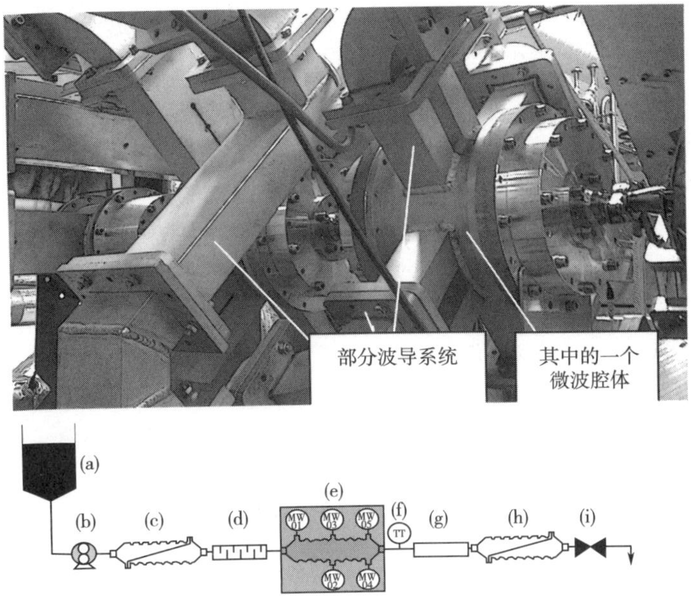

图 17.9　一个用连续管式微波处理（2450MHz）流体食品的中试设备，可用于带颗粒流体食品的巴氏杀菌和灭菌

注：下图为管式微波系统的示意图（前视图），包括：平衡罐（a）、流体泵（b）、预热器（c）、静态混合器（d）、微波加热单元（e）、空间温度测量单元（f）、温度维持管（g）、冷却装置（h）和压力调节器（i）。上图为微波腔体以及部分波导系统。

17.8　未来发展趋势

在 20 世纪 90 年代和 21 世纪初，家用微波炉开始成为发达国家的标准厨房用具

（Wäppling Raaholt，2015）。在美国，拥有微波炉的家庭数量从1971年的1%增加至1986年的约25%（Liegey，2001），而在1997年90%的美国家庭都拥有微波炉（数据来源于美国劳工统计局）（Cox和Alm，1997；Liegey，2001）。2008年，96%的美国家庭至少拥有一个微波炉（USDA，2009）。2008年的一项市场调查表明，95%的澳大利亚家庭都拥有一台微波炉。在加拿大，拥有微波炉的家庭数量从1979年的不足5%增长至1998年的88%以上（Williams，2000）。法国在1994年只有40%的家庭拥有微波炉，到2014年就增加至76%（Freedonia，2009）。正如预期的那样，家庭微波炉在发展中国家的使用增长较慢。如在印度，2013年只有5%的家庭拥有微波炉，而超过31%的家庭拥有冰箱（Statista，2015）。另一个例子是越南，那里家庭微波炉的拥有率从2002年的7%上升至2008年的16%（USDA，2009）。另一方面，在南非，低收入人群中微波炉的拥有率从2002年的20%增长至2008年的39%，几乎翻了两番（USDA，2009）。

在世界其他的国家，拥有微波炉的家庭数量同样在稳步增长，如在东欧，那里不断壮大的中产阶级显示出对家用电器（如微波炉）的使用需求增加。此外，非洲、中东和拉丁美洲拥有微波炉的家庭数量正在强劲增长，部分原因是人均收入的增加，部分是由于这些地区家庭数量的增加。最近的一项研究表明，2013年全球家庭微波炉数量的增长是家用电器，白色家电领域所有产品类别中最大的（Freedonia，2006，2009），这一增长趋势预期在今后几年将持续。在许多国家，特别是在发展中国家，家用微波炉市场潜力巨大，几乎未被开发。

对微波加热过程中电磁场分布及影响加热效果的因素间相互作用等理论知识的日益加深将逐步改善微波设备性能。此外，正在进行的微波设备性能和测试方法的国际标准化将促使微波加热性能的进一步改进。

在最近几十年里，基于建模的微波产品的开发与包装开发相结合的相关研究（包括不同的材料、屏蔽、衬底、几何形状等，参见第13章）在食品行业迅速增长。

此外，改进微波设备组件，如固态组件，将降低微波设备的尺寸、腔体重量和生产成本。至少在欧洲，将微波加热与对流加热或辐射加热相结合的微波组合炉的数量预计将持续增长。

工业化微波加工在几十年间都被认为具有广阔的前景，但以往的实际应用一直发展缓慢。从以下几个方面看，微波工业化应用会在将来不断扩大。

现在的微波加热设备的可靠性与其他可替代的加工设备相当，这使得微波加热的特点更具吸引力。此外，食品工业有朝连续生产线加工和在线过程控制生产的发展趋势。因此，这将会提高微波加热作为一个单元操作的使用需求，因为微波具有快速加热和深入加热的特点，更适合食品工业的发展趋势。更精密的微波辐射器的出现使得微波功率分配更均匀、过程控制更完善，使得工业化微波设备既可用于管路系统中流体的加热，也可用于传送带上包装食品的连续加热。

复热、杀菌、干燥和快餐生产可能是未来微波加工的主要应用领域，而且是稳定增长的领域。

公认的ISM频率915MHz（至少在北美洲是如此），由于它在穿透深度、功率以及效率上的优点，将会成为重要的工业化微波加工使用频率。而且，优化设计的2450MHz微波系统也将成为未来许多应用领域的首选。

进一步开发的微波建模工具也将成为现代微波食品设计的有效手段。将建模优化技术与微波工程和食品科学的知识相结合，在优化和开发微波食品方面会取得意想不到的效果。这些方法也能用于建立微波同其他加热技术相结合的加工模型，将会缩短微波设备及产品从开发到走向市场过程中的时间，并提高满足消费者要求和市场需求的能力。

17.9 拓展资料

SP Food and Bioscience① 的微波工程研究领域之一是改善微波加热过程中食品加热的均匀性。这项研究工作的研究成果多数已经发表。部分最新研究成果也将以论文的形式发表在学术期刊上，并在国际研讨会、研讨班上展示。

Wäppling Raaholt（2015）以及 Bengtsson 和 Ohlsson（1974）对这一主题也进行了介绍。有关物料介电性质及其对加热均匀性影响的详细信息，请参考 Buffe 和 Stanford（1995）以及 Ohlsson 和 Bengtsson（2001）。很多研究者介绍了微波加热原理，如 Bengtsson 和 Risman（1971）、Ohlsson 和 Risman（1978）、Ohlsson（1983）、Metaxas 和 Meredith（1983）、Walker（1987）、Bufler（1993）、Ohlsson 和 Bengtsson（2001）以及 Wäppling Raaholt（2015）。有关电磁学和数学建模方面的综述，请参见 Dibben（2001）和 Rylander 等（2013）以及第 18 章。

参考文献

Antti，L.（1997）. *Microwave drying of wood components in a continuous conveyor system.* Technical Report 95-09638，NUTEK，the Swedish National Board for Industrial and Technical Development.

Bengtsson，N.，& Risman，P. O.（1971）. Dielectric properties of foods at 3 GHz as determined by a cavity perturbation technique. II. Measurements on food materials. *Journal of Microwave Power*，*6*（2），107-123.

Bengtsson，N. E.，& Ohlsson，T.（1974）. Microwave heating in the food industry. *Proceedings of the IEEE*，*62*（1），44-55.

Booton，R. C.（1992）. *Computational methods for electromagnetics and microwaves.* John Wiley and Sons Inc.

Buffler，C. R.（1993）. *Microwave cooking and processing. Engineering fundamentals for the food scientist.* New York：AVI，van Nostrand Reinhold.

Buffler，C. R.，& Stanford，M.（1995）. The effects of dielectric and thermal properties on the microwave heating of foods. *Microwave World*，*12*（4），15-23，1991，and 16（1）.

Cole，P. J.，Holyoak，C. D.，& Cole，M. B.（1991）. Thermal inactivation of *Listeria monocytogenes* during a process simulating temperatures achieved during microwave heating. *Journal of Applied Bacteriology*，*70*，489-494.

Cox，W. M.，& Alm，R.（1997）. Time well spent：The declining real cost of living in America，1997

① RISE（Research Institutes of Sweden）的一个分部。

Annual Report（Federal Reserve Bank of Dallas）：22（see Exhibit 8），archived from the original（PDF）on 13 August 2006，http://www.dallasfed.org/assets/documents/fed/annual/1999/ar97.pdf（12.08.99）.

Dibben，D.（2001）. Electromagnetics：Fundamental aspects and numerical modelling；chapter 1. In A. K. Datta，& R. C Anantheswaran（Eds.），*Handbook of microwave technology for food applications.*

Dibben，D. C. & Metaxas，A. C.（1994）. Time domain finite element analysis of multimode microwave applicators loaded with low and high loss materials. In：*Proc. int. conf. microwave and high frequency heating，17-21 September. St John's College，Cambridge，UK*（A3.1-A3.4）.

The Freedonia Group（2006）. *World major household appliances：World industry study with forecasts to 2009 & 2014（Study #2015）*. Cleveland，Ohio：The Freedonia Group. January 2006，Table VI-5：France cooking appliances supply & demand（million dollars）；Jan. http://www.freedoniagroup.com/brochure/20xx/2015smwe.pdf（11.08.15）.

The Freedonia Group.（2009）. World major household appliances：World industry study with forecasts to 2013 & 2018（Study # 2588）http://www.freedoniagroup.com/brochure/25xx/2588embro.pdf，Dec.（13.08.15）.

Fu，W. B.，& Metaxas，A. C.（1993）. MAXEMOL-A numerical scheme for the solution of Maxwell's equations using the Method of Lines. In：*Proceedings of microwave and high frequency heating，Göteborg，Sweden*（paper A5）.

Fu，W. B.，& Metaxas，A. C.（1994）. Numerical prediction of three-dimensional temperature distributions inside a microwave oven using the method of lines. In：*Dig. 2nd int. conf. computation in electromagnetics，Nottingham*（pp. 255-258）.

Funebo，T.，& Ohlsson，T.（1997）. Microwave-assisted dehydration of fruits and vegetables using applicators. In：*Proc. of the 6th Int. Conf. On Microwave and High Frequency Heating，Fermo，Italy*（pp. 229-232）.

George，R. M.，Evans，D. G.，Hooper，G. I.，Campbell，G. M.，& Dobie，P. A. P.（1995）. *Assessment and improvement of the manufacturers' reheating instructions for microwavable lasagne based upon the voluntary UK new microwave labelling scheme.* London：MAFF Publications.

Grimwood，N.（1989）. The convenience culture-Producing the quality in microwave foods. *I. European Food Drink Review，3*（Autumn），11-12.

Gwarek，W. K.（1988）. Analysis of arbitrarily shaped two-dimensional microwave circuits by finite-difference time-domain method. *IEEE Transaction on Microwave Theory Technology，35*（4），738-744.

Harrington，R. F.（1961）. *Time-harmonic electromagnetic fields*（pp. 158-163）. New York：Mc Graw Hill Book Co.

Hasted，J. B.（1973）. *Aqueous dielectrics.* London：Chapman and Hall.

IEC Standard 60705：4th Edition.（2014）. *Household microwave ovens-Methods for measuring performance.* Geneva，Switzerland.

Isaksson，S.（2002）. *Tubular microwave heating. Thesis for the Degree of Licentiate of Engineering.* Chalmers University of Technology.

Isaksson，S.，Bondeson，A.，& Ohlsson，T.（2002a）. Computer-aided design of a continuous tubular microwave process，using the TM_{0n0} and TM_{1n0} modes. In S. Isaksson（Ed.），*Paper II in Tubular Microwave Heating.* Chalmers University of Technology，（Thesis for the Degree of Licentiate of Engineering）.

Isaksson，S.，Bondeson，A.，& Ohlsson，T.（2002b）. Tubular microwave heating of meat with temperature- dependent dielectric properties. In S. Isaksson (Ed.), *Paper III in Tubular Microwave Heating*. Chalmers University of Technology, (Thesis for the Degree of Licentiate of Engineering).

Jin, J. (1993). *The finite element method in electromagnetics*. New York: Wiley.

Kang, H. Y., & Chen, H. H. (2014). Preparation of thermally stable microcapsules with a chitosan-silica hybrid. *Journal of Food Science*, *79*, E1713 - E1721. Available from http://dx.doi.org/10.1111/1750-3841.12544.

Katt, J. L. (1991). The effects on starches and sugars on microwave cooking. *Microwave World*, *12* (2), 19-23.

Kok, L. P., & Boon, E. (1992). *Microwave cookbook for microscopists. Art and science of visualization*. Coulomb Press Leyden.

Lau, R. W. M., & Sheppard, R. J. (1986). The modelling of biological systems in three dimensions using the time-domain finite-difference method: I. The implementation of the model. *The Institute of Physics*, *31*, 1247-1256.

Leon Garcia, M. M. (2013). *Impact of microwave processing on quality of high value shelf stable fruit products*. Open Access Theses. Paper 48. http://docs.lib.purdue.edu/open_ access_theses/48.

Liegey, P. R. (2001). *Hedonic quality adjustment methods for microwave ovens in the U. S.* CPI, Bureau of Labor Statistics, United States Department of Labor. Oct, 16th http://www.bls.gov/cpi/cpimwo.htm (11.04.15).

Ma, L., Paul, D.-L., Pothecary, N., Railton, C., Bows, J., Barratt, L., ...Simons, D. (1995). Experimental validation of a combined electromagnetic and thermal fdtd model of a microwave heating process. *IEEE Trans MTT*, *43* (11), 2565-2572.

Malafronte, L., Lamberti, G., Barba, A. A., Raaholt, B., Holtz, E., & Ahrné, L. (2012). Combined convective and microwave assisted drying: Experiments and modelling. *Journal of Food Engineering*, *112* (4), 304-312, Oct.

Maxwell, J. C. (1954). *A treatise on electricity and magnetism. Vol. 1-2, Unabrigated republication of the last third revised edition 1892*. New York: Dover Publication.

Metaxas, A. C. (1996). *Foundations of Electroheat-A unified approach*. Chichester, UK: John Wiley and Sons.

Metaxas, A. C., & Meredith, R. J. (1983). *Industrial microwave heating. IEE Power Engineering Series 4*. Piscataway NJ: Peter Peregrinus Ltd, 357 pp.

Miller, R. A., & Hoseney, R. C. (1997). Method to measure microwave-induced toughness of bread. *Journal of Food Science*, *62* (6), 1202-1204.

Mizrahi, S., et al. (2012). Mechanisms of objectionable textural changes by microwave reheating of foods: A review. *Journal of Food Science*, *77*, R57-R62. Available from http://dx.doi.org/10.1111/j.1750-3841.2011.02515.

Mudgett, R. E. (1986). Electrical properties of foods. Ch 7. In M. A. Rao, & S. S. V. Rizvi (Eds.), *Engineering properties of foods* (pp. 32-90). New York: Marcel Dekker Inc.

Nablaworks. (2016). *A list of commercial computational electromagnetics codes and their publishers*. http://www.nablaworks.com/CEM_ Software.html (assessed 06.05.16).

Nykvist, W. E., & Decareau, R. V. (1976). Microwave meat roasting. *Journal of Microwave Power*, *11* (1), 3-24.

Ohlsson, T. (1981). Methods for measuring temperature distribution in microwave ovens. *Microwave World*, 2

（2），14–17.

Ohlsson，T.（1983）. Fundamentals of microwave cooking. *Microwave World*，*2*（4），4–9.

Ohlsson，T.（1989）. Auswirkungen von Mikrowellenerwärmung auf den Närhwärt. In：*Internationales Seminar Lebensmittel und Verpackungen für Mikrowellenerwärmung*（4p.）.

Ohlsson，T.（1991）. More uniformity in heat from microwave ovens. In：*Food technology international–Europe 1991*，*London 1991*（pp. 77–78，80–81）. SIK publication 552.

Ohlsson，T.（1993）. In–flow microwave heating of pumpable foods. In：*Paper presented at international congress on food and engineering*，*Chiba*，*Japan*，*May 23–27*（7p.）.

Ohlsson，T.，& Åström，A.（1982）. Sensory and nutritional quality in microwave cooking. *Journal of Microwave Power*，*17*（4），320–321.

Ohlsson，T.，& Bengtsson，N.（2001）. Microwave technology and foods. *Advances in Food and Nutrition Research*，*43*，65–140.

Ohlsson，T.，& Bengtsson，N. E.（1971）. Microwave heating profiles in foods. A comparison between heating experiments and computer simulation. A research note. *Microwave Energy Applications Newletter*，*4*（6），3–8，SIK publication 232.

Ohlsson，T.，Bengtsson，N. E.，& Risman，P. O.（1974）. The frequency and temperature dependence of dielectric food data as determined by a cavity perturbation technique. *Journal of Microwave Power*，*9*（2）.

Ohlsson，T.，& Risman，P. O.（1978）. Temperature distribution of microwave heating – Spheres and Cylinders. *Journal of Microwave Power*，*13*（4），303–310，SIK publication320.

Press，W. H.，Teukolsky，S. A.，Vetterling，W. T.，& Flannery，B. P.（1992）. *Numerical recipes in C*：*the art of scientific computing.* New York：Cambridge University Press.

Pszczola，D. E.（2003）. Delivery systems help send the right message. *Food Technology*，*57*（4），68–85.

Risman，P. O.（1992）. Metal in the microwave oven. *Journal of Microwave Power and Electromagnetic Energy*，*13*（1）.

Risman，P. O.（1994）. Confined modes between a lossy slab load and a metal plane as determined by a waveguide trough model. *Journal of Microwave Power and Electromagnetic Energy*，*29*（3）.

Risman，P. O.（1997）. *Tubular microwave applicator.* US Patent No. 5,834,744.

Risman，P. O.，& Ohlsson，T.（1975）. Theory for and experiments with a TM_{02n} applicator. *Journal of Microwave Power*，*10*（3），271–280，SIK Publication 286.

Rylander，T.，& Bondeson，A.（2000）. Stable FEM–FDTD hybrid method for Maxwell's equations. *Computer Physics Communications*，*25*，75–82，March.

Rylander，T.，Ingelsten，P.，& Bondeson，A.（2013）. *Computational electromagnetics. Texts in applied mathematics*（2nd ed.）. New York：Springer Science and Business Media.

Ryynänen，S.，Risman，P. O.，& Ohlsson，T.（2004）. Hamburger composition and microwave heating uniformity. *Journal of Food Science*，*69*（7），187–196，Sep.

Serventi，L.，Sachleben，J.，& Vodovotz，Y.（2011）. Soy addition improves the texture of microwavable par–baked pocket–type flat doughs. *Journal of thermal analysis and calorimetry*，*106*（1），117.

Sheen，S.，Huang，L.，& Sommers，C.（2012）. Survival of *Listeria monocytogenes*，*Escherichia coli* O157：H7，and *Salmonella* spp. on catfish fillets exposed to microwave heating in a continuous mode. *Journal of Food Science*，*77*（8），E209–214，Aug.

Sobel，K. R.，Vasisht，N.，& Gaonkar，A. G.（2014）. Parts I – III in microencapsulation in the food industry：A practical implementation guide. In A. G. Gaonkar，N. Vasisht，A. R. Khare，& R. Sobel

(Eds.), *Technology & Engineering*. Academic Press, Elsevier.

Statista. (2015). *Household penetration rate of home appliances in India in 2013*. http://www.statista.com/statistics/370635/household-penetration-home-appliances-india/ (11.07.15).

Sundberg, M. (1998a). An investigation of the edge overheating effect for high-permittivity dielectrics. Paper F. In M. Sundberg (Ed.), *Analysis of industrial microwave ovens. Ph. D. thesis*. Department of Microwave Technology, Chalmers University of Technology.

Sundberg, M. (1998b). *Analysis of industrial microwave ovens. Ph. D. thesis*. Department of Microwave Technology, Chalmers University of Technology.

Sundberg, M., Kildal, P.-S., & Ohlsson, T. (1998). Moment method analysis of a microwave tunnel oven. *Journal of Microwave Power and Electromagnetic Energy*, *33* (1), 36-48.

Sundberg, M., Risman, P. O., & Kildal, P.-S. (1995). Quantification of heating uniformity in multi-applicator tunnel ovens. In: *Proc of the 5th int AMPERE conference on microwave and high frequency heating*, *Cambridge*, *UK*, *Sept*.

Sundberg, M., Risman, P. O., Kildal, P.-S., & Ohlsson, T. (1996). Analysis and design of industrial microwave ovens using the finite difference time domain method. *Journal of Microwave Power and Electromagnetic Energy*, *31* (3), 142-157.

Taflove, A. (1980). Application of the finite-difference time-domain method to sinusoidal steady-state electromagnetic-penetration problems. *IEEE Transactions on Electromagnetic Compatibility*, *EMC-22* (2), 191-202.

Torres, F., & Jecko, B. (1997). Complete FDTD analysis of microwave heating processes in frequency-dependent and temperature-dependent media. *IEEE Transactions on Microwave Theory and Techniques*, *45* (1), 108-117.

USDA (United States Department of Agriculture), (2009). *Ownership of household amenities among selected countries*. (online) http://www.ers.usda.gov/media/612721/householdamenities.xls (03.06.15).

Walker, J. (1987). The secret of a microwave oven's rapid cooking is disclosed. *Scientific American*, (2), 98-102.

Walker, S. J., Bows, J., Richardson, P., & Banks, J. G. (1991). *Listeria survival in chilled retail products*: *Effects of recommended microwave cooking*. MAFF, Food Safety Directorate, Ministry of Agriculture, Fisheries and Food, Microwave Science Series No 1.

Wäppling Raaholt, B. (2000). *Finite difference time domain analysis of heating of foods in household microwave ovens-Improving the heating uniformity of microwave heated foods. Thesis for the degree of Licentiate of Engineering*. Chalmers University of Technology, Also Paper1 in.

Wäppling Raaholt, B. (2015). *Applications of industrial microwave heating*. Chalmers University of Technology, Dept for Signals and Systems, SP report 2015: 38, ISSN 0284-5172, Nov.

Wäppling Raaholt, B., Galt, S., & Ohlsson, T. (1999). FDTD simulation of a microwave heating process: effects of food parameters. In: *Proceedings of the 7th international conference on microwave and high frequency heating*, *Valencia*, *Spain*.

Wäppling Raaholt, B., Holtz, E., & Isaksson, S. (2013). Application of Microwave Technology In Food Preservation And Processing. In S. Bhattacharya (Ed.), *Conventional and advanced food processing technologies*. Blackwell Publishing Ltd/John Wiley & Sons Ltd.

Wäppling Raaholt, B., Isaksson, S., & Hamberg, L. (2016). *Continuous tubular microwave heating of homogeneous foods*: *Evaluation of heating uniformity in pilot-scale at constant total microwave power*. Paper

IV in SP report 2015: 38, ISSN 0284-5172, Nov. 2015; submitted to Journal of Microwave Power, Oct. 2015, accepted for publication Jan, 2016. In print, March, 2016.

Wäppling Raaholt, B., & Janestad, H. (2003). *Modelling of microwave defrosting of foods using a coupled electromagnetic and heat transfer approach, technical report.* SIK's Internal.

Wäppling Raaholt, B., Ohlsson, T., & Risman, P. O. (2001). Microwave heating of ready meals-FDTD simulation tools for improving the heating uniformity. In: *Proceedings of the 8th international conference on microwave and high frequency heating, Bayreuth, Germany.*

Wäppling Raaholt, B., & Risman, P. O. (2000). FDTD simulation of a microwave heating process: Effects of oven parameters on heating uniformity. In: *Book of proceedings of the 3rd int. conf on predictive modelling, Leuven, Belgium, September* (pp. 271-273).

Wäppling Raaholt, B., Scheerlinck, N., Galt, S., Ohlsson, T., & Nicolaï, B. (2002). A combined electromagnetic and heat transfer model for heating of foods in microwave combination ovens. *Journal of Microwave Power and Electromagnetic Energy, 37* (2), 97-111.

Williams, C. (2000). *Income and expenditures.* Canadian Social Trends—Catalogue No. 11-008 (Statistics Canada) (59): 7-12. (online) http://publications.gc.ca/Collection-R/Statcan/11-008-XIE/0030011-008-XIE.pdf, Winter 2000 (03.08.15).

Yahyaei, M., Ghavami, A., Gharachorloo, M., Larijani, K., & Mazhari, S. Z. (2014). Investigating the changes in β-carotene concentrations of carrot and sweet corn using different methods of heat treatments. *Journal of Food Biosciences and Technology*, 4 (2), 15-20, Summer & Autumn.

Yamashita, E. (1990). *Analysis methods for electromagnetic wave problems.* Boston: Artech House.

Yee, K. S. (1966). Numerical solution of initial boundary value problems involving Maxwell's equations in isotropic media. *IEEE Transaction on Antennas Propagation, AP-14* (4), 302-307.

Zhang, H., & Datta, A. K. (2000). Coupled electromagnetic and thermal modeling of microwave oven heating of foods. *Journal of Microwave Power and Electromagnetic Energy, 35* (2), 71-85.

拓展阅读

Harrington, R. F. (1968) *Field computation by moment methods (Reprint Edition).* R. E. Krieger, Malabar, Fla., 1987; Original Edition.

Risman, P. O. (1991). Terminology and notation of microwave power and electromagnetic energy. *J. Microwave Power and Electromagnetic Energy, 26* (4).

Risman, P. O. (1998). A microwave oven model: Examples of microwave heating computations. *Microwave World, 19* (1), 20-23.

Silvester, P. P., & Ferrari, R. L. (1983). *Finite elements for electrical engineers.* New York: Cambridge University Press.

18 微波加工过程模拟

S. L. Birla[1], *K. Pitchai*[2]

[1]ConAgra Foods, Omaha, NE, United States;

[2]University of Nebraska-Lincoln, Lincoln, NE, United States

18.1 引言

微波（MW）加工是一项强大的、原理与传统加热技术截然不同的先进技术，可方便处理可能不适于传统处理方式的材料或改善现有加工过程的性能特征。然而，由于微波与材料相互作用的复杂性，仅将样品放在微波炉中并期望其能够有效加热就很难实现了。

微波技术研究人员、材料工程师、工艺设计人员和微波工程师之间的联系甚少是造成微波处理未能实现预期效益的主要原因。在大多数情况下，微波应用的基本设备（如微波发射源、辐射腔、电源）是可商业购买的。然而，用于微波系统集成的方法却不足，包括系统设计，专用辐射腔设计，快速设备原型建模和过程控制。在此必须认识到，如果简单地将食物放在微波炉中而不考虑微波和材料特殊相互作用，就无法有效、均匀地加热食物。

影响微波加热均匀性的因素很多，包括食品的介电性质（介电常数和介电损耗）、热特性（比热容和热导率）以及物理特性（尺寸、形状、密度和其在包装中的位置）（Zhang 和 Datta，2000）。这些因素会影响食物组分与微波能量相互作用的程度，因此对优化食物设计以实现均匀加热至关重要。微波食品的开发耗时且昂贵，但计算机仿真方法的使用可以加快产品开发周期并降低生产成本。当前微波加热食品的设计方法主要基于试错法。通过对食品微波加热进行计算机模拟，可对食品进行合理设计，以确保微生物安全。

微波工艺开发和系统设计的一个重要因素是模拟电磁相互作用的能力。计算家用微波炉或工业微波设备电场分布的电磁方程不能仅用解析法，需要找到一种能在最短计算时间内求解复杂电磁方程的数值方法。采用先进的数值方法求解这些方程，具有较好的精度。了解食品介电性质随温度和加工状态的变化是模拟和过程建模的关键。数值建模可用于优化微波发射源和辐射腔系统的设计，建立可实现的处理窗口，并针对给定的介电特性、样品尺寸和所需的处理条件进行实际的过程仿真模拟。

18.2 文献综述

现已有许多数值方法对微波加热过程进行了数学建模。为了建立微波加热过程的预测模型，电磁软件程序包中已开发和实现了许多数值计算方法。用于求解电磁场方程式的最主要的数值计算方法如下：时域有限差分法（FDTD）、有限元法（FEM）、有限体积方法（FVM）、传输线法（TLM）、矩量法（MOM）、边界元方法（BEM）、渐近展开法（AEM）和部分元素等效法（PEEC）。最常用的两种方法是 FDTD 和 FEM。基于 FDTD 的软件通常用于需要在整个频带范围内进行频率响应的电磁场计算，因为它处理一个频带时只需要合理的时间和计算机资源；而 FEM 则用于求解计算域的单频响应，采用有效的矩阵预处理自适应频网格（Celuch 和 Kopyt，2009）。与微波加热过程建模有关的研究始于 Ohlsson 和 Bengtsson（1971），他们使用 FDTD 技术对无限厚的咸火腿和牛肉进行微波加热建模，表明数值模型预测和实验测量得到的温度结果吻合较好。早期的研究使用分析方法对微波传热进行建模（Shou-Zheng 和 Han-Kui，1988；Watanabe 等，1978）。随着计算技术的不断更新，可以使用不同的数值计算方法来解决微波加热问题，例如 FDTD 方法（Dinčov 等，2004；Ma 等，1995）和 FEM（Zhang 和 Datta，2000）。其他研究通过求解传热和传质方程，并假设微波源项具有指数衰减特性（Lambert 定律）进行求解，而不是求解电磁场的麦克斯韦方程组来模拟微波加热过程（Campanone 和 Zaritzky，2005；Ni、Datta 和 Parmeswar，1999；Zhou、Puri、Anantheswaran 和 Yeh，1995）。由于食品几何形状和介电性质的差异，建模仅能解决有限的微波加热中的特定问题。虽然如此，建模仍是研究建模参数影响微波加热效果的有效方法。对微波加热过程进行精确建模需要引入最有效的方法来解决电磁学和热力学问题（Kopyt 和 Celuch，2006）。理想的数值方法应该涉及微波加热过程中所有物理过程，即电磁学、热力学和流体动力学。当前没有可用的单个建模软件能将所有过程有机结合，但有个别软件程序包可以单独处理每种物理现象（Kopyt 和 Gwarek，2004）。

人们对微波与食品之间的非均匀加热和复杂的相互作用仍然缺乏了解，其中涉及电磁、传热和传质。Knoerzer、Regier 和 Schubert（2006）提到，很难预测含有食品的微波炉内部的实际温度及电磁场分布。微波建模要求以耦合的方式求解电磁和传热的偏微分方程，以最大程度地减少仿真结果的变化。通常，材料属性还具有方向依赖性，必须通过张量来表示，尤其是不均匀的天然材料，例如传质沿平行和垂直方向存在差异。

Chapman 等（1993）开发了一种基于 FDTD 的 3D 电磁模型，以计算谐振腔中的谐振频率和 Q 因子（无量纲参数，该系数是谐振腔中存储的能量与发射源每个周期产生的能量的比值），以及样品中的比吸收率（SAR）分布。Xiao wei、Lin 和 Yi qin（2010）最近开发了一种基于微波炉腔体设计和功率激励来优化和计算电磁场分布的程序。在下一节中，我们将更详细地讨论微波加热的建模以及开发精确模型所带来的挑战。

Basak（1997）报道了计算有效热容量（焓）是分析温度范围内非均质材料融化的最佳方法。Swami（1982）用有限差分法描述了圆柱形和矩形高水分食品的微波加热模型，该模型预测的温度分布与高水分含量、不同盐浓度的凝胶样品的实验测量结果非常吻合。Wei 等（1985）在多孔介质、充水砂岩中进行了微波加热过程中的传热传质分析，该模型预测了样品的温度和湿度变化曲线，并与实验值进行了比较。Chen、Singh、Haghighi 和 Nelson（1993）推导并将产热项合并到轴对称有限元模型中，以分析圆柱状马铃薯颗粒内的温度分布。

在大多数建模方法中，空间和时间离散数值方法被用于求解电磁麦克斯韦方程。Niziolek（2009）总结了现有的电磁模拟数值方法的优缺点，并提到在现实问题中很难找到一种能解决所有物理问题的方法，因此组合方法（两种方法的组合）通常被非常广泛地运用。传统上，传输线方法（TLM）和矩量法（MOM）用于微波功率工程应用中，但对于其他应用而言其功能较弱，且灵活性较差（Yakovlev，2001a）。表 18.1 总结了由商业软件实现的各种数值方法的优缺点。

表 18.1 可用于微波功率问题建模的数值方法列表

数值方法	优点	局限性	商业软件	微波功率工程中的应用研究案例
时域有限差分法（FDTD）	◆ 能够获得宽频信息结果 ◆ 可在并联计算机上快速计算 ◆ 擅于建立不均匀和复杂的材料模型 ◆ 计算内存需求量少	◆ 对于较大的时间步长，误差会分散 ◆ 难以建立薄金属片模型 ◆ 难以建立具有频率相关特性的材料模型	◆ Quickwave 3D 7.5 ◆ Empire XCcel 5.40 ◆ XFDTD 7.0 ◆ FIDELITY 3.0	Ma 等（1995） Mechenova 和 Yakovlev（2004） Celuch 和 Gwarek（2007） Kopyt 和 Celuch – Marcysiak（2003） Kopyt 和 Celuch – Marcysiak（2004） Tilford 等（2007） Wäppling-Raaholt 等（2002） Chen、Tang 和 Liu（2008） Chen、Tang 和 Liu（2008） Wäppling-Raahol、Risman 和 Ohlsson（2006）
有限元法（FEM）	◆ 擅长处理复杂的几何形状 ◆ 可以处理各种各样的工程问题 ◆ 易于实现频率、热、压力和力相关的材料属性模拟 ◆ 谐振腔建模的最佳方法	◆ 仅能获得近似解 ◆ 需要大量的计算内存 ◆ 占用辐射问题所需的边界条件	◆ HFSS 12.0 ◆ Multiphysics 12.1（ANSYS） ◆ COMSOL Multiphysics 5 ◆ Abaqus 6.8 ◆ LS – DYNA（同样适用于 MOM） ◆ NASTRAN ◆ ALGOR ◆ TWODEPEP（ANSYS）	Kopyt 和 Celuch（2004） Kopyt 和 Celuch（2006） Ehlers 和 Metaxas（2007） Zhang 等（2001） Zhang 和 Datta（2003） Akarapu 等（2004） Huo 和 Li（2005） Zhou 等（1995）
传输线矩阵方法（TLM）	◆ 在时域中进行分析 ◆ 利用边界条件可以容易建模 ◆ 系统能明确地计算	◆ 比 FDTD 方法需要更多的计算机内存	◆ MEFiSTo-3D Pro 2 ◆ Micro-Stripes 5.6	
有限体积方法（FVM）	◆ 非常适合在非结构化网格中实现 ◆ 针对小体积计算的电磁场值，代表小区域更精确的值 ◆ 非常适合流体动力学方程式的求解	◆ 曲面积分中的色散误差更多	◆ Fluent 13.0 ◆ EMC2000-VF ◆ FLOW-3D 8.2 ◆ CFX 4.3 ◆ PHOENICS	Kopyt 和 Gwarek（2004） Kopyt 和 Celuch（2006） Kopyt 和 Celuch（2007） Verboven、Datt、Anh、Scheerlinck 和 Nicolaï（2003） Dinčov 等（2004）

续表

数值方法	优点	局限性	商业软件	微波功率工程中的应用研究案例
矩量法（MOM）	◆ 可用于求解涉及线性运算的各种方程 ◆ 求解大型和密集矩阵方程的非常有效的方法	◆ 最适合解决线性方程组，而不适合解决非线性问题	◆ CONCEPT Ⅱ 8.0	
边界元方法（BEM）	◆ 无限和半无限域的精确建模 ◆ 仅边界需要离散化，而不是整个域	◆ 对于不均匀或复杂的材料，它的建模效果不佳 ◆ 不利于对将小细节几何与大型对象结合在一起的问题进行建模 ◆ 实际应用尚不完善	◆ LS-DYNA	Huo 和 Li（2005）

Yakovlev（2001a，2001b，2006）概括性地总结了能够处理微波加热建模问题的可用软件包，并指出基于 FDTD 的软件包，例如 QuickWave－3D（QWED Sp. Z. oo，Warsaw，Poland）和 Microwave Studio（CST of America，Inc，Framingham，MA，USA）对于微波加热建模都有很好的效果。Curet、Rouaud 和 Boillereaux（2006）使用 COMSOL Multiphysics 软件研究了一块侵填体的微波解冻情况，其中该软件将麦克斯韦定律和朗伯定律分别引入热方程中来求解微波引起的加热问题。最近，在两个不同软件包中的两种不同数值方法之间的信息交换也成为可能，如一种数值软件求解电磁方程，而另一种求解传热方程，软件包之间的这种信息交换使微波加热中的所有物理现象尽可能被全部模拟出来。Knoerzer 等（2006，2008）开发了一个基于 MATLAB 的用户友好界面来耦合 QuickWave－3D 和 COMSOL Multiphysics®两个软件包，还使用面向对象的编程语言开发了一些定制的软件包，以耦合电磁传热方程，商业软件包也可以与定制软件进行耦合。Pandit 和 Prasad（2003）研究了将基于有限元的软件与自己用 C++编写的代码相链接的可能性。

18.3 物理控制过程

微波通常在磁控管中产生，并被送入微波炉腔内，在食物中消散并产生热量。微波在腔体内传输，并在腔体的金属边界上来回反射，从而在腔体中形成固定的电磁场模式。

电磁场（E）是一个向量，在计算域中任意一点的电磁场都由麦克斯韦方程组控制。麦克斯韦方程组的组合波形表示为：

$$\nabla \times \mu_r^{-1}(\nabla \times E) - \left(\frac{2 \cdot \pi \cdot f}{c}\right)^2 (\varepsilon' - i \cdot \varepsilon'') E = 0 \tag{18.1}$$

式中 f——微波炉的频率（如 2.45GHz）；
c——光速，3×10^8m/s；
ε'——食品的介电常数；
ε''——食品的介电损耗；
μ_r——食品的磁导率。

电磁模型的求解需要将整个区域离散化为每一个小单元，构成计算网格或"mesh"的离散单元可以用笛卡尔坐标系、球面坐标系或圆柱坐标系来表示。离散网格在笛卡尔坐标系中的典型应用是 FDTD 和 FEM 方法，这两种求解电磁场和热场的方法的主要区别在于求解相应场方程的点的位置。基于 FDTD 的求解方法考虑了具有规则边界条件的矩形结构网格，场在每个单元的中心计算，为了使用 FDTD 方法获得网格节点上的场值，需要定义外部插值函数进而找到节点场值。然而，FEM 方法是求解每个单元节点上的场，将（部分）微分形式的电磁方程式应用于网格，以基于分配给每个单元格和相邻单元格的属性来计算电场强度。电磁方程的求解需要在每个时间步上进行大量的迭代，才能满足收敛条件。在求解如微波腔体等小封闭空间中的场分布时，模型的金属壁可为求解方案提供边界条件，导体壁上的相互作用通常被认为是不存在（平行）电场的边界条件。由于金属壁会反射所有入射的微波能量，因此腔体壁面不会因微波消散而引起温度升高。计算出的电场强度 E（V/m）用作确定耗散功率密度（W/m³）的输入。

根据特定位置的电场分布，所施加的微波能量被转换为热能。在传热方程式中，吸收功率项被视为热源项，以计算瞬态温度曲线。控制热量向（热）导体（即食物）中扩散的方程式如下：

$$\rho C_{\mathrm{p}} \frac{\partial T}{\partial t} = k\nabla^2 T + P_{\mathrm{v}} \tag{18.2}$$

式中 ρ——密度，kg/m³；
C_{p}——恒定压力下的比热容，J/（kg·K）；
k——导热系数，W/（m·K）；
$\frac{\partial T}{\partial t}$——温度随时间的变化，K/s；
P_{v}——负载中吸收的功率密度，W/m³。

对于所考虑的系统，边界条件相对简单，并通过辐射到环境中的热平衡来规定：

$$-k\hat{n}\cdot\nabla T = (T^4 - T_\infty^4)\sigma_{\mathrm{S}}\varepsilon_{\mathrm{S}} \tag{18.3}$$

式中 k——导热系数，W/（m·K）；
n——垂直于表面的单位向量；
∇T——温度梯度，K/m；
ε_{S}——表面发射率；
σ_{S}——斯特藩-玻尔兹曼常数，5.67×10^{-8}J/（s·m²·K⁴）；
T_∞——绝对环境温度，K。

气体侧的传导和对流作用被忽略了，因为在微波腔内的快速微波加热过程中其通常可以忽略不计（Akarapu 等，2004）。否则，必须在式（18.3）的右侧添加相应的项（如蒸发热），从而得到：

$$-k\frac{\partial T}{\partial n}+h\cdot(T-T_a)=0 \tag{18.4}$$

式中 $\frac{\partial T}{\partial n}$——垂直于表面的温度变化，K/m；

h——传热系数，W/（$m^2\cdot K$）；

T_a——周围温度，K。

18.4 电磁和热耦合模型

微波加热中遇到的电磁和热现象应以耦合方式解决，因为从描述电磁成分的模型中计算出的功耗会引起温度变化并发生其他物理现象，例如加热食品过程中的热传递和蒸发（Bengtsson 和 Ohlsson，1974）以及微波解冻过程中的相变（Basak 和 Ayappa，1997）。这些物理现象会导致材料特性快速发生变化，从而使问题变得高度非线性，求解难度加大。因此，微波加热的非线性问题需要将电磁和热方程耦合，然后进行循环求解。材料的产热率在很大程度上取决于电场幅度，因此 EM 场分布的变化可以增加或减少温度变化的速率。在传热求解器的各个时间步长中，输入更新的电场分布信息，以方便利用传热方程计算材料中的升温。产品的温度上升会改变热物理性能和介电特性。微波加热中电磁和热传递效应的耦合过程如图 18.1 所示。微波加热过程的精准建模需要将处理电磁和热力学最有效的数值方法

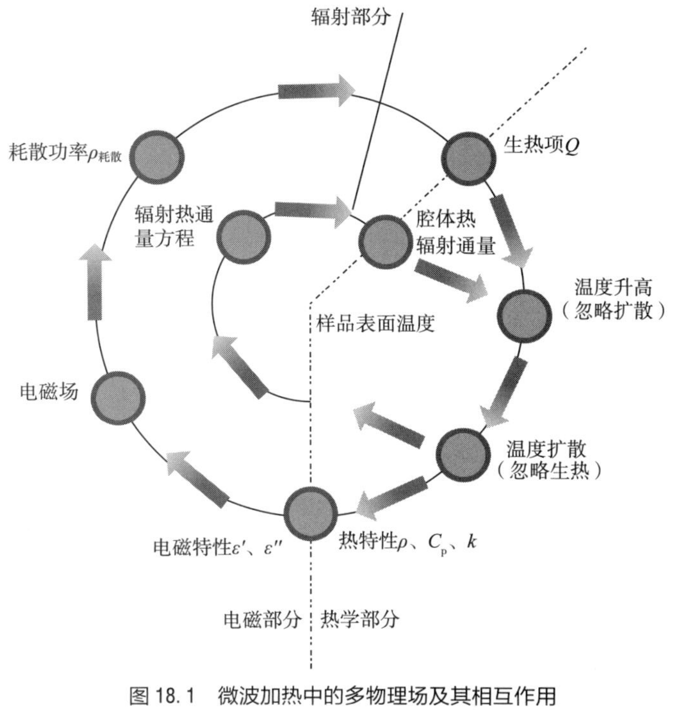

图 18.1 微波加热中的多物理场及其相互作用

资料来源： Celuch，M.，& Kopyt，P. （2009）. Modeling microwave heating of foods. In M. W. Lorence，& P. S. Pesheck（Eds.），*Development of packaging and products for use in microwave ovens.* Woodhead Publishing。

结合在一起。Zhang 和 Datta（2000）开发了一种基于两个有限元的软件在微波加热分析中耦合电磁和热传递的方法，并提到当产品的介电特性随温度发生显著变化时，应将电磁和热传递进行耦合。Wäppling-Raaholt 等（2002）和 Knoerzer 等（2006，2008）均使用定制的 MATLAB 例行程序成功开发了电磁和热传递的耦合数值求解器，研究中作者使用麦克斯韦本构关系（描述微波与加工材料相互作用的方程式）来预测耗散功率分布，然后使用傅里叶导热方程，根据食品空气界面上的对流边界条件来预测瞬态温度场。Akarapu 等（2004）已经开发了相互或单向耦合电磁方程和热方程的算法，即当热物理性质取决于温度时，进行相互耦合；当特性与温度无关时，则采用单向耦合。Tilford 等（2007）在微波炉中使用耦合方法成功地模拟了真实加热冷冻干酪酱的情况，此项研究中，作者解释了将干酪酱放置在中心位置或旋转转盘的偏移位置时的相变效应。

18.5 模型开发的影响因素

18.5.1 与温度有关的材料特性

食品的介电特性是影响微波与食品材料之间相互作用的重要参数（参见第 2 章）。特别是食品在发生相变过程中（如从冷冻到液态），介电特性会发生显著变化，因此介电特性是微波加热模型中的关键输入参数。相对介电常数 ε_r 是一个复数，定义为：

$$\varepsilon_r = \varepsilon' - i \cdot \varepsilon'' \tag{18.5}$$

式中 ε_r——介电常数；

ε''——介电损耗；

i——值为 $\sqrt{-1}$。

介电常数与物质的电容及其存储电能的能力有关，而介电损耗决定了材料以热能形式将电能耗散的能力。通常，食品材料的介电特性会随成分、湿度、温度和频率变化而变化（Ryynären 和 Ohlsson，1996；参见第 2 章）。在微波加热过程中，电磁波在材料中耗散并转化为热量，其受以下因素控制：

$$Q = 2 \cdot \pi \cdot f \cdot \varepsilon_0 \cdot \varepsilon'' \cdot E^2 \tag{18.6}$$

式中 ε_0——真空介电常数，8.8×10^{-12} F/m；

f——微波频率，Hz；

ε''——介电损耗；

E——电场，V/m。

通常，研究人员在室温下使用短路件、空气和水校准介电系统后，测量介电性质（参见第 3 章）。然而，当介电测量系统在校准后测试系统的温度发生变化时，就会发生漂移误差（Agilent，2002）。当在远离校准温度的温度下测量介电性质时，测量精度也会受到影响。这些误差主要归因于温度变化，可以通过在多个温度下校准介电测量系统来消除。Chen 等（2015）开发了一种方法，通过在多个温度下校准系统来测量意大利卤汁宽面条成分的介电特性，并对测量误差进行量化，以确定面条从冷冻温度到烹饪温度的最佳温度校准点数量。

18.5.2 几何模型的发展

在计算域中准确表达出微波炉、食品和包装的几何形状是至关重要的，因为它会显著影响腔体内电场分布的准确性。通常，研究人员假定微波炉是一个空腔，端口位于其中一个空腔壁上（Dinčov 等，2004；Geedipalli 等，2007）。而现代微波炉中已经引入了诸如金属凸块，凹坑和转台缝隙等几何特征，以改善腔体内的电场分布。任何一个几何特征都可以极大地改变腔体内的电场分布情况，因此仿真建模时应精确地表达出模型的几何形状和相关模拟过程。在工业微波系统中，通常将微波发射源放置在远离辐射腔的位置，并且通过长波导传输。在这样的系统建模过程中，计算域可能仅限于辐射腔以及导入波导的几个波长距离（Resurreccion，2012）。

大多数模型都假定电磁波在 TE_{10} 模式下通过波导传播。然而在家用微波炉中，磁控管发射的微波会经非常短，紧凑且不规则形状的波导传输入微波炉腔中，没有标准的矩形波导来形成 TE_{10} 模式。为了模拟这些场景，Pitchai 等（2012）假设磁控管作为横向电磁波（波导中的 TEM）的同轴微波源，模拟了在额定功率为 700W，频率范围在 2.4~2.5GHz 的微波炉中加热结冷胶凝胶柱（ø80mm×50mm）时 TE_{10} 和 TEM 电磁模式的散射参数。

图 18.2 比较了使用两个输入端口条件即同轴反馈（TEM）和 TE_{10} 模式计算得出的模拟散射参数。在 TE_{10} 模式下，整个频谱的反射功率都比 TEM 模式的反射功率略高，结果表明在有负载时 TEM 模式下电磁能量的耦合比 TE_{10} 模式更好。有趣的是，在相同的频率下发现了模式深度共振（S_{11} 的最小值）现象，两种条件下频率均为 2.46GHz。此外，实际情况微波炉中端口输入为同轴反馈模式。因此，在微波传热模型中将磁控管源假定为同轴反馈是合理的。

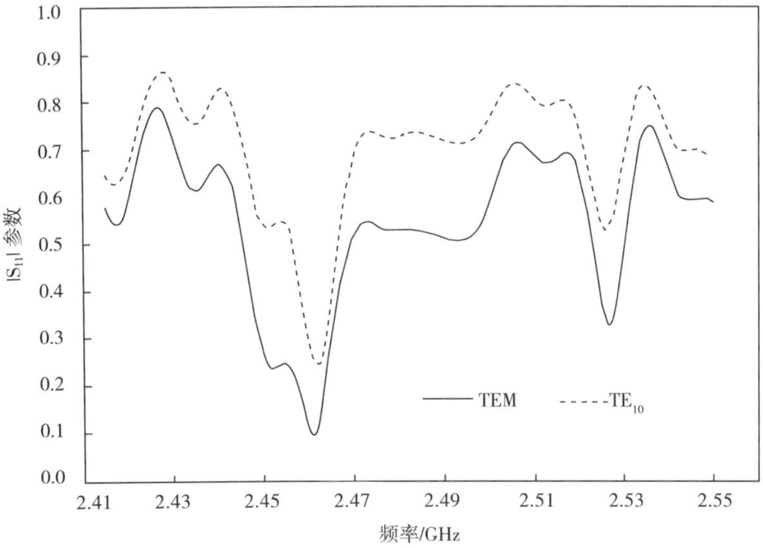

图 18.2 从频谱中提取 TEM 和 TE_{10} 电磁模式的散射参数

资料来源：Pitchai，K.，Birla，S.，Subbiah，J.，Jones，D.，& Thippareddi，H.（2012）. Coupled electromagnetic and heat transfer model for microwave heating in domestic ovens. *Journal of Food Engineering*，112（1/2），100-111。

18.5.3 优化模型参数

建模工作的重点是简化模型假设，优化电磁和计算参数。若不对电磁场和计算变量的参数进行优化，电磁模型的微波功率问题就会受到数值误差的影响。因此，电磁场与食品的复杂相互作用需要进行数值优化处理，利用计算平台可以很容易地对每个电磁学和热学参数进行优化。

为了能够在电磁模拟的每个加热时间步骤中建立电场模式并计算出准确的功率吸收，电磁场迭代就需要达到稳态（Kopyt 和 Celuch-Marcysiak，2003）。在每次热迭代中选择正确的加热时间步长（Δt）以确定仿真的收敛性和收敛速度是非常重要的（Celuch-Marcysiak、Gwarek 和 Sypniewski，2006）。时间步长的选择不能太大也不能太小，当加热时间步长太大，温度场会立即发散；而加热时间步长太小，温度场会收敛，但要花费更长的模拟时间，甚至数值误差可能较大。网格尺寸优化对于获得更好的仿真结果也非常重要，将网格尺寸减小一半可使空间离散误差降低至1/4，但是相应地计算时间将增加16倍，内存占用将增加8倍。介质材料的电磁模拟通常要求每个波长8~10个单元网格（Akarapu 等，2004）。

耦合微波加热模型的准确性取决于加热时间步长以及电磁模型的空间和时间离散程度。几何模型的网格划分是模型开发中重要的一步。由于介电特性的不同，波长在介电材料中不同于在空气中。根据经验，每种材料中每个波长应至少有8~10个网格单元，以便于电场计算结果合理收敛。强烈建议进行网格收敛研究，以确保所选的网格方案不会在电场结果中引入较大的误差。在FEM网格划分中，网格的质量在域中的任何地方都不应低于0.2，否则收敛速度可能非常慢，并且模拟结果可能会出错。

在确定数值计算的误差范围时，加热时间步长和网格大小相互关联。离散程度取决于传播方向、时间步长和网格大小。为了获得更精确的仿真结果，数值技术应满足库朗稳定性的标准。对于均匀、无损和等距网格，通过以下公式计算库朗稳定性因子（Taflove 和 Hagness，2000）：

$$r = v\left(\frac{\Delta t}{a}\right) \tag{18.7}$$

式中 v——介质中的相速度，m/s；

Δt——加热时间步长，s；

r——库朗稳定性标准因子；

a——笛卡儿坐标中所有三个方向的等尺寸网格，$a=\Delta x=\Delta y=\Delta z$。

库朗标准规定当 $r \leqslant \frac{1}{\sqrt{3}}$ 时，数值算法可稳定运行。时间相关求解器中时间步长的选择还取决于材料的热效应和介电特性的非线性。在模拟冷冻食品加热过程中，时间步长应设得非常短（小于5s）（Celuch 和 Kopyt，2009）。一般可以手动设置时间步长，或软件根据非线性情况自动确定时间步长。

一个更加完整的微波加热模型需要考虑负载的运动（旋转或线性运动），因为在许多微波单元中，负载为了提高加热均匀性而运动。可以通过定义一组假设在腔内不同位置的有限数量负载，来离散化负载连续旋转过程，即转台的一整圈旋转由有限数量的中间瞬时过渡态的步骤表示。就像预期的那样，通过增加角度步数，可以提高结果的准确性，然而 Kopyt 和 Celuch-Marcysiak（2003）证明增加了一定数量的步骤之后就无法进一步提高准确性，反而会延长计算时间，他们建议使用12~16个角度步数，进而获得合理的精度。

商业软件QuickWave-3D内置了模拟移动负载的功能，而基于FEM的软件（如HFSS和COMSOL Multiphysics）没有该内置功能。COMSOL高级用户可以使用该软件的移动网格功能来解决该问题，但是，模拟旋转物体需要花费很长的计算时间。为了克服这个问题，Pitchai等（2014）开发了一种可以使用基于MATLAB（MathWorks Inc.，Natick，MA，USA）的算法来模拟旋转物体微波加热的方法。他们假设负载在加热一段时间后立即以离散角度移动（Δt，s），在每个时间步长（Δt，s）结束时，将负载域中的温度场及其坐标保存在外部文本文件中。在下一个角度步骤中，COMSOL Multiphysics软件调用了MATLAB程序，使负载旋转离散角度，与先前位置［式（18.7）~式（18.8）］成角度（$d\theta$），并使用带有空间坐标参数X'、Y'和Z的插值函数将先前保存文件中的温度进行初始化。

$$X' = x\cos(d\theta) - y\sin(d\theta) \tag{18.8}$$

$$Y' = x\sin(d\theta) + y\cos(d\theta) \tag{18.9}$$

使用新的温度场，在COMSOL中计算下一个时间步长的电场分布（图18.3）。继续该循环，直到达到完全加热所需时间。在最新版本的COSMOL软件5.0版中，用户可以编写JAVA来完成该软件中的所有预处理、实时处理和后处理。

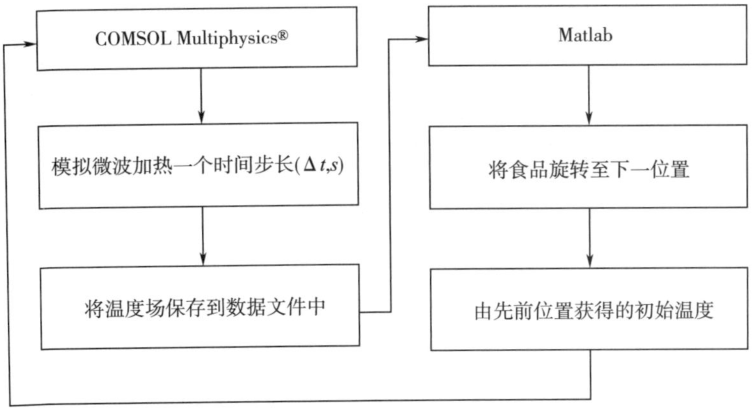

图18.3 基于COMSOL-MATLAB联合法的转盘上旋转食品的模拟方法

资料来源：Pitchai，K.，Chen，J.，Birla，S.，Gonzalez，R.，Jones，D.，& Subbiah，J.（2014）. A microwave heat transfer model for a rotating multi-component meal in a domestic oven：Development and validation. *Journal of Food Engineering*，128，60-71。

18.5.4 磁控管的电磁频谱

根据联邦通信委员会（FCC）为食品应用指定的工业、科学和医学（ISM）频段，微波炉的工作频率为2450MHz，频率公差为50MHz（Buffler，1993）。由于阳极电流变化和冷炉启动等多种因素，家用微波炉磁控管的操作很复杂。此外，磁控管频谱还取决于电源类型、食品材料的介电特性、磁控管温度和磁控管结构。鉴于这些因素，磁控管不是以固定的单一频率工作，而是以一定范围的频率进行工作（Ghammaz、Lefeuvre和Teissandier，2003；Risman，2009）。因此，为了准确预测食品中的电场密度和温度分布，应将磁控管频谱纳入微波传热模型中，以实现更高的准确度。

尽管如此，大多数微波传热模拟简化了模型，默认磁控管只产生 2450MHz 单色电磁波，以降低计算复杂度。Pitchai 等（2012）通过微波传热模拟证明了温度场分布模式受所选微波频率的影响（图 18.4）。Soltysiak、Erle 和 Celuch（2010）通过模拟证明了不同单色频率下食品在转盘上不同的旋转位置对温度分布的影响，预测食品以不同频率加热时，其温度变化超过 10℃。因此，可以得出结论，磁控管的频率会影响食品内的温度场分布模式（Schubert 和 Regier，2005；Tang 和 Resurreccion，2009）。

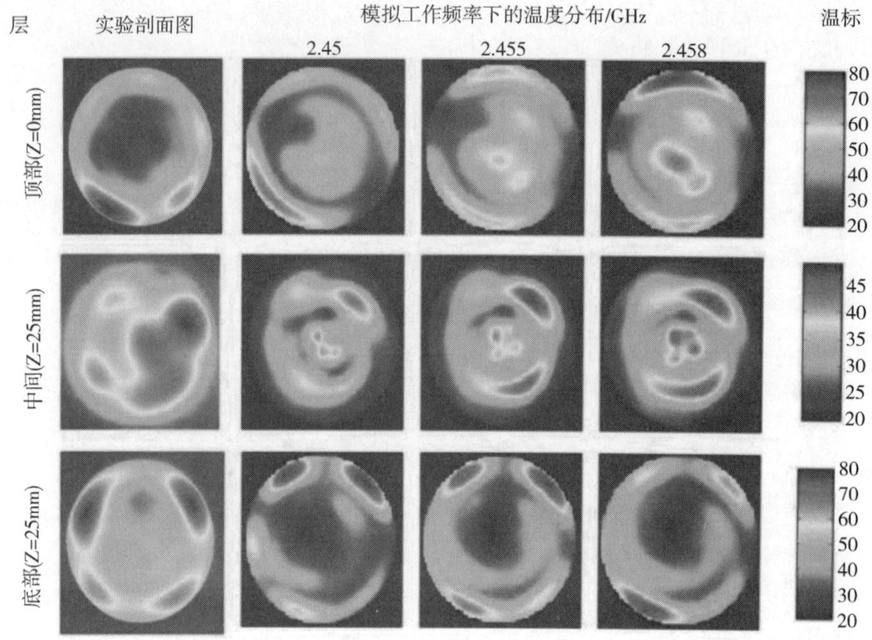

图 18.4 微波频率对微波炉 700W 下加热 30s 的结冷凝胶柱（80mm × 50mm）空间加热剖面的影响

资料来源：Pitchai，K.，Birla，S.，Subbiah，J.，Jones，D.，& Thippareddi，H.（2012）. Coupled electromagnetic and heat transfer model for microwave heating in domestic ovens. *Journal of Food Engineering*，112（1/2），100-111。

在此之前，研究人员没有将频谱纳入到家用微波加热食物的电磁和热传递模拟中。作为微波传热模拟的新案例，Pitchai 等（2016）开创了一种方法，将 2.4~2.5GHz 范围内的电磁频谱以高斯形状分布的形式纳入模拟中，假定电磁频谱为高斯分布，以正态分布曲线覆盖了整个 FCC 的允许范围（0.05GHz），中心频率为 2.45GHz，方差分别为 0.05^2、0.025^2、$0.017^2 GHz^2$（图 18.5）。

模拟 2.45GHz 的单色频率和 3 个高斯分布频率分别对马铃薯泥微波加热 6min，记录其模拟温度分布，将其与使用红外成像记录的实际实验表面温度图像进行比较（图 18.6）。2.45GHz 单色频率模拟显示其表面温度分布（冷点位置在中间）与所有三个实验表面温度分布一致。但是，在 2.45GHz 单色频率模拟中，发现右边呈现出一个 40℃ 的冷点，这在实验温度中没有观察到。不过，所有高斯分布频率模拟的图像都显示出与 2.45GHz 单色模拟下有着相似的表面温度分布，在所有高斯分布频率模拟中，都没有在右中角观测到冷点。

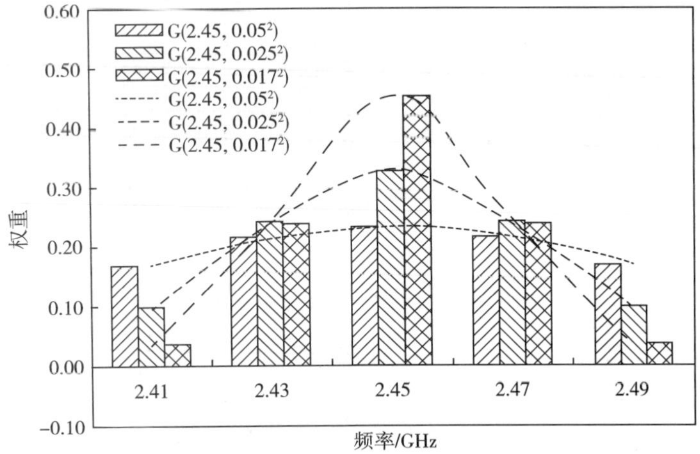

图 18.5 具有 2.45GHz 中心频率和三个方差的高斯分布电磁频谱

资料来源：Pitchai, K., Chen, J., Birla, S., Jones, D., & Subbiah, J. (2016). Modeling microwave heating of frozen mashed potato in a domestic oven incorporating electromagnetic frequency spectrum. *Journal of Food Engineering*, 173, 124-131。

如图 18.6 所示，随着高斯分布的方差从 0.05^2GHz^2 降低到 0.017^2GHz^2，中间位置的冷点区域会缩小，并且与实验中观察到的温度分布不完全匹配。需要注意的是，随着方差减小，运行频率越接近 2.45GHz，2.45GHz 的影响更明显。在使用较宽的 0.05GHz 带宽下，所有五个频率的平均电磁功率密度均由相似的权重共享，并且平均值效果最好。因此，将尾端频率的贡献纳入模型非常重要。对于 2.45GHz 频率的模拟（Dell Precision T7500 工作站，运行内存 72 GB DDR3 RAM，采用 Intel Xeon X5570 2.93GHz 双核处理器），模拟 6min 的微波加热所需的仿真计算时间约为 42 h，而频谱模拟耗时 66 h。尽管与 2.45GHz 的单色频率模型相比，频谱模拟的预测表面温度模式在定性上与实验温度模式具有更好的匹配性，但必须通过瞬态点温度的测量来评估其准确性。

18.5.5 模型中活性包装组件

除了加热负载，微波系统中还有其他一些组件会影响负载中电磁场的分布。使用活性包装组件（参见第 13 章）已成为解决一些微波加热复杂食品模型相关问题的首选。衬底是一种被用于微波食品包装中的非常薄的金属微波吸收膜，在微波加热过程中，它们往往会迅速升温，可用于解决食品褐变和脆化不足的问题。金属薄层被用作衬底的能力由其表面电阻 $\left(R_S=\dfrac{1}{\sigma d}\right)$ 决定。值得注意的是，强制使用 FDTD 方法需要将网格细化到衬底的厚度，因此会占用过多的计算机资源。

在 COMSOL Multiphysics 软件中，利用内部边界上的过渡边界条件来模拟几何上为薄层而电学性质较好的活性薄膜，它表示切向电场的不连续性。COMSOL 软件具有过渡边界功能，因此可以模拟活性金属薄膜，这种方法也完全不需要离散化薄几何体。在 QuickWave-3D 软件中，在进行有效特征建模时，用较厚的介质层代替薄的金属薄膜，从而计算厚度为 d 的替代层的电导率［式（18.10）］：

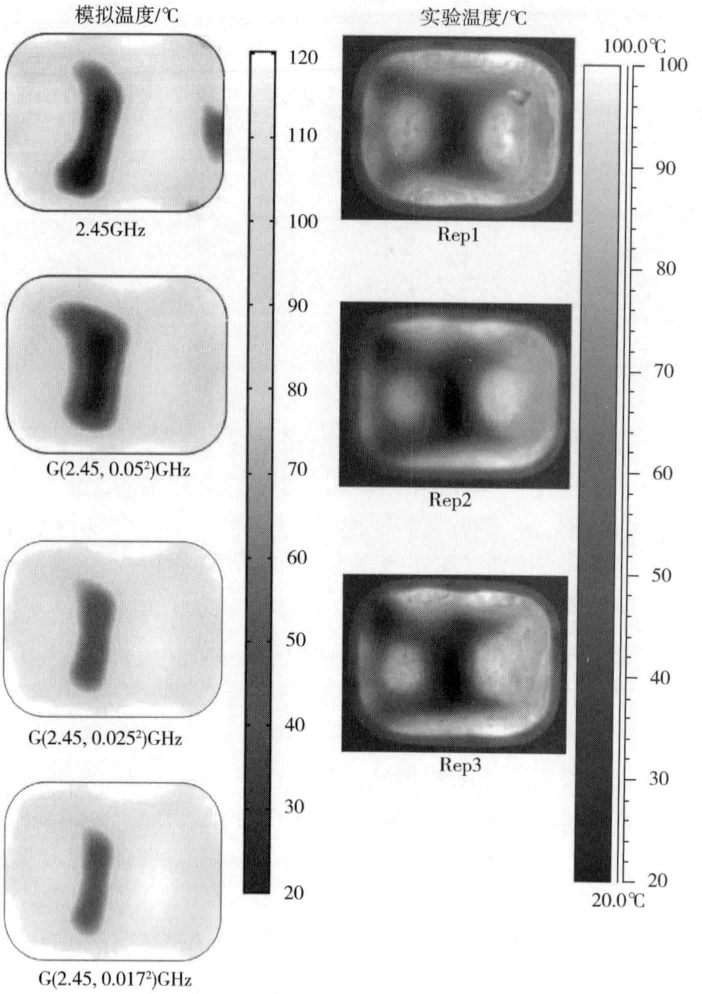

图 18.6 冷冻马铃薯泥微波加热 6min 后空间表面温度分布（3 次平行）与不同频率下微波加热温度模拟结果的比较

资料来源：Pitchai，K.，Chen，J.，Birla，S.，Jones，D.，& Subbiah，J.（2016）. Modeling microwave heating of frozen mashed potato in a domestic oven incorporating electromagnetic frequency spectrum. *Journal of Food Engineering*，173，124-131。

$$\sigma = \frac{1}{R_S d} \tag{18.10}$$

式中 σ——金属的电导率，S/m；

R_S——金属层的表面电阻，Ω；

d——金属层的厚度，m。

衬底膜的电导率是温度的函数。由于微波加热速度快且不均匀，塑料膜的收缩会导致衬底膜开始产生裂纹。

一些研究人员试图开发衬底辅助微波传热模拟模型。Celuch 等（2008）和 Soltysiak 等（2010）使用基于时域有限差分法（FDTD）的 QuickWave 软件解决了置于腔体内的水容器在衬底辅助下的微波加热问题，作者使用了一层 1mm 厚的替代材料，该材料的特性经过调整可以替代衬底材料。Pitchai 等（2011）开发了一种基于 3D 有限元方法（FEM）的计算机模型，以模拟微波与模式食品（1%结冷凝胶）和置于食品顶部的衬底之间的相互作用，研究证明，可以使用过渡边界层来替代薄膜，而非在几何上构建薄层并将其离散化。

18.6 分批和连续微波加热过程的建模案例

18.6.1 分批处理过程

康奈尔大学的 Ashim K. Datta 博士带领科学家率先对家用微波炉加热进行建模，该研究小组在开发微波炉加热建模技术方面发挥了重要作用。他们对微波加热建模的研究从分析方法发展为数值方法，并系统地研究了几何形状和施加功率对模式食品的影响（Chamchong 和 Datta，1999a，1999b）。为了提高微波加热中的加热均匀性，负载的旋转和加热方式的组合是很重要的两个因素。在马铃薯片微波加热 30s 的过程中，与固定负载相比，旋转负载的加热均匀性提高了 37%~43%；同时还观察到在沿着马铃薯的垂直轴的不同平面中，旋转负载的加热均匀性没有改善。因此，建议将微波系统设计为可在顶部和底部间移动食品，这样可在不同的剖面下更好地实现加热均匀性（Geedipalli 等，2007）。Datta 和 Ni（2002）研究了将红外加热和热风加热与微波加热相结合的组合加热方式，以减少产品表面的水分积聚，同时提高产品表面温度。比较组合加热与单独微波加热，发现组合加热能够减轻高水分食物中由表面压力驱动的水分积聚问题。Ni 等（1999）研究了微波加热过程中由蒸发引起的食品水分损失及其与加热均匀性的关系，总结称当给定体积食品的表面积增加时，加热的均匀性增加，但总水分损失减少。Zhang 等（2001）通过数值方法模拟了固体食物的微波灭菌，使用时间温度函数和一阶热动力学，计算出灭菌过程的热致死时间（F_0 值）的空间分布。

波兰华沙理工大学无线电电子研究所的一个研究小组开发了解决微波功率问题的软件平台，开发的软件（QuickWave 3D）能够对在微波炉中加热的旋转和水平移动的食品进行建模。Celuch 和 Gwarek（2000）总结了 FDTD 方法在微波功率应用中的先进功能，并对共形几何模型、场激励技术和参数提取过程技术进行了讨论。最新开发的算法主要优势在于，共形 FDTD 网格划分有助于一些形状复杂物体的弯曲倾斜边缘和边界边缘的网格划分。正如前面所提到，QuickWave-3D 软件可以与外部软件结合使用，以解决微波加热的多物理场问题。Kopyt 和 Celuch（2006）提出了将基于 FDTD 的软件与基于 FVTD 和 FEM 的软件进行耦合研究，这种解决微波功率问题的混合技术是精确建模所必不可少的。

内布拉斯加州大学林肯分校的研究人员使用 COSMOL Multiphysics 软件进行建模，开发了更为真实的微波炉、食物几何形状和活性包装的模型，进而全面地了解复杂的微波相互作用。

18.6.2 连续处理过程

微波加热系统设计的共同目标是解决热量分布不均的问题，并通过最小化反射功率来优化能源效率。旋转负载是家用微波炉中最常用的温度平衡机制（参见 18.5.3），而在实际工业生产中也使用了不同类型的负载运动，如在工业隧道装置中普遍使用负载线性平移。

然而，在微波系统中，包括尺寸、几何形状、零部件插入甚至任何零部件方向的微小变化，都可能导致电磁场分布发生巨大变化。构建实际的微波系统物理结构并进行实验，风险和成本过高，因此在物理构建设计之前需要进行结果合理的模拟预测，以减少资金成本、操作成本和实验时间。

华盛顿州立大学（WSU，Washington，USA）的研究人员使用计算机模拟作为指导他们设计和开发微波设备的工具之一，如他们开发了915MHz单模连续微波杀菌系统（Chen 等，2008；Resurreccion 等，2013）。

Salvi、Boldor、Aita 和 Sabliov（2011）使用 COMSOL Multiphysics 软件仿真模拟了另一个连续微波（即流体微波加热）系统，同时对电磁、流体流动和热传递进行耦合，开发了一个模拟微波加热期间连续流动的牛顿流体和非牛顿流体的温度分布数值模型。Zhu 等（2008）模拟了微波加热含球形颗粒的流体，建立了耦合麦克斯韦方程组、连续性方程、Navier-Stokes 方程和能量方程的 3D 模型，以描述瞬态温度、电磁场和流体速度场，通过力耦合法模拟了固体颗粒与载液之间的流体动力学相互作用。Lee 等（2015）使用计算机模拟作为设计工具，设计开发了连续流微波和脉冲欧姆加热协同反应系统，以最大程度地减少颗粒食品加工中的热滞后问题。

Rogelio 等（2015）使用 Microwave Studio 设计和开发了用于低水分食品干燥的间歇式微波真空干燥机，通过仿真优化了空腔尺寸、微波端口位置和负载设置。这是一个很好的案例，说明了基于建模的方法设计微波辐射腔能解决微波过程中的相关问题。

Kurniawan 等（2015）研究了带有传送带的多模式微波加热辐射器中的模式搅拌器效果，使用 COMSOL Multiphysics 软件构建了 3D 仿真模型。由于使用 COMSOL 模拟模式搅拌器的运动非常困难，因此考虑了搅拌器的 11 个静止角度，通过获取所有 11 个角度结果的平均值来获得最终的温度分布结果。同样，为了获得从腔体中出来后加热材料的最终温度，假设输送带的运动速度远低于模式搅拌器的速度，最后取输送带运动方向各温度值的平均值。模拟结果表明，带模式搅拌器的温度分布比不带模式搅拌器更均匀。

18.7 未来发展趋势

在早期，由于缺乏强大的计算机设备和计算技术，无法对耦合偏微分方程进行建模（Knoerzer 等，2008）。近年来，微波加热的数值模拟方面已经取得了显著进展，从数值建模计算到处理各种材料的许多应用。可以相信，在模型更完善、数值计算方法更快和材料复介电常数数据更完整的基础上，这些研究将会得到更好的发展。

借助数值模拟，可进一步理解微波与材料之间复杂的相互作用过程，确定影响该过程的关键参数，并提供优化且可控的辐射腔的快速设计方案。计算机建模和数值模拟可以提供微波工艺设计和开发等各方面的有价值信息，包括：微波与材料相互作用、组合加热模式的影响、加热多个样品、加热系统的设计和工业化放大以及过程控制参数，而这些信息是其他任何方式都无法获得的。

计算技术和数值计算方法开发的最新进展能更好地推进模型预测，同时将更准确地描述实际过程。如今，为了研究微波加热过程，需要了解微波腔内加热过程的温度分布信息。政府监管机构也要求提供有关微波加热食品温度分布的信息，以规范和批准工艺设计，并可将规模从实验室或中试扩大到完全商业化的运营。计算机辅助建模可以协助获得上述信息（Knoerzer 等，2008）。然而，对于产业研究人员来说，如何以一种简洁化、系统化的方式学习建模理论和技术，并采用其来改进微波产品和工艺仍然是一个挑战。尽管近年来在耦合模拟技术方面取得了进步，并且商业软件迅速增加了许多新功能，但要建立耦合多物理场问题的模型并不容易。要想掌握并精准地运用最新耦合方法来模拟计算，这需要研究人员过硬的基础知识技能和熟练的操作。

参考文献

Agilent（2002）. *Applying error correction to network analyzer measurements. Agilent Literature No. 5965－7709E.* Santa Clara，CA：Agilent Technologies.

Akarapu，R.，Li，B. Q.，Huo，Y.，Tang，J.，& Liu，F.（2004）. Integrated modeling of microwave food processing and comparison with experimental measurements. *Journal of Microwave Power and Electromagnetic Energy*，*39*（3/4），153.

Basak，T.，& Ayappa，K. G.（1997）. Analysis of microwave thawing of slabs with effective heat capacity method. *AICHE Journal*，*43*（7），1662–1674.

Bengtsson，N. E.，& Ohlsson，T.（1974）. Microwave heating in the food industry. *Proceedings of the IEEE*，*62*（1），44–55.

Buffler，C. R.（1993）. *Microwave cooking and processing：Engineering fundamentals for the food scientist.* New York：Van Nostrand Reinhold.

Campanone，L. A.，& Zaritzky，N. E.（2005）. Mathematical analysis of microwave heating process. *Journal of Food Engineering*，*69*（3），359–368.

Celuch，M.，& Gwarek，W.（2000）. Advanced features of FDTD modeling for microwave power applications. In *35th Microwave Power Symposium*，*Montreal*，*Canada.*

Celuch，M.，Gwarek，W.，& Soltysiak，M.（2008）. Effective modeling of microwave heating scenarios including susceptors. In *International Conference on recent advances in microwave theory and applications*，*2008. Microwave 2008*，*Jaipur*，*2008*（pp. 404–405）.

Celuch，M.，& Gwarek，W. K.（2007）. Properties of the FDTD method relevant to the analysis of microwave power problems. *Journal of Microwave Power and Electromagnetic Energy*，*41*（4），62–80.

Celuch，M.，& Kopyt，P.（2009）. Modeling microwave heating of foods. In M. W. Lorence，& P. S. Pesheck（Eds.），*Development of packaging and products for use in microwave ovens.* Woodhead Publishing.

Celuch-Marcysiak，M.，Gwarek，W. K.，& Sypniewski，M.（2006）. A novel FDTD system for microwave heating and thawing analysis with automatic time－variation of enthalpy－dependent media parameters. In *199–209. Ed. Anonymous.* Springer.

Chamchong，M.，& Datta，A. K.（1999a）. Thawing of foods in a microwave oven：I. Effect of power levels and power cycling. *Journal of Microwave Power Electromagnetic Energy*，*34*（*1*），*9–21.*

Chamchong，M.，& Datta，A. K.（1999b）. Thawing of foods in a microwave oven：II. Effect of load geometry and dielectric properties. *Journal of Microwave Power and Electromagnetic Energy*，*34*（1），

22-32.

Chapman, B., Iskander, M. F., Smith, R. L., & Andrade, O. M. (1993). *Simulation of sintering experiments in single-mode cavities. Materials Research Society Symposium Proceedings*. Materials Research Society, 53.

Chen, D. S. D., Singh, R. K., Haghighi, K., & Nelson, P. E. (1993). Finite element analysis of temperature distribution in microwaved cylindrical potato tissue. *Journal of Food Engineering*, *18* (4), 351-368.

Chen, H., Tang, J., & Liu, F. (2008). Simulation model for moving food packages in microwave heating processes using conformal FDTD method. *Journal of Food Engineering*, *88* (3), 294-305.

Chen, J., Pitchai, K., Birla, S., Gonzalez, S. R., Jones, D., & Subbiah, J. (2015). Development of a multi-temperature calibration method for measuring dielectric properties of foods. *IEEE Transactions on Dielectrics and Electrical Insulation*, *22* (1), 626-634.

Curet, S., Rouaud, O., & Boillereaux, L. (2006). *Heat transfer models for microwave thawing applications*.

Dahl, C. A., Matthews, M. E., & Marth, E. H. (1981). Survival of *Streptococcus faecium* in beef loaf and potatoes after microwave-heating in a simulated cook/chill foodservice system. *Journal of Food Protection*, *44*, 128-133.

Datta, A. K., & Ni, H. (2002). Infrared and hot-air-assisted microwave heating of foods for control of surface moisture. *Journal of Food Engineering*, *51* (4), 355-364.

Dinčov, D. D., Parrott, K. A., & Pericleous, K. A. (2004). A new computational approach to microwave heating of two-phase porous materials. *International Journal of Numerical Methods for Heat and Fluid Flow*, *14* (6), 783-802.

Ehlers, R. A., & Metaxas, R. A. (2007). An investigation on the effect of varying the load, mesh and simulation parameters in microwave heating applications. *Journal of Microwave Power and Electromagnetic Energy*, *40* (4), 251-259.

Geedipalli, S., Rakesh, V., & Datta, A. (2007). Modeling the heating uniformity contributed by a rotating turntable in microwave ovens. *Journal of Food Engineering*, *82* (3), 359-368.

Ghammaz, A., Lefeuvre, S., & Teissandier, N. (2003). Spectral behavior of domestic microwave ovens and its effects on the ISM band. *Annals of Telecommunications*, *58* (7), 1178-1188.

Huo, Y., & Li, B. Q. (2005). Boundary/finite element modeling of three-dimensional electromagnetic heating during microwave food processing. *Journal of Heat Transfer*, *127*, 1159-1166.

Knoerzer, K., Regier, M., & Schubert, H. (2006). Microwave heating: A new approach of simulation and validation. *Chemical Engineering & Technology*, *29* (7), 796-801.

Knoerzer, K., Regier, M., & Schubert, H. (2008). A computational model for calculating temperature distributions in microwave food applications. *Innovative Food Science & Emerging Technologies*, *9* (3), 374-384.

Kopyt, P., & Celuch, M. (2006). *Towards a multiphysics simulation system for microwave power phenomena*. Microwave conference proceedings, 2005. APMC 2005. Asia-Pacific conference proceedings (p. 4). IEEE.

Kopyt, P., & Celuch, M. (2007). Coupled electromagnetic-thermodynamic simulations of microwave heating problems using the FDTD algorithm. *Journal of Microwave Power and Electromagnetic Energy*, *41* (4), 18-29.

Kopyt, P., & Celuch - Marcysiak, M. (2003). FDTD modelling and experimental verification of electromagnetic power dissipated in domestic microwave ovens. *Journal of Telecommunication and Information Technology*, *1*, 59-65.

Kopyt, P. & Celuch - Marcysiak, M. (2004). Coupled FDTD - FEM approach to modelling of microwave heating process. In *Fifth IEE international conference on computation in electromagnetics* (pp. 171-172).

Kopyt, P., & Gwarek, W. (2004). *A comparison of commercial CFD software capable of coupling to external electromagnetic software for modeling of microwave heating process. In Proceedings of the 6th seminar in computer modeling and microwave power engineering* (pp. 33 - 39). Austin, Texas, USA: *Worcester Polytechnic Institute*, *Worcester.*

Kurniawan, H., Alapati, S., & Che, W. S. (2015). Effect of mode stirrers in a multimode microwave-heating applicator with the conveyor belt. *International Journal of Precision Engineering and Manufacturing-Green Technology*, *2* (1), 31-36.

Lee, S. H., Choi, W., Yoon, S. K., & Jun, S. (2015). Development of a dual cylindrical microwave and ohmic combination heater for minimization of thermal lags in the processing of particulate foods. *LWT-Food Science and Technology*, *63* (2), 1220-1228.

Ma, L., Paul, D. L., Pothecary, N. M., Railton, C. J., Bows, J., Barratt, L., ...Simons, D. (1995). Experimental validation of a combined electromagnetic and thermal FDTD model of a microwave heating process. *IEEE Transactions on Microwave Theory and Techniques*, *47.*

Mechenova, V. A., & Yakovlev, V. V. (2004). Efficiency optimization for systems and components in microwave power engineering. *Journal of Microwave Power and Electromagnetic Energy*, *39* (1), 15-30.

Ni, H., Datta, A. K., & Parmeswar, R. (1999). Moisture loss as related to heating uniformity in microwave processing of solid foods. *Journal of Food Process Engineering*, *22* (5), 367-382.

Niziolek, M. (2009). Review of methods used for computational electromagnetics. In *Electrodynamic and mechatronics*, *2009. SCE 11'09. 2nd international students conference on* (pp. 15-16). IEEE.

Ohlsson, T., & Bengtsson, N. E. (1971). Microwave heating profiles in foods: A comparison between heating experiments and computer simulation. *Microwave energy applications newsletter ed.* SIK Publication.

Pandit, R. B., & Prasad, S. (2003). Finite element analysis of microwave heating of potato - transient temperature profiles. *Journal of Food Engineering*, *60* (2), 193-202.

Pitchai, K., Birla, S., Jones, D., & Subbiah, J. (2011). Modeling of susceptor assisted microwave heating in domestic oven. In *Proceeding of COSMOL annual conference*, Oct 11-14, Boston.

Pitchai, K., Birla, S., Subbiah, J., Jones, D., & Thippareddi, H. (2012). Coupled electromagnetic and heat transfer model for microwave heating in domestic ovens. *Journal of Food Engineering*, *112* (1/2), 100-111.

Pitchai, K., Chen, J., Birla, S., Gonzalez, R., Jones, D., & Subbiah, J. (2014). A microwave heat transfer model for a rotating multi-component meal in a domestic oven: Development and validation. *Journal of Food Engineering*, *128*, 60-71.

Pitchai, K., Chen, J., Birla, S., Jones, D., & Subbiah, J. (2016). Modeling microwave heating of frozen mashed potato in a domestic oven incorporating electromagnetic frequency spectrum. *Journal of Food Engineering*, *173*, 124-131.

Resurreccion, F. P. (2012). *Microwave assisted thermal processing of homogeneous and heterogeneous food packed in a polymeric container*, *PhD dissertation.* Washington State University: Department of Biological Systems Engineering.

Resurreccion, F. P., Tang, J., Pedrow, P., Cavalieri, R., Liu, F., & Tang, Z. (2013). Development of a computer simulation model for processing food in a microwave assisted thermal sterilization (MATS) system. *Journal of Food Engineering*, *118*, 406–416.

Risman, P. O. (2009). Advanced topics in microwave heating uniformity. In M. W. Lorence, & P. S. Pesheck (Eds.), *Development of packaging and products for use in microwave ovens* (pp. 66–104). Cambridge, UK: Woodhead Publishing Limited.

Risman, P. O., & Celuch–Marcysiak, M. (2002). Electromagnetic modelling for microwave heating applications. In: *13th IEEE international conference on microwaves, radar and wireless communications. 2000. MIKON–2000* (pp. 167–182).

Rogelio, J. P., Abulencia, G. L., & Baldovino, R. G. (2015). Optimization of microwave vacuum dryer design parameters using CST microwave studio for low–moisture food application. In: *Proceedings of the international multiconference of engineers and computer scientists 2015 Vol. I, IMECS 2015*, March 18–20, 2015, Hong Kong.

Ryynänen, S., & Ohlsson, T. (1996). Microwave heating uniformity of ready meals as affected by placement, composition, and geometry. *Journal of Food Science*, *61* (3), 620–624.

Salvi, D., Boldor, D., Aita, G. M., & Sabliov, C. M. (2011). COMSOL multiphysics model for continuous flow microwave heating of liquids. *Journal of Food Engineering*, *104*, 422–429.

Schubert, H., & Regier, M. (2005). *The microwave processing of foods.* Cambridge, UK: Woodhead Publishing Limited.

Shou–Zheng, Z., & Han–Kui, C. (1988). Power distribution analysis in rectangular microwave heating applicator with stratified load. *Journal of Microwave Power and Electromagnetic Energy*, *23* (3), 139–143.

Swami, S. (1982). *Microwave heating characteristics of simulated high moisture foods. MS thesis ed.* Amherst, MA: University of Massachusetts.

Soltysiak, M., Erle, U., & Celuch, M. (2010). Influence of the magnetron operating frequency on the results of microwave heating. In *IEEE microwave symposium digest.*

Taflove, A., & Hagness, S. C. (2000). *Computational electrodynamics: The finite–difference time–domain method.* Norwood, MA: Artech House.

Tang, J., & Resurreccion, F. P., Jr. (2009). Electromagnetic basis of microwave heating. In M. W. Lorence, & P. S. Pesheck (Eds.), *Development of packaging and products for use in microwave ovens* (1st ed., pp. 3–36). Boca Raton, FL: CRC Press LLC.

Tilford, T., Baginski, E., Kelder, J., Parrott, K., & Pericleous, K. (2007). Microwave modeling and validation in food thawing applications. *Journal of Microwave Power and Electromagnetic Energy*, *41* (4), 30–45.

Verboven, P., Datta, A. K., Anh, N. T., Scheerlinck, N., & Nicolaï, B. M. (2003). Computation of airflow effects on heat and mass transfer in a microwave oven. *Journal of Food Engineering*, *59* (2–3), 181–190.

Wang, S., Luechapattanaporn, K., & Tang, J. (2008). Experimental methods for evaluating heating uniformity in radio frequency systems. *Biosystems Engineering*, *100* (1), 58–65.

Wäppling–Raaholt, B., Risman, P. O., & Ohlsson, T. (2006). *Microwave heating of ready meals–FDTD simulation tools for improving the heating uniformity. Advances in Microwave and Radio Frequency Processing.* Springer Berlin Heidelberg.

Wäppling - Raaholt, B., Scheerlinck, N., Gait, S., Banga, J. R., Alonso, A., Balsa - Canto, E., ...Nicolai, B. M. (2002). A combined electromagnetic and heat transfer model for heating of foods in microwave combination ovens. *Journal of Microwave Power and Electromagnetic Energy*, *37* (2), 97–111.

Watanabe, M., Suzuki, M., & Ohkawa, S. (1978). Analysis of power density distribution in microwave ovens. *Journal of Microwave Power and Electromagnetic Energy*, *13* (2), 173–182.

Wei, C. K., Davis, H. T., Davis, E. A., & Gordon, J. (1985). Heat and mass transfer in water–laden sandstone: Microwave heating. *AICHE Journal*, *31* (5), 842–848.

Xiaowei, G., Lin, M., & Yiqin, S. (2010). Electromagnetic field optimisation procedure for the microwave oven. *International Journal of Electronics*, *97* (3), 339–347.

Yakovlev, V. V. (2001a). Comparative analysis of contemporary electromagnetic software for microwave power industry. *Ceramic Transactions.*, *111*, 551–558.

Yakovlev, V. V. (2001b). *Commercial EM codes suitable for modeling of microwave heating – A comparative review. Scientific computing in electrical engineering: proceedings of the 3rd international workshop*, August 20–23, 2000, Warnemünde, Germany (p. 87). Springer Verlag.

Yakovlev, V. V. (2006). Examination of contemporary electromagnetic software capable of modeling problems of microwave heating. *Advances in Microwave and Radio Frequency Processing*, *Part III*, 178–190.

Zhang, H., & Datta, A. K. (2000). Coupled electromagnetic and thermal modeling of microwave oven heating of foods. *Journal of Microwave Power and Electromagnetic Energy*, *35* (2), 71–85.

Zhang, H., & Datta, A. K. (2003). Microwave power absorption in single–and multiple–item foods. *Food and Bioproducts Processing*, *81* (3), 257–265.

Zhang, H., Datta, A. K., Taub, I. A., & Doona, C. (2001). Electromagnetics, heat transfer, and thermokinetics in microwave sterilization. *AICHE Journal*, *47* (9), 1957–1968.

Zhou, L., Puri, V. M., Anantheswaran, R. C., & Yeh, G. (1995). Finite element modeling of heat and mass transfer in food materials during microwave heating–Model development and validation. *Journal of Food Engineering*, *25* (4), 509–529.

Zhu, J., Kuznetsov, A. V., & Sandeep, K. P. (2008). Investigation of a particulate flow containing spherical particles subjected to microwave heating. *Heat Mass Transfer*, *44*, 481–493.